高等学校测绘工程系列教材

U0383744

数字摄影测量学基础

徐芳 邓非 编

WUHAN UNIVERSITY PRESS

武汉大学出版社

图书在版编目(CIP)数据

数字摄影测量学基础/徐芳,邓非编 .—武汉:武汉大学出版社,2017.8
(2023.7 重印)
高等学校测绘工程系列教材
ISBN 978-7-307-19591-2

Ⅰ.数… Ⅱ.①徐… ②邓… Ⅲ. 数字摄影测量—高等学校—教材
Ⅳ.P231.5

中国版本图书馆 CIP 数据核字(2017)第 187081 号

责任编辑:王金龙   责任校对:李孟潇   版式设计:马　佳

出版发行:**武汉大学出版社**   (430072　武昌　珞珈山)

(电子邮箱:cbs22@ whu.edu.cn 网址:www.wdp.com.cn)

印刷:武汉图物印刷有限公司

开本:787×1092   1/16   印张:19.25   字数:474 千字

版次:2017 年 8 月第 1 版   2023 年 7 月第 3 次印刷

ISBN 978-7-307-19591-2   定价:39.00 元

前　言

从 20 世纪 90 年代开始进入数字摄影测量时代，至今已有 20 多年，这期间数字摄影测量的发展迅速而具有活力，无论是在数据获取、数据处理还是在信息应用等方面，都发生了翻天覆地的变化。

笔者从 2003 年起为本科生讲授数字摄影测量学课程，一直关注数字摄影测量的发展，其间收获颇多，也影响了笔者的一些授课观念。例如，张祖勋院士将摄影测量问题归纳为两个基本关系式：解析(几何)关系和对应性关系，处理这两个基本关系的不同方式则将摄影测量划分成了三个阶段，这样的描述使我们对摄影测量本质的理解更加深刻，也优于传统教学中按照摄影测量发展进程讲授三个阶段的平铺直叙。再如，共线方程是摄影测量解析关系的基本数学模型，将其用于后方交会等问题时，传统教学中强调初值赋值对计算迭代收敛问题的影响，使得在实际应用中面临初值遴选的困难，而同济大学的陈义教授提出了一种共线方程的新解法，将未知数中的角元素用余弦函数来代替，解决了初值设置的难题。另外，计算机视觉、模式识别、人工智能等领域中的一些方法对数字摄影测量中问题的解决提供了很好的助力，并已被广泛使用，特别是研究生在课题研究中经常使用，但是这些方法分散在各种文献或书籍中，使用时经常需要查阅多篇文献或书籍。最初编者将这些方法的相关材料分发给学生，后来编写了讲义用于教学。在此基础上，笔者编写了本教材，希望本书方便教学使用，也方便需要的读者查阅。

全书共分 8 章，第 1 章主要叙述了摄影测量的本质、不同发展阶段的处理方式以及数字摄影测量的定义与现状，该章内容得益于聆听张祖勋院士的多次讲座。第 2 章介绍了各种数据获取的传感器平台，包括数字成像仪、高分辨率遥感卫星的数字成像技术，合成孔径雷达、LiDAR 的主动式遥感技术以及自动定位定向技术等。第 3 章主要讲述了新的摄影测量解析方法，涉及共线方程、相对定向、相机检校的新解法，直线摄影测量，广义点摄影测量等。第 4 章对自动单像量测的内容进行了阐述，介绍了一些目前常用的、有效的方法。第 5~7 章阐述了影像匹配的理论与方法。第 5 章从灰度出发，分别介绍了基于像方和基于物方的基本匹配方法，以及既可以基于像方也可以基于物方的最小二乘影像匹配的原理与方法。第 6 章介绍了基于特征的影像匹配方法，包括了一些其他领域中的有效方法、摄影测量中解决实际问题的线特征匹配方法以及粗差剔除的解决方法。第 7 章介绍了整体影像匹配方法，其中含有广泛使用的半全局匹配方法。第 8 章介绍了数字微分纠正的相关内容，对纠正原理、纠正过程中的匀光匀色、数字真正射影像和立体正射影像对的制作进行了介绍。编者对书中的许多经典方法进行了重新整理，使之更易于初学者理解和掌握。

由于编者水平有限，书中难免存在一些不足与不妥之处，敬请读者不吝指正。

作　者

2017 年 6 月

目　　录

第1章 绪 论

摄影测量学有着悠久的历史，从 19 世纪中叶至今，它从模拟摄影测量开始，经过解析摄影测量阶段，现在已进入数字摄影测量发展阶段。当代的数字摄影测量是传统摄影测量与计算机视觉相结合的产物，它研究的重点是从数字影像自动提取所摄对象的空间信息。数字摄影测量并没有改变摄影测量的基本原理、解析关系以及基本处理流程，只是淘汰了那些与模拟或解析仪器有关的理论和方法。基于数字摄影测量理论建立的数字摄影测量工作站和数字摄影测量系统已经取代了传统摄影测量所使用的模拟测图仪和解析测图仪。

摄影测量的本质是通过影像进行量测，在两个已知点(摄站)上摄取两张影像，通过人的眼睛量测两张影像上同名点的坐标 $a_1(x_1, y_1)$、$a_2(x_2, y_2)$，就能通过前方交会计算出对应空间点的坐标 $A(X, Y, Z)$，见图 1-1。在这个过程中，需要处理两个基本关系式，第一个是对应性关系，第二个是解析(几何)关系。在不同的发展阶段，处理这两个关系的方式是不同的。在模拟摄影测量和解析摄影测量中，仅仅考虑摄影测量的几何关系(模拟摄影测量)或解析关系(解析摄影测量)，均不考虑摄影测量的对应性关系(由人眼确定同名点)，进入数字摄影测量时代，摄影测量的解析关系和对应性关系都利用计算机实现，其中对应性关系是摄影测量自动化的关键。表 1-1 列出了在摄影测量三个发展阶段中，处理两种基本关系的不同方式。

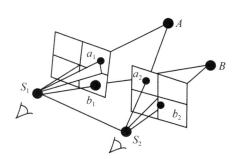

图 1-1 前方交会计算物方点空间坐标

表 1-1 摄影测量三个发展阶段，处理两种基本关系的不同方式

发展阶段	模拟摄影测量	解析摄影测量	数字摄影测量
解析/几何关系	光/机仪器	光/机仪器+计算机	计算机
对应性关系	人眼	人眼	人眼/计算机

1.1 数字摄影测量的定义

数字摄影测量的发展起始于20世纪80年代后期，它是利用计算机的强大计算能力，对数字影像进行处理，以自动或交互的方式完成摄影测量的功能，得到摄影测量产品的过程。

对数字摄影测量的定义，目前有几种观点。

定义一：数字摄影测量是基于数字影像与摄影测量的基本原理，应用计算机技术、数字图像处理技术、影像匹配、模式识别等多学科的理论与方法，提取所摄对象用数字方式表达的几何与物理信息的摄影测量学的分支学科。

定义二：数字摄影测量是基于摄影测量的基本原理，应用计算机技术，从影像（包括硬拷贝、数字影像或数字化影像）提取所摄对象用数字方式表达的几何与物理信息的摄影测量学的分支学科。

这两种定义是张祖勋院士于1996年给出的。第一种定义强调了数字或软拷贝的特点，与国际上定义软拷贝摄影测量（softcopy photogrammetry）更接近，也更符合中国著名摄影测量学者王之卓院士曾给出的全数字摄影测量（all digital photogrammetry）这一概念。这一定义认为，在数字摄影测量中，不仅其产品是数字的，而且其中间数据的记录及处理的原始资料均是数字的。第二种定义则只强调了数字摄影测量的中间数据记录和最终产品是数字形式的。

《中国军事百科全书（军事测绘学分册）》中也给出了另一种定义。

定义三：数字摄影测量是以数字影像为数据源，根据摄影测量原理，通过计算机软件处理获取被摄物体的形状、大小、位置及其性质的技术。

虽然上述定义的表达方式各异，但体现数字摄影测量本质特点的三个方面是一致的，那就是：数字形式的数据源（数字影像）、基于摄影测量的数学模型或原理、利用计算机软件自动（或半自动）获取被摄对象的几何与物理信息。

由于上述三种定义忽略了所处理数字影像须满足一定的视觉立体条件（不考虑有DEM支持并结合GPS和IMU的条件），耿则勋教授也给出了一种定义。

定义四：数字摄影测量是基于摄影测量基本原理，利用计算机对满足视觉立体条件的数字影像进行处理，获取被摄对象在目标空间的几何或物理信息的摄影测量学的分支学科。

1.2 数字摄影测量的现状与发展

从20世纪90年代开始进入数字摄影测量时代至今，经过20年的发展，数字摄影测量无论是在信息获取、数据处理还是在信息应用等方面，其理论和实践都发生了巨大的变化，而且这种变化还在持续，并将进一步深入下去。

虽然摄影测量最基本的基础及原理变化不大，但当代摄影测量的理论和方法与模拟摄影测量阶段、解析摄影测量阶段相比已大不一样，特别是在摄影测量的数据获取、数据处理方法、应用等方面发生了根本性的变化。

1.2.1 数据获取技术的发展

数字成像技术(包括数字航摄仪及高分辨率遥感卫星)、主动式遥感技术(如合成孔径雷达 SAR、机载激光雷达 LiDAR)、IMU/DGPS 自动定位定向(POS)技术、自动化和智能化数据处理技术的快速发展,开创了摄影测量发展的新时代,也为摄影测量的发展带来了新的机遇。

现代摄影测量技术集多种观测平台(卫星、飞机、无人机等)、多种传感器(主动、被动)、地面观测系统、通信设备、数据存储技术、计算机技术等多种设备和计算手段于一体,通过多学科联合,进行空天地多平台、多传感器的协同观测,实现空天地一体化观测,大大拓宽了摄影测量技术的数据获取手段及应用范围。

1. 数字成像技术——航空数码成像系统

在 2000 年 ISPRS 阿姆斯特丹大会上航空数码相机开始出现,在 2004 年伊斯坦布尔大会上航空数码相机成为一个热点。航空数码相机可获得高质量(高信噪比、高反差)、高空间分辨率(地面分辨率可达到 5cm)、高辐射分辨率(辐射分辨率均大于 8 比特/像素,可达 12 比特/像素)和高影像重叠度(航向 80%~90%,旁向 60%~80%)的影像信息,减轻了天气和地形条件对影像获取的限制,开创了利用航空摄影测量进行大比例尺测图的新时代。

目前航空数码相机主要有三种类型:①三线阵航空数码相机,即在成像面安置前视、下视、后视三个 CCD 线阵,推扫式成像,集成 POS 系统提供外方位元素,摄影时获取三条航带影像,Leica 的 ADS40/80 就是其中的典型代表。②大面阵航空数码相机,Z/I 公司的 DMC 与美国 UCD 都属于此类航空数码相机。由于技术上的原因,直接生产像幅为 230mm×230mm 的大幅面的面阵 CCD 还有困难。这两种航空数码相机都由多个小面阵 CCD 组成,因此它们的几何关系比常规的基于胶片的航空相机复杂。另外,由于面阵相机 CCD 一般为矩形,限制了基线长度,使得该类航空影像比基于胶片的航空影像的影像视场角小,基高比小,对高程精度有一定的影响,可以利用大重叠度影像的多光线立体来提高精度。③面阵扫摆式航空数码相机,以色列的 A3 数字航摄仪由两个数码相机刚性固定组合后,相机围绕中心轴高速旋转和拍照,以获取超宽幅影像图,该相机的几何关系更加复杂。

2. 数字成像技术——高分辨率卫星成像系统

目前,光学卫星影像的空间分辨率已经达到亚米级,各种光学卫星影像形成了覆盖全球的各种空间分辨率的卫星影像序列。光学卫星影像是一种高质量的影像数据,具有高信噪比、高辐射分辨率(11 比特/像素)、全色同轨或异轨立体、高地面覆盖率等特点。

卫星遥感影像为推扫式成像,外方位元素高度相关,传统的适用于线阵影像的共线方程不再适用,取而代之的是有理多项式函数模型,用以直接建立起像点和物方点之间的关系,影像供应商提供有理函数模型参数,即 RPC 参数。

商业光学卫星影像的空间分辨率最高已达 0.31m(WorldView-3),我国高景一号也达到了 0.5m,特别是随卫星一起分发的 RPC 参数,极大地提高了几何定位的精度,只要极少量的外业地面控制点,就能迅速产生 1:5000~1:10000 比例尺的正射影像图。

3. POS 系统

POS 系统(Position and Orientation System)由全球定位系统 GPS 和惯性测量装置 IMU

组成。将 POS 系统和航摄仪集成在一起，可用于直接测定影像的外方位元素。通过 GPS 载波相位差分定位获取航摄仪的位置参数及惯性测量单元 IMU 测定航摄仪的姿态参数，经 IMU、DGPS 数据的联合后处理，可直接获得测图所需的每张像片 6 个外方位元素。基于 POS 系统获取的外方位元素可以直接进行地物目标三维坐标的解算。POS 系统的应用可以减少甚至不需要外业控制测量，开创了稀少或无地面控制点影像测图的新时代。

4. 主动遥感技术——LiDAR 系统

20 世纪 90 年代发展起来的新型传感器，它集激光扫描、POS 系统于一体，可直接获得数字表面模型（Digital Surface Model，DSM）。利用机载 LiDAR 可以直接获得地表的 DSM，其精度可达 15~20cm，甚至更高。LiDAR 技术可以快速获取作业区域内详细、高精度的三维地形或景观模型，它能以比基于影像的摄影测量更快的速度，精确地获取城市中心区域的三维模型，目前在数字城市等领域得到了广泛的应用。我国于 2007 年向月球发射的嫦娥一号利用激光高度计和 CCD 相机（见图 1-2）快速获得了全月地形地貌图。

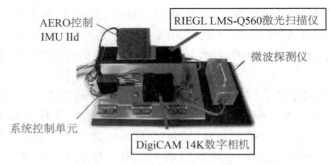

图 1-2　嫦娥一号激光高度计和数码相机探测设备

5. 主动遥感技术——合成孔径雷达

合成孔径雷达（Synthetic Aperture Radar，SAR）是一种主动式微波传感器，SAR 具有不受光照和气候条件等限制实现全天时、全天候对地观测的特点，SAR 具有穿透性，使它能够提供可见光和红外遥感不能提供的信息。雷达干涉测量（synthetic aperture radar interferometry，INSAR）技术成功地综合了合成孔径雷达 SAR 成像原理和干涉测量技术，利用传感器的系统参数、姿态参数和轨道之间的几何关系等精确测量地表某一点的三维空间位置及其微小变化。INSAR 技术在地面上以面的形式测定地表形变，提取高程的精度可达数米，而差分干涉 D-INSAR 量测高程的变化（地表的形变）可达厘米级甚至毫米级。

从 20 世纪 60 年代以来，INSAR 技术发展迅速，应用十分广泛，已用于冰川和冰缘的变化以及地表形变的监测，城市沉降、火山喷发、地震、滑坡等地质灾害的监测。

6. 低空摄影测量

低空摄影测量通常指航高在 1000m 以下的航空摄影测量，是高空（遥感、航天）摄影测量、中空（航空）摄影测量、地面（近景）摄影测量的有效补充。常用的摄影平台有无人机、飞艇等。低空摄影测量具有灵活机动、使用方便、时效性强、任务周期短、成本低廉、低高度飞行等优势，同时也有一些不足，包括采用非量测相机、像幅小、数量多、基高比小、姿态稳定性差、影像的重叠度和飞行航线不符合规范、POS 数据精度较低、后处理复杂等。

目前，低空摄影测量在测绘、资源调查与监测、应急突发事件处理等方面已得到了广泛应用。特别是在 2008 年 5 月的汶川地震救灾中，应用微型无人机遥感系统对重灾区北川县进行了航拍，经过图像拼接和判读，在第一时间评价了北川县城的受灾情况，为制订抗震救灾方案提供科学依据。

7. 移动测量系统

基于多传感器集成的移动测量系统(mobile mapping systems，MMS)由搭载平台、POS系统、任务荷载传感器(如相机、LiDAR、SAR 等)，能高效获取载体轨迹、全景影像和激光三维点云等多类空间数据，并通过对海量空间数据的自动智能化处理和深度挖掘，建立被测对象的高精度三维模型，构建数字化互联网化地图，从而满足面向个人、面向事件和面向管理等不同层次上的位置服务需求。

MMS 搭载平台可分为车载 MMS、船载 MMS、铁路 MMS、简易 MMS(自行车或人背)等多种形式。MMS 的广泛应用极大地提高了外业数据采集效率，降低了外业劳动强度，丰富了地图数据表达形式，缩短了地图更新周期。

1.2.2 理论发展

随着 21 世纪数字相机等传感器的迅速发展与广泛应用，以及计算机网络、集群处理的能力的发展，对应的摄影测量理论也在不断发展，与数字摄影测量密切相关的计算机视觉、计算机图形学也在影响着摄影测量的发展，它们的结合不仅迎来数字摄影测量新一轮的理论发展，同时也拓宽了数字摄影测量的应用领域。

1. 灭点理论

灭点是空间一组平行线的无穷远点在影像上的构像，即该组平行线在影像上的直线交点，可以认为该空间的无穷远点与对应的灭点是一对"对应点"，它们满足共线方程。例如航空影像，除"底点"(空间一组铅垂线的灭点)位于影像内，一般的灭点不是"明显点"，且多数位于影像外，当航空影像接近水平时，水平方向的灭点几乎在"无穷远"处。因此，在模拟、解析摄影测量中，灭点没有任何实用意义，除了其定义外，它的理论也没有多少研究。但是，在数字摄影测量、计算机图形学中，对空间平行线的自动分类、灭点的提取、应用是一个重要的研究方向。灭点不仅仅是单张影像(非量测相机拍摄)进行建筑物三维重建的基础，也成为城市大比例尺地形图进行空中三角测量控制的信息，被用于城市大比例尺地形图的数据更新。

2. 广义点理论

由于摄影测量起源于测量学中"测点"的前方交会与后方交会，因此共线方程(即物点、像点、投影中心位于一条直线上)是整个摄影测量的核心。点的共线性是摄影测量的基本概念，但是摄影测量所涉及的点仅仅是物理的点或可视的点，如圆点、角点、交点等，无论是在模拟摄影测量阶段还是在解析摄影测量阶段，抑或是数字摄影测量阶段，可以由人工量测的基本特征是物理的点，因而可以称为"点的摄影测量"。

在人工与自然界的物体上有大量的直线，还有圆、圆弧和任意的曲线，特别是在建筑摄影测量、工业摄影测量中对建筑物、工业零件的提取，影像中大量存在的是"直线"，直线就成为一个非常重要的要素，因此基于直线的摄影测量(即"共面方程")得到了深入的研究与应用。

但是现实世界中，大力存在的是"曲线"，例如地面上的道路、河流、湖泊等，建筑测量、工业测量中的圆、圆弧、曲线等。另外，在实际生产(特别是利用影像进行地图修测)中，由于明显点(独立点、角点)较少，也难以精确"配准"，在地形图与影像之间确定对应"点"作为控制，是一项比较困难的任务。而地图与影像上存在着大量的"线"，将其作为控制信息进行配准，将具有重大的理论和现实意义。为此，张祖勋院士等提出了广义点的理论。广义点是"数学"意义上的点，因为任何一条"线"都是由"点"组成。由广义点理论可知，曲线(或直线)上任意一个点都可以被用作"控制点"，而且可以直接应用于共线方程，但是只能在两个共线方程中选取一个(x或y)。因此很容易将点、直线、圆、圆弧、任意曲线归纳为一个数学模型——共线方程，进行统一平差。

3. 多基线立体

随着数码相机的广泛应用，短基线、多影像匹配技术日益成熟，多基线立体在近景摄影测量中得到了广泛应用。多基线相对于单基线有许多优势："交会角"愈小，影像变形愈小，影像匹配更容易，可以提高影像匹配的可靠性；"交会角"愈小，精度愈低，多目立体存在多余观测，可以提高测量精度。

采用旋转摄影的多基线立体，实质上增加了视场角、交会角，同时由于旋转摄影过程中保持了较大的重叠，确保了传递的稳定性。因此，利用旋转多基线摄影方式构建的区域，即使按非量测相机进行自检校区域网平差，只用周边四个控制点也能够达到很高的精度。

4. 影像匹配理论发展

影像匹配是数字摄影测量的"核心"，也是评价自动化程度的关键。基于影像灰度匹配是摄影测量中经常采用的一种匹配方法，但它对影像的亮度变化、几何变形等比较敏感，致使在低反差、信息贫乏区域等匹配的成功率不高，可靠性较差。随着计算机视觉技术的发展，基于特征的匹配(如基于点特征、线特征)可以克服灰度匹配存在的适应性差的问题，在影像匹配中应用得越来越广泛。

随着大(多)重叠度数码摄影、三线阵相机的应用，多基线、多光线、多视点的影像匹配将由过去的单基线(两度重叠)影像匹配(病态解)转化为多基线(多度重叠)影像匹配的"确定解"。该理论发展使得摄影测量与激光扫描一样能够产生密集的点云，并且由影像产生的点云是基于特征点匹配的，点云多位于影像特征点上，如运动场的跑道、道路的行车线、建筑物边缘等。

大重叠度的航空影像与低空影像的获取，从影像生成点云的密集匹配技术日渐成熟。最新的密集匹配技术的发展使得从影像中得到三维点云的技术已经可以有效地取代 LiDAR 系统。除多源传感器外，点云是信息化时代摄影测量中最重要的进展。

5. 目标自动识别

目标的自动识别是影像特征量测的基础，为追求更高的定位精度，摄影测量界研究获得了一些很有价值的成果，例如"高精度定位算子"、"椭圆拟合"等算法能使定位的精度达到"子像素"级的精度。随着数字摄影测量理论研究与技术的发展，目前已经有很多研究集中在各种摄影测量过程中使用更高级的特征，如线特征和面特征。

1.2.3 应用上的发展

随着数据采集手段的多样化和摄影测量理论的发展，数字摄影测量的应用领域更加广泛，以下是几个典型应用。

1. 灭点应用实践

相机标定是摄影测量与计算机视觉领域中的关键问题，国内外许多学者都锲而不舍地研究针对不同应用的相机标定方法。基于灭点的相机标定方法，不需要控制场，可以用于人工规则建筑物三维重建中的在线标定。

基于多像灭点的相机标定方法将相机的内外方位元素纳入到标定模型中，通过灭点直接建立待标定参数与观测值(直线)之间的关系，平差获得的参数可用于后续三维目标建模。当利用的是长焦距相机时，可采用无位移、多方位的旋转摄影方式。多方位、多像的灭点定标方法可得到高精度、稳定的相机标定结果。在没有高精度控制场的情况下，基于灭点的自定标方法有着其他方法不可比拟的优势，对于可变焦的非量测型数码相机定标有着很广泛的应用前景。

2. 广义点摄影测量的应用

张祖勋院士提出的广义点摄影测量理论是对基于点的摄影测量理论的扩展，它将点、直线、圆、圆弧、任意曲线以及灭点归纳为一个数学模型进行统一平差。

GIS 数据更新，可利用已有地图上的控制信息，对新的影像进行配准和影像定位，发现变化、进行更新，缩短更新工作量。除传统的人工选取点(GCP)作为控制点外，还可以基于广义点理论，利用地图上大量存在的河流、道路等线状地物要素作为控制信息。

对制造过程中的零件快速准确地检测，是提高工业品质量的关键之一。通过基于广义点摄影测量理论的光束法平差，不仅可以量测直线，而且可以高精度地量测圆孔乃至由直线与小圆弧构成的方孔。由于边缘上每一个像元均参与了最小二乘法高精度匹配，即使零件有很大缺陷，仍能确保高精度的检测结果。最终建立精确、可量测的钣金件几何模型。

飞机在高速飞行过程中难以识别飞机上的任意标志点(线)，只能提取到飞行中飞机的轮廓线。飞机的位置可以用激光跟踪并进行摄影，获取其影像，提取飞机轮廓线，按广义点理论利用共线方程测定飞机的姿态。

3. 数码城市建模

数字城市是将城市的一切要素与人类活动有关的信息进行数字化、存储、管理、应用的综合结果，在计算机上实现城市景观模拟，已经获得了广泛的应用。针对不同应用需求进行几何建模，包括利用不同的数据，如 LIDAR 数据、地图数据、航空影像、卫星影像、地面影像，实现房屋几何建模的半自动化、房屋墙面纹理映射的半自动化、房屋墙面纹理遮挡分析和数据压缩等。对城市真三维景观的需要，建立镶嵌有影像纹理的真实感城市三维模型正凸显出较高的经济价值和应用前景。

4. 数据处理新算法

摄影测量的数据获取从单一的光学传感器已扩展到合成孔径雷达、高分辨率卫星、低空摄影、激光雷达等。多数据源的空间分辨率、影像质量都得到了极大的提升，从而产生了海量数据。如数字摄影测量网格 DPGrid 由基于刀片机的集成处理系统和基于网格的全无缝测图系统组成，引入了数字摄影测量发展的新的理论研究成果，使数字摄影测量具有更高的自动化能力；将计算机网络、集群处理的发展引入了数字摄影测量；将摄影测量自动化与人机交互完全分开，使摄影测量具有更高的生产效率。

习题与思考题

1. 摄影测量有哪几个发展阶段?

2. 摄影测量的两个基本关系是什么?在各个发展阶段中,处理这两个基本关系的方式有什么不同?

3. 数字摄影测量的不同定义有共同点吗?是什么?

4. 当代数字摄影测量的现状与发展体现在几个方面?各是什么?

第2章　数字影像获取与处理

数字摄影测量是对数字影像的自动测图处理，其原始资料是数字影像。数字影像的来源有两种方式，一种是对模拟影像进行采样与量化以获取数字影像，另一种是利用数字传感器直接获取数字影像。

当代新型数字传感器技术、全球定位技术、通信技术及计算机技术等的发展为数字摄影测量的发展提供了新的机遇和广阔的前景。摄影测量的新型传感器不仅能获取数字影像，而且能获得影像的位置与姿态，甚至直接获得 DSM。

新型摄影测量传感器主要有：框幅式数码航空相机、三线阵数码相机、机载定位定向系统(POS)、机载激光扫描系统(LiDAR)、航天数字相机系统和干涉雷达等。

2.1　数字影像

数字影像一般表达为由空间的灰度函数 $g(i, j)$ 构成矩阵形式的阵列，即一个灰度矩阵 $\boldsymbol{g}$：

$$\boldsymbol{g} = \begin{bmatrix} g_{0,0} & g_{0,1} & \cdots & g_{0,n-1} \\ g_{1,0} & g_{1,1} & \cdots & g_{1,n-1} \\ \vdots & \vdots & \ddots & \vdots \\ g_{m-1,0} & g_{m-1,1} & \cdots & g_{m-1,n-1} \end{bmatrix} \tag{2-1}$$

矩阵中的每个元素 $g_{i,j}$ 是一个灰度值，对应着光学影像或实体的一个微小区域，称为像元素或像元、像素(pixel = picture element)。各像素的灰度值 $g_{i,j}$ 代表其影像经采样与量化了的"灰度级"。

若 Δx 与 Δy 是光学影像上的数字化间隔，则灰度值 $g_{i,j}$ 随对应的像素的点位坐标(x, y) 而异，通常 $\Delta x = \Delta y$。x，y 如下：

$$\begin{cases} x = x_0 + i \cdot \Delta x, & i = 0, 1, \cdots, n-1 \\ y = y_0 + j \cdot \Delta y, & j = 0, 1, \cdots, m-1 \end{cases} \tag{2-2}$$

式中，i、j 分别表示像素所在的行、列数；m、n 分别为影像的高和宽。

灰度影像是一个灰度矩阵，灰度值是整数，其大小范围由量化的比特数确定；彩色影像由三个同样大小的灰度矩阵组成，分别表示 R、G、B 三个分量；对于多波段的数字影像，则有多种存储方式，如 BSQ(波段顺序格式)、BIL(波段按行交叉格式)、BIP(波段按像元交叉格式) 等。

数字影像的数据文件组织有多种方式，常用的有 BMP、JPEG、TIFF 等。

数学影像的空间域表达方式与真实影像是相似的，但也可以通过变换用另一种方式来表达，其中最主要的方式就是傅里叶变换，把影像的表达由"空间域"变换到"频率域"

中。在空间域内是表达像点在不同位置(x, y)(或(i, j))处的灰度值，而在频率域内则表达像点在不同频率(u, v)中(像片上每毫米的线对数，即周期数)的振幅谱(傅里叶谱)。

频率谱的表达对数字影像处理是很重要的。因为变换后矩阵中元素的数目与源影像相同，但其中许多是零值或数值很小。这就意味着通过变换，数据信息可以被压缩，使其能更有效地存储和传输。此外，在频域内进行影像分解力分析和许多影像处理过程可以更为简便，例如滤波、卷积和一些相关运算。

在摄影测量中所使用的影像的傅里叶谱可以有很大的变化，例如在任何一张航摄影像上总可以找到有些地方只包含有很低的频率信息，而有些地方则主要包含高频信息，偶然地有些地区有一个狭窄范围的频率。航摄像片有代表性的傅里叶谱如图 2-1 所示。

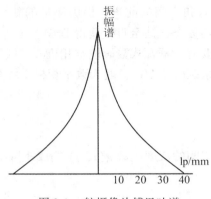

图 2-1　航摄像片傅里叶谱

2.2　数字影像采样

尽管数字相机在摄影测量任务中得到了越来越广泛的应用，但是还有相当多的任务是基于模拟的航空影像的数字化完成的。将传统的光学影像数字化得到的数字影像或直接获取的数字影像，不可能对理论上的每一个点都获取其灰度值，而只能将实际的灰度函数离散化，对相隔一定间隔的"点"量测其灰度值。这种对实际连续函数模型离散化的量测过程就是采样，被量测的点称为样点，样点之间的距离即采样间隔。在影像数字化或直接数字化时，这些被量测的"点"也不可能是几何上的一个点，而是一个小的区域，通常是矩形或圆形的微小影像块，即像素。现在一般取矩形或正方形，矩形(或正方形)的长与宽通常为像素的大小(或尺寸)，它通常等于采样间隔。因此，当采样间隔确定了以后，像素的大小也就确定了。采样间隔越小，所形成的数字影像对原始像片的近似就越精确，但太小的采样间隔也会带来巨大的数据量，给处理和传输带来不便。那么，采样间隔如何确定呢？在理论上采样间隔应由采样定理确定。

2.2.1　采样定理

影像采样通常是等间隔进行的。如何确定一个适当的采样间隔，可以对影像平面在空间域内、频域内用卷积和乘法的过程进行分析。

以一维的情况为例说明采样间隔应满足的条件，其结果可以推广到二维。为分析采样定理，首先引入几个特殊函数。

1. 单脉冲函数(δ-函数)

单脉冲函数(δ-函数)即强度为 1 的脉冲函数，定义为

$$\begin{cases} \delta(x) = \infty, & x = 0 \\ \delta(x) = 0, & x \neq 0 \end{cases} \tag{2-3}$$

δ-函数的强度为

$$\int_{-\infty}^{+\infty} \delta(x)\,\mathrm{d}x = 1 \tag{2-4}$$

以上表明，δ-函数在原点的取值是不定的，它与哪种信号相乘，就取该信号的值(近似于该函数的筛选性质)，其他均为零，强度为 1。δ-函数有下述几个重要性质。

性质 2.1：筛选性质。若信号 $f(x)$ 在 $x = x_0$ 处连续，则有

$$\int_{-\infty}^{+\infty} f(x)\delta(x - x_0)\,\mathrm{d}x = f(x_0) \tag{2-5}$$

性质 2.2：乘积性，即

$$f(x)\delta(x - x_0) = f(x_0)\delta(x - x_0) \tag{2-6}$$

性质 2.3：δ-函数是偶函数，并可表示成 $\delta(x) = \int_{-\infty}^{+\infty} \mathrm{e}^{\pm j2\pi ux}$。

正是由于 δ-函数的这些性质，才使得下述的采样函数具有完整的解析形式。

2. 采样函数

采样函数(sampling function)(见图 2-2(a))，又称梳状函数(comb function)。

$$s(x) = \sum_{k=-\infty}^{+\infty} \delta(x - k\Delta x) = \mathrm{comb}_{\Delta x}(x) \tag{2-7}$$

采样函数的傅里叶变换为间隔 $\Delta f = 1/\Delta x$ 的脉冲串组成的函数，仍为采样函数(见图 2-2(b))，此时的采样间隔为空间域采样间隔的倒数。设 $F[s(x)] = S(f)$，$S(f)$ 在 $\pm 1/\Delta x$，$\pm 2/\Delta x$，$\pm 3/\Delta x$，$\cdots$ 处有值。

$$S(f) = \Delta f \sum_{k=-\infty}^{+\infty} \delta(f - k\Delta f) = \Delta f \cdot \mathrm{comb}_{\Delta y}(f) \tag{2-8}$$

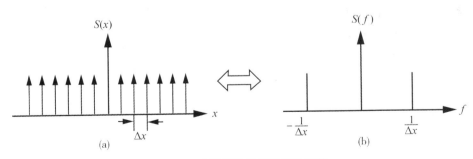

图 2-2　采样函数及其傅里叶变换

3. 有限带宽函数

一个函数 $g(x)$，如果其傅里叶变换的频谱 $G(f)$ 在区间 $[-f_l, f_l]$ 之外时等于零，且 f_l

为有限正数，则函数 $g(x)$ 为有限带宽函数或带限函数（band-limited function），f_l 称为截止频率或奈奎斯特（Nyquist）频率。

4. 采样定理

假设如图 2-3（a）所示的代表影像灰度变化的函数 $g(x)$ 从 $-\infty$ 延伸到 $+\infty$。$g(x)$ 的傅里叶变换为

$$G(f) = \int_{-\infty}^{+\infty} g(x) e^{-j2\pi fx} dx \qquad (2-9)$$

假设当频率 f 值在区间 $[-f_l, f_l]$ 之外时等于零，其变换后的结果如图 2-3（b）所示。

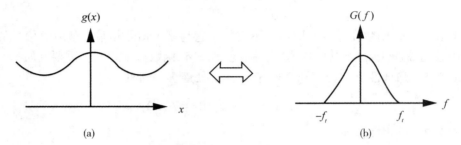

(a)   (b)

图 2-3　影像灰度及其傅里叶变换

在空间域中采样函数 $s(x)$ 与原函数 $g(x)$ 相乘得到采样后的函数（见图 2-4（a））函数的卷积结果为 $g(x)$ 无限个平移的叠加，即

$$s(x)g(x) = g(x) \sum_{k=-\infty}^{+\infty} \delta(x-k\Delta x) = \sum_{k=-\infty}^{+\infty} g(k\Delta x)\delta(x-k\Delta x) \qquad (2-10)$$

与此相对应，在频域中则应为经过变换后的两个相应函数的卷积，$G(f) * S(f)$，就是 $G(f)$ 在频率轴上无限多个平移的叠加，只不过这个无限平移之间的间隔 Δf 是空间域采样间隔的倒数，即 $\Delta f = 1/\Delta x$，如图 2-4（b）所示，这也就是 $s(x)g(x)$ 的傅里叶变换。

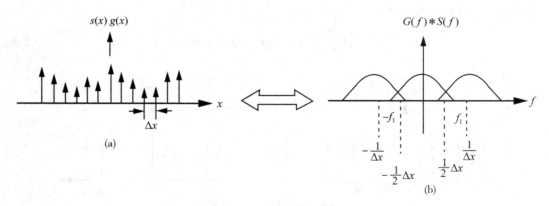

(a)   (b)

图 2-4　采样后的函数

如果 $1/2\Delta x$ 小于其频率限值 f_l（见图 2-4（b）），则产生输出周期谱形间的重叠，使信号变形，通常称为混淆现象。为了避免这个问题，选取采用间隔 Δx 时应满足 $1/2\Delta x \geq f_l$，或

12

$$\Delta x \leqslant \frac{1}{2f_l} \qquad (2-11)$$

这就是 Shannon 采样定理，即当采样间隔能使函数 $g(x)$ 中存在的最高频率每周期取有两个样本时，根据采样数据可以完全恢复原函数 $g(x)$。

减少 Δx 显然会把各周期分隔开来，不会出现重叠，如图 2-5 所示。此时如果再使用图 2-5 中由虚线表示的矩形窗口函数的相乘，就有可能完全地把 $G(f)$ 孤立起来，获得如图 2-3(b) 所示的频谱。自然可以通过反傅里叶变换得到原始的连续函数 $g(x)$。矩形窗口函数为

$$W(f) = \begin{cases} 1, & -f_l \leqslant f \leqslant f_l \\ 0, & \text{other} \end{cases}$$

其反傅里叶变换为 sinc 函数，即

$$\frac{\sin 2\pi f_l \cdot x}{2\pi f_l \cdot x} \qquad (2-12)$$

经此复原的连续函数可用离散值表示为式(2-10)，其与窗口函数在空间域内函数式的卷积为

$$\begin{aligned} g(x) &= \sum_{k=-\infty}^{+\infty} g(k\Delta x) \cdot \delta(x - k\Delta x) * \frac{\sin 2\pi f_l \cdot x}{2\pi f_l \cdot x} \\ &= \sum_{k=-\infty}^{+\infty} g(k\Delta x) \frac{\sin 2\pi f_l(x - k\Delta x)}{2\pi f_l(x - k\Delta x)} \end{aligned} \qquad (2-13)$$

故欲完全恢复原始图像对采样点之间的函数值，需要严格地通过式(2-13)进行内插，即 sinc 函数的内插。

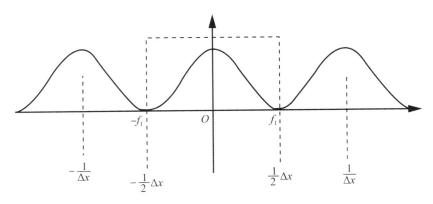

图 2-5　截止频率 f_l

上述 Shannon 采样间隔乃是理论上能够完全恢复原函数的最大间隔。实际上由于原来的影像中有噪声以及采样光点不可能是一个理想的光点，都还会产生混淆和其他复杂现象。因此噪声部分应在采样前滤掉，并且采用间隔最好使在原函数 $g(x)$ 中存在的最高频率每周期至少取有 3 个样本。

2.2.2　实际采样分析

由于实际采样只可能在有限区间 $[0,x]$ 内进行，这等价于在空间域与一矩形窗口函数

$$w(x) = \begin{cases} 1, & 0 \leqslant x \leqslant X(X>0) \\ 0, & \text{other} \end{cases}$$

相乘，频率域则是一个 sinc 函数与 $w(f)$ 的卷积：

$$[f(x) \cdot s(x)] \cdot w(x) \Leftrightarrow [F(f) * S(f)] * W(f) \qquad (2\text{-}14)$$

因此，采样过程如图 2-6 所示。

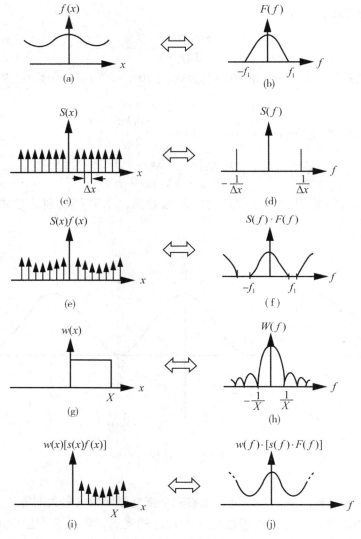

图 2-6　实际采样过程

由于 $w(f)$ 的非零部分延续到无穷，就使得原函数的频谱发生混淆。在做频谱分析

14

时，为了改善这种影响，可不采用矩形窗口截断函数，而采用其他在频域有较小旁瓣的窗口，例如采用单位面积余弦窗，或称最小能量矩窗。

$$
\begin{cases}
\dfrac{1}{\sqrt{X}}\cos\dfrac{\pi}{2X}x, & |x| < X(X > 0) \\
0, & |x| \geqslant X
\end{cases}
\tag{2-15}
$$

其傅里叶变换为

$$
\frac{4\pi\sqrt{X}\cos 2\pi Xf}{\pi^2 - 4X^2(2\pi f)^2}
$$

该窗口是根据功率谱估计偏移量最小的条件推导出来的。

实际采样时，光孔不可能是一个理论上的点，而是一个直径为 d 的圆。因此，实际采样也就是原灰度函数与定义在该圆内的一个特定函数 $h(x)$ 的卷积，即采样是原函数 $f(x)$ 通过脉冲响应函数为 $h(x)$ 的滤波器的输出。$h(x)$ 称为滤波器的脉冲响应函数或卷积核，一般取高斯型函数：

$$
h(x) = \frac{1}{\sqrt{2\pi}}e^{-\frac{x^2}{2\sigma^2}} \quad\Leftrightarrow\quad H(f) = e^{-2\pi^2\sigma^2 x^2}
\tag{2-16}
$$

其中，一般取 $\sigma = d/2$ 或 $\sigma = d/3$。只有当 $d = 0$ 时，$H(f) = 1$，采样函数的频谱才等于原函数的频谱。一般情况下，它们并不相等。但采用上述卷积核，实际是对原函数进行了低通滤波，在对影像采样时，可以抑制像片的颗粒噪声及其他高频噪声。

综上所述，一个一维函数的实际采样过程可表示为

$$
\{[f(x) * h(x)] \cdot s(x)\} \cdot w(x) \quad\Leftrightarrow\quad \{[F(f) \cdot H(f)] * S(f)\} * W(f)
\tag{2-17}
$$

影像的采样是二维的过程，二维采样函数（见图 2-7）为

$$
s(x, y) = \sum_k \sum_l \delta(x - k\Delta x, y - l\Delta y)
$$

式中，δ 满足

$$
\int_{-\infty}^{+\infty}\int_{-\infty}^{+\infty} g(x, y)\delta(x - x_0, y - y_0)\,\mathrm{d}x\mathrm{d}y = g(x_0, y_0)
\tag{2-18}
$$

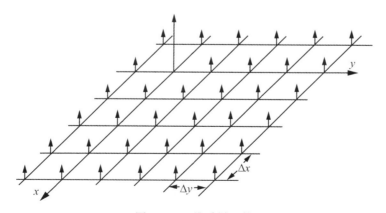

图 2-7　二维采样函数

2.2.3 数字影像量化

影像的灰度又称为光学密度。在摄影底片上，影像的灰度值反映了它的透明程度，即透光的能力。设投射在底片上的光通量为 F_0，而透过底片后的光通量为 F，则透过率 T 或不透过率 O 分别定义为

$$T = \frac{F}{F_0}, \qquad O = \frac{F_0}{F} \tag{2-19}$$

透过率说明影像黑白的程度，但人眼对明暗程度的感觉是按照对数关系变化的。为了适应人眼的视觉，在分析影像的性能时，不直接用透过率表示其黑白的程度，而用不透过率的对数值表示。

$$D = \log T, \qquad O = \log \frac{1}{T} \tag{2-20}$$

式中，D 称为影像的灰度。当光通量仅透过 1/100，即不透过率是 100 时，则影像的灰度是 2。实际的航摄底片的灰度一般为 0.3 ~ 1.8。

影像灰度的量化是把采样点上的灰度数值转换成为某一种等距的灰度级。灰度级的级数 i 一般选用 2 的指数 M:

$$i = 2^M \qquad (M = 1, 2, \cdots, 8) \tag{2-21}$$

当 $M = 1$ 时，灰度只有黑白两级。当 $M = 8$ 时，则有 256 个灰度级，其级数是介于 0 与 255 之间的一个整数，0 为黑，255 为白。由于这种分组正好可用存储器中 1byte(8bit) 表示，所以它对数字处理特别有利。如果影像的细节信息特别丰富，可取 $M = 11$ 或 12，此时有 2048 或 4096 个灰度级，需要 11bit 或 12bit 存储一个像元。

影像量化误差与凑整误差一样，其概率密度函数是在 $[-0.5, 0.5]$ 的均匀分布，即

$$p(x) = \begin{cases} 1, & -0.5 \leqslant x \leqslant 0.5 \\ 0, & \text{other} \end{cases}$$

其均值为 $\mu = 0$，其方差为

$$\sigma_x^2 = \int_{-\infty}^{+\infty} (x - \mu)^2 p(x) \mathrm{d}x = \int_{-0.5}^{+0.5} x^2 \mathrm{d}x = \frac{1}{12} \tag{2-22}$$

在实际的影像处理中，处理的对象是影像的灰度等级，而不是灰度，但为简化起见，一般将灰度等级当作"灰度"。

2.3 数字影像重采样

当欲知不位于矩阵(采样)点上的原始函数 $g(x, y)$ 的数值时，就需要进行内插，此时称为重采样(resampling)，意即在原采样的基础上再一次采样。每当对数字影像进行几何处理时，总会产生这项问题，典型的例子为影像的旋转、核线排队、数字校正等。摄影测量应用中涉及大量的数字图像处理，常常会进行一种或多种几何变换，因此重采样技术对摄影测量是非常重要的。

根据采样定理可知，当采样间隔 Δx 等于或小于 $1/2f_l$，而影像中大于 f_l 的频谱成分为零时，则地面的原始影像 $g(x, y)$ 可以由式(2-9)计算恢复。式(2-9)可以理解为原始影像与 sinc 函数的卷积，取用了 sinc 函数作为卷积核。但是这种运算比较复杂，所以常用一

些简单的函数代替 sinc 函数。以下介绍三种实际中常用的重采样方法。

2.3.1　双线性插值法

双线性插值法的卷积核是一个三角形函数，表达式为

$$W(x) = 1 - (x), \qquad 0 \leqslant |x| \leqslant 1 \tag{2-23}$$

可以证明，利用式(2-23)做卷积对任一点 P 进行重采样与用 sinc 函数有一定的近似性。此时需要点 P 邻近的 4 个原始像元素参加计算，如图 2-8 所示。图 2-8(b) 表示式(2-23)的卷积核图形在沿 x 方向进行重采样时应放的位置。

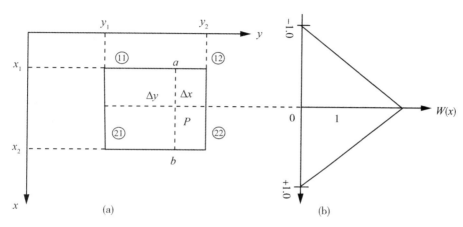

图 2-8　双线性插值法内插

计算可沿 x 方向和 y 方向进行。即先沿 y 方向分别对 a, b 的灰度值重采样，再利用该两点沿 x 方向对 P 点重采样。在任一方向做重采样计算时，可使卷积核的零点与 P 点对齐，以读取其原始像元素处的相应数值。实际上可以把两个方向的计算合为一个，即按上述运算过程，经整理归纳以后直接计算出 4 个原始点对点 P 所做贡献的"权"值，以构成一个 2×2 的二维卷积核 $\mathbf{W}$ (权矩阵)，把它与 4 个原始像元灰度值构成的 2×2 点阵 $\mathbf{I}$ 做阿达玛(Hadamard)积运算得出一个新的矩阵。然后把这些新的矩阵元素相累加，即可得到重采样点的灰度值 $I(P)$：

$$I(P) = \sum_{i=1}^{2} \sum_{j=1}^{2} \mathbf{I}(i, j) * \mathbf{W}(i, j) \tag{2-24}$$

其中，

$$\mathbf{I} = \begin{bmatrix} I_{11} & I_{12} \\ I_{21} & I_{22} \end{bmatrix}, \qquad \mathbf{W} = \begin{bmatrix} W_{11} & W_{12} \\ W_{21} & W_{22} \end{bmatrix}$$

$$W_{11} = W(x_1)W(y_1), \qquad W_{12} = W(x_1)W(y_2)$$
$$W_{21} = W(x_2)W(y_1), \qquad W_{22} = W(x_2)W(y_2)$$

而此时按式(2-23)及图 2-8，有

$$W(x_1) = 1 - \Delta x, \qquad W(x_2) = \Delta x, \qquad W(y_1) = 1 - \Delta y, \qquad W(y_2) = \Delta y$$

$$\Delta x = x - \mathrm{INT}(x), \ \Delta y = y - \mathrm{INT}(y)$$

因此点 P 的灰度重采样值为

$$
\begin{aligned}
I(P) &= W_{11}I_{11} + W_{12}I_{12} + W_{21}I_{21} + W_{22}I_{22} \\
&= (1 - \Delta x)(1 - \Delta y)I_{11} + (1 - \Delta x)\Delta yI_{12} + \Delta x(1 - \Delta y)I_{21} + \Delta x\Delta yI_{22}
\end{aligned}
$$

$$(2\text{-}25)$$

2.3.2 双三次卷积法

卷积核可以利用三次样条函数。

Rifman 提出的三次样条函数更接近 sinc 函数，其函数为

$$
\begin{cases}
W_1(x) = 1 - 2x^2 + |x|^3, & 0 \leq |x| \leq 1 \\
W_2(x) = 4 - 8|x| + 5x^2 - |x|^3, & 1 \leq |x| \leq 2 \\
W_3(x) = 0, & 2 \leq |x|
\end{cases}
$$

$$(2\text{-}26)$$

利用式(2-26)做卷积核对任一点 P 进行重采样时，需要该点四周 16 个原始像元参加计算，如图 2-9 所示。图 2-9(b) 表示式(2-26)的卷积核图形在沿 x 方向进行重采样时所应放的位置。计算可沿 x、y 两个方向分别运算，也可以一次求得 16 个邻近点对重采样点 P 的贡献的"权"值。此时

$$
I(P) = \sum_{i=1}^{4}\sum_{j=1}^{4} I(i, j) * W(i, j)
$$

$$(2\text{-}27)$$

$$
I = \begin{bmatrix}
I_{11} & I_{12} & I_{13} & I_{14} \\
I_{21} & I_{22} & I_{23} & I_{24} \\
I_{31} & I_{32} & I_{33} & I_{34} \\
I_{41} & I_{42} & I_{43} & I_{44}
\end{bmatrix}, \quad
W = \begin{bmatrix}
W_{11} & W_{12} & W_{13} & W_{14} \\
W_{21} & W_{22} & W_{23} & W_{24} \\
W_{31} & W_{32} & W_{33} & W_{34} \\
W_{41} & W_{42} & W_{43} & W_{44}
\end{bmatrix}
$$

其中，

$$
W_{11} = W(x_1)W(y_1)
$$

$$
\cdots
$$

$$
W_{44} = W(x_4)W(y_4)
$$

$$
W_{ij} = W(x_i)W(y_j)
$$

按照式(2-26)及图 2-9 的关系，有

$$
x\text{ 方向：}
\begin{cases}
W(x_1) = W(1 + \Delta x) = -\Delta x + 2\Delta x^2 - \Delta x^3 \\
W(x_2) = W(\Delta x) = 1 - 2\Delta x^2 + \Delta x^3 \\
W(x_3) = W(1 - \Delta x) = \Delta x + \Delta x^2 - \Delta x^3 \\
W(x_4) = W(2 - \Delta x) = -\Delta x^2 + \Delta x^3
\end{cases}
$$

$$
y\text{ 方向：}
\begin{cases}
W(y_1) = W(1 + \Delta y) = -\Delta y + 2\Delta y^2 - \Delta y^3 \\
W(y_2) = W(\Delta y) = 1 - 2\Delta y^2 + \Delta y^3 \\
W(y_3) = W(1 - \Delta y) = \Delta y + \Delta y^2 - \Delta y^3 \\
W(y_4) = W(2 - \Delta y) = -\Delta y^2 + \Delta y^3
\end{cases}
$$

$$
\Delta x = x - \mathrm{INT}(x), \quad \Delta y = y - \mathrm{INT}(y)
$$

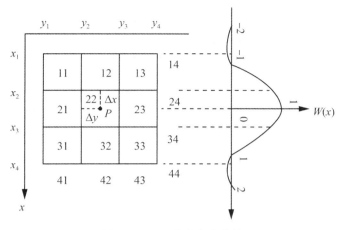

图 2-9　双三次卷积法内插

2.3.3　最邻近像元法

直接取与 $P(x, y)$ 点位置最近像元 N 的灰度值为该点的灰度值，即

$$I(P) = I(N)$$

N 为最近点，其影像坐标值为

$$\begin{cases} x_N = \mathrm{INT}(x + 0.5) \\ y_N = \mathrm{INT}(y + 0.5) \end{cases} \tag{2-28}$$

由采样定理可知，理论上由样本值恢复原始连续信号的最优内插权函数是 sinc 函数，而在上述 3 种内插核函数中，不管在空间波形还是频谱图形方面，只有三次卷积内插核函数最接近 sinc 函数。以上三种重采样方法以最邻近像元法最简单，计算速度快，且能不破坏原始影像的灰度信息，但其几何精度较差，最大可达 ±0.5 像元。双线性插值法和双三次卷积法的几何精度较好，三次样条函数重采样的中误差约为双线性内插法的 1/3，但这两种方法的计算时间较长，特别是双三次卷积法较费时，在一般情况下用双线性插值法较宜。

2.3.4　双像素重采样

从频谱分析而言，上述的双线性与双三次卷积内插法，均是一个低通滤波。滤掉信号中的高频分量，使影像产生平滑(或"模糊")。随着计算机容量与外存(磁盘)容量的不断增加，有人建议采用将原始的数字影像的一个像素在 x、y 方向均扩大 1 倍(相当于将原始影像放大 1 倍)，然后再对放大了 1 倍的影像进行重采样。如图 2-10 所示，它相当于将一条灰度等于 100 的直线做旋转。图 2-10(b) 是对原始影像图 2-10(a) 进行双线性内插的结果，图 2-10(c) 是放大 1 倍后的影像，图 2-10(d) 同样采用双线性内插之结果。由图可以看出，对放大 1 倍的影像进行重采样 —— 双像素影像重采样(image resampling by pixel doubling)，能更好地保持影像的"清晰度"。

19

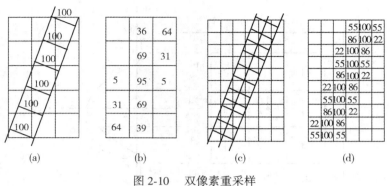

图 2-10 双像素重采样

2.4 航空数字影像获取 —— 数字航摄仪

数字航摄仪(航空数码相机)主要有两种类型传感器:一种是基于线阵(linear array)的传感器,代表产品有 ADS 系列;另一种是基于面阵的传感器,代表产品有 DMC、UCD、SWDC 和 A3 等。

由于受到 CCD 制作工艺的限制,大尺寸面阵 CCD(见图 2-11(a))的残次品率很高,目前还难以生产出相当于传统胶片像幅大小的面阵 CCD。为了不降低飞行效率,使得一次飞行获取的地面范围与传统航摄相当,一般航空数码相机是通过多镜头并行操作的方法来解决大范围地面覆盖需求与面阵 CCD 尺寸较小之间的矛盾的。线阵 CCD(见图 2-11(b))的制造相当简单,比较容易制造出大扫描宽度的数字航摄仪。

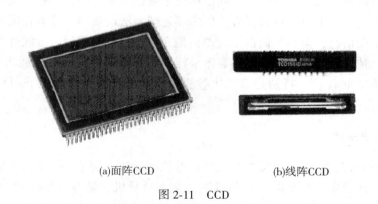

(a)面阵CCD   (b)线阵CCD

图 2-11　CCD

数字航摄仪在航空摄影测量中的大规模应用,可获取高质量(高信噪比、高反差)、高空间(几何)分辨率(地面分辨率可达 5cm)、高辐射分辨率(辐射分辨率均大于 8bit/pixel)和高影像重叠率(航向重叠率 80% ～ 90%,旁向重叠率 60% ～ 80%)的影像信息,大大减轻了天气和地形条件对影像获取的限制,开创了大比例尺全数字测图和利用航测进行数字地形测绘的新时代。

数字航摄仪的优势明显,主要体现在以下几个方面:

（1）直接获取航空数字影像；

（2）具有多波段成像能力，能同时获取全色和多光谱影像，并具有高地面分辨率；

（3）光敏动态范围大，降低了对航摄天气的要求，可获得更多的航摄时机；

（4）通过对 GPS/IMU 系统的集成可降低对地面控制的依赖；

（5）高航向重叠度形成的多基线立体为获取高质量 DEM 和 DSM 提供了保障。

但是，就目前来说，数字航摄仪的缺点也是明显的：

（1）按 CCD 拼接方式组成的大幅面数字相机的成像关系不严格。从理论上讲，用于测图的 DMC 数字航摄相机虚拟影像及其全色合成影像都不是严格统一的中心投影影像。一般情况下，当摄影比例尺大于等于 1∶5000 或高差大于等于 1/5 航高时，DMC 的中心投影误差超过 $2\mu m$。UCD 数字航摄相机全色影像合成的几何精度优于 0.22pixel。

（2）面阵航空数码相机的像幅覆盖范围小于模拟航摄仪的像幅覆盖范围，导致测图的像对（模型）数增加，接边工作量增大。

（3）面阵航空数码相机的交会角接近于（甚至小于）常规的焦距为 300mm 的长焦摄影机，导致高程精度低。

（4）线阵数字航摄仪在摄影飞行时，由于受气流不稳等因素影响，相机姿态和比例尺发生的变化可能会产生相对的飞行漏洞。

2.4.1　框幅式数字航摄仪

1. DMC 数字航摄仪

DMC(digital mapping camera) 数字航摄仪是 Z/I 公司研制开发的，如图 2-12 所示。DMC 镜头系统由 Carl Zeiss 公司特别设计和生产，相机由 8 个镜头组合而成（见图 2-13），位于中间的为 4 个全色镜头，位于周围的是 4 个多光谱镜头（红、绿、蓝和近红外）。每个镜头配有大面阵的 CCD 传感器，这些 CCD 传感器是由前身为 philips 的 DALSA 公司制作的。4 个全色镜头为 7K×4K 的 CCD 传感器，像素大小为 $12\mu m \times 12\mu m$，提供了大于 12bit 的线性响应高动态范围；4 个多光谱镜头为 3K×2K 的 CCD 传感器。

图 2-12　DMC 数字航摄仪

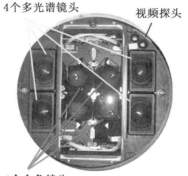

图 2-13　DMC 数字航摄仪镜头组

4 台全色相机倾斜安装，互成一定的角度，影像间有 1% 的重叠度，它们之间的距离为 170mm 或 80mm，分别为前／右(F/R)视、前／左(F/L)视、后／右(B/R)视和后／左(B/L)视（见图 2-14(a)），所获得的 4 幅影像相互之间具有一定的重叠度，而 DMC 提供给用户的是经过辐射与几何校正的、拼接的有效(virtual)影像，如图 2-14(b) 中虚线表达的影像，该影像为中心投影影像。DMC 摄影测量处理流程与模拟中心投影影像一致。

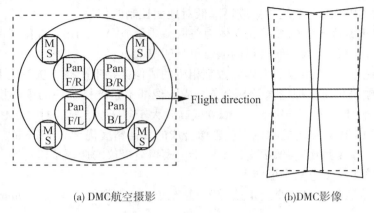

(a) DMC航空摄影　　　　　　(b)DMC影像

图 2-14　DMC 航空摄影及影像示意图

DMC 具有像移补偿装置(FMC)，采用的是 TDI(time delayed intergration) 方式进行像移补偿，能补偿高速飞行引起的飞行方向模糊。为保持色彩还原的真实性，DMC 各色彩范围之间保留了一定的重叠。表 2-1 简明列出了 DMC 数字航摄仪的主要性能参数。

表 2-1　　　　　　　　　　　　**DMC 相机主要性能参数**

视场角	69.3°(旁向) × 42°(航向)			
全色单一 CCD 面阵大小	7K × 4K			
全色影像分辨率	7680pixel × 13824pixel(最终输出影像)			
全色 CCD 像元尺寸	12μm × 12μm			
像移补偿	TDI 方式			
全色镜头系统	4 个镜头，$f = 120$mm			
多光谱波段数	4 个，R、G、B、近红外(可定制其他波段)			
多光谱镜头系统	4 个镜头，$f = 25$mm			
快门值和光圈系数	连续可调，快门 1/50 ～ 1/300s，光圈 $f4$ ～ $f22$			
标配机内存储容量(MDR)	840GB(可存储大于 2000 幅影像)			
最大连拍速度	2s/ 幅			
辐射分辨率	12bit(所有相机)			
各波段波长	全色	360 ～ 1040nm		
	蓝	380 ～ 580nm	红	560 ～ 700nm
	绿	450 ～ 670nm	近红外	675 ～ 1030nm

2. VexcelUltraCamD/X 数字航摄仪系统

UltraCam 是美国 Vexcel 集团公司发明、奥地利 Wild（威特）厂生产制造的面阵航空相机（见图 2-15），所有镜头都是水平、垂直对向地面。为了获取大幅面中心投影影像，UltraCam 数字航摄仪系统在每个镜头承影面上精确安置了不同数量的 CCD 面阵：全色波段 4 个镜头分别对应着呈 3×3 矩阵排列的 9 个 CCD 面阵，其中主镜头对应四角的 4 个 CCD 面阵，第一个镜头对应前后 2 个 CCD 面阵，第二个镜头对应左右 2 个 CCD 面阵，第三个镜头对应中间 1 个 CCD 面阵（见图 2-16）；多光谱波段的 4 个镜头分别对应另外 4 个 CCD 面阵。UltraCam 系统所使用的 13 个 CCD 面阵尺寸均为 4008pixel×2672pixel，其中形成全色影像的 9 个 CCD 之间存在一定的重叠（航向为 258pixel，旁向为 262pixel），CCD 获取的影像数据通过重叠部分影像精确配准，消除曝光时间误差造成的影响，生成一个完整的中心投影影像。UltraCam 摄影测量处理流程与模拟中心投影影像一致。

4个全色波段镜头　　　4个多光谱镜头

图 2-15　UltraCam 数字航摄仪镜头组

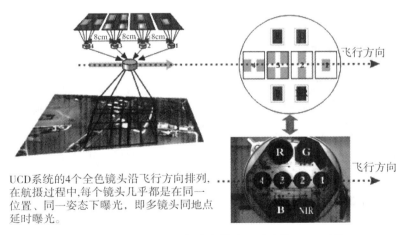

UCD系统的4个全色镜头沿飞行方向排列，在航摄过程中，每个镜头几乎都是在同一位置、同一姿态下曝光，即多镜头同地点延时曝光。

图 2-16　UCD 数字航摄仪全色镜头及对应的 CCD 面阵

UltraCam 系列采用了单一投影中心和单一影像坐标系的概念，按直线方式排列的 4 个全色镜头在几个微秒期间获取影像，并将实际上在 4 个物理位置获取的影像形成一个虚拟影像，理论上属于同一投影中心。主镜头定义了单一完整影像的坐标系，其余所有的子影像被纠正到主镜头的参考坐标系下，在这可以看成是内插到主帧的变换。影像的拼接与缝合过程则消除镜头中间的残差。UltraCamX 的主要技术参数见表 2-2。

表 2-2   **UltraCamX 主要性能参数**

影像尺寸(轨道方向／垂直轨道方向)/ pixel	全色 9420/14430，多光谱 3288/4492
像素尺寸／μm	7.2
物理像幅大小(轨道方向／垂直轨道方向)／mm	全色 67.8/103.9，多光谱 23.9/34.7
镜头焦距 f/mm	全色 100，多光谱 33
视场角(轨道方向／垂直轨道方向)/°	37/55
辐射分辨率	> 12bit/ 通道
最大连拍速度	0.75s/ 幅
前向运动补偿	TDI 控制，50pixel

UltraCam 影像具有较高的信噪比和辐射分辨率，12bit 的影像即使在光照条件不好、存在阴影或过饱和区域的情况下，仍然具有充足的影像信息。

3. A3 数字航摄仪

A3 数字航摄仪是扫描摄影相机，以色列 VisionMap 公司设计生产的新型航摄仪，由航空数字相机(A3 digital camera)和全自动后处理系统(Lightspeed)组成。图 2-17(a) 是相机的主体部分，由旋转的双镜头、电源、小型计算机以及存储等设备构成，机身小巧，总重量是 35 公斤，携带装卸相对都比较方便。图 2-17(b) 是全自动的数据处理系统的硬件设备，它由 5 个高性能的刀片服务器和 1 个磁盘阵列组成，可以在无地面控制点的情况下，对数据进行全自动化处理，并可生成 DSM、DOM、立体像对、倾斜影像等在内的一系列成果产品。

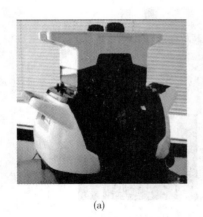

(a)   (b)

图 2-17　A3 数字航摄仪

A3 数字航摄仪由双量测数码相机刚性固定组合，相机围绕一个中心轴作最高可达 109° 的高速旋转和拍照，可获取最大约 78000 × 9600 像素的超宽幅影像图。航空摄影时，A3 相机镜头做单方向扫摆运动，每次扫视结束后快速回摆，镜头扫摆速度与飞机航速有关。飞机飞行速度快，则镜头扫摆速度快；飞机飞行速度慢，则镜头扫摆速度慢。相邻子影像重叠度可达15%，航行重叠度大于56%，旁向重叠度大于60%，连续扫描的重叠度可以调整。一次飞行可同时获取垂直、倾斜多视角影像。每次拍摄每台相机每秒获取 7.5 幅子影像，单个相机一个扫视周期内最多可获取 33 幅子影像，一次单一的扫描完成时间约为 3.6s。图 2-18 所示为单次扫描的结构图。A3 数字航摄仪的主要技术参数见表 2-3。

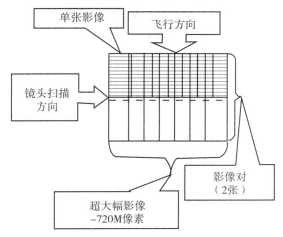

图 2-18　A3 数字航摄仪单次扫描结构图

表 2-3　　　　　　　　　　　　　　　　　**A3 主要性能参数**

影像尺寸(单像幅)	4864pixel × 3232 pixel
像素尺寸	7.4μm
镜头焦距	300mm
光圈	F/4.5
单镜头视场角(水平/垂直)	4.58°/6.58°
最大摆动视场角	109°
每次扫描获取影像	33 对双幅
每秒影像获取数	7.5
像移补偿	基于加速度传感器、实时 GPS 数据和特殊的内置镜头组做微小的姿态变化
在线存储容量(存储设备可扩展)	1TB
重量/尺寸	35kg/50cm × 50cm × 40cm

4. SWDC 数字航摄仪

SWDC(si wei digital camera) 数字航摄仪(见图 2-19)是刘先林院士主持研制的一套具有自主知识产权的国产全数字航摄仪。SWDC 主体由 4 个高档民用相机(单机像素数为 3900 万)，经高精度拼接生成虚拟影像。该航摄仪特点是相机镜头可更换(3 组)、幅面大、视场角大、基高比大。SWDC 摄影测量处理流程与模拟中心投影影像一致。SWDC 相关技术参数指标见表 2-4。

图 2-19　SWDC 数字航摄仪

表 2-4　　　　　　　　　　　　　　**SWDC-4 主要技术参数**

镜头焦距	35mm/50mm/80mm
畸变差	< 2μm
像素尺寸	6.8μm
影像尺寸(输出影像)	13K × 11K
旁向视场角	112°/91°/59°
航向视场角	95°/74°/49°
60% 重叠度时的基高比	0.87/0.59/0.31
数据存储量	40 ～ 100GB(CF 卡)
一次飞行可拍摄影像数量	850 ～ 1700
最短曝光间隔	3s
快门方式，曝光时间	中心镜间快门，1/320，1/500，1/800
最大光圈	F/3.5

2.4.2　三线阵数字航摄仪

三线阵数字航摄仪主要有 ADS40/80、TLS 和 JAS 等。

1. ADS 数字航摄仪

ADS40(airborne digital sensor) 航空数码相机是 LH 公司(由瑞士 Leica(徕卡) 公司和美国 HELAVA 公司共同组建) 于 2000 年推出的第一台大型推扫式航空摄影测量系统，主要搭载 CCD 三线阵机载数字传感器，相机外形如图 2-20(a) 所示。它采用线阵列推扫式成像原理，能同时获取 3 个全色和 4 个多光谱波段的数字影像。该相机全色波段的前视、下视和后视影像可以构成 3 个立体像对，实际上是利用 3 个航空摄影条带进行摄影测量。彩色成像部分由 R、G、B 和近红外波段经融合处理可获得真彩色影像及彩红外多光谱影像。ADS40 系统主要包括相机主体、成像处理器、位置与姿态处理器和后处理软件包，2008 年 Leica 公司推出了第二代机载数字航空摄影测量系统 ADS80(见图 2-10(b))，配备全新的 CU80 控制系统，该系统可提供更优的航空影像数据获取和数据处理解决方案。ADS80 使用新型镜头 SH81 或 SH82，在同一角度可同时获取 5 个波段（R、G、B、IR、PAN）专业的数字影像，来满足当前航测制图与遥感应用需求。ADS80 能够高效地获取真正的同一分辨率、高品质、高分辨率色彩、近红外及全色数字影像数据。ADS 的主要技术参数见表 2-5。

(a)ADS40   (b)ADS80

图 2-20   ADS 数字航摄仪

表 2-5 　ADS 主要技术参数

镜头焦距	62.5mm
像素尺寸	6.5μm
视场角（FOV）	46°
立体前视角	26°
立体底点视角	16°
立体后视角	42°
全色扫描	2 × 12000pixel
RGB 彩色和近红外扫描	12000pixel
地面幅宽（3000m 高度）	3.7km
地面采用间隔（3000m 高度）	16cm
动态范围	12bit
辐射分辨率	8bit
影像尺寸（输出影像）	13K × 11K
实时存储能力	200 ~ 500G
各波段波长／μm	R（0.608 ~ 0.662）、G（0.533 ~ 0.587）、B（0.428 ~ 0.492）、近红外（0.703 ~ 0.757）、近红外 2（0.833 ~ 0.887）

　　ADS80 采用线阵列推扫成像原理，系统集成了 GPS 和 IMU，可以为每条扫描线产生较准确的外方位初值，因此在后期做空三处理时不再像传统摄影测量的空三需要很多的平面

控制点和高程控制点，只需要在测区 4 角和中心加测地面控制点，或在无地面控制点的情况下利用 PPP 技术完成地面目标的三维定位。表2-6列出了ADS80测图比例尺、地面采样距离、测图精度之间的关系。

表 2-6   ADS80 测图比例尺与精度

平均 GSD/cm	比例尺	X, Y 精度 /m	等高线间隔 /m
5 ~ 10	1：500	0.125	0.25
10 ~ 15	1：1000	0.25	0.5
20 ~ 30	1：2000	0.5	1.0
30 ~ 50	1：5000	1.25	2.5
40 ~ 60	1：10000	2.5	5.0

2. TLS 数字航摄仪

TLS(Three-Line-Scanner) 是由日本的 STARLABO 公司开发的三线阵数码相机。它的初衷是用于记录地面上的线状特征，然而后来的试验结果表明 TLS 在摄影测量的几何处理方面能够达到很高的精度。TLS 在城市建模方面已经取得了很好的效果。TLS 的成像方式和工作原理与 ADS40 非常相似，表 2-7 是 ADS40 与 TLS 的一些技术参数比较。

表 2-7   ADS40 与 TLS 的计算参数比较

	TLS	ADS40
焦距 /mm	60	62.5
CCD 上的像素数	10200	12000
像素尺寸 /μm	7	6.5
视场角 /(°)	61.5	64
立体角 /(°)	21, 21, 42	14, 28, 42

3. JAS 数字航摄仪

JAS150(见图 2-21) 是德国 JENOPTIK 公司开发出的产品。德国 JENOPTIK 公司的前身是前东德 Carl Zeiss 公司的部分研究和生产机构。在 1991 年组建新公司后，公司主营业务涉及光学、激光加工、工业检测与国防航天等多种领域。在研发过程中曾先后与德国宇航局(DLR) 和 Carl Zeiss 等公司合作，广泛汲取了各种推扫式成像系统设计的优秀经验。JAS150 相机是中长焦距推扫式数字相机，具有很高的 GSD 和 16bit 记录能力。在德国摄影测量协会 2008 年年底组织的对比测试中，JAS150 相机达到了很高的精度。JAS150 相机的计算参数见表 2-8。

图 2-21　JAS 数字航摄仪

表 2-8	**JAS150 的技术参数**
焦距	150mm
CCD 线阵数	9
CCD 行像素	12000
像素尺寸	6.5μm
辐射分辨率	12bit(无噪声)
最小曝光时间	1.25ms
地面分辨率(3000m 高度)	15cm
扫描宽度(3000m 高度)	1.6km
几何精度	< 1 pixel
净重 / 体积	65kg/570mm × 495mm × 460mm

2.5　机载定位定向系统 POS

　　机载定向定位系统(position and orientation system，POS)是基于全球定位系统 GPS 和惯性测量装置 IMU 的直接测定影像外方位元素的现代航空摄影导航系统，可用于在无地面控制或仅有少量地面控制点情况下的航空遥感对地定位和影像获取。

　　将 POS 系统和航摄仪集成在一起，通过 GPS 载波相位差分定位获取航摄仪的位置参数及惯性测量单元 IMU 测定航摄仪的姿态参数，经 IMU、DGPS 数据的联合后处理，可直接获得测图所需的每张像片 6 个外方位元素，从而能够大大减少乃至无需地面控制直接进行航空影像的空间定位，为航空影像的进一步应用提供快速、便捷的技术手段。在崇山峻岭、戈壁荒漠等难以通行的地区，如国界、沼泽、滩涂等作业员根本无法到达的地区，采用 POS 系统和航空摄影系统集成进行空间直接对地定位，快速高效地编绘基础地理图件将是行之有效的方法。目前，机载 POS 系统直接对地定位技术已逐步应用于生产实践。

POS 主要包括加拿大的 Applanix POS AV 系列和德国的 IGI AeroControl 系列等。

2.5.1　Applanix POS AV

Applanix POS AV（见图 2-22）的组件包括：

图 2-22　Applanix POS AV

（1）PCS(POS computer system)：坚固、低功率、轻便、小尺寸、内置记录器，包括嵌入式 GPS 接收器。

（2）IMU(interial measurement unit)：坚固、小尺寸、轻便、高测量等级。

（3）POSPac(post-processing software bundle)：包括载波相位差分 GPS 处理器，集成惯性/GPS 处理器，可选择的用来产生外方位的摄影测量工程、IMU 准线校准和质量控制。

（4）Optional Integrated Track' air Flight Management System：任务编制、驾驶显示、POS AV 和传感器控制使在飞行中的任务尽可能自动化和提高运作效率。

POS AV1 的相关精度如表 2-9 ~ 表 2-12 所示。

表 2-9　　　　　　　　　　　　**POS AV 绝对精度(RMS)**

POS AV	410　410　410　410 SPS　DGPS　XP　PP	510　510　510　510 SPS　DGPS　XP　PP	610　610　610　610 SPS　DGPS　XP　PP
位置/m	1.5 ~ 3.0　0.5 ~ 2.0 0.1 ~ 0.5　0.05 ~ 0.30	1.5 ~ 3.0　0.5 ~ 2.0 0.1 ~ 0.5　0.05 ~ 0.30	1.5 ~ 3.0　0.5 ~ 2.0 0.1 ~ 0.5　0.05 ~ 0.30
速度/(m/s)	0.050　0.050 0.010　0.005	0.050　0.050 0.010　0.005	0.030　0.020 0.010　0.005
俯仰和滚度 /(°)	0.020　0.015 0.015　0.008	0.008　0.008 0.008　0.005	0.005　0.005 0.005　0.0025
真航向/(°)	0.080　0.050 0.040　0.025	0.070　0.050 0.040　0.008	0.030　0.030 0.020　0.0050

注：PP：Post Processed；DGPS：Differential GPS；IARTK：Inertially-Aided Real-Time Kinematic。DGPS 是指在差分 GPS 状态下；XP 是指在 OmniStar XP 服务下；PP 是指 POSPac MMS 后处理结果。

表 2-10 全球卫星定位系统(GNSS)

Options	Signals	OPTIONS
GPS-16	GPS L1/L2/L2C GLONASS L1/L2 Omnistar L Band	5HZ(raw)

表 2-11 惯性测量装置(IMU)

型号	AV 模型	原产地	外形尺寸(L, W, H)	作业温度	重量
IMU-7 IMU-8	POS AV 410 POS AV 510	US	95mm, 95mm, 107mm	−54 ~ +71℃	1.0kg
IMU-29	POS AV 410	EU	128mm, 128mm, 104mm	−40 ~ +71℃	2.1kg
IMU-14	POS AV 510	EU	150mm, 120mm, 100mm	−20 ~ +55℃	2.0kg
IMU-31	POS AV 510	EU	163mm, 130mm, 137mm	−20 ~ +55℃	2.6kg
IMU-21	POS AV 610	US	163mm, 165mm, 163mm	−40 ~ +70℃	4.49kg

表 2-12 POS AV 相对精度

POS AV	410	510	510	610
噪音/(°/√h)	< 0.10	0.02	< 0.01	0.005
偏移/(°/h)	0.50	0.10	0.10	< 0.01

2.5.2 IGI AeroControl

AeroControl 是 IGI 公司的精确测量机载传感器位置与姿态的全球卫星导航定位/惯性导航定位系统。它可以确定空中摄影测量系统或其他任何机载传感器位置和姿态角 ω、φ、κ。

IGI AeroControl(见图 2-23)由一个基于光纤陀螺(FOG-IMU-IIF)或微机陀螺(MEMS-IMU-m)惯性测量单元和传感器管理单元(SMU)集成的高端 GNSS 接收机。

图 2-23　IGI AeroControl

AeroControl 的规格如表 2-13 ~ 表 2-15 所示。

表 2-13   **AeroControl 的性能**

性能 *	AEROcontrol-m	AEROcontrol-I **	AEROcontrol-II **	AEROcontrol III
定位 /m	0. 05	0. 05	0. 05	0. 05
速率 /(m/s)	0. 005	0. 005	0. 005	0. 005
侧滚角 / 俯仰角 /(°)	0. 01	0. 008	0. 004	0. 003
航偏角 /(°)	0. 02	0. 015	0. 01	0. 007
可用数据频率 /Hz	400	128 或 256	128 或 256	400

注：* 为处理后数据精度，** 可随时升级为 AEROcontrol-II 或 AEROcontrol III。

表 2-14   **IMU 的性能**

性能	IMU-m	IMU-IIF
陀螺仪常值偏置 /(°/h)	2	0. 03
陀螺随机游走 /(°/√h)	0. 07	0. 05
加速度计随机偏置 /mg	0. 1	0. 3
更新和传送频率 /Hz	400	128、256 或 400 和 512

表 2-15   **端口**

GNSS 接收机	内置：NovAtel OEMN-3 或 Septentrio AsteRx2e OEM / AsteRx3 OEM
通信	以太网：千兆以太网 LAN 端口 串行端口：2 × RS232，1 × RS422 分离元件：PPS 输出，3 个标记事件输入
可选项	集成 CCNS-5 飞行管理系统或作为独立系统 GLONASS DIA：在 GPS 接受信号较差的区域采用直接惯性辅助支持 DIA +：在 GPS 接受信号较差的区域采用直接惯性辅助支持 + GLONASS 接受
处理软件	惯性导航处理后处理软件 AERO office GrafNav 和 GNSS 后期处理与空中三角测量后期处理的 BINGO30
数据储存	8GB(默认)、16GB 或 64GB 可扩展内存卡

对 AeroControl 数据进行后处理的 **AERO office** 软件包提供：

① 前置 / 后置卡尔曼滤波算法，即使在苛刻的条件下，也能达到最佳效果；

② 600 多种局部坐标系的转换；

③ 坐标编辑器可以进行自定义坐标系统；

④ 可以导出标准格式，谷歌地球(*. kml) 格式和自定义格式；

⑤ 简单的用户操作界面，没有经过专业培训或没有经验的人也可以得到较好的结果。

2.6 机载激光扫描系统(LiDAR)

激光扫描即光探测与测距技术(light detection and ranging, LiDAR, 与 RADAR 的中译"雷达"相应,译为"光达"),作为一种三维空间信息的实时获取手段,在 20 世纪 80 年代末取得了重大突破。根据载体以及应用环境的不同,LiDAR 可分为:星载、机载、地面、舰载和导弹 LiDAR 等。机载 LiDAR 系统作为一项新的信息获取手段,极大地拓宽了数据来源范围,能够快速获取精确的高分辨率 DSM 以及地面物体的三维坐标,在国土资源调查及测绘等相关领域具有广阔的应用前景。

提供 LiDAR 设备的公司有 Leica、Optech(加拿大)、IGI(德国)、Reigl(奥地利)等。

2.6.1 Leica ALS

徕卡 ALS80 机载激光扫描系统(见图 2-24)能为狭长地形、城市、冲积平原或者大部分航空测绘提供高密度的点云。它能从高海拔地区进行宽广区域测绘来获得近 8km 的幅宽数据。

徕卡提供的三种型号 ALS80-CM、ALS80-HP、ALS80-HA 共用一个平台(高性能激光器、扫描仪、电子设备、位置/姿态定位定向系统、用户界面、飞行计划执行软件)以满足多种用途的航空测量需要。ALS80-CM 是为低空测量城市或者狭长地图应用而设计,超高密度的扫描可以通过安装在小飞行器或者固定在直升飞机上来实现并发挥低空扫描优势。ALS80-HP 是为大部分飞行测量应用而设计,它能通过不同的飞行高度适应不同的地形。ALS80-HA 是一款适用于高海拔飞行的型号,最高的飞行高度用来测量一个省或者一个国家宽广范围的地形,具有巨大优势。

ALS80-CM 和 ALS80-HP 系统能达到行业领先的 1.0MHz 测量频率,减少航线飞行时间高达 50%。ALS80-HA 高飞行高度和优化扫描频率的特点提供了大范围测绘的可能。ALS80 提供了多达 6PiA 的空中多脉冲功能(Leica ALS80-CM 是 5PiA),使得飞行高度增加时依然可以使用较高的脉冲频率。

图 2-24 Leica ALS 80

徕卡 ALS80 的主要技术参数如表 2-16 所示，扫描方式见图 2-25，精度见图 2-26。

表 2-16 **ALS 的主要技术参数**

指标		型　　号		
		ALS80-CM	ALS80-HP	ALS80-HA
最大飞行高度 /m AGL		1600	3500	5000
最小飞行高度 /m AGL		100	100	100
最大脉冲频率 /kHz		1000	1000	500
视场角(度，全视角用户可调)		0 ~ 72		0 ~ 75
运动补偿(自适应，度)		0 ~ 72- 使用值		75- 使用值
扫描方式(用户可选)		正弦波、三角形、扫描线		
最大扫描频率 /Hz	正弦波	200		100
	三角形	158		79
	扫描线	120		60
回波次数		无限次		
强度回波次数		3(第一、第二、第三)		
精度		见图 2-26		
存储器		可替换 800GB 固态硬盘		
存储时间(小时 @ 最大脉冲频率，2 次回波)		6. 9		9. 2

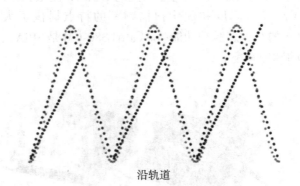

沿轨道

图 2-25　正弦波、三角、平行线扫描方式

2.6.2　Optech

加拿大 Optech 公司的机载 LiDAR 包括 ALTM Gemini 和 ALTM Pegasus HD500 等(见图 2-27)。

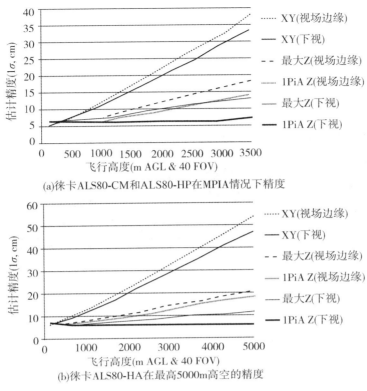

(a)徕卡 ALS80-CM 和 ALS80-HP 在 MPIA 情况下精度

(b)徕卡 ALS80-HA 在最高 5000m 高空的精度

图 2-26 徕卡 ALS80-CM 和 ALS80-HP 在 MPiA 情况下提供的精度

1. ALTM Gemini

Optech ALTM Gemini 双子座机载三维激光雷达测图系统是可应用在高海拔大区域的全自动连续多脉冲激光雷达测图系统。其特点包括：

① 双光束发射；

② 集成视频捕捉系统；

③ 连续多脉冲技术；

④ 支持 GPS、GLONASS 和 L 波段；

⑤ 数字化的波段选择操作系统；

⑥ 全面集成的图像传感器。

其优势包括：

① 快速的覆盖面和数据传输能力；

② 在任何倾斜角的条件下都能保证数据准确性和完整性；

③ 在高强度和大范围的动态区域也不会影响激光雷达的影像质量；

④ 在所有高度和应用领域中都能获得高密度的雷达数据。

2. ALTM Pegasus HD500

特点包括：

① 业内第一款多通道机载激光雷达地形测量设备；

② 多脉冲的替代技术，使大型作业一气呵成；

③ 测绘应用中，在高密度高清晰的前提下拥有业界最高的数据采样速度；

④ 多外观角设计，有效提高穿透树冠的能力；

⑤ 下垂式设计，可使视野不受限制；

⑥ Optech 公司的 iFLEX™ 技术，保证了数据的高清晰高精度不受脉冲频率的影响；

⑦ 可选择 300 万到 6000 万像素的完全嵌入式数码相机的设计；

⑧ 集成最新的惯性导航和虚拟参考站技术，有助于陡坡曲线和 GPS 基线的获取。

(a)ALTM Gemini　　　　　　　　(b)ALTM Pegasus HD500

图 2-27　Optech 机载 LiDAR

ALTM 系列 LiDAR 主要技术参数见表 2-17。

表 2-17　　　　　　　　　　　　**ALTM 系列 LiDAR 主要技术参数**

指标	参数	
	HD500	Gemini
激光波长 /nm	1064	1064
平面精度 /1σ	1/5500 × 高度	1/5500 × 高度
高程精度 /1σ	< 5 ~ 15cm	< 5 ~ 30cm
激光发射频率 /kHz	可设定，100 ~ 500	33 ~ 167
回波次数	4	4
回波强度	12-bit 动态范围	12-bit 动态范围
轧辊补偿	可设定；最大 ±32°（取决于视场角）	可编程；最大 ±5° 全视场角
最大脉冲频率 /kHz	500	167
最大扫描频率 /Hz	140	70
相对航高 /m AGL	300 ~ 2500	150 ~ 4000
最大视场角 /(°)	65	50
惯性定位及定向系统	POSAV510 220 通道 GNSS 接收系统	POSAV510 220 通道 GNSS 接收系统
数据存储	可拆卸式固态硬盘（SATA II 接口）	可拆卸式固态硬盘（SATA II 接口）
光束发射角	0.2mrad（1/E）	双精度：0.25mrad（1/E）和 0.8mrad（1/E）

指标	参 数	
	HD500	Gemini
体积重量	控制台 65cm × 59cm × 49cm，46kg； 扫描头 63cm × 54cm × 45cm，65kg	控制台 65cm × 59cm × 49cm，53.2kg； 扫描头 26cm × 19cm × 57cm，23.4kg
图像采集	8000 万像素的全幅面相机(可选)	完全兼容的 Optech 相机接线(可选)
工作温度	− 10°C ～ + 35°C	− 10°C ～ + 35°C
相对湿度	0 ～ 95% 非冷凝	0 ～ 95% 非冷凝

2.6.3 Reigl

奥地利 Reigl 激光测量系统公司的产品包含地面三维激光扫描系统、移动三维激光扫描系统、机载激光雷达系统、无人机机载激光雷达系统等。Reigl 机载 LiDAR 包括 VQ 系列和 LMS 系列(见图 2-28)，技术参数见表 2-18 和表 2-19。

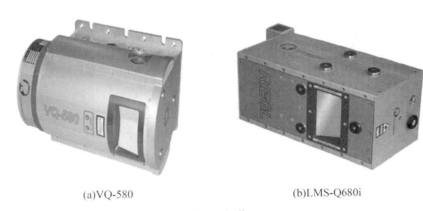

(a)VQ-580　　　　　　　　　　　(b)LMS-Q680i

图 2-28　Reigl 机载 LiDAR

　　Reigl VQ-380i 拥有近红外光束和高速线性扫描机制，典型应用包括地形图和廊带测绘。Reigl VQ-480i 使用近红外激光束提供高速、非接触式数据获取和快速的线性扫描机制，典型应用包括廊带测绘、电力线检查、文化遗址制图。Reigl VQ-580 使用狭长的近红外光束提供高速、非接触式数据获取和快速的线性扫描机制，典型应用包括冰川测图、雪原测图、湿地测图和电力巡线。这几种扫描仪都具有设计紧凑、轻便的特点，易于安置在各种小型飞行器、直升机或地面移动设备上。
　　Reigl VQ-1560i 是双通道全波形处理的机载激光雷达测量系统，主要可以应用于超大区域／高海拔地区测量、高密度点云测量、复杂城市环境测量、城市建模、冰川及雪地测量、湖畔及河岸测量、农业及林业调查、廊道测量。
　　高度集成一体化的 Reigl VQ-880-G 为一款水文机载激光雷达系统，典型应用包括海岸线和浅滩测绘、为洪水灾害获取基础数据、沉积地带制图、栖息地测绘、水文工程测绘和水文考古测绘。

表 2-18   **Reigl VQ 系列主要技术参数**

指标	参数	
	VQ-1560i	VQ-880-G
水文测量： 典型测量范围／典型飞行高度	—	1.5Secchi 深度／600m
地形测量： 最大测量范围：目标反射率 60%20%/m	5800/3800	3600/2500
最小测量范围/m	100	10
精度/mm	20	25
扫描角度／有效视场角/(°)	60/58	40/±20
最大可操作飞行高度/m	4700	2200

    Reigl 最新款 LMS-Q680i 远距离矩阵激光扫描仪，其使用参数能够适应大范围区域的应用，如地形与采矿、峡谷测图、城市三维建模、岸线测图、农林和森林清查、对目标进行分类、冰川与雪原测图和电力巡线。

    Reigl LMS-Q780 是一款高空机载激光扫描仪，主要应用分激光功率和降低激光功率两种。激光功率应用包括大面积和高空测图、地形和矿山、冰川和雪原测图，降低激光功率应用包括城市建模、湖泊／河岸测量、农业和森林清查、带状测量。

表 2-19   **Reigl LMS 系列主要技术参数**

指标	参数		
		LMS-Q780	
	LMS-Q680i 激光脉冲发射频率(kHz) 80/200/300/400	最大激光功率级 激光脉冲发射频率(kHz) 100/200/300/400	降低激光功率级 50%/25%/12%/6% 激光脉冲发射频率 400kHz
最大测量范围： 目标反射率 20%/m	2000/1350/1150/1000	4100/3500/3000/2700	2100/1500/1120/820
最大测量范围： 目标反射率 60%/m	3000/2200/1850/1650	5800/5100/4500/4100	3200/2400/1800/1350
最大飞行高度/m	1600/1100/950/800	4700/4200/3700/3300	2600/1950/1450/1100
最小测量距离/m	30	50	
精度/mm	20	20	
扫描角度／有效视场角/(°)	±30	±30	

最新的 Reigl LMS-Q1560 高性能高空双激光机载三维激光扫描系统是目前最尖端的机载航测设备，适用于各种比例尺的航测工程。其工作海拔高度可达 5800m，在这样的高度范围内会出现多空中脉冲现象，可使用 Reigl 的 RiMTAT 软件自动对多周期回波进行处理。Reigl LMS-Q1560 配备了独特且创新的双激光前扫和后扫的交叉扫描方式，使其可以在 60° 视场角（FOV）内多个角度更加有效更加准确地获取高密度激光点云。航测影像采集系统由一个 8000 万像素的中幅面专业航测相机和第二相机系统组成，第二相机系统可以选配为专业红外相机。

2.7 航天数字影像获取系统及特点

1957 年苏联成功发射了第一颗人造地球卫星，开创了空间科学研究和技术应用的新局面，在空间探测、资源调查、通信、导航、气象、测绘和军事侦察等领域获得了广泛应用。世界各国已向太空发射了 5000 多颗卫星或空间飞行器，其中相当一部分用于对地观测。由于卫星遥感获取资料迅速，不受区域限制，可以自由获取境外军事目标信息。因此，自发射之日起，人们就意识到卫星遥感的重要性，开始了对航天遥感应用技术的研究工作。高分辨率商业遥感卫星是空间技术和军事需求共同推动的产物。过去，高分辨率卫星影像分别被美国和苏联控制，主要用在军事和情报领域。1950 年冷战开始后，苏联和美国发射了一系列侦察卫星，美国的高级型 KH-12 卫星的分辨率在 15cm 左右。随着苏联解体和遥感卫星技术的进步，为高分辨率卫星影像的商业化利用创造了条件。冷战结束后，美国和俄罗斯于 20 世纪末逐渐将早期的照相侦察卫星或其他航天器拍摄的影像解密，提供民用服务，甚至将其技术投放世界商业遥感市场，批准公开销售米级分辨率的影像。

自 1972 年首颗民用遥感卫星发射以来，全世界有 13 个国家的 21 个政府机构和私营企业投资数十亿美元，用于发展和经营地球观测卫星。由于高分辨率遥感卫星具有广泛的应用前景，引起了世界各国的重视。在民用方面，高分辨率遥感卫星可用于制图、建筑、采矿、城市规划、土地利用、资源管理、农业调查、环境监测、新闻报道和地理信息服务等诸多领域；在军事上，它可用于情报收集、国防监测、变化监测、精确制图和目标定位，以及跟踪部队集结、武器部署等军事活动。因此，世界上许多国家都在积极研制高分辨率遥感卫星。近年来，美国为保持其空间遥感技术及遥感卫星数据的市场优势，一方面大幅度降低中等分辨率陆地卫星遥感资料的价格，另一方面大力发展高空间分辨率、高光谱分辨率和雷达遥感卫星技术。

2.7.1 卫星光学影像地面分辨率

对地观测卫星遥感影像的空间分辨率在 20 世纪每十年提高一个数量级。1972 年，美国首次发射地球资源卫星（ERTS-1），到 1975 年被正式命名为陆地卫星（Landsat），其多光谱扫描仪的空间分辨率为 80m 左右。1986 年，法国 SPOT1 卫星成功发射，其高分辨率可见光传感器（high resolution visible，HRV）的地面分辨率提高到 10m。1987 年，苏联公开销售分辨率 2m 的影像。1999 年，美国空间成像公司（Space Imaging）发射了分辨率为 0.82m 的 IKONOS 卫星。2009 年，美国数字地球公司（DigitalGlobe）发射了分辨率为

0.46m 的 WorldView-II 卫星。部分高分辨率卫星如图 2-29 所示。卫星光学影像空间分辨率比较见图 2-30 和表 2-20。

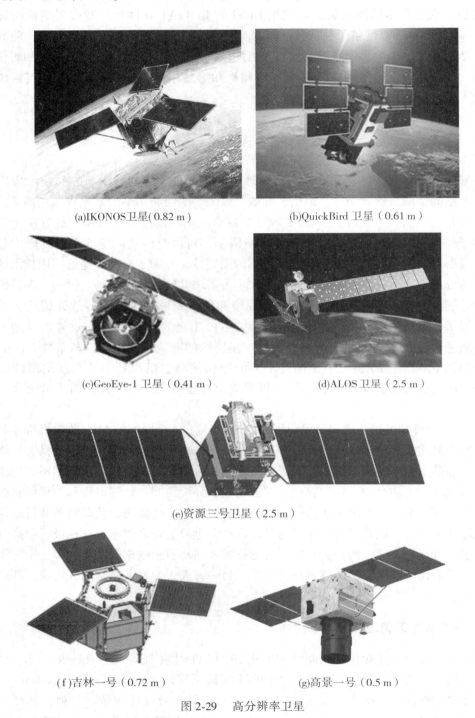

(a)IKONOS卫星(0.82 m)　　　　　(b)QuickBird 卫星（0.61 m）

(c)GeoEye-1 卫星（0.41 m）　　　　(d)ALOS 卫星（2.5 m）

(e)资源三号卫星（2.5 m）

(f)吉林一号（0.72 m）　　　　(g)高景一号（0.5 m）

图 2-29　高分辨率卫星

图 2-30　0.3m 与 0.7m 分辨率卫星图片的区别

表 2-20　　　　　　　　　　　　　卫星光学影像空间分辨率比较

卫星	发射日期	全色影像空间分辨率 /m	多光谱影像空间分辨率 /m
SPOT5	2002.05.04	5/2.5(超级模式)	10(RGB)/20(SWIR)
IRS-P5	2005.05.05	2.5	无
ALOS	2006.01.24	2.5	10
SPOT6&7	2012.09.09 2014.06.30	1.5	6
Pleiades 1A&1B	2011.12.17 2012.12.01	0.5	2
IKONOS	1999.09.24	0.82(星下点)/1(侧视26°)	4(星下点)
GeoEye-1	2008.09.06	0.41(星下点)/0.5(侧视28°)	1.65(星下点)
QuickBird	2001.10.18	0.61(星下点)/0.72(侧视25°)	2.44(星下点)/2.88(侧视25°)
WorldView-2	2009.10.09	0.46(星下点)/0.52(侧视20°)	1.8(星下点)/2.4(侧视20°)
WorldView-3	2014.08.13	0.31	1.24 多光谱、3.7 红外短波
资源一号 02C 卫星	2011.12.22	2.36	5/10
资源三号	2012.1.09	2.1(正视)/3.5(前后视)	5.8
高分一号卫星	2013.04.26	2	8
高分二号卫星	2014.08.19	1	4
天绘一号	2010.08.24	2	10
吉林一号	2015.10.07	0.72	2.88
高景一号	2016.12.28	0.5	2

　　高分辨率卫星影像进入世界遥感数据市场,大大缩小了卫星影像与航空影像之间分辨能力的差距,打破了较大比例尺地形图测绘依赖航空遥感的局面。在 1991 年开始的海湾

战争中，以美国为首的多国部队采用 SPOT 影像修测了大量军用地形图，而且还为多国部队空袭目标的定位和空袭效果的评估做出了重要贡献，推动了航天影像测图技术走向实用。我国于 2006 年启动西部测图工程，利用 SPOT5 影像和 QuickBird 数据于 2011 年完成了国家西部 1：5 万地形图空白区测图工程和国家 1：5 万基础地理信息数据库更新工程。

2.7.2 高分辨率卫星影像性能

由于航天事业的发展，卫星获取影像的能力大幅度提高，采集能力更强，卫星群的出现缩短了重访周期，在保证 1m 地面采样间隔的情况下，平均重访周期会缩短到 1 天或更短，表 2-21 为 DigitalGlobe 公司卫星群的性能比较。WorldView 是 QuickBird 的后继星，ALOS 是 JERS-1 与 ADEOS 的后继星，GeoEye-1 是 IKONOS 的后继星。

表 2-21   **DigitalGlobe 公司卫星性能比较**

卫星	QuickBird	WorldViewI	WorldViewII
轨道高度 /km	450	496	770
重量 /kg	1100	2500	2800
光谱特征	全色 + 4 多光谱	全色	全色 + 8 多光谱
幅宽 /km	16.5	17.6	16.4
平均重访周期（N40°）	1m 地面采样间隔 2.4 天，20° 侧摆角 5.9 天	1m 地面采样间隔 1.7 天，20° 侧摆角 5.9 天	1m 地面采样间隔 1.1 天，20° 侧摆角 3.7 天
姿态控制	反作用齿轮	陀螺姿态控制	
星上存储空间 /GB	137	2199	
数据下载速度 /（m/s）	最快 320 有效 280	最快 800 有效 697	

高分辨率卫星不仅在采集获取能力上有很大的提高，而且灵活性、精度和空间分辨率都有大幅度提高。目前 IKONOS 卫星在灵活性方面是非常强的，它比现在的 QuickBird 卫星灵活 20 倍，但 QuickBird 的下一代卫星 WorldView 卫星比 IKONOS 卫星还要灵活 2～3 倍。例如，从相距 300km 的目标 1 移动到目标 2，IKONOS 需要 25s 时间，而 WorldView 仅需要 10s。

高景一号（SuperView-1）是我国首个全自主研发的商业卫星，01、02 星于太原卫星发射场采用一箭双星（01、02 星）的方式发射，两颗 0.5m 分辨率的卫星在同一轨道上以 180° 的对角角度飞行。预计 2017 年中期，还将发射两颗分辨率为 0.5m 的卫星至同一轨道。这意味着在 2017 年底前，该轨道上将有 4 颗 0.5m 级卫星以 90° 夹角持续不断地为用户采集数据。高景一号是中国航天科技集团公司商业遥感卫星系统"16 + 4 + 4 + X"的首发星，在轨应用后，将打破中国 0.5m 级商业遥感数据被国外垄断的现状，也标志着国产商业遥感数据水平正式迈入国际一流行列

SuperView-1 具有全色波段以及蓝色、绿色、红色和近红外四个标准多光谱波段，轨

道高度 530km。SuperView-1 的过境时间为上午 10：30，幅宽 12km，单景最大可拍摄范围为 60 km × 70 km 的影像，常规侧摆角最大为 30°，执行重点任务时可达到 45°。基于 SuperView-1 卫星的高敏捷性，可将其设定拍摄连续条带、多条带拼接、按目标拍摄多种采集模式，并可以实现立体采集。SuperView-1 还具备 2T 星上储存空间，单颗卫星每天可采集 70 万 km²，可实现在全球任何地方每天观测一次。

2.7.3 航天数字影像获取系统特点

卫星影像数据是测绘必不可少的数据保证，也是快速获取大比例尺现势性地理信息、进行新一代快速测图的必由之路。

高分辨率卫星影像系统主要有以下特点：

① 高分辨率卫星成像系统一般采用推扫式 CCD 线阵成像技术，具有不完全中心投影成像几何的特点，这种成像的几何特征远比传统中心透视投影复杂。影像的成像几何模型包含大量的参数，并且不同的成像系统（卫星）具有完全不同的定向参数。

② 卫星成像系统一般在高空飞行，状态平稳，姿态变化缓慢，因此具有成像光束窄，接近平行投影的特点。这种特点造成了定向参数之间很强的相关性，卫星影像存在着求解参数众多、数值解算不稳定、对地面控制点数量和分布要求高等问题，因而理论上严密的传统中心投影的共线方程成像几何模型不再适用于卫星影像。

③ 高分辨率卫星成像系统能够提供高分辨率的全色、多光谱、高动态范围和高信噪比的影像，可用于国家基础地理信息数据库建设，各种专题地图的生产、更新，以及获取高分辨率、高质量的地表 3 维信息。

④ 高分辨率卫星成像系统，例如 SPOT5、IKONOS、WorldView、IRS-P5、ALOS 及资源三号等具有同轨立体成像功能，甚至能够提供成像区域的多景影像（如前、中、后视组成立体像对）。多景影像的同时处理，能大大提高全自动匹配的可靠性和地形测绘的精度。

卫星传感器立体成像能力和影像分辨率是航天影像测图的决定因素。随着分辨率的提高和立体影像的获取，卫星摄影测量已经成为可能。

SPOT 卫星的高分辨率成像仪 HRG(high resolution geometry) 或 HRV(high resolution visible) 能通过侧视观测在相邻轨道间构成异轨立体（见图 2-31(a)），其良好的基高比很适合立体测图，SPOT5 的高分辨率立体成像仪 HRS(high resolution stereoscopic instrument) 能够获取同轨立体影像，两个传感器的指向始终沿轨道方向前视（向前 20°）或后视（向后 20°），同一时刻只能有一个传感器工作，在 180s 的时间内形成一对立体影像条带，见图 2-31(b)。

美国空间成像公司、数字地球公司的 IKONOS 及 QuickBird 卫星群上传感器的机械设计相当灵活，立体像对的获取方式不仅可以通过沿轨道前后摆动获取同轨立体像对，还可以通过侧摆成像获取异轨立体像对。

印度 Cartosat-1(IRS-P5) 搭载有两个分辨率为 2.5 m 的可见光全色波段摄像仪，沿轨道方向一个前视角 26°、一个后视角 5°，连续推扫，形成同轨立体像对，在立体观测模式下，卫星平台通过定量调整，补偿了地球自转因素，使得这两个不同视角的相机能够获取到地面同一位置上的图像构成立体像对（见图 2-32）。两个相机获取同一景影像的时间差

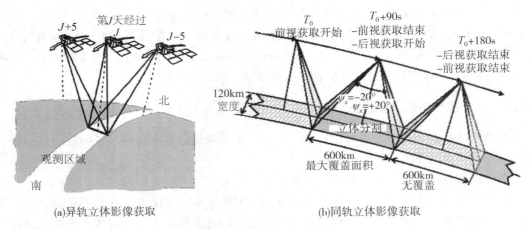

(a)异轨立体影像获取   (b)同轨立体影像获取

图 2-31　SPOT 立体影像获取

仅为 52s，因此两幅图像的辐射效应基本一致，有利于立体观察和影像匹配，形成像对的有效幅宽为 26Km，基线高度比为 0.62。

日本 ALOS 卫星搭载了三个传感器（见图 2-33）：全色影像传感器 PRISM、多波段影像传感器 AVNIR-2 和雷达孔径成像传感器 PALSAR。PRISM 具有独立的三个观测相机，分别用于星下点、前视和后视观测，沿轨道方向获取立体影像。

图 2-32　IRS-P5 同轨立体影像获取

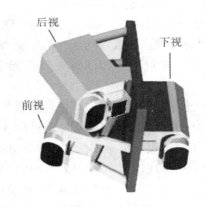

图 2-33　ALOS PRISM 的三个观测相机

中国资源三号卫星共装载四台相机（见图 2-29(e)），一台 2.5m 分辨率的全色相机和两台 4m 分辨率全色相机按照正视、前视、后视方式排列，进行立体成像。

天绘一号由航天东方红卫星有限公司研制，采用了 CAST 2000 卫星平台，一体化集成了三线阵 CCD 相机、2m 高分辨率全色相机（见图 2-34）和多光谱相机等 3 类 5 个相机载荷。天绘一号实现了无地面控制点条件下，与美国 SRTM 相对精度 12m/6m（平面／高程 1σ）同等的技术水平。

吉林一号主星是我国首颗自主研发的高分辨率对地观测光学成像卫星，具备常规推

图 2-34　天绘一号

扫、大角度侧摆(左摆、右摆幅度可达 45°)、同轨立体、多条带拼接等多种成像模式。除了可以拍高清晰照片外,吉林一号小卫星还能拍视频,灵巧成像视频星地面像元分辨率为 1.12m,灵巧成像验证星主要开展多模式成像技术验证。

高景一号具有多条带拼接成像、多目标成像、立体成像、连续条带等 7 种成像模式,可以实现同场景的 3 视观测,成像区域 12km × 120km ~ 24km × 120km。成像模式见图 2-35。

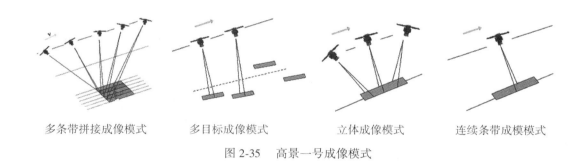

多条带拼接成像模式　　　多目标成像模式　　　立体成像模式　　　连续条带成模式

图 2-35　高景一号成像模式

2.7.4　卫星摄影测量与航空摄影测量的差别

高分辨率卫星机械设计灵活,指向性好,可以向前、后、左、右侧视成像,获取同轨和异轨立体像对。

高分辨率卫星一般采用近极轨太阳同步轨道,保证频繁地重访周期,如 IKONOS 和 QuickBird 的重访周期平均为 3 天左右,WorldView 的重访周期平均为 1 天多。高分辨率卫星于当地太阳时上午 10:30 通过降交点获取地面影像,保证了较好的光照条件和阴影水平;多采用线阵列 CCD 探测器,按照推扫式扫描成像,可以同时获取地面高分辨率全色影像和多光谱影像。

高分辨率卫星影像应用方面存在的优势表现在:

① 高分辨率卫星遥感属于可见光和反射红外遥感,辐射分辨率为 11bit,存储为

16bit、11bit，比 8bit 的信息量丰富，能更好地区分较亮和较暗的地物。全色影像和多光谱影像经影像融合后，可以同时提供黑白、真彩色和彩红外影像。

② 高分辨率卫星数据是数字产品，可用来进一步做光谱分析，如光谱分类、作物估产建模等；高分辨率卫星数据可用来进行辐射校正数据的多时相比较分析。经辐射校正后，高分辨率卫星数据大面积的镶嵌色彩一致性好。

③ 高精度的卫星星历和姿态测量显著提高了定位精度，减少或省却了对地面控制点的需要。在相对平坦的地区，高精度的地面控制点容易获取，经过正射校正，高分辨率正射影像可以达到传统航片的制图精度。

与传统航片比较，高分辨率卫星影像在应用方面存在的问题主要有：

① 云量和雪量问题。目前所有高分辨率卫星影像供应商对云量标准的规定是小于20%，很有可能云分布在研究区的关键部位，除了交货周期外，这是高分辨率卫星编程数据最主要的应用风险。

② 对高分辨率卫星影像进行正射校正，获得与传统航片一样的制图精度比较困难。因为高分辨率卫星影像正射校正需要的条件比较苛刻，必须有亚米级定位精度，水平和垂直分布良好，数量满足数学模型要求的地面控制点，精度优于 5m 分辨率的数字高程模型（DEM），才能获得期望的高精度。

2.8　微波遥感影像

在传统摄影测量中，经常会受到天气的影响，由于微波有能够穿透云雾、雨雪的特点，微波遥感能够全天候、全天时地对地观测并获取影像信息，为解决那些常年多云雾、多阴雨和植被覆盖茂密地区，以及光学、光电成像困难地区的测绘难题，提供了一种新的途径。

主动式遥感技术 —— 合成孔径雷达（synthetic aperture radar，SAR）是一种工作在微波波段的主动式传感器，即主动发射电磁波，然后照射到地面，经过地面反射，由传感器接收其回波信息。SAR 一般是侧视成像，是一种高分辨率（高方位向、高距离向分辨率）相干成像系统。

SAR 在 20 世纪 50 年代提出并研制成功，是微波遥感设备中发展最迅速和最有成效的传感器之一。由于其独特的优势，得到了世界各国政府的高度重视与支持。在短短 50 年间，完成了构思—实验室—机载—星载的发展，其各个时期的发展都相当迅速，各方面技术也不断发展与完善。1978 年美国发射第一颗雷达卫星 SeaSAT，分辨率在 30m 左右；1988 年美国航天飞机 Atlantis（亚特兰蒂斯）将 Lacrosse-1（长曲棍球）军事侦察卫星送入预定轨道，其空间分辨率达到了 1m。日本、加拿大、德国、意大利先后发射了雷达卫星，标志着人类进入了新一代的高分辨率雷达卫星时代。这些雷达卫星都具有高分辨率、多极化、多工作模式、可变视角等特点，为科学研究和应用提供了更丰富的数据，特别是高空间分辨率为中大比例尺地形测图提供了可能，雷达遥感的优势也被充分体现出来，开创了全天候、全天时大比例尺测绘的新时代。

除星载 SAR 系统的研制外，各国也成功研制了机载 SAR 系统。目前国外的机载 SAR 影像的分辨率已经达到了 0.1m（如美国的 miniSAR、法国的 RAMSES），我国机载 SAR 的分辨率也达到了 0.15m。目前机载 SAR 系统向着高分辨率、多极化、多波段、极化干涉测量的方向发展。

目前的新型星载雷达卫星的地面分辨率也越来越高，最高达到 0.3m（如美国 Lacrosse-5 和 Discoverer II）。表 2-22 列出了一些可用于地形测图的商业雷达卫星。

表 2-22 新一代高分辨率雷达卫星

雷达系统	国家	发射日期	传感器	最高分辨率/m	波段
ALOS	日本	2006.01.24	PALSAR	10.0	L
COSMO-SkyMed-1	意大利	2007.06.08	SAR-2000	1.0	X
COSMO-SkyMed-2	意大利	2007.12.09	SAR-2000	1.0	X
COSMO-SkyMed-3	意大利	2008.10.25	SAR-2000	1.0	X
COSMO-SkyMed-4	意大利	2010.11.06	SAR-2000	1.0	X
TerraSAR-X	德国	2007.06.15	XSAR	1.0	X
TanDEM-X	德国	2010.06.21	XSAR	1.0	X
Radarsat-2	加拿大	2007.12.14	SAR	3.0	C
RISAT	印度	2009.04.22	SAR10	10.0	C

由于雷达独特的成像机理（干涉成像、侧视），导致了雷达影像的解译和数据处理比光学影像要困难、复杂得多。另外，SAR 是距离（测量天线与地面目标间的空间距离）处理系统，利用接收的地物反射回波信息进行成像，其构像几何属于斜距投影，几何特点不同于中心投影或扫描类多中心投影的光学影像。高分辨率雷达影像主要存在斑点噪声、斜距影像的近距离压缩（slant-range scale distortion）、透视收缩、叠掩、阴影及地形起伏引起的像点位移等几方面的问题，使得 SAR 影像不能直接按照摄影测量的双像立体解析原理进行立体测绘，必须按照其成像原理构建解析方法。

2.9 倾斜摄影测量

从 2008 年第 21 届 ISPRS 大会开始，倾斜摄影测量技术都是大会的主要议题之一。近些年来，倾斜摄影技术在国际测绘领域高速发展，它颠覆了以往正射影像只能从垂直角度拍摄的局限，通过在同一飞行平台上搭载多台传感器，同时从一个垂直、四个倾斜等五个不同的角度采集影像，将用户引入了符合人眼视觉的真实直观世界。

航空倾斜影像不仅能够真实地反映地物情况，而且还通过采用先进的定位技术，嵌入精确的地理信息、更丰富的影像信息、更高级的用户体验，极大地扩展了遥感影像的应用领域，并使遥感影像的行业应用更加深入。由于倾斜影像为用户提供了更丰富的地理信息、更友好的用户体验，该技术已经广泛应用于应急指挥、国土安全、城市管理、房产税收等行业。

2.9.1 倾摄影像获取

传统的航空和卫星遥感手段对侧面的三维重建一直缺少有效的解决手段。倾斜摄影技术的发展，可以有效解决这一难题，将静态的、基于立体像对和点特征的传统摄影测量技术推向了动态的、基于多视影像和对象特征的实时摄影测量技术。

Leica 公司 2000 年推出的 ADS40 三线阵数码相机，提供前视、正视和后视 3 个视角方向的影像；美国 Pictometry 公司和 Trimble 公司专门研制了倾斜摄影用的多角度相机，可以同时获取一个地区多个角度的影像；我国四维远见公司研制了自主知识产权的多角度相机 SWDC-5；以色列 VisionMap 公司推出 A3，相机围绕一个中心轴高速旋转和拍照（最高可达 109°）。典型多角度相机系统参数和特点见表 2-23。

表 2-23   典型多角度相机系统参数和特点

相机类型	相机名称	主要参数	特点
三线阵	ADS40/80（瑞士）	三个全色线阵 CCD，每个 2×12000 像元，四个多光谱线阵 CCD，每个 12000 像元；像元大小 6.8μm；焦距 62.77mm	推扫式成像；前视后视可获得较好的倾斜影像，集成 POS 系统
单镜头	AziCam	中画幅数码相机	通过精准的旋转装置获取四个方向的倾斜影像，与已有的垂直影像共同使用
2 镜头	A3（以色列）	最大幅面 62000×8000；像元大小 9μm；焦距 300mm	摆扫，最大 109°
3 镜头	AOS（德）	幅面 8984×6732；像元大小 6μm；焦距 47mm；倾角 30°～40°	一台相机获取垂直影像，两台获取倾斜影像，镜头在曝光一次后自动旋转
	RCD30（瑞士）	幅面 10320×7752/9000×6732；像元大小 6μm；焦距 80mm/50mm；倾角 35°～45°	一台相机获取垂直影像，两台获取倾斜影像，集成 GNSS/IMU 系统
			一台相机获取垂直影像，四台获取倾斜影像，集成 GNSS/IMU 系统
5 镜头	SWDC-5（中）	幅面 8176×6132；像元大小 6μm；焦距 100mm/80mm/50mm；倾角 45°	一台相机获取垂直影像，四台获取倾斜影像，集成测量型 GPS 和 POS
	Pictometry（美）	幅面 4008×2672；像元大小 9μm；焦距 65mm/85mm；倾角 40°～60°	一台相机获取垂直影像，四台获取倾斜影像，产品包含两级影像
	MIDAS（荷兰）	幅面 5616×3744；像元大小 7.2μm；倾角 30°～60°	一台相机获取垂直影像，四台获取倾斜影像，集成测量型 GPS 和 POS
	TOPDC-5（中）	像幅 10320×7752；像元大小 5.2μm；焦距 47mm/80mm；倾角 45°	一台相机获取垂直影像，四台获取倾斜影像，可集成 GPS 和 IMU
	AMC580（中）	像幅 10328×7760；像元大小 5.2μm；焦距 55mm/80mm，80mm/110mm；倾角 42°～45°	一台相机获取垂直影像，四台获取倾斜影像，集成 POS 系统

2.9.2　倾斜摄影技术特点

倾斜摄影技术具有以下特点：

①反映地物周边真实情况。相对于正射影像，倾斜影像能让用户从多个角度观察地物，更加真实地反映地物的实际情况，极大地弥补了基于正射影像应用的不足。

②倾斜影像可实现单张影像量测。通过配套软件的应用，可直接基于成果影像进行包括高度、长度、面积、角度、坡度等的量测，扩展了倾斜摄影技术在行业中的应用。

③建筑物侧面纹理可采集。针对各种三维数字城市应用，利用航空摄影大规模成图的特点，加上从倾斜影像批量提取及贴纹理的方式，能够有效地降低城市三维建模成本。

④数据量小易于网络发布。相较于三维 GIS 技术应用庞大的三维数据，应用倾斜摄影技术获取的影像的数据量要小得多，其影像的数据格式可采用成熟的技术快速进行网络发布，实现共享应用。

机载倾斜摄影测量系统能够获取常规摄影无法得到的地物立面的纹理信息和几何信息，可用机载倾斜摄影数据进行数字城市构建中的三维建模和单斜片测量（见图 2-36）。

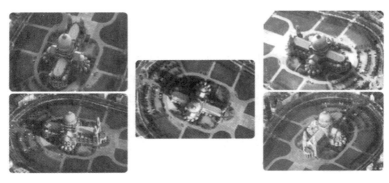

图 2-36　A3 多角度摄影测量视图

2.10　数字摄影测量系统简介

数字摄影测量系统的任务是基于数字影像或数字化影像完成摄影测量作业。数字摄影测量系统与地理信息系统的结合，促进了测绘生产过程的数字化和自动化。随着多影像多基线匹配、多传感器匹配等新技术的发展，数字摄影测量对计算机配置提出了更高的要求，充分应用当前先进的数字影像匹配、高性能并行计算、网格计算、海量存储与网络通信等技术，形成全新的遥感数据处理算法以及高速网络环境下分布式或集群式处理系统，开创了摄影测量智能化、高精度、高性能、自动化数据处理的新时代。

法国 Infoterra 公司研发的像素工厂（pixel factory，PF）、美国的像素管道（pixel pipe）、武汉大学研发的 DPGrid 等摄影测量影像处理系统，都是由一个高性能硬件和并行软件密切结合的高效解决方案。通过高性能运算，实现了摄影测量海量数据的全自动、智能化处理。

数字成像技术、主动式遥感技术、传感器自主定位技术、智能化高性能数据处理技术等新技术的协同应用，特别是高分辨率卫星影像和航空数字影像技术的发展，已经使传统的航空摄影测量与遥感(航天摄影测量)之间的界限逐渐模糊。新技术的发展打破了传统的分工序的摄影测量作业流程，形成了内外业一体化的快速测绘成图的新模式，使传统的摄影测量作业进入了一体化测图的新时代。

2.10.1 数字摄影测量工作站

数字摄影测量工作站(digital photogrammetry workstation，DPW)实质上是一套"人(作业员)"与"机(计算机)"共同完成作业的平台。到目前为止，无论是 DPW 的研究、开发还是使用者，大多数是将 DPW 作为一台摄影测量"仪器"，用它来完成摄影测量所有的作业。

1. VirtuoZo

研制 WuDAMS 的武汉大学"全数字自动测图系统"课题组与澳大利亚 Geomatics 公司合作，于1994年9月在澳大利亚黄金海岸(Gold Coast)正式推出第一个商品化的SGI 工作站版本，并将 WuDAMS 更名为 VirtuoZo。1998 年由适普公司推出微机版本 VirtuoZo(见图 2-37)。

VirtuoZo 全数字摄影测量系统是一个功能齐全、高度自动化的现代摄影测量系统，能完成从自动空中三角测量(AAT)到测绘各种比例尺数字线画地图(DLG)、数字高程模型(DEM)、数字正射影像图(DOM)的生产。VirtuoZo NT 采用最先进的快速匹配算法确定同名点，匹配速度高达500~1000点/秒，可处理航空影像、SPOT 影像、IKONOS 影像和近景影像。VirtuoZo NT 不但能制作各种比例尺的各种测绘产品，而且是 GPS、RS 与 GIS 集成，三维景观，城市建模和 GIS 空间数据采集等最强有力的操作平台。

图 2-37　VirtuoZo 工作站

VirtuoZoNT 的工作流程如图 2-38 所示。

(1) 运行环境及配置

VirtuoZo NT 基于 Windows NT(4.0 以上版本)平台运行，基本配置为：Pentium Ⅱ 300/128MB RAM/9GBHD/20×CDROM；17 寸彩色显示器，1024×768 分辨率，刷新频率大于100Hz。另外，还有数字化影像获取装置(例高精度扫描仪)、成果输出设备以及立体观察装置等附属配置。其中，立体观察装置有偏振光、闪闭式、立体反光

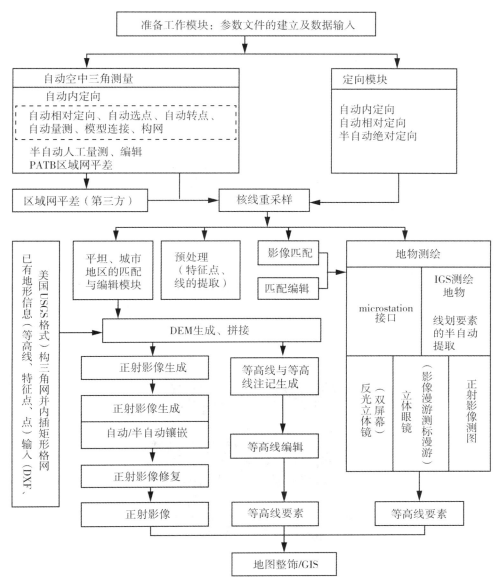

图 2-38 VirtuoZoNT 工作流程

镜、互补色(红绿镜) 四种。

（2）主要软件模块

VirtuoZo NT 基本模块包含的功能有：

① 解算定向参数；

② 自动空中三角测量；

③ 核线影像重采样；

④ 影像匹配；

⑤ 生成数字高程模型；

⑥ 制作数字正射影像；

⑦ 生成等高线；

⑧ 制作景观图、DEM 透视图；

⑨ 等高线叠加正射影像；

⑩ 基于数字影像的机助量测；

⑪ 文字注记；

⑫ 图廓整饰。

（3）作业方式

自动化与人工干预。系统在自动化作业状态下运行不需任何人工干预。人工干预是作为自动化系统的"预处理"与"后处理"，如必要的数据准备、必要的辅助量测以及自动化过程尚无法解决的问题。人工干预不同于单纯的人工控制操作，而是尽可能达到了半自动化。

2. JX4

JX-4 是结合生产单位的作业经验开发的一套半自动化的微机数字摄影测量工作站（见图 2-39）。该工作站主要用于各种比例尺的数字高程模型 DEM、数字正射影像 DOM、数字线划图 DLG 生产，是一套实用性强，人机交互功能好，有很强的产品质量控制的数字摄影测量工作站。

图 2-39　JX-4 工作站

（1）JX-4 软件配置

① 3D 输入、3D 显示驱动软件；

② 全自动内定向、相对定向及半自动绝对定向软件；

③ 影像匹配软件；

④ 核线纠正及重采样软件；

⑤ 空三加密数据导入模块；

⑥ 投影中心参数直接安置软件；

⑦ 矢量测图模块；

⑧ 鼠标立体测图模块；

⑨ 整体批处理软件(如内定向、相对定向、核线重采样、DEM 及 DOM 等);

⑩ TIN 生成及立体编辑模块;

⑪ 自动生成 DEM 及 DEM 处理模块;

⑫ 自动生成等高线模块;

⑬ 自动生成 DOM 及 DOM 无缝镶嵌模块;

⑭ 等高线与立体影像套合及编辑模块;

⑮ 由 TIN/DEM 生成正射影像模块;

⑯ 正射影像拼接匀光模块;

⑰ 特征点／线自动匹配模块;

⑱ 实时联机测图接口软件;

⑲ 地图符号生成器模块;

⑳ 影像处理 Imageshop 模块;

㉑ 三维立体景观图软件;

㉒ 数据转换和 DEM 裁切等实用工具软件。

(2)JX-4 实用性

① 可视化:矢量(包括线形和符号)、DEM 和 TIN,可映射到立体屏幕上;栅格地图可映射到立体屏幕上;城市三维数据可在立体屏幕上显示;二维屏幕可同时进行矢量、DEM、TIN 和 DOM 的迭加、显示和编辑;硬件的影像漫游、图形漫游、测标漫游,实现了方便的实时立体编辑命令。

② 自动化:自动内定向、相对定向;半自动绝对定向;递进式物方影像匹配;由相关点和特征线生成 TIN 和 DEM; 生成的等高线形态与地形很吻合。

③ 交互性:DEM 立体编辑;TIN 立体编辑、等高线立体编辑、三维城市数据立体编辑、超过 100 条的矢量编辑命令。

④ 速度与精度:专业的摄影测量立体显示卡可达到子像元级立体观察精度;专业的摄影测量立体显示卡可实现高速全图像平滑漫游;由 TIN 生成高质量正射影像可以和矢量精确套合。

⑤ 便利性:利用二次大地定向的功能,可以实现先内业后外业的作业方式;利用第二原始影像功能,可以导入旧的空三数据;利用 DEM(或 TIN)自动将二维数据转换为三维数据,或经少量立体观测使二维房屋数据加入高程坐标变成三维房屋数据。

(3)JX4 兼容性

① 多种影像处理。

② 传统航空照片(最大分辨率12μm)、立体 IKONOS、立体 SPOT5、立体 ADEOS、立体 RADAR、近景、DMC 数码相机影像。

③ 可完成多种任务:矢量测图、DEM、TIN、DOM、三维城市。

④ 输出格式:矢量——DGN、DXF、shapfile(ARC GIS)、ASC 和 JX4;DEM——ASC、DXF、JX4(中国国家标准);TIN——JX4、ASC 和 DXF;DOM——Tiff 和 TFW。

⑤ 与下列三种软件实时联机:Microstation(95、SE、J 和 V8)、Auto CAD(2002)以及 ARC GIS。

⑥ 多种空三数据导入:Part B \ LH \ ImageStation \ GSI \ JX4 \ Vz。

⑦ 利用下列数据直接建立模型：外方位元素、矩阵。

⑧ 利用现有数据：在测图时引用或参考已有矢量，从已有向量中提取有关的层作为特征线辅助相关并生成 TIN，利用已有矢量或 DEM 生成正射影像。

⑨ 自主设计层控文件、线性库和符号库。

⑩ 通过设计 action 文件实现测图组合命令。

（5）软件选项（需另付费）

①JX-Mono 软件：可实现航片和遥感影像的正射纠正与镶嵌。

② 遥感资料立体测图：IKONOS、SPOT5、ADEOS、尖兵和 RADARSAT 等立体可见光数据及雷达数据的处理。其他的卫星影像，增加相应的模块后一般都可以处理。

③Jx-Easitor 编辑软件：基于 Microstation 平台的编辑软件，不仅克服了 Microstation 本身某些功能对三维数据编辑的局限，而且增加了许多专业化的编辑功能，如曲线内插、曲线修测等，在实际操作上具有方便、快捷、效率高的优点。

④JX4 架空送电线路在线测量软件。

⑤ 横断面测量软件。

3. INPHO

INPHO 摄影测量系统是由世界著名的测绘学家 Fritz Ackermann 教授于 20 世纪 80 年代在德国斯图加特创立，并于 2007 年 2 月加盟国际知名的 Trimble 导航有限公司。历经 30 年的生产实践、创新发展，INPHO 已成为世界领先的数字摄影测量处理及数字地表地形建模的系统供应商，为全球各种用户提供高效、精确的软件解决方案及一流的技术支持，其代理经销商和合作伙伴遍布全球。迄今全世界已经有超过 1000 家有不同需求的机构已经应用 INPHO 的产品和系统。

INPHO 模块包括：

①Applications Master(免费的系统启动核心，空三加密、DTM 自动提取、正射纠正等均在此系统下启动)。

②MATCH-AT(专业的空三加密软件，处理自动、高效、便捷，自动匹配有效连接点的功能非常强大，在水域、沙漠、森林等纹理比较差的区域也可以很好地进行匹配)。

③MATCH-T DSM(全自动的自动提取 DTM/DSM 软件，可以基于立体相对自动、高效地匹配密集点云，获得高精度的数字地形模型 DTM 或数字地表模型 DSM)。

④OrthoMaster(高效的正射纠正软件，可以对单景或多景甚至数万景航片、卫片进行正射纠正，并可以进行真正射纠正处理，处理过程完全自动、高效)。

⑤OrthoVista(卓越的镶嵌匀色软件，对任意来源的正射纠正影像进行自动镶嵌、匀光匀色、分幅输出的专业影像处理，处理极其便捷、自动，处理效果十分卓越)。

⑥DTMaster、SCOP + + (GEO-MODELLING 地理建模)。

⑦UASMaster(专门针对无人机影像处理的模块，针对无人机影像数据进行了算法改进，能一次处理 2000 张无人机影像，匹配效果非常好)。

4. ImageStation SSk

Intergraph 是目前世界上最大的摄影测量及制图软件的提供商，提供完整的摄影测量解决方案。其 ImageStation 系列软件已推出 20 年以上，具有深厚的理论基础，已在全球销售上万套，在中国也有许多用户。该系统与 DMC 系统完全兼容，不会出现由于兼容性及格式转换引起的问题。

ImageStation 系列软件包括以下模块：

① ImageStation Photogrammetric Manager 项目管理模块(ISPM)；

② ImageStation Digital Mensuration 数字量测模块(ISDM)；

③ ImageStation Stereo Display 立体显示模块(ISSD)；

④ ImageStation Feature Collection 数据采集模块(ISFC)；

⑤ ImageStation DTM Collection DTM 采集模块(ISDC)；

⑥ ImageStation Base Rectifier 正射纠正模块(ISBR)；

⑦ I/RAS C 遥感图像处理软件；

⑧ ImageStation Automatic Triangulation 自动空三模块(ISAT)；

⑨ ImageStation Automatic Evaluation 自动 DTM 采集(ISAE)；

⑩ ImageStation Ortho Pro 自动正射模块(ISOP)。

5. Helava

由 Leica 公司推出、Helava 公司研制的数字摄影测量工作站 DPW 系统(见图 2-40)，其硬件系统包括：

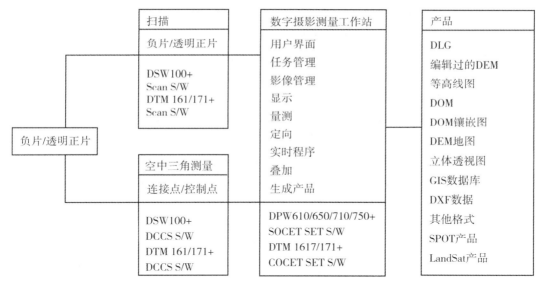

图 2-40　DPW 数字摄影测量系统结构

① 用于扫描与空中三角测量的数字扫描工作站 DSW100(Digital Scanning Workstation)，它由 Helava 扫描仪、STEP486e 以及影像处理器等组成。Helava 扫描仪的量测分辨率为 1mm，精度高于 3 mm，最大扫描速度为 35mm/s，像元尺寸为 8 ~ 75 mm，可进行彩色扫描。配备两个 CCD 摄像机，可同时获取两个不同分辨率的影像。

② 数字摄影测量工作站有 3 种型号，分别是 DPW610/710、DPW650/750 和 DTW161/171。DPW610/710 采用 STEP486e 微机，采用偏振光进行立体观测。DPW650/750 使用 SUN SPARC 工作站，而 DTW 则是 DPW 与 DSW 相结合的产物，即

DTW161 = DSW100 + DPW610，DTW171 = DSW100 + DPW710。

软件系统包括以下模块：

①SCAN 与 DCCS 模块：该模块在 DSW100、DTW161 及 DTW171 上运行，分别进行扫描与点的量测任务。

②工作站软件包 SDCET SET 的主要模块如下：

• CORE：所有的工作站必须配置的模块，管理所有的基本摄影测量操作，如任务管理、影像管理与处理、定向、显示、实时程序、影像叠加与量测等。

• SPOT：SPOT 影像的输入与处理。

• LANDSAT：Landsat 影像的输入与处理。

• TERRAIN：采用分层松弛相关自动提取 DEM，通过交互编辑进行后处理。

• ORTHOIMAGE：基于 DEM 计算正射影像与正射影像镶嵌图。

• PERSPECTIVE：三维观察，单幅或以漫游或飞行方式的系列图的观察。

• FEATURE/GIS：为数字地图或 GIS 数据库获取向量数据，包括三维特征的交互采集、叠加与编辑及转换成 DTED、DXF 或 MOSS 等格式。

• CADMAP：由 Design Data 公司提供的按解析测图仪方式工作的软件包，其结果可以用多种 CAD 与 GIS 格式输出。

③工作站软件可根据需要有 3 种组合：

• ORTHO：由 CORE，TERRAIN 与 ORTHOIMAGE 组成。

• BASELINE：由 CORE、SPOT、LANDSAT、ORTHOIMAGE 与 FEATURE/GIS 组成。

• COMPLETE：由 CORE、SPOT、LANDSAT、TERRAIN、ORTHOIMAGE、FEATURE/GIS 与 PERSPECTIVE 组成。

④系统软件，包括 Unix、X-Windows、Motif、Etfernet、C 语言等。

6. LPS

徕卡遥感及摄影测量系统 LPS(leica photogrammetry suite)可以进行各种卫星影像(如 QuickBird、IKONOS、WorldView、SPOT5、OrbView、FOMOSAT、KOMPSAT、ALOS、Rapideye、Geoeye、TerraSAR、PALSAR、COSMOSkyMed、RADAESAT-1/2、ERS-1/2、ENVISAT ASAR 等)、航空影像(扫描航片、框幅式数字影像、ADS80、ALS60 等)以及无人机成像系统的影像定向及空三加密，可处理黑白、彩色、多光谱及高光谱等各类数字影像。LPS 的应用还包括矢量数据采集、数字地面模型生产、正射纠正、正射影像镶嵌及匀色处理。LPS 的系统结构如图 2-41 所示。

(1) 核心模块

LPS Core 功能包括：

① 建立和管理摄影测量项目；

② 支持大量传感器模块；

③ 自动内定向；

④ 自动和交互式点测量；

⑤ 空中三角测量，可输出给过给国内的立体测量软件使用；

⑥ 正射纠正；

⑦ 地形提取和转换；

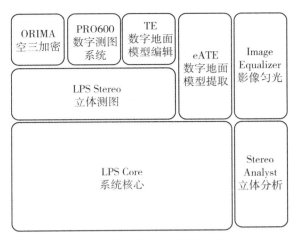

图 2-41　LPS 系统结构(核心模块 + 扩展模块)

⑧Erdas Imagine advantage 专业遥感图像处理，包括 ERDAS MosaicPro 高级影像镶嵌、自动特征提取、在线编辑、高级辐射纠正，本地化输出预览、一体化正射纠正和拼接、直接输出压缩影像等；

⑨ 图像处理工具；

⑩ 影像、地形矢量输入和输出；

⑪ 制图综合。

（2）扩展模块

①LPS Stereo 立体观测模块：以多种方式对影像进行三维立体观测，能够在立体模式下提取地理空间内容，进行子像素定位、连续漫游和缩放、快速图像显示(立体、分窗、单片、三维显示等)。

②LPS ATE 数字地面模型自动提取模块：能够从两幅或多幅影像自动进行快速、高精度的 DTM 提取，提供精度报告。

③LPS eATE 并行分布式数字地面模型自动提取模块：可做逐点灰度匹配，提取点云数据，利用多线程并行和分布式计算，输出包括 PGB 编码的 LAS 在内的多种数据格式，通过集成点分类获得经过严密过滤的裸地形图。

④LPS ORIMA 空三加密模块：能够处理大量的影像坐标、地面控制点和 GPS 坐标。ORIMA 能够实现以生产为核心的框幅式影像和徕卡 ADS40/80 影像的空中三角测量，支持 GPS/IMU 校正和自检校。

⑤LPS PRO600 数字测图模块：交互式特征采集并在 Bentley MicroStation 环境下进行编辑。提供了灵活的以 CAD 为基础的，用于立体影像大比例尺数字成图的工具，包括标记、符号、颜色、线宽、用户定义的线形和格式等。

⑥Stereo Analyst for ERDAS IMAGINE/ArcGIS 立体分析模块：从影像立体像对中提取矢量／模型，直接加载入 GIS 地理空间数据库实现三维模型的实时更新，提取的三维模型也可直接导入三维可视化系统中进行无缝浏览。

⑦ImageEqualizer 影像匀光器：修正和增强影像质量，可以对航空影像和不均衡的卫

星影像进行匀光处理，均衡和完善单幅或多幅影像的色度，除去局部两点的晕映和变形，交互式或批处理工作方式。

2.10.2 基于网格的全数字摄影测量系统

如果将 DPW 作为一个"人 - 机协同系统"（man-machine cooperative system）进行思考，必须进一步考虑传统的摄影测量作业与 DPW 作业之间的差别、人工操作与计算机工作方式之间的差别，从而将 DPW 真正按一个"系统"而不是将它作为一台"仪器"来考虑其结构与发展。因此，数字摄影测量系统正在经历一场从数字摄影测量工作站（DPW）到数字摄影测量网格（DPGrid）的变革

1. 像素工厂（pixel factory，PF）

随着数码相机的广泛使用，影像数据量的膨胀已经超越了普通计算机硬件的发展水平，迫切需要一种能够处理海量数据、进行并行计算和自动化生产高精度产品的新一代数字摄影测量系统。像素工厂是当今世界一流的遥感影像自动化处理系统（见图 2-42），它集自动化、并行处理、多种影像兼容性、远程管理等特点于一身，通过机柜系统解决海量数据问题，大大缩短了数码相机影像处理的周期，代表了当前摄影测量与遥感影像数据处理技术的发展方向，主要用于地形图测绘、城市规划、城市环境变化监测等。

图 2-42 像素工厂系统及其服务器

（1）概述

像素工厂系统是法国信息地球公司（INFOTERRA）研制开发的。INFOTERRA 是欧洲航空防务与航天公司（EADS）的全资子公司，其核心业务是地理数据的生产，它也是世界上最大的地理数据存储机构之一。

像素工厂是一套用于大型生产的遥感影像处理系统，有专门的硬件配置（优化的网络、计算机组、巨大的存量）和与该硬件结构对应的算法，能够进行并行计算，使生产效率大大提高。通过具有若干个强大计算能力的计算节点，输入数码影像、卫星影像或者传统光学扫描影像，在少量人工干预的条件下，经过一系列的自动化处理，输出包括DSM、DEM、DOM 和真正射影像等产品，并能生成一系列其他中间产品。

像素工厂系统有 4 个用户界面：Main Window、Administ rator Console、Information Console、Activity Window，所有的软件功能模块均内嵌在这 4 个界面的菜单中。

（2）像素工厂主要工作流程

像素工厂系统的数据处理是一个自动化的过程，可以对项目进度进行计划和安排，生

产 DSM 和真正射影像(True Ortho)的内在工作流程如图 2-43 所示。

①导入数据。像素工厂可以处理不同传感器的数据源，如卫星影像(SPOT5，HRS，Aster，IKONOS，QuickBird，LandSat)、卫星雷达影像(ERS，Radarsat，SRTM)、数码航空影像(ADS40，UCD，DMC)、传统胶片影像(RC30，RMK，LMK)等。

②图像预处理。进行不同的校正(大气校正、辐射校正等)时，同时考虑所有的图像，整个操作过程中保证图像一致，这对真正射影像尤为有利。

③空中三角测量。在航摄飞机上安装惯性测量装置(IMU)和差分 GPS 接收机，就可以精确地获得飞机任意时刻的姿态和位置，只需很少的地面控制点(GCP)就能完成精确的几何平差。

④DSM 计算。像素工厂能够在地面分辨率 25cm ~ 1m 范围内自动计算 DSM，不需要任何人工干预。虽然一些传统摄影测量系统提供自动计算 DSM 功能，但是在批量生产的工作流程中不太完整。

图像数据导入像素工厂后，系统根据一定的算法创建立体像对，并将计算量分配到多个可用的节点上并行处理，加快影像自动匹配的速度。高程信息的可信度与相应图像处理的人工量不成任何比例关系，其质量是均匀的。

高程信息不仅反映了独立地物的高程，而且还考虑了所有地面物体(包括自然的和人工的建筑物、桥梁、植被等)的高程。只有 DSM 才能执行正射影像的真正射校正，得到保证图像任意点的几何精度的真正射影像。

⑤真正射计算。真正射影像是基于 DSM 对高重叠度的遥感影像进行纠正而获得的。在城市区域较大的航片重叠度，能保证对某一较高建筑物多视角立体匹配，获取此建筑物的周围信息，以满足生成真正射影像的需要。

像素工厂中正射校正是全自动化和分布式的，这样的处理用较少的时间和人力，就能垂直地看到地面和地面上方每个点(排除了建筑物倾斜)。而且，这种一次恢复算法避免了传统摄影测量中像片镶嵌和装饰的影响。

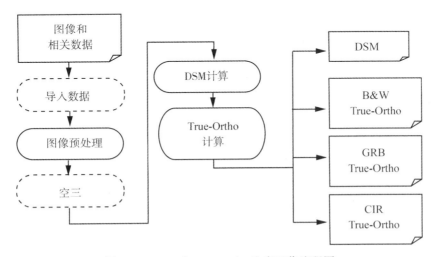

图 2-43　DSM 和 True Ortho 生产工作流程图

（3）与传统处理方法比较的优势

像素工厂与传统的数字摄影测量测图软件相比，其优点主要表现在以下几个方面：

① 像素工厂是目前世界上唯一能生产真正射影像的系统。若要生成真正射影像，影像需要较高的重叠度，以保证地面无遮挡现象。像素工厂是为数码相机技术而设计的，数码相机为提供大量冗余数据提供了可能，为生产真正射影像提供了条件，为三维城市建模提供了良好的数据源。

② 多种传感器的兼容性。像素工厂系统能够兼容当前市场上的主流传感器，可以处理如 ADS40、UCD、DMC 等数码影像，也能处理 RC30 等传统胶片扫描影像。因为像素工厂能够通过参数的调整来适应不同的传感器类型，只要获取相机参数并将其输入系统，像素工厂系统就能够识别并处理该传感器的图像，即像素工厂系统是与传感器类型无关的遥感影像处理系统。

③ 并行计算和海量在线存储能力。通过并行计算技术，像素工厂系统能够同时处理多个海量数据的项目，系统根据不同项目的优先级自动安排和分配系统资源，使系统资源最大限度得到利用。系统自动将大型任务划分为多个子任务，把这些子任务交给各个计算节点去执行，节点越多，可以接受的子任务越多，整个任务需要的处理时间就越少。因此，像素工厂系统能够提高生产效率，大大缩短整个工程的工期，使效益达到最大化。

同时，数据计算过程中会生成比初始数据更加大量的中间数据和结果数据，只有拥有海量的在线存储能力，才能保证工厂连续自动地运行。像素工厂系统使用磁盘阵列实现海量的在线存储技术，并周期性地对数据进行备份，尽可能避免意外情况造成的数据丢失，确保了数据的安全。

④ 自动处理功能。传统软件生产 DEM 和 DOM 是以像对为单位一个一个进行处理的，而像素工厂是将整个测区的影像一次性导入处理，在整个生产流程中，系统完全能够且尽可能多地实现自动处理。从空三解算到最终产品，系统根据计划自动将整个任务自动划分成多个子任务，交给计算节点进行处理，最后自动整合得到整个测区的影像产品。通过自动化处理，大大减少了人工劳动，提高了工作效率。

⑤ 开放式的系统构架。像素工厂系统是基于标准 J2EE 应用服务开发的系统，使用 XML 实现不同节点之间的交流和对话，在 XML 中嵌入数据、任务以及工作流等，支持跨平台管理，兼容 Linux、True64 和 Windows。像素工厂系统有外部访问功能，支持 Internet 网络连接（通过 http 协议、RMI 等），并可以通过 Internet（例如 VPN）对系统进行远程操作。可以通过 XML/PHP 接口整合任何第三方软件，辅助系统完成不同的数据处理任务。

（4）像素工厂的不足

当然，就目前而言，像素工厂也存在一些不足，主要表现在：

① 像素工厂的自动处理需要一些前提条件。像素工厂处理航空影像需要提供 POS、GPS 数据以及适量的 GCP。如果航空影像不带有 POS 和 GPS 数据，只有 GCP，则像素工厂就需要使用其他软件进行空三解算，使用其结果进行后续的处理任务，且目前仅支持北美的 Bingo、海拉瓦的 Orima 软件的空三结果，国内 VirtuoZo 和 JX4 需要再转换。

② 像素工厂只是影像处理软件，只能生产 DSM/DEM/DOM/TrueOrtho 以及等高线，不是测图软件，因此如果做 DLG 等矢量图，只能使用其他测图软件完成。

③ 像素工厂系统庞大复杂，需要操作人员有较高的技术水平和一定的生产经验。

2. 数字摄影测量网格 DPGrid

DPGrid 的基本特点是引入了数字摄影测量发展新的理论研究成果,使数字摄影测量具有更高的自动化能力,将计算机网络、集群处理的发展引入了数字摄影测量,将摄影测量自动化与人机交互完全分开,使摄影测量具有更高的生产效率。

DPGrid 由两部分组成:

① 自动化部分:基于刀片机(blade)的集成处理系统。

② 人工处理部分:基于网络、全无缝测图系统(DPGrid. SLM)。

DPGrid 同样也将摄影测量的生产分为两部分:

① 刀片机的集成处理系统完成诸如全自动的空中三角测量、DSM 生成、正射影像图的生成。

② 由 DPGrid. SLM 实现全无缝测图。

(1)基于刀片机的集成处理系统

如图 2-44 所示为基于刀片机的集成处理系统组成及硬件结构。

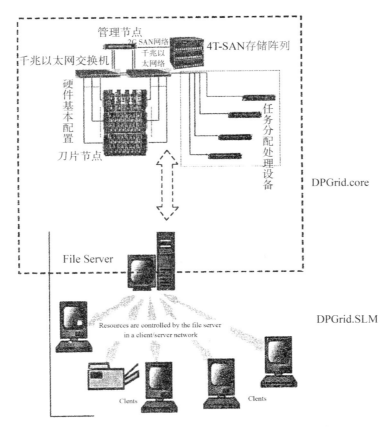

图 2-44 基于刀片机的集成处理系统组成与硬件结构

(2)基于网格的全无缝测图系统

图 2-44 下部分是基于网格的全无缝测图系统结构(DPGrid. SLM)。DPGrid. SLM 的流程是按生产单位的实际情况(测图的作业员人数、测图工作站的台数、测图区域的大小)

61

对基于DPGrid的空中三角测量结果生成的影像叠拼图(或正射影像图)进行分区(如图将区域分为相互之间有一定的重叠的两个分区),将分区内的原始影像与区域网空三结果,由服务器分发到无缝测图工作站。作业员从一个模型可以无缝地进入下一个模型,进行模型间的无缝测图。在作业员之间的重叠部分,它们是互相"透明"的,保证了作业员之间的无缝测图。从而实现了整个区域上的无缝测图,测图结果(DLG)全部显示在服务器上。

(3)系统的特点

① 基于网格的数字摄影测量系统比传统的数字摄影测量工作站具有更抽象、更简单、更单纯的特点。在一般情况下,人工只需编制"工程文件",量测控制点,系统就能进行全自动空中三角测量,直接生成区域的正射影像图。在DPGrid.SLM中作业,作业员无需打开模型,无需接边,无中间工程(例如无需生成核线影像),从而节省了存储空间。

② 系统效率更高。系统不仅引入了可靠性更高的匹配算法,同时也尽可能地减去中间流程,作业员的操作简单、重复。

③ 新一代的摄影测量系统建立在网络基础上,它能与整个摄影测量的管理信息系统(MIS)连接起来,构成摄影测量生产、数据更新、数据管理系统。

④ 作为一个生产单位,它是基于一个局域网络,同时它也能纳入测绘的专业网络环境,实现摄影测量的"网格"计算。由于其生产效率高,操作简单,基于网络环境,它能实现应急需求,建立快速响应系统。

习题与思考题

1. 什么是数字影像?数字影像有哪些特点?

2. 怎样确定数字影像的采样间隔?

3. 怎样根据已知的数字影像离散灰度精确计算其任一点上的灰度值?

4. 已知 $g_{i,j} = 102$,$g_{i+1,j} = 110$,$g_{i,j+1} = 118$,$g_{i+1,j+1} = 142$,$k-i = \dfrac{\Delta}{4}$,$l-j = \dfrac{\Delta}{4}$,Δ 为采样间隔,请用双线性插值法计算 $g_{k,l}$ 的值。

5. 航空数码相机的传感器主要有哪几种类型?有哪些具有代表性的产品?各有什么特点?

6. 什么是POS系统?主要包括哪些组件?它们的主要性能指标是什么?

7. 什么是Lidar?其主要特点与用途是什么?

8. 航天数字影像有什么特点?其地面分辨率可以达到什么精度?各传感器立体成像的特点是怎样的?

9. 卫星摄影测量与航空摄影测量的差别是什么?

10. 微波遥感影像有什么优势?其分辨率可以达到什么精度?

11. 倾斜摄影测量有什么优势?有哪些传感器可以获取倾斜航空影像?

12. 数字摄影测量系统有哪些主要功能和产品?

13. 数字摄影测量系统有哪些主要硬件组成?画出其硬件框图。

14. 数字摄影测量系统有哪些软件和功能模块?
15. 如何用数字影像测制一幅正射影像图? 按其作业流程简明介绍各部分的原理。
16. 像素工厂制作真正射影像的流程是什么?
17. 像素工厂的主要特点是什么?
18. 试述数字摄影测量网格 DPGrid 系统组成与结构、软件结构。
19. 数字摄影测量网格 DPGrid 系统有哪些特点?

第3章 摄影测量解析方法

为了从数字影像提取几何信息，必须建立数字影像中的像元素与所摄物体表面相应点之间的数学关系。经典的摄影测量学已经建立了一整套严密的像点坐标与对应的物点坐标的关系式，因而只需建立像素坐标系统与原有像坐标系统的关系，就可利用原有摄影测量的理论，这一过程即是数字影像的内定向。若原始数据是数码相机直接获取的数字影像，则可以省略内定向，直接选取影像中心点为像平面坐标系原点，x 轴与 y 轴分别与影像相互垂直的两条边平行即可。

传统的航空摄影测量是近似于垂直的摄影，在摄影测量的解析求解过程中可以利用小角度的简化模型或给以较好的初值。而在近景摄影测量中，常常采用大角度、大重叠度的摄影方式，外方位元素中存在大的旋转角和相邻摄站点之间存在较大的位置差异，初值很难获取。经典欧拉角方法严重依赖于位置与姿态的初始值，不适用于大倾角像片的解析计算，本章介绍几种不依赖位置与姿态初始值的解析方法。

高空间分辨率卫星影像的出现，为航天摄影测量提供了新的研究内容，引起了国际摄影测量界的普遍关注。围绕高分辨率卫星影像的处理，出现了许多理论和技术方面值得研究的问题，各种新型遥感传感器的成像机理、卫星遥感影像三维处理及测图技术就是其中的一项重要内容。有理函数模型（RFM）可以直接建立起像点和空间坐标之间的关系，不需要内外方位元素，回避成像的几何过程，可以广泛应用于线阵影像的处理中。

本章介绍与数字影像相关的、针对新型摄影方式与新型传感器的基础解析方法。

3.1 共线条件方程式的空间后方交会解法

在理想情况下，摄影瞬间像点、投影中心、物点位于同一条直线上，描述这三点共线的数学表达式称为共线条件方程。共线条件方程建立了摄影中心、像点、物点之间三点共线的严密数学关系。共线方程可用于单张像片和多张像片的空间后方交会和前方交会，作为光束法平差中的误差方程式以及利用 DEM 进行单片测图、制作 DOM 等。

共线方程基本形式如下：

$$\begin{cases} x - x_0 = -f\dfrac{a_1(X - X_s) + b_1(Y - Y_s) + c_1(Z - Z_s)}{a_3(X - X_s) + b_3(Y - Y_s) + c_3(Z - Z_s)} = -f\dfrac{\bar{X}}{\bar{Z}} \\[4mm] y - y_0 = -f\dfrac{a_2(X - X_s) + b_2(Y - Y_s) + c_2(Z - Z_s)}{a_3(X - X_s) + b_3(Y - Y_s) + c_3(Z - Z_s)} = -f\dfrac{\bar{X}}{\bar{Z}} \end{cases} \qquad (3\text{-}1)$$

$$\boldsymbol{R} = \begin{bmatrix} a_1 & a_2 & a_3 \\ b_1 & b_2 & b_3 \\ c_1 & c_2 & c_3 \end{bmatrix}$$

式中：x，y 为像平面坐标；X，Y，Z 为地面点坐标；X_s，Y_s，Z_s 为投影中心坐标；x_0，y_0，f 为内方位元素；a_1，a_2，a_3，b_1，b_2，b_3，c_1，c_2，c_3 为旋转矩阵 $\boldsymbol{R}$ 元素；$\boldsymbol{R}$ 为正交矩阵。

共线条件方程是非线性方程，需要对其进行线性化，建立误差方程式，法化求解未知数。以下介绍在已知内方位元素前提下，随着选取未知数的不同，进行后方交会时产生的不同解法。

3.1.1 欧拉角方法

经典共线方程解法中，旋转矩阵的各方向余弦利用三个独立参数 φ，ω，κ（Y 为主轴）间接表示，即旋转矩阵是以 Y 轴为主轴进行坐标变换得到的，则旋转矩阵 $\boldsymbol{R}$ 为：

$$\boldsymbol{R} = \begin{pmatrix} \cos\varphi\cos\kappa - \sin\varphi\sin\omega\sin\kappa & -\cos\varphi\sin\kappa - \sin\varphi\sin\omega\cos\kappa & -\sin\varphi\cos\omega \\ \cos\omega\sin\kappa & \cos\omega\cos\kappa & -\sin\omega \\ \sin\varphi\cos\kappa + \cos\varphi\sin\omega\sin\kappa & -\sin\varphi\sin\kappa + \cos\varphi\sin\omega\cos\kappa & \cos\varphi\cos\omega \end{pmatrix} \quad (3\text{-}2)$$

共线方程线性化后的误差方程一般式为：

$$\begin{cases} v_x = \dfrac{\partial x}{\partial X_s}\Delta X_s + \dfrac{\partial x}{\partial Y_s}\Delta Y_s + \dfrac{\partial x}{\partial Z_s}\Delta Z_s + \dfrac{\partial x}{\partial \varphi}\Delta\varphi + \dfrac{\partial x}{\partial \omega}\Delta\omega + \dfrac{\partial x}{\partial \kappa}\Delta\kappa - l_x \\ v_y = \dfrac{\partial y}{\partial X_s}\Delta X_s + \dfrac{\partial y}{\partial Y_s}\Delta Y_s + \dfrac{\partial y}{\partial Z_s}\Delta Z_s + \dfrac{\partial y}{\partial \varphi}\Delta\varphi + \dfrac{\partial y}{\partial \omega}\Delta\omega + \dfrac{\partial y}{\partial \kappa}\Delta\kappa - l_y \end{cases} \quad (3\text{-}3)$$

未知数包括：$\Delta X_s, \Delta Y_s, \Delta Z_s, \Delta\varphi, \Delta\omega, \Delta\kappa$。

可将(3-3)写成矩阵形式为：

$$\boldsymbol{V} = \boldsymbol{BX} - \boldsymbol{L} \quad (3\text{-}4)$$

式中，

$$\boldsymbol{V} = \begin{bmatrix} v_x \\ v_y \end{bmatrix}$$

$$\boldsymbol{B} = \begin{bmatrix} b_{11} & b_{12} & b_{13} & b_{14} & b_{15} & b_{16} \\ b_{21} & b_{22} & b_{23} & b_{24} & b_{25} & b_{26} \end{bmatrix} = \begin{bmatrix} \dfrac{\partial x}{\partial X_s} & \dfrac{\partial x}{\partial Y_s} & \dfrac{\partial x}{\partial Z_s} & \dfrac{\partial x}{\partial \varphi} & \dfrac{\partial x}{\partial \omega} & \dfrac{\partial x}{\partial \kappa} \\ \dfrac{\partial y}{\partial X_s} & \dfrac{\partial y}{\partial Y_s} & \dfrac{\partial y}{\partial Z_s} & \dfrac{\partial y}{\partial \varphi} & \dfrac{\partial y}{\partial \omega} & \dfrac{\partial y}{\partial \kappa} \end{bmatrix}$$

$$\boldsymbol{X} = \begin{bmatrix} \mathrm{d}X_S & \mathrm{d}Y_S & \mathrm{d}Z_S & \mathrm{d}\varphi & \mathrm{d}\omega & \mathrm{d}\kappa \end{bmatrix}^{\mathrm{T}}, \quad \boldsymbol{L} = \begin{bmatrix} l_x \\ l_y \end{bmatrix} = \begin{bmatrix} x - (x) \\ y - (y) \end{bmatrix}$$

误差方程式系数阵如下：

$$b_{11} = \frac{\partial x}{\partial X_s} = -\frac{\partial x}{\partial X} = \frac{1}{\overline{Z}}[a_1 f + a_3(x - x_0)]$$

$$b_{12} = \frac{\partial x}{\partial Y_s} = -\frac{\partial x}{\partial Y} = \frac{1}{\overline{Z}}[b_1 f + b_3(x - x_0)]$$

$$b_{13} = \frac{\partial x}{\partial Z_s} = -\frac{\partial x}{\partial Z} = \frac{1}{\bar{Z}} [c_1 f + c_3 (x - x_0)]$$

$$b_{21} = \frac{\partial y}{\partial X_s} = -\frac{\partial y}{\partial X} = \frac{1}{\bar{Z}} [a_2 f + a_3 (y - y_0)]$$

$$b_{22} = \frac{\partial y}{\partial Y_s} = -\frac{\partial y}{\partial Y} = \frac{1}{\bar{Z}} [b_2 f + b_3 (y - y_0)]$$

$$b_{23} = \frac{\partial y}{\partial Z_s} = -\frac{\partial y}{\partial Z} = \frac{1}{\bar{Z}} [c_2 f + c_3 (y - y_0)]$$

$$b_{14} = \frac{\partial x}{\partial \varphi} = \frac{-f}{\bar{Z}^2} \left(\frac{\partial \bar{X}}{\partial \varphi} \bar{Z} - \frac{\partial \bar{Z}}{\partial \varphi} \bar{X} \right)$$

$$= (y - y_0) \sin\omega - \left\{ \frac{x - x_0}{f} [(x - x_0) \cos\kappa - (y - y_0) \sin\kappa] + f\cos\kappa \right\} \cos\omega$$

$$b_{15} = \frac{\partial x}{\partial \omega} = \frac{-f}{\bar{Z}^2} \left(\frac{\partial \bar{X}}{\partial \omega} \bar{Z} - \frac{\partial \bar{Z}}{\partial \omega} \bar{X} \right) = -f\sin\kappa - \frac{x - x_0}{f} [(x - x_0) \sin\kappa + (y - y_0) \cos\kappa]$$

$$b_{16} = \frac{\partial x}{\partial \kappa} = \frac{-f}{\bar{Z}^2} \left(\frac{\partial \bar{X}}{\partial \kappa} \bar{Z} - \frac{\partial \bar{Z}}{\partial \kappa} \bar{X} \right) = y - y_0$$

$$b_{24} = \frac{\partial y}{\partial \varphi} = \frac{-f}{\bar{Z}^2} \left(\frac{\partial \bar{Y}}{\partial \varphi} \bar{Z} - \frac{\partial \bar{Z}}{\partial \varphi} \bar{Y} \right)$$

$$= -(x - x_0) \sin\omega - \left\{ \frac{y - y_0}{f} [(x - x_0) \cos\kappa - (y - y_0) \sin\kappa] - f\cos\kappa \right\} \cos\omega$$

$$b_{25} = \frac{\partial y}{\partial \omega} = \frac{-f}{\bar{Z}^2} \left(\frac{\partial \bar{Y}}{\partial \omega} \bar{Z} - \frac{\partial \bar{Z}}{\partial \omega} \bar{Y} \right) = -f\cos\kappa - \frac{y - y_0}{f} [(x - x_0) \sin\kappa + (y - y_0) \cos\kappa]$$

$$b_{26} = \frac{\partial y}{\partial \kappa} = \frac{-f}{\bar{Z}^2} \left(\frac{\partial \bar{Y}}{\partial \kappa} \bar{Z} - \frac{\partial \bar{Z}}{\partial \kappa} \bar{Y} \right) = -(x - x_0)$$

其中，前 6 个系数与线元素有关，后 6 个系数与角元素有关。

此种解法是以像点坐标(x, y)作为观测值，以摄影中心坐标(X_s, Y_s, Z_s)、旋转角$(\varphi, \omega, \kappa)$作为未知参数，按照间接平差法直接解算未知参数。

式$(3-2)$能够明确表示出旋转矩阵 $\boldsymbol{R}$ 在摄影测量中的几何概念，但其中牵涉了大量的角量和三角函数。由于三角函数本身存在多值性和奇异性，不但使运算过程困难，还会导致迭代次数增加，甚至计算不收敛。因此，在后方交会时常常需要较好的位置与姿态初始值。在近景摄影测量中，常常采用大角度、大重叠度的摄影方式。外方位元素中存在大的旋转角和相邻摄站点之间存在较大的位置差异，在较好的初始值情况下，一般可以得到精确的计算结果，但困难在于位置与姿态的初始值很难获取。

3.1.2 方向余弦方法

共线方程的另一种解法是将 9 个方向余弦值(a_1，a_2，a_3，b_1，b_2，b_3，c_1，c_2，c_3)作为待求参数，代替三个旋转角未知数(φ，ω，κ)，和其他未知数一起解算。直接确定旋转矩阵的方法避免了三角函数的计算，且使用更方便和简单。由于旋转矩阵 R 中只有 3 个独立元素，其余 6 个参数可以根据 6 个正交条件推得，因此必须利用 R 的正交矩阵性质，根据 6 个正交条件建立 6 个条件方程，在误差方程中引入 6 个条件方程，以限制 9 个方向余弦之间的关系，按附有条件的间接平差直接解算未知参数。

1. 误差方程式与限制条件

该方法中的旋转矩阵 R 直接由 9 个方向余弦构成：

$$R = \begin{bmatrix} a_1 & a_2 & a_3 \\ b_1 & b_2 & b_3 \\ c_1 & c_2 & c_3 \end{bmatrix} \tag{3-5}$$

R 为正交矩阵，满足 $RR^{\mathrm{T}} = R^{\mathrm{T}}R = E$，由此可导出下列条件：

$$\begin{cases} a_1^2 + a_2^2 + a_3^2 = 1 \\ b_1^2 + b_2^2 + b_3^2 = 1 \\ c_1^2 + c_2^2 + c_3^2 = 1 \\ a_1a_2 + b_1b_2 + c_1c_2 = 0 \\ a_1a_3 + b_1b_3 + c_1c_3 = 0 \\ a_2a_3 + b_2b_3 + c_2c_3 = 0 \end{cases} \tag{3-6}$$

R 中仅有 3 个独立的参数，其余 6 个参数可以由上述条件推得。

共线方程线性化后的误差方程一般式为：

$$\begin{cases} v_x = \dfrac{\partial x}{\partial X_s}\mathrm{d}X_s + \dfrac{\partial x}{\partial Y_s}\mathrm{d}Y_s + \dfrac{\partial x}{\partial Z_s}\mathrm{d}Z_s + \dfrac{\partial x}{\partial a_1}\mathrm{d}a_1 + \dfrac{\partial x}{\partial a_2}\mathrm{d}a_2 + \dfrac{\partial x}{\partial a_3}\mathrm{d}a_3 + \dfrac{\partial x}{\partial b_1}\mathrm{d}b_1 + \dfrac{\partial x}{\partial b_2}\mathrm{d}b_2 \\ \qquad + \dfrac{\partial x}{\partial b_3}\mathrm{d}b_3 + \dfrac{\partial x}{\partial c_1}\mathrm{d}c_1 + \dfrac{\partial x}{\partial c_2}\mathrm{d}c_2 + \dfrac{\partial x}{\partial c_3}\mathrm{d}c_3 - l_x \\ v_y = \dfrac{\partial y}{\partial X_s}\mathrm{d}X_s + \dfrac{\partial y}{\partial Y_s}\mathrm{d}Y_s + \dfrac{\partial y}{\partial Z_s}\mathrm{d}Z_s + \dfrac{\partial y}{\partial a_1}\mathrm{d}a_1 + \dfrac{\partial y}{\partial a_2}\mathrm{d}a_2 + \dfrac{\partial y}{\partial a_3}\mathrm{d}a_3 + \dfrac{\partial y}{\partial b_1}\mathrm{d}b_1 + \dfrac{\partial y}{\partial b_2}\mathrm{d}b_2 \\ \qquad + \dfrac{\partial y}{\partial b_3}\mathrm{d}b_3 + \dfrac{\partial y}{\partial c_1}\mathrm{d}c_1 + \dfrac{\partial y}{\partial c_2}\mathrm{d}c_2 + \dfrac{\partial y}{\partial c_3}\mathrm{d}c_3 - l_y \end{cases} \tag{3-7}$$

常数项为：

$$\begin{cases} l_x = (x - x_0) + f\dfrac{\overline{X}}{\overline{Z}} \\ \\ l_y = (y - y_0) + f\dfrac{\overline{Y}}{\overline{Z}} \end{cases}$$

式(3-7) 可以写成矩阵形式,是典型的间接平差模型：

$$V = BX - L \qquad\qquad (3\text{-}8)$$

式中，

$$V = \begin{bmatrix} v_x \\ v_y \end{bmatrix}$$

$$B = \begin{bmatrix} b_{11} & b_{12} & b_{13} & b_{14} & b_{15} & b_{16} & b_{17} & b_{18} & b_{19} & b_{1a} & b_{1b} & b_{1c} \\ b_{21} & b_{22} & b_{23} & b_{24} & b_{25} & b_{26} & b_{27} & b_{28} & b_{29} & b_{2a} & b_{2b} & b_{2c} \end{bmatrix}$$

$$X = [\, \mathrm{d}X_S \quad \mathrm{d}Y_S \quad \mathrm{d}Z_S \quad \mathrm{d}a_1 \quad \mathrm{d}a_2 \quad \mathrm{d}a_3 \quad \mathrm{d}b_1 \quad \mathrm{d}b_2 \quad \mathrm{d}b_3 \quad \mathrm{d}c_1 \quad \mathrm{d}c_2 \quad \mathrm{d}c_3 \,]^{\mathrm{T}}$$

$$L = \begin{bmatrix} l_x \\ l_y \end{bmatrix} = \begin{bmatrix} x - (x) \\ y - (y) \end{bmatrix}$$

误差方程式系数阵如下：

$$b_{11} = \frac{\partial x}{\partial X_s} = \frac{1}{\overline{Z}} [\, a_1 f + a_3 (x - x_0)\,]$$

$$b_{12} = \frac{\partial x}{\partial Y_s} = \frac{1}{\overline{Z}} [\, b_1 f + b_3 (x - x_0)\,]$$

$$b_{13} = \frac{\partial x}{\partial Z_s} = \frac{1}{\overline{Z}} [\, c_1 f + c_3 (x - x_0)\,]$$

$$b_{14} = \frac{\partial x}{\partial a_1} = -\frac{f}{\overline{Z}} (X - X_S)$$

$$b_{15} = \frac{\partial x}{\partial a_2} = 0$$

$$b_{16} = \frac{\partial x}{\partial a_3} = -\frac{1}{\overline{Z}} (x - x_0)(X - X_S)$$

$$b_{17} = \frac{\partial x}{\partial b_1} = -\frac{f}{\overline{Z}} (Y - Y_S)$$

$$b_{18} = \frac{\partial x}{\partial b_2} = 0$$

$$b_{19} = \frac{\partial x}{\partial b_3} = -\frac{1}{\overline{Z}} (x - x_0)(Y - Y_S)$$

$$b_{1a} = \frac{\partial x}{\partial c_1} = -\frac{f}{\overline{Z}} (Z - Z_S)$$

$$b_{1b} = \frac{\partial x}{\partial c_2} = 0$$

$$b_{1c} = \frac{\partial x}{\partial c_3} = -\frac{1}{\overline{Z}} (x - x_0)(Z - Z_S)$$

$$b_{21} = \frac{\partial y}{\partial X_s} = \frac{1}{\bar{Z}} \left[a_2 f + a_3 (y - y_0) \right]$$

$$b_{22} = \frac{\partial y}{\partial Y_s} = \frac{1}{\bar{Z}} \left[b_2 f + b_3 (y - y_0) \right]$$

$$b_{23} = \frac{\partial y}{\partial Z_s} = \frac{1}{\bar{Z}} \left[c_2 f + c_3 (y - y_0) \right]$$

$$b_{24} = \frac{\partial y}{\partial a_1} = 0$$

$$b_{25} = \frac{\partial y}{\partial a_2} = - \frac{f}{\bar{Z}} (X - X_S)$$

$$b_{26} = \frac{\partial y}{\partial a_3} = - \frac{1}{\bar{Z}} (y - y_0) (X - X_S)$$

$$b_{27} = \frac{\partial y}{\partial b_1} = 0$$

$$b_{28} = \frac{\partial y}{\partial b_2} = - \frac{f}{\bar{Z}} (Y - Y_S)$$

$$b_{29} = \frac{\partial y}{\partial b_3} = - \frac{1}{\bar{Z}} (y - y_0) (Y - Y_S)$$

$$b_{2a} = \frac{\partial y}{\partial c_1} = 0$$

$$b_{2b} = \frac{\partial y}{\partial c_2} = - \frac{f}{\bar{Z}} (Z - Z_S)$$

$$b_{2c} = \frac{\partial y}{\partial c_3} = - \frac{1}{\bar{Z}} (y - y_0) (Z - Z_S)$$

由正交条件可以得到下列条件方程:

$$CX + W_x = 0 \tag{3-9}$$

式中,C 为条件方程系数阵,W_x 为条件方程常数项矩阵。

$$C = \begin{bmatrix} a_1^2 + a_2^2 + a_3^2 \\ b_1^2 + b_2^2 + b_3^2 \\ c_1^2 + c_2^2 + c_3^2 \\ a_1 a_2 + b_1 b_2 + c_1 c_2 \\ a_1 a_3 + b_1 b_3 + c_1 c_3 \\ a_2 a_3 + b_2 b_3 + c_2 c_3 \end{bmatrix}, \quad W_x = \begin{bmatrix} 1 \\ 1 \\ 1 \\ 0 \\ 0 \\ 0 \end{bmatrix}$$

$$X = \begin{bmatrix} \mathrm{d}a_1 & \mathrm{d}a_2 & \mathrm{d}a_3 & \mathrm{d}b_1 & \mathrm{d}b_2 & \mathrm{d}b_3 & \mathrm{d}c_1 & \mathrm{d}c_2 & \mathrm{d}c_3 \end{bmatrix}^{\mathrm{T}}$$

对式(3-9) 进行线性化,得

$$
\begin{bmatrix}
2a_1 & 2a_2 & 2a_3 & 0 & 0 & 0 & 0 & 0 & 0 \\
0 & 0 & 0 & 2b_1 & 2b_2 & 2b_3 & 0 & 0 & 0 \\
0 & 0 & 0 & 0 & 0 & 0 & 2c_1 & 2c_2 & 2c_3 \\
a_2 & a_1 & 0 & b_2 & b_1 & 0 & c_2 & c_1 & 0 \\
a_3 & 0 & a_1 & b_3 & 0 & b_1 & c_3 & 0 & c_1 \\
0 & a_3 & a_2 & 0 & b_3 & b_2 & 0 & c_3 & c_2
\end{bmatrix}
\begin{bmatrix}
\mathrm{d}a_1 \\ \mathrm{d}a_2 \\ \mathrm{d}a_3 \\ \mathrm{d}b_1 \\ \mathrm{d}b_2 \\ \mathrm{d}b_3 \\ \mathrm{d}c_1 \\ \mathrm{d}c_2 \\ \mathrm{d}c_3
\end{bmatrix}
+
\begin{bmatrix}
a_1^2 + a_2^2 + a_3^2 - 1 \\
b_1^2 + b_2^2 + b_3^2 - 1 \\
c_1^2 + c_2^2 + c_3^2 - 1 \\
a_1a_2 + b_1b_2 + c_1c_2 \\
a_1a_3 + b_1b_3 + c_1c_3 \\
a_2a_3 + b_2b_3 + c_2c_3
\end{bmatrix}
= 0
$$

$$(3\text{-}10)$$

直接利用方向余弦确定旋转矩阵,比间接确定旋转矩阵(由 3 个独立旋转角计算得到)更实用,且使用更方便、简单,避免了经典欧拉角方法中因旋转角定义的不同而导致的公式不同所带来的不便。该方法的优点在于:未知参数的初始值可以任意设置,收敛速度快,误差方程式的推导和表示非常简洁,便于程序的实现。这种描述旋转矩阵的方法可以在相对定向、前方交会、后方交会、三维坐标转换、相机检校等解算中应用。

2. 附有限制条件的间接平差

将式(3-10)中的未知数写成与式(3-8)中的一致,即

$$
\begin{bmatrix}
0 & 0 & 0 & 2a_1 & 2a_2 & 2a_3 & 0 & 0 & 0 & 0 & 0 & 0 \\
0 & 0 & 0 & 0 & 0 & 0 & 2b_1 & 2b_2 & 2b_3 & 0 & 0 & 0 \\
0 & 0 & 0 & 0 & 0 & 0 & 0 & 0 & 0 & 2c_1 & 2c_2 & 2c_3 \\
0 & 0 & 0 & a_2 & a_1 & 0 & b_2 & b_1 & 0 & c_2 & c_1 & 0 \\
0 & 0 & 0 & a_3 & 0 & a_1 & b_3 & 0 & b_1 & c_3 & 0 & c_1 \\
0 & 0 & 0 & 0 & a_3 & a_2 & 0 & b_3 & b_2 & 0 & c_3 & c_2
\end{bmatrix}
\begin{bmatrix}
\mathrm{d}X_S \\ \mathrm{d}Y_S \\ \mathrm{d}Z_S \\ \mathrm{d}a_1 \\ \mathrm{d}a_2 \\ \mathrm{d}a_3 \\ \mathrm{d}b_1 \\ \mathrm{d}b_2 \\ \mathrm{d}b_3 \\ \mathrm{d}c_1 \\ \mathrm{d}c_2 \\ \mathrm{d}c_3
\end{bmatrix}
+
\begin{bmatrix}
a_1^2 + a_2^2 + a_3^2 - 1 \\
b_1^2 + b_2^2 + b_3^2 - 1 \\
c_1^2 + c_2^2 + c_3^2 - 1 \\
a_1a_2 + b_1b_2 + c_1c_2 \\
a_1a_3 + b_1b_3 + c_1c_3 \\
a_2a_3 + b_2b_3 + c_2c_3
\end{bmatrix}
= 0
$$

$$(3\text{-}11)$$

式(3-8)和式(3-11)联立,得

$$
\begin{cases}
\underset{n,1}{V} = \underset{n,uu,1}{B}\,\underset{uu,1}{X} - \underset{n,1}{L} \\
\underset{s,uu,1}{C}\,X + \underset{s,1}{W_x} = \mathbf{0}
\end{cases}
\tag{3-12}
$$

设观测值个数为 n,未知数个数 $u = 12$,其中包含了 $t = 6$ 个独立参数,参数间存在 $s = u - t = 12 - 6 = 6$ 个限制条件。平差时列出 n 个观测方程和 s 个限制参数间关系的条件方程,以此为函数模型的平差方法,就是附有限制条件的间接平差。

式(3-12)中,$\boldsymbol{B}$ 为列满秩阵,$\boldsymbol{C}$ 为行满秩阵,即 $R(\boldsymbol{B}) = u, R(\boldsymbol{C}) = s, u < n, s < u$。待求量

是 n 个改正数和 u 个参数，而方程个数为 $n+s$，少于待求量的个数 $n+u$，且系数阵的秩等于其增广矩阵的秩，即

$$R \begin{bmatrix} -I & B \\ 0 & C \end{bmatrix} = R \begin{bmatrix} -I & B & l \\ 0 & C & W \end{bmatrix} = n+s \tag{3-13}$$

故式(3-12)是有无穷多组解的一组相容方程。为此，应在无穷多组解中求出能使 $V^{\mathrm{T}}PV = \min$ 的一组解。按求条件极值法组成函数：

$$\boldsymbol{\Phi} = V^{\mathrm{T}}PV + 2K_s^{\mathrm{T}}(CX + W_x) \tag{3-14}$$

式中，K_s 是对应于限制条件方程的联系数向量。由式(3-12)知，V 是 X 的显函数，为求 $\boldsymbol{\Phi}$ 的极小，将其对 X 取偏导数并令其为零，则有

$$\frac{\partial \boldsymbol{\Phi}}{\partial X} = 2V^{\mathrm{T}}P \frac{\partial V}{\partial X} + 2K_s^{\mathrm{T}}C = 2V^{\mathrm{T}}PB + 2K_s^{\mathrm{T}}C = 0$$

转置后得

$$\underset{u,n}{B^{\mathrm{T}}} \underset{n,n}{P} \underset{n,1}{V} + \underset{u,s}{C^{\mathrm{T}}} \underset{s,1}{K_s} = \underset{u,1}{0} \tag{3-15}$$

在式(3-12)和式(3-15)中，方程的个数是 $n+s+u$，待求未知数的个数是 n 个改正数、u 个参数和 s 个联系数，即方程个数等于未知数个数，固有唯一解。称这三个方程为附有限制条件的间接平差法的基础方程。

解此基础方程，通常先将式(3-12)中第一式代入式(3-15)，得

$$\begin{cases} B^{\mathrm{T}}PBX + C^{\mathrm{T}}K_s - B^{\mathrm{T}}PL = 0 \\ CX + W_x = 0 \end{cases} \tag{3-16}$$

令

$$N_{BB} = B^{\mathrm{T}}PB, \quad W = B^{\mathrm{T}}PL \tag{3-17}$$

故式(3-16)可写成

$$\begin{cases} \underset{u,u}{N_{BB}} \underset{u,1}{X} + \underset{u,s}{C^{\mathrm{T}}} \underset{s,1}{K_s} - \underset{u,1}{W} = 0 \\ \underset{s,u}{C} \underset{u,1}{X} + \underset{s,1}{W_x} = 0 \end{cases} \tag{3-18}$$

式(3-18)称为附有限制条件的间接平差法的法方程。由它可解出 X 和 K_s。

N_{BB} 为满秩对称方阵时，是可逆阵，用 CN_{BB}^{-1} 左乘(3-18)第一式，并减去(3-18)第二式得

$$CN_{BB}^{-1}C^{\mathrm{T}}K_s - (CN_{BB}^{-1}W + W_x) = 0 \tag{3-19}$$

若令

$$\underset{s,s}{N_{CC}} = \underset{s,u}{C} \underset{u,u}{N_{BB}^{-1}} \underset{u,s}{C^{\mathrm{T}}} \tag{3-20}$$

则(3-19)式也可写成

$$N_{CC}K_s - (CN_{BB}^{-1}W + W_x) = 0 \tag{3-21}$$

式中，N_{CC} 的秩为 $R(N_{CC}) = R(CN_{BB}^{-1}C^{\mathrm{T}}) = R(C) = s$，且 $N_{CC}^{\mathrm{T}} = (CN_{BB}^{-1}C^{\mathrm{T}})^{\mathrm{T}} = CN_{BB}^{-1}C^{\mathrm{T}}$，故 N_{CC} 应为一个 s 阶的满秩对称方阵，是可逆阵。于是

$$\underset{s,1}{K_s} = N_{CC}^{-1}(CN_{BB}^{-1}W + W_x) \tag{3-22}$$

将式(3-22)代入式(3-18)的第一式，经整理可得

$$\underset{u,1}{X} = (N_{BB}^{-1} - N_{BB}^{-1}C^{\mathrm{T}}N_{CC}^{-1}CN_{BB}^{-1})W - N_{BB}^{-1}C^{\mathrm{T}}N_{CC}^{-1}W_x \tag{3-23}$$

由(3-23)式解得 X 后，代入式(3-12)的第二式可求得 V，最后可求出观测值和参数的平差值。

3. Givens 变换解法

首先让我们考虑熟知的最小二乘问题。已知 n 维观测向量 L 和 $m \times n$ 阶矩阵 B,试求使残差向量 $V = BX - L$ 平方和为最小的参数向量解 X。根据最小二乘原理,X 满足法方程

$$B^{\mathrm{T}}BX = B^{\mathrm{T}}L \tag{3-24}$$

假定存在正交分解

$$B = QR \tag{3-25}$$

其中,Q 为 $m \times n$ 阶正交矩阵,R 为 $n \times n$ 上三角矩阵,则

$$B^{\mathrm{T}}B = R^{\mathrm{T}}Q^{\mathrm{T}}QR = R^{\mathrm{T}}R \tag{3-26}$$

由此,法方程(3-24)可改写为

$$R^{\mathrm{T}}RX = R^{\mathrm{T}}Q^{\mathrm{T}}L \tag{3-27}$$

若 $B^{\mathrm{T}}B$ 非奇异,则 R 为正则阵,R 的逆存在。式(3-27)两端左乘 R^{T},得约化法方程

$$RX = Q^{\mathrm{T}}L \tag{3-28}$$

因为 R 为上三角矩阵,用简单的回代,即得到 X 的解。

式(3-25)就是乔里斯基分解。可见,对矩阵 B 进行正交变换和法方程组的乔里斯基解法导致同一结果。用正交变换解最小二乘问题,数值稳定性和解的精度往往优于组成法方程途径,在上一小节中,当 N_{BB} 不可逆时(法方程组病态),尤其如此。

Gram-Schmidt 变换、Householder 变换和 Givens 变换三种正交变换,均可用于解最小二乘问题,其中 Givens 变换具有明显的优点:

① 节省内存。观测方程可以逐个处理,可以一边形成一边处理,避免设计矩阵占用大量内存空间。

② 计算效率高。观测方程的零元素可以方便地用来简化计算,减少运算次数,采用一定的计算方案,可以减少乘法运算,避免平方根运算。

③ 序贯平差方便。在观测方程组变成过定方程组以后,每引入一个新观测,参数解算及其误差估值可以随之更新,在平差的任何阶段,可以给出当前的结果。

（1）Givens 变换

可以利用 Givens 变换来实现上述正交变换的目的,上述的正交变换完全可以用逐次 Givens 平面旋转变换来实现。可引入以下形式的平面旋转矩阵

$$Q_{i,k} = \begin{bmatrix} 1 & & & & & & & & \\ & \ddots & & & & & & & \\ & & 1 & & & & & & \\ & & & c & \cdots & s & & & \\ & & & \vdots & & \vdots & & & \\ & & & -s & \cdots & c & & & \\ & & & & & & 1 & & \\ & & & & & & & \ddots & \\ & & & & & & & & 1 \end{bmatrix} \begin{matrix} 1 \\ \vdots \\ i \\ \vdots \\ k \\ \vdots \\ m \end{matrix} \tag{3-29}$$

$$\begin{matrix} 1 & \cdots & i & \cdots & k & \cdots & m \end{matrix}$$

左乘一个矩阵 B,只改变矩阵 A 的第 i 行和第 k 行,其他行的元素不变。这种平面旋转

72

性质的变换称为 Givens 变换，Q_{ik} 称为 Givens 旋转矩阵，是一个正交矩阵。Givens 变换用来将一个 $m \times n$ 阶的矩阵 B 进行 QR 分解，即

$$B = \begin{bmatrix} Q_1 & Q_2 \\ {}_{m,n} & {}_{m,m-n} \end{bmatrix} \begin{bmatrix} R \\ {}_{n,n} \\ O \\ {}_{m-n,m-n} \end{bmatrix} \qquad (3\text{-}30)$$

式中，Q_1 为 Q_2 为列正交矩阵，R 为上三角矩阵，O 为零矩阵。$(Q_1 \quad Q_2)$ 为一系列的旋转矩阵 Q_{ik} 的乘积。用 Q 代表 Q_1，则得式(3-25)，即 $B = QR$。

或者，两端用 Q^{T} 左乘，则得式(3-25)

$$Q^{\mathrm{T}} B = R \qquad (3\text{-}31)$$

式(3-29)的 Q_{ik} 矩阵中，位于 (i,i) 和 (k,k) 以外的主对角线元素均为 1，在 (i,i)、(k, i)、(i,k)、(k,k) 位置上的元素分别为 c、$-s$、s、c，且 $c = \cos\theta$，$s = \sin\theta$，其余元素均为零。不难验证 Q_{ik} 是一个规格化的正交矩阵，即

$$Q_{ik}^{-1} = Q_{ik}^{\mathrm{T}}$$

若用 Q_{ik} 对矩阵 A 施以 Givens 变换，并使变换后的 (k,i) 元素为 0，则有

$$-s \cdot a_{ii} + c a_{ki} = 0$$

并考虑到

$$s^2 + c^2 = 1$$

故有

$$\begin{cases} s = \dfrac{a_{ki}}{\sqrt{a_{ii}^2 + a_{ki}^2}} \\[4mm] c = \dfrac{a_{ii}}{\sqrt{a_{ii}^2 + a_{ki}^2}} \end{cases} \qquad (k > i) \qquad (3\text{-}32)$$

因此，可以逐列地进行上述变换。对于第 1 列需作 $m-1$ 次变换，对于第 k 列需作 $m-k$ 次变换。所以变换矩阵 Q 为

$$Q = Q_{nm} \cdot Q_{n(m-1)} \cdots Q_{n(n+1)} \cdots Q_{km} \cdot Q_{k(m-1)} \cdots Q_{k(k+1)} \cdots Q_{1m} \cdot Q_{1(m-1)} \cdot Q_{13} \cdot Q_{12}$$

归纳起来，具体算法是对于 i 从 1 逐步变化到 n，对 k 从 $i+1$ 逐步变化到 m，进行下列各步计算：

① 按下式计算：

$$\begin{cases} c_{ki} = \dfrac{a_{ii}}{\sqrt{a_{ii}^2 + a_{ki}^2}} \\[4mm] s_{ki} = \dfrac{a_{ki}}{\sqrt{a_{ii}^2 + a_{ki}^2}} \end{cases} \qquad (3\text{-}33)$$

② 对 B 矩阵逐次施以 Givens 变换。即第一步为 $Q_{12}B$，第二步为 $Q_{13}(Q_{12}B)$ …… 直至最后一步得到 QB，相应的对 L 向量变换得到 QL。

每步变化后需要做的计算为

$$\begin{cases} \begin{bmatrix} \bar{a}_{ij} \\ \bar{a}_{kj} \end{bmatrix} = \begin{bmatrix} c & s \\ -s & c \end{bmatrix} \begin{bmatrix} a_{ij} \\ a_{kj} \end{bmatrix}, \quad j = i, i+1, \cdots, n \\ \\ \begin{bmatrix} \bar{b}_i \\ \bar{b}_k \end{bmatrix} = \begin{bmatrix} c & s \\ -s & c \end{bmatrix} \begin{bmatrix} b_i \\ b_k \end{bmatrix} \end{cases} \tag{3-34}$$

显然,这是一个两重循环的有规则的计算,便于编程实现。

（2）算例

现以一个具体算例进一步阐述 Givens 变换的具体步骤。

已知 $V = BX - L$,

$$B = \begin{bmatrix} -1 & 0 & 0 & 0 \\ 1 & -1 & 0 & 0 \\ 0 & 1 & 0 & 0 \\ 1 & 0 & -1 & 0 \\ 0 & 0 & 1 & -1 \\ 0 & -1 & 0 & 1 \\ 0 & 0 & 0 & 1 \\ 0 & 1 & -1 & 0 \end{bmatrix}, \quad L = \begin{bmatrix} -25.42 \\ -10.34 \\ 35.20 \\ 15.54 \\ -21.32 \\ -4.82 \\ 31.02 \\ 26.11 \end{bmatrix}, \quad X = \begin{bmatrix} x_1 \\ x_2 \\ x_3 \\ x_4 \end{bmatrix}$$

第 1 列化算,$i = 1$:

① $k = 2, c = \dfrac{a_{11}}{\sqrt{a_{11}^2 + a_{21}^2}} = \dfrac{-1}{\sqrt{2}}, s = \dfrac{a_{21}}{\sqrt{a_{11}^2 + a_{21}^2}} = \dfrac{1}{\sqrt{2}}$

按式（3-34）,矩阵 B、L 的第 i、k 行的元素变换为

$$\begin{matrix} i = 1 \\ k = 2 \end{matrix} \begin{bmatrix} 1.4142 & -0.7071 & 0 & 0 \\ 0 & 0.7071 & 0 & 0 \end{bmatrix} \begin{bmatrix} 10.6631 \\ 25.2859 \end{bmatrix}$$

由于 $a_{31} = 0$,故第 3 行无须作旋转变换。

② $k = 4, i = 1, c = \dfrac{1.4142}{\sqrt{1.4142^2 + 1}} = 0.8165, s = \dfrac{1}{\sqrt{1.4142^2 + 1}} = 0.5774$

矩阵 B、L 的第 1、4 行的元素变换为

$$\begin{matrix} i = 1 \\ k = 4 \end{matrix} \begin{bmatrix} 1.7321 & -0.5773 & -0.5774 & 0 \\ 0 & 0.4083 & -0.8165 & 0 \end{bmatrix} \begin{bmatrix} 17.6792 \\ 6.5315 \end{bmatrix}$$

因为 $a_{k,1} = 0 (k > 4)$,所以第 1 列化算结束。

第 2 列化算,$i = 2$:

① $k = 3, i = 2, c = \dfrac{0.7071}{\sqrt{0.7071^2 + 1}} = 0.5773, s = \dfrac{1}{\sqrt{0.7071^2 + 1}} = 0.8165$

矩阵 B、L 的第 2、3 行的元素变换为

$$\begin{matrix} i = 2 \\ k = 3 \end{matrix} \begin{bmatrix} 0 & 1.2247 & 0 & 0 \\ 0 & 0 & 0 & 0 \end{bmatrix} \begin{bmatrix} 43.3384 \\ -0.3250 \end{bmatrix}$$

② $k = 4, i = 2, c = \dfrac{1.2247}{\sqrt{0.4083^2 + 1.2247^2}} = 0.9487, s = \dfrac{0.4083}{\sqrt{0.4083^2 + 1.2247^2}} = 0.3163$

矩阵 $\boldsymbol{B}$、$\boldsymbol{L}$ 的第 2、4 行的元素变换为

$$\begin{array}{c} i=2 \\ k=4 \end{array} \begin{bmatrix} 0 & 1.2910 & -0.2582 & 0 \\ 0 & 0 & -0.7746 & 0 \end{bmatrix} \begin{bmatrix} 43.1810 \\ -7.5115 \end{bmatrix}$$

因为 $a_{52}=0$，所以第 5 行元素无须转换。

③$k=6, i=2, c=\dfrac{1.2910}{\sqrt{1.2910^2+1}}=0.7906, s=\dfrac{-1}{\sqrt{1.2910^2+1}}=-0.6124$

矩阵 $\boldsymbol{B}$、$\boldsymbol{L}$ 的第 2、6 行的元素变换为

$$\begin{array}{c} i=2 \\ k=6 \end{array} \begin{bmatrix} 0 & 1.6331 & -0.2041 & -0.6124 \\ 0 & 0 & -0.1581 & 0.7906 \end{bmatrix} \begin{bmatrix} 37.0907 \\ 22.6333 \end{bmatrix}$$

因为 $a_{72}=0$，所以第 7 行元素无须转换。

④$k=8, i=2, c=\dfrac{1.6331}{\sqrt{1.6331^2+1}}=0.8528, s=\dfrac{-1}{\sqrt{1.6331^2+1}}=0.5222$

矩阵 $\boldsymbol{B}$、$\boldsymbol{L}$ 的第 2、8 行的元素变换为

$$\begin{array}{c} i=2 \\ k=8 \end{array} \begin{bmatrix} 0 & 1.9149 & -0.6962 & -0.5222 \\ 0 & 0 & -0.7462 & 0.3198 \end{bmatrix} \begin{bmatrix} 45.2656 \\ 2.8978 \end{bmatrix}$$

如此继续进行第 3、4 列的化算,最后的矩阵 $\boldsymbol{B}$、$\boldsymbol{L}$ 的形式为:

$$\boldsymbol{B}=\begin{bmatrix} 1.9320 & -0.5773 & -0.5774 & 0 \\ 0 & 1.9149 & -0.6962 & -0.5222 \\ 0 & 0 & 1.4771 & -0.9231 \\ 0 & 0 & 0 & 1.3694 \\ \vdots & \vdots & \vdots & \vdots \\ 0 & 0 & 0 & 0 \\ 0 & 0 & 0 & 0 \\ 0 & 0 & 0 & 0 \\ 0 & 0 & 0 & 0 \end{bmatrix}, \quad \boldsymbol{L}=\begin{bmatrix} 17.6792 \\ 45.2656 \\ -14.3808 \\ 42.2736 \\ \vdots \\ -0.3250 \\ -0.2348 \\ 0.1939 \\ 0.1838 \end{bmatrix}$$

经回代求得解如下:

$$x_4=\frac{42.2736}{1.3694}=30.8702$$

$$x_3=\frac{-14.3808+0.9231\times30.8702}{1.4771}=9.5562$$

$$x_2=\frac{45.2656+0.6962\times9.5562+0.5222\times30.8702}{1.9149}=35.5314$$

$$x_1=\frac{17.6792+0.5773\times35.5314+0.5774\times9.5562}{1.7320}=25.2363$$

$$\sum v^2=0.325^2+0.2348^2+0.1939^2+0.1838^2=0.2321$$

$$\sigma_0=\sqrt{\frac{\sum v^2}{n-u}}=\sqrt{\frac{0.2321}{8-4}}=0.2609$$

3.1.3 四元数方法

四元数起源于试图寻找复数在 3 维空间的对应物。一个四元数可认为是一个具有 3 个

虚部的复数($\dot{q} = q_0 + iq_1 + jq_2 + kq_3$)。四元数 $\dot{q}$ 具有几何意义,代表了一个转动,它作为定位参数即可确定刚体的姿态,又可确定刚体的位置,还可同时确定刚体的姿态和位置。

共线方程中的旋转矩阵 $\boldsymbol{R}$ 用四元数表示如下:

$$\boldsymbol{R} = \begin{bmatrix} q_0^2 + q_1^2 - q_2^2 - q_3^2 & 2(q_1q_2 - q_0q_3) & 2(q_1q_3 + q_0q_2) \\ 2(q_1q_2 + q_0q_3) & q_0^2 - q_1^2 + q_2^2 - q_3^2 & 2(q_2q_3 - q_0q_1) \\ 2(q_1q_3 - q_0q_2) & 2(q_2q_3 + q_0q_1) & q_0^2 - q_1^2 - q_2^2 + q_3^2 \end{bmatrix} \tag{3-35}$$

共线方程线性化后的误差方程一般式为:

$$\begin{cases} v_x = \dfrac{\partial x}{\partial X_s}\mathrm{d}X_s + \dfrac{\partial x}{\partial Y_s}\mathrm{d}Y_s + \dfrac{\partial x}{\partial Z_s}\mathrm{d}Z_s + \dfrac{\partial x}{\partial q_0}\mathrm{d}q_0 + \dfrac{\partial x}{\partial q_1}\mathrm{d}q_1 + \dfrac{\partial x}{\partial q_2}\mathrm{d}q_2 + \dfrac{\partial x}{\partial q_3}\mathrm{d}q_3 - l_x \\ v_y = \dfrac{\partial y}{\partial X_s}\mathrm{d}X_s + \dfrac{\partial y}{\partial Y_s}\mathrm{d}Y_s + \dfrac{\partial y}{\partial Z_s}\mathrm{d}Z_s + \dfrac{\partial y}{\partial q_0}\mathrm{d}q_0 + \dfrac{\partial y}{\partial q_1}\mathrm{d}q_1 + \dfrac{\partial y}{\partial q_2}\mathrm{d}q_2 + \dfrac{\partial y}{\partial q_3}\mathrm{d}q_3 - l_y \end{cases} \tag{3-36}$$

常数项为:

$$\begin{cases} l_x = (x - x_0) + f\dfrac{\bar{X}}{\bar{Z}} \\ \\ l_y = (y - y_0) + f\dfrac{\bar{Y}}{\bar{Z}} \end{cases}$$

式(3-36)可以写为矩阵形式,是典型的间接平差模型:

$$\boldsymbol{V} = \boldsymbol{BX} - \boldsymbol{L} \tag{3-37}$$

式中,

$$\boldsymbol{V} = \begin{bmatrix} v_x \\ v_y \end{bmatrix}$$

$$\boldsymbol{B} = \begin{bmatrix} b_{11} & b_{12} & b_{13} & b_{14} & b_{15} & b_{16} & b_{17} \\ b_{21} & b_{22} & b_{23} & b_{24} & b_{25} & b_{26} & b_{27} \end{bmatrix} = \begin{bmatrix} \dfrac{\partial x}{\partial X_s} & \dfrac{\partial x}{\partial Y_s} & \dfrac{\partial x}{\partial Z_s} & \dfrac{\partial x}{\partial q_0} & \dfrac{\partial x}{\partial q_1} & \dfrac{\partial x}{\partial q_2} & \dfrac{\partial x}{\partial q_3} \\ \dfrac{\partial y}{\partial X_s} & \dfrac{\partial y}{\partial Y_s} & \dfrac{\partial y}{\partial Z_s} & \dfrac{\partial y}{\partial q_0} & \dfrac{\partial y}{\partial q_1} & \dfrac{\partial y}{\partial q_2} & \dfrac{\partial y}{\partial q_3} \end{bmatrix}$$

$$\boldsymbol{X} = [\mathrm{d}X_S \quad \mathrm{d}Y_S \quad \mathrm{d}Z_S \quad \mathrm{d}q_0 \quad \mathrm{d}q_1 \quad \mathrm{d}q_2 \quad \mathrm{d}q_3]^{\mathrm{T}}, \quad \boldsymbol{L} = \begin{bmatrix} l_x \\ l_y \end{bmatrix} = \begin{bmatrix} x - (x) \\ y - (y) \end{bmatrix}$$

误差方程式系数阵如下:

$$b_{11} = \frac{a_1 f + a_3 x}{\bar{Z}}$$

$$b_{12} = \frac{b_1 f + b_3 x}{\bar{Z}}$$

$$b_{13} = \frac{c_1 f + c_3 x}{\bar{Z}}$$

$$b_{14} = -\frac{1}{\bar{Z}}\{[2q_0(X - X_S) + 2q_z(Y - Y_S) - 2q_y(Z - Z_S)]f + [2q_y(X - X_S) - 2q_x(Y - Y_S)$$

$$+ 2q_0(Z - Z_S)]x\}$$

$$b_{15} = -\frac{1}{\overline{Z}}\{[2q_x(X - X_S) + 2q_y(Y - Y_S) + 2q_z(Z - Z_S)]f + [2q_z(X - X_S) - 2q_0(Y - Y_S)$$

$$- 2q_x(Z - Z_S)]x\}$$

$$b_{16} = -\frac{1}{\overline{Z}}\{[-2q_y(X - X_S) + 2q_x(Y - Y_S) - 2q_0(Z - Z_S)]f + [2q_0(X - X_S) + 2q_z(Y - Y_S)$$

$$- 2q_y(Z - Z_S)]x\}$$

$$b_{17} = -\frac{1}{\overline{Z}}\{[-2q_z(X - X_S) + 2q_0(Y - Y_S) + 2q_x(Z - Z_S)]f + [2q_x(X - X_S) + 2q_y(Y - Y_S)$$

$$+ 2q_z(Z - Z_S)]x\}$$

$$b_{21} = \frac{a_2f + a_3y}{\overline{Z}}$$

$$b_{22} = \frac{b_2f + b_3y}{\overline{Z}}$$

$$b_{23} = \frac{c_2f + c_3y}{\overline{Z}}$$

$$b_{24} = -\frac{1}{\overline{Z}}\{[-2q_z(X - X_S) + 2q_0(Y - Y_S) + 2q_x(Z - Z_S)]f + [2q_y(X - X_S) - 2q_x(Y - Y_S)$$

$$+ 2q_0(Z - Z_S)]y\}$$

$$b_{25} = -\frac{1}{\overline{Z}}\{[2q_y(X - X_S) - 2q_x(Y - Y_S) + 2q_0(Z - Z_S)]f + [2q_z(X - X_S) - 2q_0(Y - Y_S)$$

$$- 2q_x(Z - Z_S)]y\}$$

$$b_{26} = -\frac{1}{\overline{Z}}\{[2q_x(X - X_S) + 2q_y(Y - Y_S) + 2q_z(Z - Z_S)]f + [2q_0(X - X_S) + 2q_z(Y - Y_S)$$

$$- 2q_y(Z - Z_S)]y\}$$

$$b_{27} = -\frac{1}{\overline{Z}}\{[-2q_0(X - X_S) - 2q_z(Y - Y_S) + 2q_y(Z - Z_S)]f + [2q_x(X - X_S) + 2q_y(Y - Y_S)$$

$$+ 2q_z(Z - Z_S)]y\}$$

由于单位四元数存在着一个约束条件:$q_0^2 + q_1^2 + q_2^2 + q_3^2 = 1$,因此必须引入限制条件方程:

$$2q_0\mathrm{d}q_0 + 2q_1\mathrm{d}q_1 + 2q_2\mathrm{d}q_2 + 2q_3\mathrm{d}q_3 + w = 0, \quad w = q_0^2 + q_1^2 + q_2^2 + q_3^2 - 1 \qquad (3\text{-}38)$$

按附有限制条件的间接平差法解式(3-37)和式(3-38),就可以得到 X。

该方法与传统欧拉角(φ, ω, κ)方法相比,在平差时避免了频繁的三角函数运算,收敛速度较快。

方向余弦和单位四元数都可以代入到共线方程中,在相同的实验数据、相同的初始值和相同收敛条件的情况下,方向余弦方法的收敛情况明显好于单位四元数。在两种方法都能正确收敛的情况下,它们的收敛次数相当,但方向余弦方法的计算结果更接近经典的欧拉角方法。

3.2 相对定向的解法

3.2.1 经典相对定向解法

相对定向是恢复两张像片的相对位置和姿态,使同名光线对对相交。共面条件方程式是解析法相对定向的解算公式。

图 3-1 表示一个立体模型实现正确相对定向后的示意图,图中 m_1、m_2 为模型点 M 在左右两种像片上的构像。S_1m_1、S_2m_2 表示一对同名光线,它们与空间 S_1S_2 基线共面,这个共面可以用三个矢量 $\boldsymbol{R}_1$、$\boldsymbol{R}_2$、$\boldsymbol{B}$ 的混合积表示为:

$$\boldsymbol{B} \cdot (\boldsymbol{R}_1 \times \boldsymbol{R}_2) = 0 \tag{3-39}$$

改用坐标的形式表示时,即为一个三阶行列式等于零的相对定向的共面条件方程式:

$$F = \begin{vmatrix} B_x & B_y & B_z \\ X_1 & Y_1 & Z_1 \\ X_2 & Y_2 & Z_2 \end{vmatrix} = 0 \tag{3-40}$$

式中,$\begin{bmatrix} X_1 \\ Y_1 \\ Z_1 \end{bmatrix} = \boldsymbol{R}_L \begin{bmatrix} x_1 \\ y_1 \\ -f \end{bmatrix}$,$\begin{bmatrix} X_2 \\ Y_2 \\ Z_2 \end{bmatrix} = \boldsymbol{R}_R \begin{bmatrix} x_2 \\ y_2 \\ -f \end{bmatrix}$。

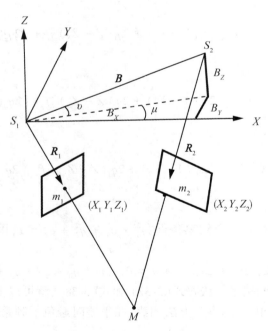

图 3-1　正确相对定向

1. 连续像对相对定向

连续像对相对定向通常假定左片水平或已知它的方位元素,可把式(3-40)中 X_1、Y_1、Z_1 视为已知值,$B_y \approx B_x \cdot \mu$,$B_z \approx B_x \cdot \nu$。解算中,常将基线分量 B_x 提出,用2个小角度 μ、ν 表示 B_y、B_z,加上右片相对于左片的3个旋转角 φ、ω、κ,以5个相对定向元素 φ、ω、κ、μ、ν 为未知数的小角度条件下简化的共面条件方程式,对5个相对定向元素求导可得到相应的相对定向误差方程。

$$F = F_0 + \frac{\partial F}{\partial \mu}\mathrm{d}\mu + \frac{\partial F}{\partial \nu}\mathrm{d}\nu + \frac{\partial F}{\partial \varphi}\mathrm{d}\varphi + \frac{\partial F}{\partial \omega}\mathrm{d}\omega + \frac{\partial F}{\partial \kappa}\mathrm{d}\kappa = 0 \qquad (3\text{-}41)$$

式中,F_0 为用相对定向元素的近似值求得的 F 值。

要求出式(3-41)中偏导数 $\frac{\partial F}{\partial \varphi}$,$\frac{\partial F}{\partial \omega}$,$\frac{\partial F}{\partial \kappa}$,需先求得偏导数 $\frac{\partial X_2}{\partial \varphi}$,$\frac{\partial X_2}{\partial \omega}$,$\frac{\partial X_2}{\partial \kappa}$,$\frac{\partial Y_2}{\partial \varphi}$,$\frac{\partial Y_2}{\partial \omega}$,$\frac{\partial Y_2}{\partial \kappa}$,$\frac{\partial Z_2}{\partial \varphi}$,$\frac{\partial Z_2}{\partial \omega}$,$\frac{\partial Z_2}{\partial \kappa}$。因推导过程中仅考虑一次小值项的情况,所以坐标变换关系式可以引用微小旋转矩阵式

$$\mathrm{d}\boldsymbol{R} = \begin{bmatrix} 1 & -\mathrm{d}\kappa & -\mathrm{d}\varphi \\ \mathrm{d}\kappa & 1 & -\mathrm{d}\omega \\ \mathrm{d}\varphi & \mathrm{d}\omega & 1 \end{bmatrix},\ \text{即} \begin{bmatrix} X_2 \\ Y_2 \\ Z_2 \end{bmatrix} = \begin{bmatrix} 1 & -\kappa & -\varphi \\ \kappa & 1 & -\omega \\ \varphi & \omega & 1 \end{bmatrix} \begin{bmatrix} x_2 \\ y_2 \\ -f \end{bmatrix}$$

可利用上式分别对 φ、ω、κ、求导,并求得式(3-41)中5个偏导数,并代入式(3-41)式中,得

$$\begin{vmatrix} B_x & B_y & B_z \\ X_1 & Y_1 & Z_1 \\ f & 0 & x_2 \end{vmatrix}\mathrm{d}\varphi + \begin{vmatrix} B_x & B_y & B_z \\ X_1 & Y_1 & Z_1 \\ 0 & f & y_2 \end{vmatrix}\mathrm{d}\omega + \begin{vmatrix} B_x & B_y & B_z \\ X_1 & Y_1 & Z_1 \\ -y_2 & x_2 & 0 \end{vmatrix}\mathrm{d}\kappa$$

$$+ B_x\begin{vmatrix} Z_1 & X_1 \\ Z_2 & X_2 \end{vmatrix}\mathrm{d}\mu + B_x\begin{vmatrix} X_1 & Y_1 \\ X_2 & Y_2 \end{vmatrix}\mathrm{d}\nu + F_0 = 0 \qquad (3\text{-}42)$$

展开式(3-42),除以 B_x,并略去二次以上小项,整理后得

$$Y_1 x_2\mathrm{d}\varphi + (Y_1 y_2 - Z_1 f)\mathrm{d}\omega - x_2 Z_1\mathrm{d}\kappa + (Z_1 X_2 - X_1 Z_2)\mathrm{d}\mu + (X_1 Y_2 - X_2 Y_1)\mathrm{d}\nu + \frac{F_0}{B_x} = 0$$

$$(3\text{-}43)$$

在仅考虑一次小值项的情况下,式(3-43)中的 x_2、y_2 可用像空间辅助坐标 X_2、Y_2 取代,并近似地认为

$$\begin{cases} Y_1 = Y_2, \\ Z_1 = Z_2, \\ X_1 = X_2 + \dfrac{B_x}{N'} \end{cases} \qquad (3\text{-}44)$$

式中,N' 是将右方像点 m_2 变换为模型中 M 点时的投影系数,不同的像点具有不同的 N' 值,因为 B_x 是模型基线,B_x/N' 才能视为某点在模型上的左右视差。

顾及式(3-44)中的关系,式(3-43)中的 $Z_1 X_2 - X_1 Z_2$ 和 $X_1 Y_2 - X_2 Y_1$ 有以下关系式:

$$Z_1 X_2 - X_1 Z_2 = -\frac{B_x}{N'} Z_1 \left.\begin{matrix} \\ \\ \\ \end{matrix}\right\} \quad (3\text{-}45)$$
$$X_1 Y_2 - X_2 Y_1 = \frac{B_x}{N'} Y_2$$

将式(3-45)代入式(3-43)中，并给全式乘以 $\dfrac{N'}{Z_1}$，得到

$$Q = -\frac{X_2 Y_2}{Z_2} N' \mathrm{d}\varphi - \left(Z_2 + \frac{Y_2^2}{Z_2}\right) N' \mathrm{d}\omega + X_2 N' \mathrm{d}\kappa + B_x \mathrm{d}\mu - \frac{Y_2}{Z_2} B_x \mathrm{d}\nu \quad (3\text{-}46)$$

式(3-46)就是解析法连续像对相对定向的作业公式。在立体像对中每量测一个点，就可以列出一个 Q 方程。在计算中往往把 Q 视为观测值，由式(3-46)列出的误差方程式为：

$$v_Q = -\frac{X_2 Y_2}{Z_2} N' \mathrm{d}\varphi - \left(Z_2 + \frac{Y_2^2}{Z_2}\right) N' \mathrm{d}\omega + X_2 N' \mathrm{d}\kappa + B_x \mathrm{d}\mu - \frac{Y_2}{Z_2} B_x \mathrm{d}\nu - Q \quad (3\text{-}47)$$

式中，

$$Q = -\frac{\begin{vmatrix} B_x & B_y & B_z \\ X_1 & Y_1 & Z_1 \\ X_2 & Y_2 & Z_2 \end{vmatrix}}{Z_1 X_2 - X_1 Z_2} = \frac{B_x Z_2 - B_z X_2}{X_1 Z_2 - X_2 Z_1} Y_1 - \frac{B_x Z_1 - B_z X_1}{X_1 Z_2 - X_2 Z_1} Y_2 - B_y$$

2. 单独像对相对定向

单独像对是以摄影基线为像空间辅助坐标系的 X 轴，正方向与航线方向一致，相对定向仍选用 φ、ω、κ 系统。左片为 φ_1，ω_1，右片为 φ_2，ω_2，κ_2，则共面条件的坐标表示式为

$$F = \begin{vmatrix} B & 0 & 0 \\ X_1 & Y_1 & Z_1 \\ X_2 & Y_2 & Z_2 \end{vmatrix} = B \begin{vmatrix} Y_1 & Z_1 \\ Y_2 & Z_2 \end{vmatrix} = 0 \quad (3\text{-}48)$$

式中，Y_1，Z_1 是 φ_1，κ_1 的函数；Y_2，Z_2 是 φ_2，ω_2，κ_2 的函数。按照与连续像对相同的推演方法，得单独像对相对定向的误差方程式为

$$v_Q = \frac{X_1 Y_2}{Z_2} \mathrm{d}\varphi_1 - \frac{X_2 Y_1}{Z_1} \mathrm{d}\varphi_2 + f\left(1 + \frac{Y_1 Y_2}{Z_1 Z_2}\right) \mathrm{d}\omega_2 + \frac{X_1}{Z_1} \mathrm{d}\kappa_1 - \frac{X_2}{Z_2} \mathrm{d}\kappa_2 - Q \quad (3\text{-}49)$$

其中，$Q = -f\dfrac{Y_1}{Z_1} + f\dfrac{Y_2}{Z_2}$。

3.2.2 大角度相对定向解法

经典相对定向解法在近似垂直摄影的条件下能够得出正确结果，然而在近景摄影测量中，受拍摄条件或拍摄对象形状、位置等的限制，很难符合垂直摄影的要求，拍摄的影像常会出现大的旋转角，φ、ω、κ 不再是小角度，相邻摄站点之间也会出现较大的位置差异，μ、ν 的假设不合理。将非线性的共面条件方程线性化时，由于只保留一次小项，相对定向参数 φ、ω、κ 不能获得准确的初值，则会使迭代不收敛。因此，经典相对定向的解法不再适用，而基于方向余弦和单位四元数的相对定向解析方法则可以应用于大角度的

相对定向。

1. 基于方向余弦的连续像对相对定向

基于方向余弦的连续像对相对定向方法是直接解求三个基线分量 B_x，B_y，B_z 和 9 个旋转矩阵中的元素，由于 B_x，B_y，B_z 中只有两个独立参数，需要加入 1 个约束条件，R 有 6 个正交矩阵约束条件。由于式（3-40）是非线性方程，用泰勒级数将其展开，得到线性化方程并化成误差方程式：

$$v = \frac{\partial F}{\partial B_x}\mathrm{d}B_x + \frac{\partial F}{\partial B_y}\mathrm{d}B_y + \frac{\partial F}{\partial B_z}\mathrm{d}B_z + \frac{\partial F}{\partial a_1}\mathrm{d}a_1 + \frac{\partial F}{\partial a_2}\mathrm{d}a_2 + \frac{\partial F}{\partial a_3}\mathrm{d}a_3$$
$$+ \frac{\partial F}{\partial b_1}\mathrm{d}b_1 + \frac{\partial F}{\partial b_2}\mathrm{d}b_2 + \frac{\partial F}{\partial b_3}\mathrm{d}b_3 + \frac{\partial F}{\partial c_1}\mathrm{d}c_1 + \frac{\partial F}{\partial c_2}\mathrm{d}c_2 + \frac{\partial F}{\partial c_3}\mathrm{d}c_3 - l \tag{3-50}$$

常数项为：

$$l = -F_0 = -\begin{vmatrix} B_x & B_y & B_z \\ X_1 & Y_1 & Z_1 \\ X_2 & Y_2 & Z_2 \end{vmatrix}$$

$$= B_z Y_1 X_2 + B_y X_1 Z_2 + B_x Y_2 Z_1 - B_x Y_1 Z_2 - B_y X_2 Z_1 - B_z X_1 Y_2$$

式（3-50）可以写为矩阵形式，是典型的间接平差模型：

$$\boldsymbol{V} = \boldsymbol{B}\boldsymbol{X} - \boldsymbol{l} \tag{3-51}$$

其中，

$$\boldsymbol{B} = \begin{bmatrix} b_{11} & b_{12} & b_{13} & b_{14} & b_{15} & b_{16} & b_{17} & b_{18} & b_{19} & b_{1a} & b_{1b} & b_{1c} \end{bmatrix}^{\mathrm{T}}$$

$$\boldsymbol{X} = \begin{bmatrix} \mathrm{d}B_x & \mathrm{d}B_y & \mathrm{d}B_z & \mathrm{d}a_1 & \mathrm{d}a_2 & \mathrm{d}a_3 & \mathrm{d}b_1 & \mathrm{d}b_2 & \mathrm{d}b_3 & \mathrm{d}c_1 & \mathrm{d}c_2 & \mathrm{d}c_3 \end{bmatrix}^{\mathrm{T}}$$

误差方程式系数为：

$$b_{11} = \frac{\partial F}{\partial B_x} = \begin{vmatrix} 1 & 0 & 0 \\ X_1 & Y_1 & Z_1 \\ X_2 & Y_2 & Z_2 \end{vmatrix} = \begin{vmatrix} Y_1 & Z_1 \\ Y_2 & Z_2 \end{vmatrix} = Y_1 Z_2 - Y_2 Z_1$$

$$b_{12} = \frac{\partial F}{\partial B_y} = \begin{vmatrix} 0 & 1 & 0 \\ X_1 & Y_1 & Z_1 \\ X_2 & Y_2 & Z_2 \end{vmatrix} = \begin{vmatrix} X_1 & Z_1 \\ X_2 & Z_2 \end{vmatrix} = X_2 Z_1 - X_1 Z_2$$

$$b_{13} = \frac{\partial F}{\partial B_z} = \begin{vmatrix} 0 & 0 & 1 \\ X_1 & Y_1 & Z_1 \\ X_2 & Y_2 & Z_2 \end{vmatrix} = \begin{vmatrix} X_1 & Y_1 \\ X_2 & Y_2 \end{vmatrix} = X_1 Y_2 - X_2 Y_1$$

$$b_{14} = \frac{\partial F}{\partial a_1} = \begin{vmatrix} B_x & B_y & B_z \\ X_1 & Y_1 & Z_1 \\ \dfrac{\partial X_2}{\partial a_1} & \dfrac{\partial Y_2}{\partial a_1} & \dfrac{\partial Z_2}{\partial a_1} \end{vmatrix} = \begin{vmatrix} B_x & B_y & B_z \\ X_1 & Y_1 & Z_1 \\ x_2 - x_0 & 0 & 0 \end{vmatrix} = (B_y Z_1 - B_z Y_1)(x_2 - x_0)$$

$$b_{15} = \frac{\partial F}{\partial a_2} = \begin{vmatrix} B_x & B_y & B_z \\ X_1 & Y_1 & Z_1 \\ \dfrac{\partial X_2}{\partial a_2} & \dfrac{\partial Y_2}{\partial a_2} & \dfrac{\partial Z_2}{\partial a_2} \end{vmatrix} = \begin{vmatrix} B_x & B_y & B_z \\ X_1 & Y_1 & Z_1 \\ y_2 - y_0 & 0 & 0 \end{vmatrix} = (B_y Z_1 - B_z Y_1)(y_2 - y_0)$$

$$b_{16} = \frac{\partial F}{\partial a_3} = \begin{vmatrix} B_x & B_y & B_z \\ X_1 & Y_1 & Z_1 \\ \dfrac{\partial X_2}{\partial a_3} & \dfrac{\partial Y_2}{\partial a_3} & \dfrac{\partial Z_2}{\partial a_3} \end{vmatrix} = \begin{vmatrix} B_x & B_y & B_z \\ X_1 & Y_1 & Z_1 \\ -f & 0 & 0 \end{vmatrix} = -(B_y Z_1 - B_z Y_1)f$$

$$b_{17} = \frac{\partial F}{\partial b_1} = \begin{vmatrix} B_x & B_y & B_z \\ X_1 & Y_1 & Z_1 \\ \dfrac{\partial X_2}{\partial b_1} & \dfrac{\partial Y_2}{\partial b_1} & \dfrac{\partial Z_2}{\partial b_1} \end{vmatrix} = \begin{vmatrix} B_x & B_y & B_z \\ X_1 & Y_1 & Z_1 \\ 0 & x_2 - x_0 & 0 \end{vmatrix} = (B_z X_1 - B_x Z_1)(x_2 - x_0)$$

$$b_{18} = \frac{\partial F}{\partial b_2} = \begin{vmatrix} B_x & B_y & B_z \\ X_1 & Y_1 & Z_1 \\ \dfrac{\partial X_2}{\partial b_2} & \dfrac{\partial Y_2}{\partial b_2} & \dfrac{\partial Z_2}{\partial b_2} \end{vmatrix} = \begin{vmatrix} B_x & B_y & B_z \\ X_1 & Y_1 & Z_1 \\ 0 & y_2 - y_0 & 0 \end{vmatrix} = (B_z X_1 - B_x Z_1)(y_2 - y_0)$$

$$b_{19} = \frac{\partial F}{\partial b_3} = \begin{vmatrix} B_x & B_y & B_z \\ X_1 & Y_1 & Z_1 \\ \dfrac{\partial X_2}{\partial b_3} & \dfrac{\partial Y_2}{\partial b_3} & \dfrac{\partial Z_2}{\partial b_3} \end{vmatrix} = \begin{vmatrix} B_x & B_y & B_z \\ X_1 & Y_1 & Z_1 \\ 0 & -f & 0 \end{vmatrix} = -(B_z X_1 - B_x Z_1)f$$

$$b_{1a} = \frac{\partial F}{\partial c_1} = \begin{vmatrix} B_x & B_y & B_z \\ X_1 & Y_1 & Z_1 \\ \dfrac{\partial X_2}{\partial c_1} & \dfrac{\partial Y_2}{\partial c_1} & \dfrac{\partial Z_2}{\partial c_1} \end{vmatrix} = \begin{vmatrix} B_x & B_y & B_z \\ X_1 & Y_1 & Z_1 \\ 0 & 0 & x_2 - x_0 \end{vmatrix} = (B_x Y_1 - B_y X_1)(x_2 - x_0)$$

$$b_{1b} = \frac{\partial F}{\partial c_2} = \begin{vmatrix} B_x & B_y & B_z \\ X_1 & Y_1 & Z_1 \\ \dfrac{\partial X_2}{\partial c_2} & \dfrac{\partial Y_2}{\partial c_2} & \dfrac{\partial Z_2}{\partial c_2} \end{vmatrix} = \begin{vmatrix} B_x & B_y & B_z \\ X_1 & Y_1 & Z_1 \\ 0 & 0 & y_2 - y_0 \end{vmatrix} = (B_x Y_1 - B_y X_1)(y_2 - y_0)$$

$$b_{1c} = \frac{\partial F}{\partial c_3} = \begin{vmatrix} B_x & B_y & B_z \\ X_1 & Y_1 & Z_1 \\ \dfrac{\partial X_2}{\partial c_3} & \dfrac{\partial Y_2}{\partial c_3} & \dfrac{\partial Z_2}{\partial c_3} \end{vmatrix} = \begin{vmatrix} B_x & B_y & B_z \\ X_1 & Y_1 & Z_1 \\ 0 & 0 & -f \end{vmatrix} = -(B_x Y_1 - B_y X_1)f$$

对 3 个基线分量及 9 个旋转矩阵元素建立的 7 个条件方程为：

$$\begin{cases} B_x^2 + B_y^2 + B_z^2 = B^2 \\ a_1^2 + a_2^2 + a_3^2 = 1 \\ b_1^2 + b_2^2 + b_3^2 = 1 \\ c_1^2 + c_2^2 + c_3^2 = 1 \\ a_1 a_2 + b_1 b_2 + c_1 c_2 = 0 \\ a_1 a_3 + b_1 b_3 + c_1 c_3 = 0 \\ a_2 a_3 + b_2 b_3 + c_2 c_3 = 0 \end{cases} \tag{3-52}$$

其中，B 为任意常数。利用式（3-52）分别对 12 个未知参数求导得到条件方程系数阵，

因此附加条件方程式为

$$
\begin{bmatrix}
2B_x & 2B_y & 2B_z & 0 & 0 & 0 & 0 & 0 & 0 & 0 & 0 & 0 \\
0 & 0 & 0 & 2a_1 & 2a_2 & 2a_3 & 0 & 0 & 0 & 0 & 0 & 0 \\
0 & 0 & 0 & 2b_1 & 2b_2 & 2b_3 & 0 & 0 & 0 & 0 & 0 & 0 \\
0 & 0 & 0 & 0 & 0 & 0 & 0 & 0 & 0 & 2c_1 & 2c_2 & 2c_3 \\
0 & 0 & 0 & a_2 & a_1 & 0 & b_2 & b_1 & 0 & c_2 & c_1 & 0 \\
0 & 0 & 0 & a_3 & 0 & a_1 & b_3 & 0 & b_1 & c_3 & 0 & c_1 \\
0 & 0 & 0 & 0 & a_3 & a_2 & 0 & b_3 & b_2 & 0 & c_2 & c_3
\end{bmatrix}
\begin{bmatrix}
\mathrm{d}B_x \\
\mathrm{d}B_y \\
\mathrm{d}B_z \\
\mathrm{d}a_1 \\
\mathrm{d}a_2 \\
\mathrm{d}a_3 \\
\mathrm{d}b_1 \\
\mathrm{d}b_2 \\
\mathrm{d}b_3 \\
\mathrm{d}c_1 \\
\mathrm{d}c_2 \\
\mathrm{d}c_3
\end{bmatrix}
$$

$$
+
\begin{bmatrix}
B_x^2 + B_y^2 + B_z^2 - B^2 \\
a_1^2 + a_2^2 + a_3^2 - 1 \\
b_1^2 + b_2^2 + b_3^2 - 1 \\
c_1^2 + c_2^2 + c_3^2 - 1 \\
a_1 a_2 + b_1 b_2 + c_1 c_2 \\
a_1 a_3 + b_1 b_3 + c_1 c_3 \\
a_2 a_3 + b_2 b_3 + c_2 c_3
\end{bmatrix}
= 0
\qquad (3\text{-}53)
$$

按附有限制条件的间接平差法解算式(3-51)和式(3-53),就可以得到 $\boldsymbol{X}$。

2. 基于四元数的连续像对相对定向

在相对定向的共面条件方程中,用单位四元数表示的旋转矩阵 R 为:

$$
\boldsymbol{R} =
\begin{bmatrix}
a_1 & a_2 & a_3 \\
b_1 & b_2 & b_3 \\
c_1 & c_2 & c_3
\end{bmatrix}
=
\begin{bmatrix}
q_0^2 + q_x^2 - q_y^2 - q_z^2 & 2(q_x q_y - q_0 q_z) & 2(q_x q_z + q_0 q_y) \\
2(q_x q_y + q_0 q_z) & q_0^2 - q_x^2 + q_y^2 - q_z^2 & 2(q_y q_z - q_0 q_x) \\
2(q_x q_z - q_0 q_y) & 2(q_y q_z + q_0 q_x) & q_0^2 - q_x^2 - q_y^2 + q_z^2
\end{bmatrix}
$$

$$
(3\text{-}54)
$$

基于四元数的连续像对相对定向方法是直接解求三个基线分量 B_x , B_y , B_z 和旋转矩阵中的4个四元数,由于 B_x、B_y、B_z 中只有两个独立参数,需要加入1个约束条件,四元数有1个约束条件。由于式(3-40)是非线性方程,用泰勒级数将其展开,得到线性化方程并化成误差方程式:

$$
v = \frac{\partial F}{\partial B_x}\mathrm{d}B_x + \frac{\partial F}{\partial B_y}\mathrm{d}B_y + \frac{\partial F}{\partial B_z}\mathrm{d}B_z + \frac{\partial F}{\partial q_0}\Delta q_0 + \frac{\partial F}{\partial q_1}\Delta q_1 + \frac{\partial F}{\partial q_2}\Delta q_2 + \frac{\partial F}{\partial q_3}\Delta q_3 - l \quad (3\text{-}55)
$$

常数项为:

$$l = -F_0 = - \begin{vmatrix} B_x & B_y & B_z \\ X_1 & Y_1 & Z_1 \\ X_2 & Y_2 & Z_2 \end{vmatrix}$$

$$= B_z Y_1 X_2 + B_y X_1 Z_2 + B_x Y_2 Z_1 - B_x Y_1 Z_2 - B_y X_2 Z_1 - B_z X_1 Y_2$$

式(3-55)可以写为矩阵形式,是典型的间接平差模型:

$$V = BX - l \tag{3-56}$$

其中,

$$B = \begin{bmatrix} b_{11} & b_{12} & b_{13} & b_{14} & b_{15} & b_{16} & b_{17} \end{bmatrix}$$
$$X = \begin{bmatrix} \mathrm{d}B_x & \mathrm{d}B_y & \mathrm{d}B_z & \mathrm{d}q_0 & \mathrm{d}q_1 & \mathrm{d}q_2 & \mathrm{d}q_3 \end{bmatrix}^{\mathrm{T}}$$

误差方程式系数为:

$$b_{11} = \frac{\partial F}{\partial B_x} = \begin{vmatrix} 1 & 0 & 0 \\ X_1 & Y_1 & Z_1 \\ X_2 & Y_2 & Z_2 \end{vmatrix} = \begin{vmatrix} Y_1 & Z_1 \\ Y_2 & Z_2 \end{vmatrix} = Y_1 Z_2 - Y_2 Z_1$$

$$b_{12} = \frac{\partial F}{\partial B_y} = \begin{vmatrix} 0 & 1 & 0 \\ X_1 & Y_1 & Z_1 \\ X_2 & Y_2 & Z_2 \end{vmatrix} = \begin{vmatrix} X_1 & Z_1 \\ X_2 & Z_2 \end{vmatrix} = X_2 Z_1 - X_1 Z_2$$

$$b_{13} = \frac{\partial F}{\partial B_z} = \begin{vmatrix} 0 & 0 & 1 \\ X_1 & Y_1 & Z_1 \\ X_2 & Y_2 & Z_2 \end{vmatrix} = \begin{vmatrix} X_1 & Y_1 \\ X_2 & Y_2 \end{vmatrix} = X_1 Y_2 - X_2 Y_1$$

$$b_{14} = \frac{\partial F}{\partial q_0} = \begin{vmatrix} B_x & B_y & B_z \\ X_1 & Y_1 & Z_1 \\ \dfrac{\partial X_2}{\partial q_0} & \dfrac{\partial Y_2}{\partial q_0} & \dfrac{\partial Z_2}{\partial q_0} \end{vmatrix}$$

$$= \begin{vmatrix} B_x & B_y & B_z \\ X_1 & Y_1 & Z_1 \\ 2q_0(x_2-x_0)-2q_z(y_2-y_0)-2q_yf & 2q_z(x_2-x_0)+2q_0(y_2-y_0)+2q_xf & -2q_y(x_2-x_0)+2q_x(y_2-y_0)-2q_0f \end{vmatrix}$$

$$= (x_2 - x_0)(-2q_y B_x Y_1 + X_1 B_z 2q_z + B_y Z_1 2q_0 - B_z Y_1 2q_0 - B_y X_1 - 2q_y - B_x Z_1 2q_z) + (y_2 - y_0)(2q_x B_x Y_1 + X_1 B_z 2q_0 - 2q_z B_y Z_1 + B_z Y_1 2q_z - 2q_x B_y X_1 - 2q_0 B_x Z_1)f(2q_0 B_x Y_1 - 2q_x X_1 B_z - 2q_y B_y Z_1 + 2q_y B_z Y_1 - 2q_0 B_y X_1 + 2q_x B_x Z_1)$$

$$b_{15} = \frac{\partial F}{\partial q_1} = \begin{vmatrix} B_x & B_y & B_z \\ X_1 & Y_1 & Z_1 \\ \dfrac{\partial X_2}{\partial q_x} & \dfrac{\partial Y_2}{\partial q_x} & \dfrac{\partial Z_2}{\partial q_x} \end{vmatrix}$$

$$= \begin{vmatrix} B_x & B_y & B_z \\ X_1 & Y_1 & Z_1 \\ 2q_x(x_2-x_0)+2q_y(y_2-y_0)-2q_zf & 2q_y(x_2-x_0)-2q_x(y_2-y_0)+2q_0f & 2q_z(x_2-x_0)+2q_0(y_2-y_0)+2q_xf \end{vmatrix}$$

$$b_{16} = \frac{\partial F}{\partial q_2} = \begin{vmatrix} B_x & B_y & B_z \\ X_1 & Y_1 & Z_1 \\ \dfrac{\partial X_2}{\partial q_y} & \dfrac{\partial Y_2}{\partial q_y} & \dfrac{\partial Z_2}{\partial q_y} \end{vmatrix}$$

$$= \begin{vmatrix} B_x & B_y & B_z \\ X_1 & Y_1 & Z_1 \\ -2q_y(x_2-x_0)+2q_x(y_2-y_0)-2q_0f & 2q_x(x_2-x_0)+2q_y(y_2-y_0)-2q_zf & -2q_0(x_2-x_0)+2q_z(y_2-y_0)+2q_yf \end{vmatrix}$$

$$b_{17} = \frac{\partial F}{\partial q_3} = \begin{vmatrix} B_x & B_y & B_z \\ X_1 & Y_1 & Z_1 \\ \dfrac{\partial X_2}{\partial q_z} & \dfrac{\partial Y_2}{\partial q_z} & \dfrac{\partial Z_2}{\partial q_z} \end{vmatrix}$$

$$= \begin{vmatrix} B_x & B_y & B_z \\ X_1 & Y_1 & Z_1 \\ -2q_z(x_2-x_0)-2q_0(y_2-y_0)-2q_xf & 2q_0(x_2-x_0)-2q_z(y_2-y_0)-2q_yf & 2q_x(x_2-x_0)+2q_y(y_2-y_0)-2q_zf \end{vmatrix}$$

对 3 个基线分量及 4 个四元素建立的 2 个条件方程为:

$$\begin{cases} B_x^2 + B_y^2 + B_z^2 = B^2 \\ q_0^2 + q_x^2 + q_y^2 + q_z^2 = 1 \end{cases} \tag{3-57}$$

其中,B 为任意常数。利用式(3-56)分别对 7 个未知参数求导得到条件方程系数阵,因此附加条件方程式为

$$\begin{bmatrix} 2B_x & 2B_y & 2B_z & 0 & 0 & 0 & 0 \\ 0 & 0 & 0 & 2q_0 & 2q_1 & 2q_2 & 2q_3 \end{bmatrix} \begin{bmatrix} \mathrm{d}B_x \\ \mathrm{d}B_y \\ \mathrm{d}B_z \\ \mathrm{d}q_0 \\ \mathrm{d}q_1 \\ \mathrm{d}q_2 \\ \mathrm{d}q_3 \end{bmatrix} + \begin{bmatrix} B_x^2 + B_y^2 + B_z^2 - B^2 \\ q_0^2 + q_x^2 + q_y^2 + q_z^2 - 1 \end{bmatrix} = 0 \tag{3-58}$$

按附有限制条件的间接平差法解算式(3-56)和式(3-58),就可以得到 $\boldsymbol{X}$。

在基于方向余弦和单位四元数的连续相对定向方法中,未知参数的初始值可以任意设置,收敛速度快,误差方程式的推导和表示非常简洁,便于程序的实现。

3.2.3 相对定向的直接解

当不知道倾斜摄影中的倾角近似值以及不知道影像的内方位元素时,可以采用相对定向的直接解法。

1. 相对定向直接解的数学模型

相对定向的目的是为了恢复构成立体像对的两张像片的相对方位,建立被摄物体的几何模型。其数学模型仍然是摄影光线与基线满足共面条件。式(3-40)中,

$$\begin{bmatrix} X_1 \\ Y_1 \\ Z_1 \end{bmatrix} = \begin{bmatrix} x_1 \\ y_1 \\ -f_1 \end{bmatrix}, \begin{bmatrix} X_2 \\ Y_2 \\ Z_2 \end{bmatrix} = \boldsymbol{R}_2 \begin{bmatrix} x_2 \\ y_2 \\ -f_2 \end{bmatrix}$$

将共面方程(3-40)展开,得

$$L_1 y_1 x_2 + L_2 y_1 y_2 - L_3 y_1 f_2 + L_4 f_1 x_2 + L_5 f_1 y_2 - L_6 f_1 f_2 + L_7 x_1 x_2 + L_8 x_1 y_2 - L_9 x_1 f_2 = 0$$

$$(3-59)$$

等式两边除以 L_5,得

$$L_1^0 y_1 x_2 + L_2^0 y_1 y_2 - L_3^0 y_1 f_2 + L_4^0 f_1 x_2 + L_5^0 f_1 y_2 - L_6^0 f_1 f_2 + L_7^0 x_1 x_2 + L_8^0 x_1 y_2 - L_9^0 x_1 f_2 = 0$$

$$(3-60)$$

其中,$L_i^0 = L_i / L_5$,$L_5^0 = 1$。方程(3-60)就是相对定向直接解(或称相对定向线性变换,RLT)的基本模型。它不需要任何近似值就能直接解出 8 个系数 $L_1^0, L_2^0, \cdots, L_8^0$。

2. 相对定向直接解的参数解算

当给定 B_x 以后,则 L_5 与基线分量 B_y、B_z 可由下式求得

$$\begin{cases} L_5^2 = 2B_x^2 / (L_1^{0\,2} + L_2^{02} + L_3^{02} + L_4^{02} + L_5^{02} + L_6^{02} - L_7^{02} - L_8^{02} - L_9^{02}) \\ L_i = L_i^0 L_5, \quad i = 1, 2, \cdots, 9 \\ B_y^2 = -(L_1 L_7 + L_2 L_8 + L_3 L_9) / B_x \\ B_z^2 = (L_4 L_7 + L_5 L_8 + L_6 L_9) / B_x \end{cases}$$

$$(3-61)$$

而右像片三角元素的旋转矩阵 $\boldsymbol{R}'$ 的 9 个元素可由下式求得：

$$\begin{cases} a_1' = \dfrac{L_3 L_5 - L_6 L_2 - B_z L_1 - B_y L_4}{B_x^2 + B_y^2 + B_z^2}, & b_1' = \dfrac{B_y a_1 + L_4}{B_x}, & c_1' = \dfrac{B_z a_1 + L_1}{B_x} \\[2mm] a_2' = \dfrac{L_1 L_6 - L_3 L_4 - B_z L_2 - B_y L_5}{B_x^2 + B_y^2 + B_z^2}, & b_2' = \dfrac{B_y a_2 + L_5}{B_x}, & c_2' = \dfrac{B_z a_2 + L_2}{B_x} \\[2mm] a_3' = \dfrac{L_2 L_4 - L_1 L_5 - B_z L_3 - B_y L_6}{B_x^2 + B_y^2 + B_z^2}, & b_3' = \dfrac{B_y a_3 + L_6}{B_x}, & c_3' = \dfrac{B_z a_3 + L_3}{B_x} \end{cases}$$

$$(3-62)$$

由公式(3-61)可知 L_5 可以取正号,也可以取负号。无论 L_5 取正或负,对基线分量 B_y、B_z 无影响。但对 $\boldsymbol{R}$ 的 9 个参数则不同,L_5 取值不同,会产生不同的两组解。例如：

已知 $(B_x, B_y, B_z, \Delta\varphi, \Delta\omega, \Delta\kappa) = (1, 0.1, 0.2, 0.3, 0.4, 0.5)$,当取 L_5 为正值,即 $L_5 = 0.82737$,得

$$\boldsymbol{R}_P = \begin{bmatrix} 0.80831 & -0.44158 & 0.38942 \\ 0.55900 & 0.78321 & -0.27219 \\ -0.18480 & 0.43770 & 0.87992 \end{bmatrix}, \tan\varphi = -\frac{a_3}{c_3}, \sin\omega = -b_3, \tan\kappa = \frac{b_1}{b_2}$$

其相应的角元素 $(\varphi, \omega, \kappa) = (0.3, 0.4, 0.5)$,即 $(17.19°, 22.92°, 28.65°)$。

当取 L_5 为负值,即 $L_5 = -0.82737$,得

$$\boldsymbol{R}_N = \begin{bmatrix} 0.76740 & -0.08360 & 0.63569 \\ -0.40143 & -0.83573 & 0.37470 \\ 0.49994 & -0.54274 & -0.67490 \end{bmatrix}$$

其相应的角元素 $(\varphi, \omega, \kappa) = (-2.63477, 0.68891, 0.10851)$,即 $(-150.97°, 39.47°, 6.22°)$。那么两组解的物理意义是什么,应该取哪一组解呢?

如图 3-2 所示,若将右方摄影光束绕基线 $\boldsymbol{B}$ 旋转 180°,显然仍然满足共面条件。这时,绕基线 $\boldsymbol{B}$ 旋转 180° 的右方光束(如图 3-2 中的 $\overrightarrow{S'm'_2}$)的方位就是相对定向的"第二个解"。即 $\overrightarrow{Sm}$、$\overrightarrow{S'm'_2}$ 仍与基线 $\boldsymbol{B}$ 共面,满足共面条件。

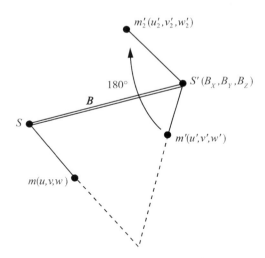

图 3-2 相对定向第二个解的几何解释

若空间直角坐标系绕矢量 $\boldsymbol{l} = (\lambda, \mu, \gamma)$ 旋转任意角度 θ,则其旋转矩阵

$$A = \begin{bmatrix} \lambda^2(1-\cos\theta) + \cos\theta & \lambda\mu(1-\cos\theta) + \gamma\sin\theta & \gamma\lambda(1-\cos\theta) - \mu\sin\theta \\ \lambda\mu(1-\cos\theta) - \gamma\sin\theta & \mu^2(1-\cos\theta) + \cos\theta & \mu\gamma(1-\cos\theta) + \lambda\sin\theta \\ \gamma\lambda(1-\cos\theta) + \mu\cos\theta & \mu\gamma(1-\cos\theta) - \lambda\sin\theta & \gamma^2(1-\cos\theta) + \cos\theta \end{bmatrix}$$
(3-63)

若取基线 $\boldsymbol{B}$ 为单位向量,则 $\lambda = B_x, \mu = B_y, \gamma = B_z$。且考虑 $\theta = 180°$,代入上式,得

$$A = \begin{bmatrix} 2B_x^2 - 1 & 2B_xB_y & 2B_xB_z \\ 2B_xB_y & 2B_y^2 - 1 & 2B_yB_z \\ 2B_xB_z & 2B_yB_z & 2B_z^2 - 1 \end{bmatrix}$$
(3-64)

因此,绕基线旋转 180° 后的右光束:

$$\begin{bmatrix} u'_2 \\ v'_2 \\ w'_2 \end{bmatrix} = A \begin{bmatrix} u' \\ v' \\ w' \end{bmatrix} = AR \begin{bmatrix} x' \\ y' \\ -f' \end{bmatrix}$$
(3-65)

将 X'_2, Y'_2, Z'_2 替换 X_2, Y_2, Z_2 代入共面方程,可证明它仍满足共面条件,即满足式(3-40)。这就说明满足共面条件可获得两组解,但其中只有一组是正确的,而另一组是"假"的。

根据式(3-65)可知:两个旋转矩阵 $\boldsymbol{R}_P$ 与 $\boldsymbol{R}_N$ 之间存在下述关系:

$$\boldsymbol{R}_P = A\boldsymbol{R}_N \text{ 或 } \boldsymbol{R}_N = A\boldsymbol{R}_P$$
(3-66)

其中,A 由基线分量所确定(见式(3-64)),但必须对基线分量规格化:

$$B_x = \frac{B_x}{B}, \quad B_y = \frac{B_y}{B}, \quad B_z = \frac{B_z}{B}$$

$$B = \sqrt{B_x^2 + B_y^2 + B_z^2}$$

按上例可得规格化后基线分量:$B_x = 0.9759, B_y = 0.0976, B_z = 0.1952$,

$$A = \begin{bmatrix} 0.90476 & 0.19048 & 0.38095 \\ 0.19048 & -0.98095 & 0.03810 \\ 0.38095 & 0.03810 & -0.92379 \end{bmatrix}$$

利用方向余弦可以求得转角的数值

$$\tan\varphi = -\frac{a_3}{c_3}, \quad \sin\omega = -b_3, \quad \tan\kappa = \frac{b_1}{b_2} \tag{3-67}$$

由于"立体像对"是由在不同摄站对同一物体所摄像片构成,否则就不能构成"立体像对",从而也就不存在解求相对定向的问题。在上述的相对定向模型中,取左像的坐标系作为相对定向的方位元素的参数坐标系,如图3-3所示。为确保右像片与左像片构成立体像对,右像片的方位元素 φ、ω(确定摄影方向的元素)必须满足如下取值范围:

$$|\varphi| < \frac{\pi}{2}, \quad |\omega| < \frac{\pi}{2} \tag{3-68}$$

由此取值范围,就可以确定相对定向解中的一个正确解。例如上例中 R_P 所代表的解是正确解,而 R_N 所代表的解无物理意义,它不能与左像片构成"立体像对",因为 $\omega = -2.63477 < -\frac{\pi}{2}$。

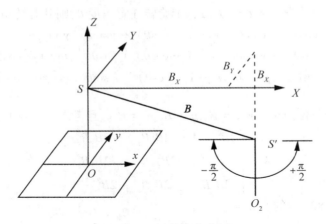

图3-3 φ、ω 的取值范围

3.3 核线几何关系解析与核线排列

"核线"(epipolar)是摄影测量的一个基本概念,在计算机视觉领域又被称为"极线",在遥感影像的立体视觉处理中具有重要地位。20 世纪 70 年代初,摄影测量学者 Helava 等提出了核线相关的概念。过摄影基线及某一像点(或物点)形成核面,核面与两张像片的交线为同名核线,同名像点必然位于同名核线上。沿核线寻找同名像点,即核线相关。因此,利用核线相关的概念即可将沿 x,y 方向搜索同名像片的二维相关问题转化

为沿同名核线搜索同名像点的一维相关问题,从而大大减少计算工作量。

但是,无论是数字化影像还是直接获取的数字影像,像元素按矩阵形式规则排列,不是核线方向。因此,欲进行核线相关,必须先找到核线,而且核线确定的精度直接影响到影像相关的精度。另外,根据确定的核线方向可以生成核线影像,为立体观测提供无上下视差的立体模型。

确定同名核线的方法很多,但基本上可以分为两类:一是基于数字影像的几何纠正,二是基于共面条件。

3.3.1 基于共面条件的同名核线几何关系

从核线定义出发,直接在倾斜像片上获取同名核线,其原理如图 3-4 所示。假设在左像片选取任意一个像点 $p(x_p, y_p)$,怎样确定左像片上通过该点的核线 l 以及右像片上的同名核线 l'。

由于核线在像片上是直线,因此上述问题可以转化为确定左核线上的另外一个点,如图 3-4 中的 $q(x, y)$,与右同名核线上的两个点,如图 3-4 中 p',q'。这里不要求 p 与 p' 或 q 与 q' 是同名点。

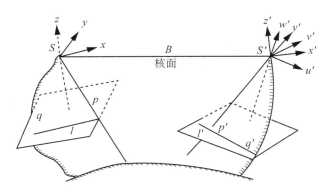

图 3-4 基于共面条件的同名核线几何关系

由于同一核线上的点均位于同一核面上,即满足共面条件:

$$\boldsymbol{B} \cdot (\boldsymbol{S}_p \times \boldsymbol{S}_q) = 0 \tag{3-69}$$

或

$$\begin{vmatrix} B_x & B_y & B_z \\ x_p & y_p & -f \\ x & y & -f \end{vmatrix} = 0 \tag{3-70}$$

由此可得左像片上通过 p 的核线上任意一个点的 y:

$$y = \frac{A}{B}x + \frac{C}{B}f \tag{3-71}$$

其中,$A = fB_y + y_p B_z$,$B = fB_x + x_p B_z$,$C = y_p B_x - x_p B_y$。

当给定 x,由式(3-70)求得相应的 y。有了 p 点和另任一点 (x, y),就有了过 p 点的左核线的直线方程。

为了获得右像片上同名核线上任意一个像点,如图 3-4 中 p' 点,可将整个坐标系统绕

右摄站中心 S 旋转至 $u'v'w'$ 坐标系统中，因此可用与式(3-71)相似的公式求得右核线上的点(u', v')。

由

$$\begin{vmatrix} -u'_S & -v'_S & -w'_S \\ u'_p & v'_p & -w'_p \\ u' & v' & -f \end{vmatrix} = 0$$

得

$$v' = \frac{A'}{B'}u' + \frac{C'}{B'}f \tag{3-72}$$

式中，

$$A' = v'_p w'_S - w'_p v'_S$$
$$B' = u'_p w'_S - w'_p u'_S$$
$$C' = v'_p u'_S - u'_p v'_S$$
$$[u'_p \quad v'_p \quad w'_p] = [x_p \quad y_p \quad -f] \, \boldsymbol{M}_{21}$$
$$[u'_S \quad v'_S \quad w'] = [B_x \quad B_y \quad B_z] \, \boldsymbol{M}_{21}$$

其中，$\boldsymbol{M}_{21}$ 是旋转矩阵。

给出右像片上任一 u' 坐标，由式(3-72)求得相应的 v' 值。同样，由于左像点 p 和右像点 p' 应位于同一核面内，按相同的算法可得 p' 点的像点坐标(u_p', v_p')。

式(3-71)和式(3-72)就是美国陆军工程兵测绘研究所数字立体摄影测量系统的核线几何解析式。

若采用独立像对相对方位元素系统，则得相类似的结果。由于在此系统中 $B_y = B_z = 0$，所有共线方程可写为

$$\begin{vmatrix} B & 0 & 0 \\ u_p & v_p & w_p \\ u & v & w \end{vmatrix} = B \begin{vmatrix} v_p & w_p \\ v & w \end{vmatrix} = 0$$

即

$$\begin{vmatrix} v_p & w_p \\ v & w \end{vmatrix} = 0 \tag{3-73}$$

式中，v，w 为像点的空间坐标，$v = b_1 x + b_2 y - b_3 f$，$w = c_1 x + c_2 y - c_3 f$。

代入式(3-73)可得

$$y = \frac{v_p(c_1 x - c_3 f) - w_p(b_1 x - b_3 f)}{b_2 w_p - c_2 v_p}$$

或

$$y = \frac{A}{B}x + \frac{C}{B}f \tag{3-74}$$

式中，$A = v_p c_1 - w_p b_1$，$B = b_2 w_p - c_2 v_p$，$C = w_p b_3 - v_p c_3$。

同理可得右片上同名核线的两个像点的坐标。

3.3.2 基于数字影像几何纠正的核线解析关系

在倾斜的像片上，各核线是不平行的，它们相交于核点。如果将像片上的核线投影

（或称纠正）到一对"相对水平"像片对 —— 平行于摄影基线的像片对上，则核线相互平行。如图3-5所示，以左像片为例，P 为左片，P_0 为平行于摄影基线 B 的"水平"像片。l 为倾斜像片上的核线，l_0 为核线 l 在"水平"像片上的投影。设倾斜像片上的坐标系为 x，y；"水平"像片上的坐标系为 u，v，则

$$\begin{cases} x = -f\dfrac{a_1 u + b_1 v - c_1 f}{a_3 u + b_3 v - c_3 f} \\[3mm] y = -f\dfrac{a_2 u + b_2 v - c_2 f}{a_3 u + b_3 v - c_3 f} \end{cases} \tag{3-75}$$

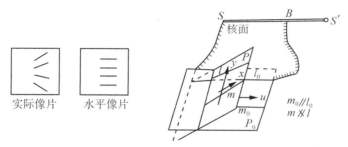

图 3-5 倾斜与水平像片

显然，在"水平"像片上，当 v 为常数时，则为核线。将 $v = c$ 代入式（3-75），经整理得

$$\begin{cases} x = \dfrac{d_1 u + d_2}{d_3 u + 1} \\[3mm] y = \dfrac{e_1 u + e_2}{e_3 u + 1} \end{cases} \tag{3-76}$$

若以等间隔取一系列的 u 值 $k\Delta$，$(k+1)\Delta$，$(k+2)\Delta$，… 即解求得一系列的像点坐标 $(x_1，y_1)$，$(x_2，y_2)$，$(x_3，y_3)$，… 这些像点就位于倾斜像片的核线上。若将这些像片经重采样后的灰度 $g(x_1，y_1)$，$g(x_2，y_2)$，$g(x_3，y_3)$，… 直接赋给"水平"像片上相应的像点，即

$$g_0(k\Delta，c) = g(x_1，y_1)$$
$$g_0((k+1)\Delta，c) = g(x_2，y_2)$$
$$\cdots$$

就能获得"水平"像片上的核线。

由于在"水平"像片上，同名核线的 v 坐标值相等，因此将同样的 $v' = c$ 代入右像片共线方程：

$$\begin{cases} x' = -f\dfrac{a_1' u' + b_1' v' - c_1' f}{a_3' u' + b_3' v' - c_3' f} \\[3mm] y' = -f\dfrac{a_2' u' + b_2' v' - c_2' f}{a_3' u' + b_3' v' - c_3' f} \end{cases} \tag{3-77}$$

即能获得在右片上的同名核线。

由以上分析可知，此方法的实质是一个数字纠正，将倾斜像片上的核线投影（纠正）到"水平"像片对上，求得"水平"像片对上的同名核线。

3.3.3 基于基本矩阵的对极（核线）几何

计算机视觉的研究目标是使计算机具有通过二维图像认知三维环境信息的能力，这种能力不仅使机器感知三维环境中物体的几何信息，包括形状、位置、姿态、运动等，而且能对它们进行描述、存储、识别与理解。由于摄影测量与计算机视觉在研究目的和研究内容上的相似性，以及数字摄影测量对计算机的强大需求，计算机视觉和摄影测量这两门学科的联系越来越紧密，两者的交叉也越来越多，摄影测量中的许多基本概念和方法借鉴于图像处理与计算机视觉，计算机视觉也采用了摄影测量中的一些特色理论和方法（如光束法平差算法等）。

计算机视觉以影像（相机）作为参考，研究物方相对于影像的位置关系，而摄影测量中将物方作为参考，研究影像相对于物方的位置关系。

基本矩阵在计算机视觉界的应用非常多，是立体匹配时寻找对应同名点的主要手段，也可以作为粗差点剔除的一种手段。

双视几何（two-view geometry）也称为极线几何（Epipolar Geometry），是两张像片之间的内部投影几何关系。它与场景结构无关，由摄像机内方位元素和两张像片间摄像机的相对姿态（relative pose）唯一确定。这一内部几何关系由基本矩阵 F（foundamental matrix）（或称基础矩阵）来表达。极线几何实质上是以摄影基线为轴的平面束与像平面的交线构成的几何关系，而这些交线即为摄影测量界广为人知并已成功地应用到影像匹配中的核线。

在进一步讨论极线几何前，引入以下几个术语：

外极点（epipole）：摄影测量中称为核点，是摄影基线与像平面的交点。左外极点是右摄站点对应的像点，反之亦然。外极点同时也是摄影基线向量的灭点。

外极平面（epipole plane）：摄影测量中称为核面，任何包含摄影基线的平面都是外极平面，这些平面相对摄影基线只有一个自由度——绕基线的旋转。

外极线（epipole line）：摄影测量中称为核线，外极平面与像平面的交线，所有的外极线都通过所在像片的外极点。

对极几何坐标系包括扫描坐标系 ij（图像坐标系）、像平面坐标系 $o\text{-}xy$（成像平面坐标系）、像空间坐标系 $S\text{-}XYZ$（摄像机坐标系）和物方坐标系 $D\text{-}X_wY_wZ_w$（世界坐标系），如图3-6所示。本书将以摄影测量中的习惯术语进行阐述，括号中词为计算机视觉领域中习惯用的术语。

空间任何一点 M 在图像上的成像位置可以用针孔模型近似表示，这种关系称为中心投影或透视投影，有比例关系：

$$x = \frac{fX}{Z}, \qquad y = \frac{fY}{Z} \tag{3-78}$$

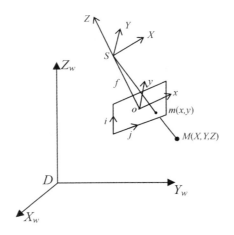

图 3-6　坐标系统

用齐次坐标与矩阵表示上述透视投影关系为:

$$Z\begin{bmatrix} x \\ y \\ 1 \end{bmatrix} = \begin{bmatrix} f & 0 & 0 & 0 \\ 0 & f & 0 & 0 \\ 0 & 0 & 1 & 0 \end{bmatrix} \begin{bmatrix} X \\ Y \\ Z \\ 1 \end{bmatrix} \qquad (3\text{-}79)$$

空间点 M 在像空间坐标系和物方坐标系下的齐次坐标 $(X, Y, Z, 1)$ 与 $(X_w, Y_w, Z_w, 1)$ 存在如下关系:

$$\begin{bmatrix} X \\ Y \\ Z \\ 1 \end{bmatrix} = \begin{bmatrix} \boldsymbol{R} & \boldsymbol{t} \\ \boldsymbol{0}^{\mathrm{T}} & 1 \end{bmatrix} \begin{bmatrix} X_w \\ Y_w \\ Z_w \\ 1 \end{bmatrix} = \boldsymbol{P} \begin{bmatrix} X_w \\ Y_w \\ Z_w \\ 1 \end{bmatrix} \qquad (3\text{-}80)$$

式中, $\boldsymbol{R}$ 为 3×3 单位正交阵, $\boldsymbol{t}$ 为三维平移向量, $\boldsymbol{0} = \begin{bmatrix} 0 & 0 & 0 \end{bmatrix}^{\mathrm{T}}$, $\boldsymbol{P}$ 为 4×4 矩阵。

将式(3-80)代入式(3-79)得

$$Z\begin{bmatrix} x \\ y \\ 1 \end{bmatrix} = \begin{bmatrix} f & 0 & 0 & 0 \\ 0 & f & 0 & 0 \\ 0 & 0 & 1 & 0 \end{bmatrix} \begin{bmatrix} \boldsymbol{R} & \boldsymbol{t} \\ \boldsymbol{0}^{\mathrm{T}} & 1 \end{bmatrix} \begin{bmatrix} X_w \\ Y_w \\ Z_w \\ 1 \end{bmatrix} = \boldsymbol{P}_1 \boldsymbol{P}_2 \begin{bmatrix} X_w \\ Y_w \\ Z_w \\ 1 \end{bmatrix} = \boldsymbol{P} \boldsymbol{M} \qquad (3\text{-}81)$$

式中, $\boldsymbol{P}$ 为 3×4 矩阵, 称为投影矩阵; $\boldsymbol{M}$ 表示 M 点在物方坐标系下的齐次坐标。

设两个相机的投影矩阵分别为 $\boldsymbol{P}_1$ 和 $\boldsymbol{P}_2$, 则两个相机的投影方程如下:

$$\begin{cases} Z_1 \boldsymbol{m} = \boldsymbol{P}_1 \boldsymbol{M} = \begin{bmatrix} \boldsymbol{P}_{11} & \boldsymbol{p}_1 \end{bmatrix} \boldsymbol{M} \\ Z_2 \boldsymbol{m}' = \boldsymbol{P}_2 \boldsymbol{M} = \begin{bmatrix} \boldsymbol{P}_{21} & \boldsymbol{p}_2 \end{bmatrix} \boldsymbol{M} \end{cases} \qquad (3\text{-}82)$$

其中, $\boldsymbol{m}$、$\boldsymbol{m}'$ 分别为像点在像平面坐标系下的齐次坐标。将 $\boldsymbol{P}_1$ 与 $\boldsymbol{P}_2$ 矩阵左面的 3×3 部分记为 $\boldsymbol{P}_{i1}(i = 1, 2)$, 右边的 3×1 部分记为 $\boldsymbol{p}_i(i = 1, 2)$。

如果将 $M = (X, Y, Z, 1)^T$ 记为 $M = (M', 1)^T$，其中 $M' = (X, Y, Z)^T$，则式(3-81)可展开为：

$$\begin{cases} Z_1 m = P_{11} M' + p_1 \\ Z_2 m' = P_{21} M' + p_2 \end{cases} \tag{3-83}$$

将上式消去 M，得

$$Z_2 m' - Z_1 P_{21} P_{11}^{-1} m = p_2 - P_{21} P_{11}^{-1} p_1 \tag{3-84}$$

定义 3.1：如果 t 为三维向量，$t = (t_x, t_y, t_z)^T$，则称下列矩阵为由 t 定义的反对称矩阵，记为 $[t]_x$。

$$[t]_x = \begin{bmatrix} 0 & -t_x & t_y \\ t_x & 0 & -t_x \\ t_y & t_x & 0 \end{bmatrix} \tag{3-85}$$

令 p 为式(3-84)右边的部分，即

$$p = p_2 - P_{21} P_{11}^{-1} p_1 \tag{3-86}$$

用 $[p]_x$ 左乘式(3-84)，得

$$[p]_x Z_2 m' - Z_1 P_{21} P_{11}^{-1} m = 0 \tag{3-87}$$

将上式两边除以 Z_2，并记 $Z = Z_1 / Z_2$，得

$$[p]_x Z P_{21} P_{11}^{-1} m = [p]_x m' \tag{3-88}$$

将 m'^T 左乘上式两边，然后两边除以 Z 得

$$m'^T [p]_x P_{21} P_{11}^{-1} m = 0 \tag{3-89}$$

令 $F = [p]_x P_{21} P_{11}^{-1}$，则式(3-89)可写为

$$m'^T F m = 0 \tag{3-90}$$

式中，F 矩阵称为基础矩阵(或称基本矩阵)。式(3-90)表明匹配点应遵循的核线约束方程，反过来，也可以通过两幅图像之间的匹配点恢复出基础矩阵 F。

F 矩阵具有以下性质：

① 核线约束(对极几何约束)可以用数学表示为：

$$m'^T F_{12} m = 0, \qquad m^T F_{21} m' = 0 \tag{3-91}$$

$$F_{12} = F_{21}^T \tag{3-92}$$

② 基础矩阵 F 是一个 3×3 的秩为 2 的矩阵，自由度为 7(7 个独立变量)，在相差一个非零常数因子的情况下是唯一的。

$$\text{rank}(F_{12}) = 2, \qquad \text{rank}(F_{21}) = 2 \tag{3-93}$$

③ 基础矩阵 F 的行列式等于零。

$$\text{Det}(F_{12}) = 0, \qquad \text{Det}(F_{21}) = 0 \tag{3-94}$$

④ 基础矩阵可由摄像机的投影矩阵求出，或者由两幅图像间的对应点求出。

⑤ 同名核线可以用基础矩阵表示：

$$\begin{cases} l' = F m \\ l = F^T m' \end{cases} \tag{3-95}$$

基础矩阵 F 将左图像上的点 m 映射到该点在右图像上的同名核线 l' 上，而右图像上的点 m' 通过 F^T 映射到该点在左视图上的同名核线 l 上。

⑥摄影基线与左右两幅图像分别交于核点 e 和 e'（计算机视觉领域称为对极点），其对应的齐次坐标分别为 $e = (e_x, e_y, 1)$，$e' = (e'_x, e'_y, 1)$。左右外极点分别满足：

$$F_{12}e = F_{21}e' = 0 \tag{3-96}$$

当相机未标定时，对极几何约束是从两幅图像中可以获得的唯一约束关系。在立体视觉中，可以利用同名像点来恢复这种几何关系，反过来，也可以利用这种几何关系来约束匹配(剔除粗差点)，使得对应点的搜索范围由二维平面降低到对应一维极线，使得匹配的鲁棒性、精度都得到很大提高。

基础矩阵不仅可以确定两幅图像之间的对极几何约束关系，而且是解决其他视觉问题的关键环节，如二维匹配、三维重建、相机定标、运动估计等，在计算机视觉领域得到了广泛的应用。

基础矩阵通常由左右视图上的匹配点对估计得到，常用的基础矩阵估计算法有 8 点算法、线性迭代算法、非线性迭代算法等。本节介绍基于 8 点算法的基础矩阵估计。

给定充分多(至少 $\geqslant 8$)的点对应(同名点对) $m = (u, v, 1)^T$，$m' = (u', v', 1)^T$，从式(3-90)可以线性地计算基本矩阵 F。令 $F = (f_{ij})$，则基本矩阵的约束方程可以写成下述形式：

$$u'uf_{11} + u'vf_{12} + u'f_{13} + v'uf_{21} + v'vf_{22} + v'f_{23} + uf_{31} + vf_{32} + f_{33} = 0 \tag{3-97}$$

记

$$f = [f_{11} \quad f_{12} \quad f_{13} \quad f_{21} \quad f_{22} \quad f_{23} \quad f_{31} \quad f_{32} \quad f_{33}]^T$$

它是由 F 的 3 个行向量构成的 9 维列向量，则式(3-90)可以写成向量内积的形式：

$$[u'u \quad u'v \quad u' \quad v'u \quad v'v \quad v' \quad u \quad v \quad 1] f = 0$$

当给定 n 对对应点可以得到线性方程组：

$$Af = \begin{bmatrix} u'_1u_1 & u'_1v_1 & u'_1 & v'_1u_1 & v'_1u_1 & v'_1 & u_1 & v_1 & 1 \\ \multicolumn{9}{c}{\cdots\cdots\cdots\cdots\cdots\cdots\cdots\cdots\cdots\cdots\cdots\cdots\cdots\cdots\cdots\cdots} \\ u'_nu_n & u'_nv_n & u'_n & v_nu_n & v'_nu_n & v'_n & u_n & v_n & 1 \end{bmatrix} f = 0 \tag{3-98}$$

由于基本矩阵 F 是非零矩阵，因此 f 是一个非零向量，即线性方程组有非零解。因此，当对应点精确时，$\mathrm{rank}(A) = 8$，f 是矩阵 A 的零空间，或者说是矩阵 A 的零特征值对应的特征向量。

由于基本矩阵的秩为 2，实际中，需用一个秩为 2 的矩阵 $\bar{F}$ 去逼近 F 作为基本矩阵的估计，即将下述最小化问题

$$\begin{cases} \min \| F - \bar{F} \| \\ \text{subject to } \mathrm{rank}(\bar{F}) = 2 \end{cases} \tag{3-99}$$

的解作为基本矩阵的最终估计。

问题(3-92)的解可通过对 F 进行奇异值分解得到。令 F 的奇异值分解为 $F =$

$U\mathrm{diag}(s_1,\ s_2,\ s_3)V^{\mathrm{T}}(s_1 \geqslant s_2 \geqslant s_3)$，则式(3-92)的解为 $\bar{F} = U\mathrm{diag}(s_1,\ s_2,\ 0)V^{\mathrm{T}}$。

综上所述，当给定 $n(\geqslant 8)$ 对应点 $m_j \leftrightarrow m'_j$，计算基本矩阵 F 的8点算法步骤：

① 由 n 个对应点集构造矩阵 A；

② 对 A 进行奇异值分解 $A = UDV^{\mathrm{T}}$，并由 V 的最后一个列向量 v_9 构造矩阵 F；

③ 对 F 进行奇异值分解 $F = U\mathrm{diag}(s_1,\ s_2,\ s_3)V^{\mathrm{T}}(s_1 \geqslant s_2 \geqslant s_3)$，得到基本矩阵的估计 $\bar{F} = U\mathrm{diag}(s_1,\ s_2,\ 0)V^{\mathrm{T}}$。

3.3.4 利用相对定向直接解进行核线排列

当影像的内方位元素不能严格已知(甚至完全不知道，例如数字影像的一个局部影像块)时，则关系式(3-40)中应考虑到

$$\begin{bmatrix} u \\ v \\ w \end{bmatrix} = \begin{bmatrix} x + \mathrm{d}x \\ y + \mathrm{d}y \\ -f \end{bmatrix} \text{和} \begin{bmatrix} u' \\ v' \\ w' \end{bmatrix} = R' \begin{bmatrix} x' + \mathrm{d}x' \\ y' + \mathrm{d}y' \\ -f' \end{bmatrix} \tag{3-100}$$

式中，$\mathrm{d}x$，$\mathrm{d}y$，f，$\mathrm{d}x'$，$\mathrm{d}y'$，f' 内方位元素(未知)。将它们代入共面条件，并展开：

$$L_9 y' + L_1 + L_2 x + L_3 y + L_4 x' + L_5 xx' + L_6 xy' + L_7 yx' + L_8 yy' = 0 \tag{3-101}$$

上式也可表达为相对定向解算过程中常用的"上下视差"等式：

$$q = L_1^0 + L_2^0 x + L_3^0 y + L_4^0 x' + L_5^0 xx' + L_6^0 xy' + L_7^0 yx' + L_8^0 yy' \tag{3-102}$$

式中，$L_i^0 = L_i/L_9 (i \neq 3)$，$L_3^0 = 1 + L_3/L_6$，$q = y - y'$。

观测8个(或8个以上)同名点，即可用常规的间接观测误差解求式(3-102)中的参数以 $L_i^0 (i = 1, 2, \cdots, 8)$。

按直接在原始影像上排列核线的基本算法，已知任意一个像点(如左影像上一像点)坐标 $(x'_1,\ y'_1)$，要确定通过该像点的同名核线，计算步骤如图3-7所示。

① 由共面条件的展开式(3-101)及像点坐标 $(x_1,\ y_1)$ 确定另一个影像(如右方影像)上的两点 $(x'_1,\ y'_1)$ 与 $(x'_2,\ y'_2)$。其中 x'_1，x'_2 可以任意选定，所以只要确定 y'_1 和 y'_2 即可，如

$$y'_1 = \frac{(1 - L_3^0)y_1 - L_1^0 - L_2^0 x_1 - L_4^0 x'_1 - L_5^0 x_1 x'_1 - L_7^0 y_1 x'_1}{1 + L_6^0 x_1 + L_8^0 y_1} \tag{3-103}$$

② 由右方影像上两个像点中的任意一点(如 $(x'_1,\ y'_1)$)，利用式(3-74)反求左方影像上的另一点 $(x_2,\ y_2)$。

③ 由此可以确定左、右同名核线的方向：

$$\begin{cases} \tan K = \dfrac{y_2 - y_1}{x_2 - x_1} \\[2mm] \tan K' = \dfrac{y'_2 - y'_1}{x'_2 - x'_1} \end{cases} \tag{3-104}$$

3.3.5 核线的重排列(重采样)

一般情况下，数字影像的扫描行与核线不重合，为了获取核线的灰度序列，必须对原

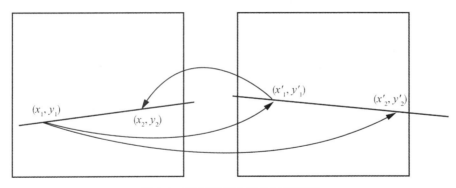

图 3-7 确定核线方向的计算顺序

始数字影像灰度进行重采样。按上述不同解析方式获取核线，相应有两种不同的重采样方式。

1. 直接在倾斜像片上获取核线影像

按上述共面条件确定像片上核线的方向：

$$\tan K = \frac{\Delta y}{\Delta x} \qquad (3\text{-}105)$$

从而根据该核线的一个起点坐标及方向 K，就能确定核线在倾斜像片上的位置，如图 3-8(a) 表示，采用线性内插所得的核线上的像素之灰度：

$$d = \frac{1}{\Delta}\big[\,(\Delta - y_1)d_1 + y_1 d_2\,\big] \qquad (3\text{-}106)$$

显然，其计算工作量要比双线性内插要小得多，若采用图 3-8(b) 的邻近点法，则无需内插计算。由于此核线的 K 是一常数，说明只要从每条扫描线上取出 n 个像元素拼起来，就能获得核线，即沿核线进行像元素的重新排列，从而极大地提高了核线排列的效率。

$$n = \frac{1}{\tan K} \qquad (3\text{-}107)$$

由此产生的像素在 Y 方向的最大移位是 0.5 像元，其中误差

$$m_Y = \int_{-0.5}^{+0.5} Y^2 \mathrm{d}Y = \pm\, 0.29\,(\text{pixel}) \qquad (3\text{-}108)$$

在 X 方向不产生位移，因此所产生的相关结果误差（左、右视差之误差）是很小的。

2. 在"水平"像片获取核线影像

如图 3-9 所示，图 3-9(a) 为原始（倾斜）影像的灰度序列，图 3-9(b) 为待定的平行于基线的"水平"像片的影像。按式(3-75) 或式(3-77) 依次将"水平"像片上的坐标(u, v)反算到原始像片上，变为(x, y)。但是，由于所求得的像点不一定恰好落在原始采样的像元中心，这就必须进行灰度内插 —— 重采样。

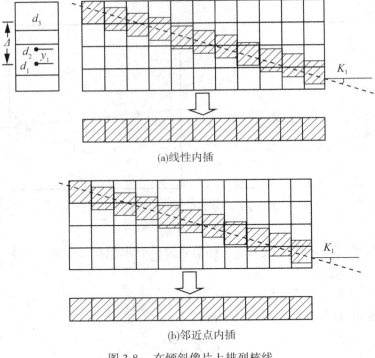

(a)线性内插

(b)邻近点内插

图 3-8   在倾斜像片上排列核线

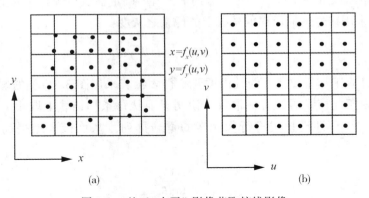

图 3-9   基于"水平"影像获取核线影像

3.4   数码相机检校的典型方法

近年来，随着数码相机的普及，利用数码相机进行摄影测量已经得到了推广。数码相机获取的影像都存在或大或小的畸变，并且由于相机结构和成像机理的差异导致了畸变的差异。因此，在利用这些影像进行高精度的测量之前，必须进行必要的相机畸变差测定和补偿，同时也需要测定出相机的主距和像主点坐标值等参数，摄影测量界将此过程称为相机检校，计算机视觉界称之为相机标定。摄影测量界对相机检校的研究已经持续了100多年，计算机视觉领域在计算机和数码相机出现之后的近二十年来，对相机标定的研究呈现出更加迅速的态势。由于这两个领域中使用的基本数学模型存在较大的差别(张祖勋，2004)，它们的标定方法也存在较大的差异，主要表现在数学模型和解算方法上。摄影测量领域的著名方法包括基于共线条件方程的光束法平差、直接线性变换等方法，计算机视觉领域常用相机标定方法包括 Tsai 两步法、张正友的平面格网法等方法。

检查和校正数码相机(摄像机)内方位元素和光学畸变系数的过程就称为数码相机的检校。检校的主要参数包括：① 主点位置(x_0, y_0)与主距f；② 镜头畸变(一般为光学畸变系数，包括径向畸变、切向畸变和薄棱镜畸变等)；③CCD 阵列组成畸变，包括 CCD 成像面的不平性、像元比例尺不一致性因子 ds 和不垂直性因子 $d\beta$；④CCD 电学功能引起的误差。

当数码相机的机械结构坚固而稳定，光学结构和电子结构也稳定可靠时，才能根据实际需要对该数码相机进行上述参数(或部分参数)的检定。本节主要介绍光学畸变差和摄影测量常用的两种检校方法。这两种检校方法都需要在物方空间布设一定数量的控制点，适用于非量测相机及大角度近景摄影测量。

3.4.1　相机镜头的光学畸变差

相机物镜系统设计、制作和装配所引起的像点偏离其理想位置的点位误差称为光学畸变差。光学畸变分为径向畸变(radial distortion)、偏心畸变(decentering distortion)和薄棱镜畸变(prism distortion)等类型。

径向畸变一般是由于镜头形状缺陷引起的，它只和像点与主点的距离有关，使成像点沿向径方向偏离其准确理想位置，是镜头畸变中最大和最显著的几何变形。根据系数的正负，可分为桶形畸变(barrel distortion)和枕形畸变(pincushion distortion)两种，如图 3-10 所示。

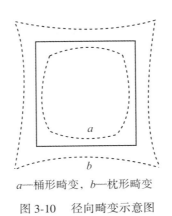

a—桶形畸变，b—枕形畸变

图 3-10　径向畸变示意图

径向畸变模型为：

$$\begin{cases} \Delta x_r = (x - x_0)(K_1 r^2 + K_2 r^4 + K_3 r^6 + \cdots) \\ \Delta y_r = (y - y_0)(K_1 r^2 + K_2 r^4 + K_3 r^6 + \cdots) \end{cases}$$

式中，$r^2 = (x - x_0)^2 + (y - y_0)^2$；$(x_0, y_0)$为像主点坐标；$K_1$，$K_2$，$K_3$，$\cdots$ 为径向畸变参数。

偏心畸变差使成像点沿向径方向和垂直于向径的方向，相对其理想位置都发生偏离，如图 3-11 所示。其向径方向的偏离称为非对称径向畸变，垂直于向径方向的偏离称为切向畸变。

偏心畸变模型为：

$$\begin{cases} \Delta x_d = P_1(r^2 + 2(x - x_0)^2) + 2P_2(x - x_0) \cdot (y - y_0) \\ \Delta y_d = P_2(r^2 + 2(y - y_0)^2) + 2P_1(x - x_0) \cdot (y - y_0) \end{cases} \tag{3-109}$$

式中，P_1，P_2，… 为偏心畸变参数。

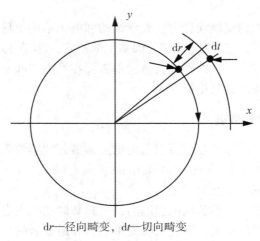

dr—径向畸变，dt—切向畸变

图 3-11　偏心畸变示意图

薄棱镜畸变是由于镜头的设计、加工和装配的不完善而引起的几何变形，就好像给镜头多加了一个薄棱镜引起的变形一样，它会引起额外的径向和切向畸变。

薄棱镜畸变模型为：

$$\begin{cases} \Delta x_p = S_1((x - x_0)^2 + (y - y_0)^2) + S_3((x - x_0)^2 + (y - y_0)^2)^2 + \\ \quad S_5((x - x_0)^2 + (y - y_0)^2)^3 + \cdots \\ \Delta y_p = S_2((x - x_0)^2 + (y - y_0)^2) + S_4((x - x_0)^2 + (y - y_0)^2)^2 + \\ \quad S_6((x - x_0)^2 + (y - y_0)^2)^3 + \cdots \end{cases} \tag{3-110}$$

式中，S_1，S_2，… 为薄棱镜畸变参数。

有研究表明，在相机标定时引入过多的非线性参数不仅不能提高精度（由于 CCD 是由离散的光敏元构成，不能体现过于细微的畸变），反而会引起解的不稳定。因此，应酌情引入上述参数的数量。在摄影测量时，需对量测的像点坐标进行畸变差改正，所采用的畸变模型应与相机标定时的模型一致。

3.4.2　基于共线方程光束法平差的相机检校

此种相机检校方法与基于共线方程的空间后方交会解法相似，只是多了光学畸变差，因此，可以参考 3.2 节中分别采用欧拉角、方向余弦或四元数描述旋转矩阵旋转矩阵的方法来进行相机检校的解算。这三种方法对各参数初始值的依赖程度不同，如经典欧拉角方法严重依赖于位置与姿态的初始值，因此对无法获取初值的大倾角像片的相机检校不太适用，方向余弦与四元数方法中，未知参数的初始值可以任意设置，收敛速度快，而方向余弦方法在收敛情况和计算结果方面优于单位四元数。

本节以方向余弦方法为例，介绍相机检校的解析式。

基于共线方程（3-111）的光束法平差是摄影测量中进行相机检校和测量的最严密解法。

$$\begin{cases} x - x_0 - \Delta x = -f\dfrac{a_1(X - X_s) + b_1(Y - Y_s) + c_1(Z - Z_s)}{a_3(X - X_s) + b_3(Y - Y_s) + c_3(Z - Z_s)} \\ y - y_0 - \Delta y = -f\dfrac{a_2(X - X_s) + b_2(Y - Y_s) + c_2(Z - Z_s)}{a_3(X - X_s) + b_3(Y - Y_s) + c_3(Z - Z_s)} \end{cases} \tag{3-111}$$

式中，Δx，Δy 为光学畸变差。相机检校时应求出光学畸变系数。

引入径向畸变和偏心畸变差后的共线方程为：

$$\begin{cases} x - x_0 - \Delta x = -f_x\dfrac{a_1(X - X_s) + b_1(Y - Y_s) + c_1(Z - Z_s)}{a_3(X - X_s) + b_3(Y - Y_s) + c_3(Z - Z_s)} = -f_x\dfrac{\overline{X}}{\overline{Z}} \\ y - y_0 - \Delta y = -f_y\dfrac{a_2(X - X_s) + b_2(Y - Y_s) + c_2(Z - Z_s)}{a_3(X - X_s) + b_3(Y - Y_s) + c_3(Z - Z_s)} = -f_y\dfrac{\overline{Y}}{\overline{Z}} \end{cases} \tag{3-112}$$

式中，f_x，f_y 分别为 x，y 两个方向的焦距，也可以统一用一个焦距，即用 f 代替 f_x 和 f_y。畸变差改正为：

$$\begin{cases} \Delta x = (x - x_0)(K_1 r^2 + K_2 r^4) + P_1(r^2 + 2(x - x_0)^2) + 2P_2(x - x_0) \cdot (y - y_0) \\ \Delta y = (y - y_0)(K_1 r^2 + K_2 r^4) + P_2(r^2 + 2(y - y_0)^2) + 2P_1(x - x_0) \cdot (y - y_0) \end{cases} \tag{3-113}$$

由于共线方程为非线性方程，平差时首先需要进行线性化。用泰勒级数将式（3-112）线性化，即可得到用于相机标定的误差方程式：

$$\begin{cases} \begin{aligned} v_x = {}& \frac{\partial x}{\partial X_s}\Delta X_s + \frac{\partial x}{\partial Y_s}\Delta Y_s + \frac{\partial x}{\partial Z_s}\Delta Z_s + \frac{\partial y}{\partial a_1}da_1 + \frac{\partial y}{\partial a_2}da_2 + \frac{\partial y}{\partial a_3}da_3 + \frac{\partial y}{\partial b_1}db_1 + \frac{\partial y}{\partial b_2}db_2 + \\ & \frac{\partial y}{\partial b_3}db_3 + \frac{\partial y}{\partial c_1}dc_1 + \frac{\partial y}{\partial c_2}dc_2 + \frac{\partial y}{\partial c_3}dc_3 + \frac{\partial x}{\partial f_x}\Delta f_x + \frac{\partial x}{\partial f_y}\Delta f_y + \frac{\partial x}{\partial x_0}\Delta x_0 + \frac{\partial x}{\partial y_0}\Delta y_0 + \\ & \frac{\partial x}{\partial K_1}\Delta K_1 + \frac{\partial x}{\partial K_2}\Delta K_2 + \frac{\partial x}{\partial P_1}\Delta P_1 + \frac{\partial x}{\partial P_2}\Delta P_2 - l_x \\ v_y = {}& \frac{\partial y}{\partial X_s}\Delta X_s + \frac{\partial y}{\partial Y_s}\Delta Y_s + \frac{\partial y}{\partial Z_s}\Delta Z_s + \frac{\partial y}{\partial a_1}da_1 + \frac{\partial y}{\partial a_2}da_2 + \frac{\partial y}{\partial a_3}da_3 + \frac{\partial y}{\partial b_1}db_1 + \frac{\partial y}{\partial b_2}db_2 + \\ & \frac{\partial y}{\partial b_3}db_3 + \frac{\partial y}{\partial c_1}dc_1 + \frac{\partial y}{\partial c_2}dc_2 + \frac{\partial y}{\partial c_3}dc_3 + \frac{\partial y}{\partial f_x}\Delta f_x + \frac{\partial y}{\partial f_y}\Delta f_y + \frac{\partial y}{\partial x_0}\Delta x_0 + \frac{\partial y}{\partial y_0}\Delta y_0 + \\ & \frac{\partial y}{\partial K_1}\Delta K_1 + \frac{\partial y}{\partial K_2}\Delta K_2 + \frac{\partial y}{\partial P_1}\Delta P_1 + \frac{\partial y}{\partial P_2}\Delta P_2 - l_y \end{aligned} \end{cases}$$

$$\tag{3-114}$$

其中,常数项为:

$$\begin{cases} l_x = (x - x_0 - \Delta x) + f_x \dfrac{\overline{X}}{\overline{Z}} \\ \\ l_y = (y - y_0 - \Delta y) + f_y \dfrac{\overline{Y}}{\overline{Z}} \end{cases} \tag{3-115}$$

式(3-114)可以写为矩阵形式,是典型的间接平差模型:

$$\boldsymbol{V} = \boldsymbol{B}\boldsymbol{X} - \boldsymbol{l} \tag{3-116}$$

设定矩阵符号如下:

$$\boldsymbol{V} = \begin{bmatrix} v_x & v_y \end{bmatrix}^{\mathrm{T}}$$

$$\boldsymbol{B} = \begin{bmatrix} b_{11} & b_{12} & b_{13} & b_{14} & b_{15} & b_{16} & b_{17} & b_{18} & b_{19} & b_{1a} & b_{1b} & b_{1c} & b_{1d} & b_{1e} & b_{1f} & b_{1g} & b_{1h} & b_{1i} & b_{1j} & b_{1k} \\ b_{21} & b_{22} & b_{23} & b_{24} & b_{25} & b_{26} & b_{27} & b_{28} & b_{29} & b_{2a} & b_{2b} & b_{2c} & b_{2d} & b_{2e} & b_{2f} & b_{2g} & b_{2h} & b_{2i} & b_{2j} & b_{2k} \end{bmatrix}$$

$$\boldsymbol{X} = (\Delta X_s, \Delta Y_s, \Delta Z_s, \mathrm{d}a_1, \mathrm{d}a_2, \mathrm{d}a_3, \mathrm{d}b_1, \mathrm{d}b_2, \mathrm{d}b_3, \mathrm{d}c_1, \mathrm{d}c_2, \mathrm{d}c_3, \Delta f_x, \Delta f_y, \Delta x_0, \Delta y_0, \Delta K_1,$$
$$\Delta K_2, \Delta P_1, \Delta P_2)^{\mathrm{T}}$$

$$\boldsymbol{L} = \begin{bmatrix} l_x & l_y \end{bmatrix}^{\mathrm{T}}$$

误差方程式中各偏导数应该采用严格关系式,条件方程见式(3-11)。各偏导数系数公式如下:

$$b_{11} = \frac{\partial x}{\partial X_s} = \frac{1}{\overline{Z}}[a_1 f_x + a_3(x - x_0 - \Delta x)]$$

$$b_{12} = \frac{\partial x}{\partial Y_s} = \frac{1}{\overline{Z}}[b_1 f_x + b_3(x - x_0 - \Delta x)]$$

$$b_{13} = \frac{\partial x}{\partial Z_s} = \frac{1}{\overline{Z}}[c_1 f_x + c_3(x - x_0 - \Delta x)]$$

$$b_{14} = \frac{\partial x}{\partial a_1} = -\frac{f_x}{\overline{Z}}(X - X_S)$$

$$b_{15} = \frac{\partial x}{\partial a_2} = 0$$

$$b_{16} = \frac{\partial x}{\partial a_3} = -\frac{1}{\overline{Z}}(x - x_0 - \Delta x)(X - X_S)$$

$$b_{17} = \frac{\partial x}{\partial b_1} = -\frac{f_x}{\overline{Z}}(Y - Y_S)$$

$$b_{18} = \frac{\partial x}{\partial b_2} = 0$$

$$b_{19} = \frac{\partial x}{\partial b_3} = -\frac{1}{\overline{Z}}(x - x_0 - \Delta x)(Y - Y_S)$$

$$b_{1a} = \frac{\partial x}{\partial c_1} = -\frac{f_x}{\overline{Z}}(Z - Z_S)$$

$$b_{1b} = \frac{\partial x}{\partial c_2} = 0$$

$$b_{1c} = \frac{\partial x}{\partial c_3} = -\frac{1}{\overline{Z}}(x - x_0 - \Delta x)(Z - Z_S)$$

$$b_{1d} = \frac{\partial x}{\partial x_0} = 1 - K_1 r^2 - K_2 r^4 - (x - x_0)[2K_1(x - x_0) + 4K_2(x - x_0)^3 + 4K_2(x - x_0)(y - y_0)^2]$$
$$- 6P_1(x - x_0) - 2P_2(y - y_0)$$

$$b_{1e} = \frac{\partial x}{\partial y_0} = -(x - x_0)[2K_1(y - y_0) + 4K_2(y - y_0)^3 + 4K_2(x - x_0)^2(y - y_0)]$$
$$- 2P_1(y - y_0) - 2P_2(x - x_0)$$

$$b_{1f} = \frac{\partial x}{\partial f_x} = \frac{(x - x_0 - \Delta x)}{f_x}$$

$$b_{1g} = \frac{\partial x}{\partial f_y} = 0$$

$$b_{1h} = \frac{\partial x}{\partial K_1} = (x - x_0)r^2$$

$$b_{1i} = \frac{\partial x}{\partial K_2} = (x - x_0)r^4$$

$$b_{1j} = \frac{\partial x}{\partial P_1} = 3(x - x_0)^2 + (y - y_0)^2$$

$$b_{1k} = \frac{\partial x}{\partial P_2} = 2(x - x_0)(y - y_0)$$

$$b_{21} = \frac{\partial y}{\partial X_s} = \frac{1}{\overline{Z}}(a_2 f_y + a_3(y - y_0 - \Delta y))$$

$$b_{22} = \frac{\partial y}{\partial Y_s} = \frac{1}{\overline{Z}}(b_2 f_y + b_3(y - y_0 - \Delta y))$$

$$b_{23} = \frac{\partial y}{\partial Z_s} = \frac{1}{\overline{Z}}(c_2 f_y + c_3(y - y_0 - \Delta y))$$

$$b_{24} = \frac{\partial y}{\partial a_1} = 0$$

$$b_{25} = \frac{\partial y}{\partial a_2} = -\frac{f_y}{\overline{Z}}(X - X_S)$$

$$b_{26} = \frac{\partial y}{\partial a_3} = -\frac{1}{\overline{Z}}(y - y_0 - \Delta y)(X - X_S)$$

$$b_{27} = \frac{\partial y}{\partial b_1} = 0$$

$$b_{28} = \frac{\partial y}{\partial b_2} = -\frac{f_y}{\bar{Z}}(Y - Y_S)$$

$$b_{29} = \frac{\partial y}{\partial b_3} = -\frac{1}{\bar{Z}}(y - y_0 - \Delta y)(Y - Y_S)$$

$$b_{2a} = \frac{\partial y}{\partial c_1} = 0$$

$$b_{2b} = \frac{\partial y}{\partial c_2} = -\frac{f_y}{\bar{Z}}(Z - Z_S)$$

$$b_{2c} = \frac{\partial y}{\partial c_3} = -\frac{1}{\bar{Z}}(y - y_0 - \Delta y)(Z - Z_S)$$

$$b_{2d} = \frac{\partial y}{\partial x_0} = -(y - y_0)[2K_1(x - x_0) + 4K_2(x - x_0)^3 + 4K_2(x - x_0)(y - y_0)^2]$$
$$- 2P_2(x - x_0) - 2P_1(y - y_0)$$

$$b_{2e} = \frac{\partial y}{\partial y_0} = 1 - K_1 r^2 - K_2 r^4 - (y - y_0)[2K_1(y - y_0) + 4K_2(y - y_0)^3$$
$$+ 4K_2(y - y_0)(x - x_0)^2] - 6P_2(y - y_0) - 2P_1(x - x_0)$$

$$b_{2f} = \frac{\partial y}{\partial f_x} = 0$$

$$b_{2g} = \frac{\partial y}{\partial f_y} = \frac{y - y_0 - \Delta y}{f_y}$$

$$b_{2h} = \frac{\partial y}{\partial K_1} = (y - y_0)r^2$$

$$b_{2i} = \frac{\partial y}{\partial K_2} = (y - y_0)r^4$$

$$b_{2j} = \frac{\partial y}{\partial P_1} = 2(x - x_0)(y - y_0)$$

$$b_{2k} = \frac{\partial y}{\partial P_2} = 3(y - y_0)^2 + (x - x_0)^2$$

按附有限制条件的间接平差法解算式(3-116)和式(3-11),就可以得到相机的内外方位元素和光学畸变参数。

3.4.3 张正友基于平面网格的相机标定方法

1998 年微软研究院机器视觉专家张正友在参考 Triggs 和 Zisserman 提出方法的基础上,提出了完全依靠平面格网板的相机标定方法,这种方法只要利用相机在两个以上不同方位拍摄两幅以上的平面模板图像即可进行标定,而相机和平面格网板可以自由移动,解算方法采用基于最大似然法的非线性优化。网格状的模板可以用普通的激光打印机打印,贴在一个平面上(如玻璃板等),相机和模板都可以自由地移动,且不需要知道运动参数。由于制作平面网格简单、使用方便,该方法在计算机视觉领域应用广泛。

张正友标定方法中利用了旋转矩阵(由相机外方位角元素构成)具有标准正交性的原理,参数解算主要分成三步进行:一是利用格网点计算同形矩阵,二是根据同形矩阵分解出内外方位元素和 2 阶径向畸变参数,三是采用 MINPACK 中的非线性最优化方法求解相机参数。

1. 同形矩阵的计算

采用齐次坐标表示针孔模型的投影变换可表示为:

$$\lambda \begin{bmatrix} x \\ y \\ 1 \end{bmatrix} = \begin{bmatrix} f_x & s & x_0 \\ 0 & f_y & y_0 \\ 0 & 0 & 1 \end{bmatrix} \cdot \begin{bmatrix} R_{11} & R_{12} & R_{13} & t_x \\ R_{21} & R_{22} & R_{23} & t_y \\ R_{31} & R_{32} & R_{33} & t_z \end{bmatrix} \cdot \begin{bmatrix} X \\ Y \\ Z \\ 1 \end{bmatrix} = \boldsymbol{A} \begin{bmatrix} \boldsymbol{R} & \boldsymbol{t} \end{bmatrix} \begin{bmatrix} X \\ Y \\ Z \\ 1 \end{bmatrix} \tag{3-117}$$

对于平面格网而言,Z 分量恒为零,因而式(3-117)可以表达为:

$$\lambda \begin{bmatrix} x \\ y \\ 1 \end{bmatrix} = \begin{bmatrix} h_{11} & h_{12} & h_{13} \\ h_{21} & h_{22} & h_{23} \\ h_{31} & h_{32} & h_{33} \end{bmatrix} \begin{bmatrix} X \\ Y \\ 1 \end{bmatrix} \tag{3-118}$$

式中,$\boldsymbol{H} = \boldsymbol{A} \begin{bmatrix} \boldsymbol{R} & \boldsymbol{t} \end{bmatrix}$ 称为同形矩阵(Homography)。消去比例因子 λ,则有:

$$\begin{cases} x = \dfrac{h_{11}X + h_{12}Y + h_{13}}{h_{31}X + h_{32}Y + h_{33}} = \dfrac{\bar{X}}{\bar{Z}} \\[4mm] y = \dfrac{h_{21}X + h_{22}Y + h_{23}}{h_{31}X + h_{32}Y + h_{33}} = \dfrac{\bar{Y}}{\bar{Z}} \end{cases} \tag{3-119}$$

可以看出,式(3-119)是一个线性方程,方程两边同乘以分母,即可转化为 $\boldsymbol{BH} = \boldsymbol{0}$ 的形式:

$$\begin{bmatrix} X & Y & 1 & 0 & 0 & 0 & -xX & -xY & -x \\ 0 & 0 & 0 & X & Y & 1 & -yX & -yY & -y \end{bmatrix} \begin{bmatrix} h_{11} \\ h_{12} \\ h_{13} \\ h_{21} \\ h_{22} \\ h_{23} \\ h_{31} \\ h_{32} \\ h_{33} \end{bmatrix} = \begin{bmatrix} 0 \\ 0 \end{bmatrix} \tag{3-120}$$

当具有 4 个以上控制点时,上式可以采用最小二乘方法进行解算。这种类型的方程组有两种解算方法,第一种方法是对系数矩阵 $\boldsymbol{B}$ 进行奇异值分解,最小奇异值所对应的右奇异向量即为方程组的解;第二种方法首先将系数矩阵左乘其转置矩阵,从而得到方阵 $\boldsymbol{B}^{\mathrm{T}}\boldsymbol{B}$,则方程组的解为最小特征值对应的特征向量。一般来说,受格网点观测值粗差的影响,用式(3-120)求出的 $\boldsymbol{H}$ 矩阵精度并不高,可将其作为初值,并将式(3-119)进行线性化,从而利用

最小二乘法进行粗差剔除,以精化 H 矩阵。线性化后的式(3-119)为:

$$\begin{bmatrix} v_x \\ v_y \end{bmatrix} = \begin{bmatrix} \dfrac{X}{\overline{Z}} & \dfrac{Y}{\overline{Z}} & \dfrac{1}{\overline{Z}} & 0 & 0 & 0 & -\dfrac{\overline{X}}{\overline{Z}^2}X & -\dfrac{\overline{X}}{\overline{Z}^2}Y & -\dfrac{\overline{X}}{\overline{Z}^2} \\ 0 & 0 & 0 & \dfrac{X}{\overline{Z}} & \dfrac{Y}{\overline{Z}} & \dfrac{1}{\overline{Z}} & -\dfrac{\overline{Y}}{\overline{Z}^2}X & -\dfrac{\overline{Y}}{\overline{Z}^2}Y & -\dfrac{\overline{Y}}{\overline{Z}^2} \end{bmatrix} \begin{bmatrix} \delta h_{11} \\ \delta h_{12} \\ \delta h_{13} \\ \delta h_{21} \\ \delta h_{22} \\ \delta h_{23} \\ \delta h_{31} \\ \delta h_{32} \\ \delta h_{33} \end{bmatrix} - \begin{bmatrix} x - x' \\ y - y' \end{bmatrix}$$

$$(3\text{-}121)$$

式中,(x',y') 为根据式(3-121)计算得到的像片坐标,其他各项定义同上。式(3-121)为典型的间接平差模型,其解算方法不再赘述。需要注意的是,为了得到可靠的摄像机内方位元素,通常采用多张像片进行标定,因而每张像片都具有一个同形矩阵,需要分别按上述方法进行求解与精化。

2. 内方位元素的求解

由上节可知,同形矩阵 H 也可表示为 $H = \begin{bmatrix} h_1 & h_2 & h_3 \end{bmatrix} = \lambda A \begin{bmatrix} r_1 & r_2 & t \end{bmatrix}$,即

$$\begin{bmatrix} r_1 & r_2 & t \end{bmatrix} = \lambda^{-1} A^{-1} \begin{bmatrix} h_1 & h_2 & h_3 \end{bmatrix} \tag{3-122}$$

式中,λ 为比例因子。同形矩阵具有 8 个未知数,每张像片具有 6 个外方位元素,因而内方位元素之间具有两个约束条件。因为旋转矩阵是标准正交的,故有 $r_1^2 = r_2^2 = 1$ 和 $r_1^T r_2 = 0$,这两个约束条件可以用来求解内方位元素矩阵。由式(3-122)可得:

$$r_1^2 = \left(\frac{1}{\lambda}A^{-1}h_1\right)^T \left(\frac{1}{\lambda}A^{-1}h_1\right) = \frac{1}{\lambda^2}h_1^T(A^{-1})^T \cdot A^{-1}h_1 = 1 \tag{3-123}$$

$$r_2^2 = \left(\frac{1}{\lambda}A^{-1}h_2\right)^T \left(\frac{1}{\lambda}A^{-1}h_2\right) = \frac{1}{\lambda^2}h_2^T A^{-T} \cdot A^{-1}h_2 = 1 \tag{3-124}$$

$$r_1^T r_2 = \left(\frac{1}{\lambda}A^{-1}h_1\right)^T \left(\frac{1}{\lambda}A^{-1}h_2\right) = \frac{1}{\lambda^2}h_1^T A^{-T} \cdot A^{-1}h_2 = 0 \tag{3-125}$$

由式(3-122)和式(3-123),考虑到 $r_1^2 - r_2^2 = 0$,则有:

$$r_1^2 - r_2^2 = \frac{1}{\lambda^2}h_1^T A^{-T} \cdot A^{-1}h_1 - \frac{1}{\lambda^2}h_2^T A^{-T} \cdot A^{-1}h_2 = 0 \tag{3-126}$$

式(3-124)和式(3-125)即为每张像片的同形矩阵提供的两个约束条件。若令 $B = A^{-T}A^{-1}$,则式(3-124)和式(3-125)可用向量表示为:

$$\begin{bmatrix} h_1^T B h_2 \\ h_1^T B h_1 - h_2^T B h_2 \end{bmatrix} = \begin{bmatrix} V_{12} \\ V_{11} - V_{22} \end{bmatrix} b = 0 \tag{3-127}$$

式中,向量 V_{12}、$V_{11} - V_{22}$ 及 b 的定义见下文。内方位元素的 5 个参数都未知时,至少需要三张像片才能进行摄像机标定。下面就内方位元素矩阵的不同情况分别给出相应的求解算法。

(1)若 5 个内方位素都未知

当 5 个内方位素元素都未知时，B 矩阵的表达式为：

$$
\begin{bmatrix} B_{11} & B_{12} & B_{13} \\ B_{12} & B_{22} & B_{23} \\ B_{13} & B_{23} & B_{33} \end{bmatrix} = \begin{bmatrix} \dfrac{1}{f_x^2} & -\dfrac{s}{f_x^2 f_y} & -\dfrac{y_0 s - x_0 f_y}{f_x^2 f_y} \\[3mm] -\dfrac{s}{f_x^2 f_y} & \dfrac{s^2}{f_x^2 f_y^2} + \dfrac{1}{f_y^2} & -\dfrac{s(y_0 s - x_0 f_y)}{f_x^2 f_y^2} - \dfrac{y_0}{f_x^2} \\[3mm] -\dfrac{y_0 s - x_0 f_y}{f_x^2 f_y} & -\dfrac{s(y_0 s - x_0 f_y)}{f_x^2 f_y^2} - \dfrac{y_0}{f_x^2} & 1 + \dfrac{(y_0 s - x_0 f_y)^2}{f_x^2 f_y^2} + \dfrac{y_0^2}{f_x^2} \end{bmatrix}
$$

（3-128）

其中，独立向量 $b = (B_{11}, B_{12}, B_{22}, B_{13}, B_{23}, B_{33})$，而相应于式（3-128）的 V_{12}、$V_{11} - V_{22}$ 为：

$$V_{12} = (h_{11}h_{12}, h_{11}h_{22} + h_{21}h_{12}, h_{21}h_{22}, h_{11}h_{32} + h_{31}h_{12}, h_{21}h_{32} + h_{31}h_{22}, h_{31}h_{32})$$

$$V_{11} - V_{22} = (h_{11}h_{11} - h_{12}h_{12}, 2h_{11}h_{21} - 2h_{12}h_{22}, h_{21}h_{21} - h_{22}h_{22}, 2h_{11}h_{21} - 2h_{12}h_{32},$$
$$2h_{21}h_{31} - 2h_{32}h_{22}, h_{31}h_{31} - h_{32}h_{32})$$

若标定像片的数目有三张以上时，可利用最小奇异值法或最小特征值法求解向量 b，则内方位元素可用下式求解：

$$
\begin{cases}
y_0 = (B_{12}B_{13} - B_{11}B_{23})/(B_{11}B_{22} - B_{12}B_{12}) \\[2mm]
\lambda = B_{33} - [B_{13}^2 + y_0(B_{12}B_{13} - B_{11}B_{23})]/B_{11} \\[2mm]
f_x = \sqrt{\lambda/B_{11}} \\[2mm]
f_y = \sqrt{\lambda B_{11}/(B_{11}B_{22} - B_{12}B_{12})} \\[2mm]
s = -B_{12}f_x^2 f_y/\lambda \\[2mm]
x_0 = s y_0/f_x - B_{13}f_x^2/\lambda
\end{cases}
$$

（3-129）

（2）若 $s = 0$

对于目前的绝大多数 CCD 摄像机来说，其像素坐标系的两个轴可以认为是正交的，因而该项通常可以忽略。此时 B 矩阵的表达式为：

$$
\begin{bmatrix} B_{11} & 0 & B_{13} \\ 0 & B_{22} & B_{23} \\ B_{13} & B_{23} & B_{33} \end{bmatrix} = \begin{bmatrix} \dfrac{1}{f_x^2} & 0 & -\dfrac{x_0}{f_x^2} \\[3mm] 0 & \dfrac{1}{f_y^2} & -\dfrac{y_0}{f_x^2} \\[3mm] -\dfrac{x_0}{f_x^2} & -\dfrac{y_0}{f_x^2} & 1 + \dfrac{x_0^2}{f_x^2} + \dfrac{y_0^2}{f_x^2} \end{bmatrix}
$$

（3-130）

相应于式（3-128）的独立向量 $b = (B_{11}, B_{22}, B_{13}, B_{23}, B_{33})$，$V_{12}$ 和 $V_{11} - V_{22}$ 分别为：

$$V_{12} = (h_{11}, h_{12}, h_{21}h_{22}, h_{11}h_{32} + h_{31}h_{12}, h_{21}h_{32} + h_{31}h_{22}, h_{31}h_{32})$$

$$V_{11} - V_{22} = (h_{11}h_{11} - h_{12}h_{12}, h_{21}h_{21} - h_{22}h_{22}, 2h_{11}h_{31} - 2h_{12}h_{32},$$
$$2h_{21}h_{31} - 2h_{32}h_{22}, h_{31}h_{31} - h_{32}h_{32})$$

独立向量 b 仍然可利用最小奇异值法或最小特征值法进行求解，内方位元素可按下式分解：

$$\begin{cases} \lambda = B_{33} - \dfrac{B_{13}^2}{B_{11}} - \dfrac{B_{23}^2}{B_{22}} \\[2ex] f_x = \sqrt{\lambda / B_{11}} \\[2ex] f_y = \sqrt{\lambda / B_{22}} \\[2ex] x_0 = -\dfrac{B_{13} f_x^2}{\lambda} \\[2ex] y_0 = -\dfrac{B_{23} f_y^2}{\lambda} \end{cases} \qquad (3\text{-}131)$$

（3）若 $s = 0$ 且 $f_x = f_y = f$

早期的 CCD 摄像机，其像素并不是正方形的，两个方向之间往往存在较为明显的差异。而对于目前流行的 CCD 来说，其像素已经非常接近正方形了。这样，在摄像机参数初值的分解阶段，摄像机在两个方向的焦距就可以近似认为相等，以增加参数分解的稳定性。此时，B 矩阵的表达式就变为：

$$\begin{bmatrix} B_{11} & 0 & B_{13} \\ 0 & B_{11} & B_{23} \\ B_{13} & B_{23} & B_{33} \end{bmatrix} = \begin{bmatrix} \dfrac{1}{f} & 0 & -\dfrac{x_0}{f^2} \\[2ex] 0 & \dfrac{1}{f} & -\dfrac{y_0}{f^2} \\[2ex] -\dfrac{x_0}{f^2} & -\dfrac{y_0}{f^2} & 1 + \dfrac{x_0^2}{f^2} + \dfrac{y_0^2}{f^2} \end{bmatrix} \qquad (3\text{-}132)$$

相应于式（3-128）的独立向量 $\boldsymbol{b} = (B_{11}, B_{13}, B_{23}, B_{33})$，$\boldsymbol{V}_{12}$、$\boldsymbol{V}_{11} - \boldsymbol{V}_{22}$ 为：

$$\boldsymbol{V}_{12} = (h_{11}h_{12} + h_{21}h_{22}, h_{11}h_{32} + h_{31}h_{12}, h_{21}h_{32} + h_{31}h_{22}, h_{31}h_{32})$$

$$\boldsymbol{V}_{11} - \boldsymbol{V}_{22} = (h_{11}h_{11} - h_{12}h_{12} + h_{21}h_{21} - h_{22}h_{22}, 2h_{11}h_{31} - 2h_{12}h_{32},$$
$$2h_{21}h_{31} - 2h_{32}h_{22}, h_{31}h_{31} - h_{32}h_{32})$$

独立向量 $\boldsymbol{b}$ 的解法同上，主点和两个方向的焦距按下式分解：

$$\begin{cases} \lambda = B_{33} - \dfrac{B_{13}^2}{B_{11}} - \dfrac{B_{23}^2}{B_{11}} \\[2ex] f_x = \sqrt{\lambda / B_{11}} \\[2ex] f_y = f_x \\[2ex] x_0 = -\dfrac{B_{13} f_x^2}{\lambda} \\[2ex] y_0 = -\dfrac{B_{23} f_y^2}{\lambda} \end{cases} \qquad (3\text{-}133)$$

（4）若 $s = 0$，主点 (x_0, y_0) 已知，但 $f_x \neq f_y$

某些情况下，主点的位置可以通过其他方法求得，如激光准直法等，但摄像机在两个方向的焦距有可能并不相等。此时，B 矩阵的表达式为：

$$\begin{bmatrix} B_{11} & 0 & -x_0 B_{11} \\ 0 & B_{22} & -y_0 B_{22} \\ -x_0 B_{11} & -y_0 B_{22} & B_{33} \end{bmatrix} = \begin{bmatrix} \dfrac{1}{f_x} & 0 & -\dfrac{x_0}{f_x^2} \\ 0 & \dfrac{1}{f_y} & -\dfrac{y_0}{f_y^2} \\ -\dfrac{x_0}{f_x^2} & -\dfrac{y_0}{f_y^2} & 1 + \dfrac{x_0^2}{f_x^2} + \dfrac{y_0^2}{f_y^2} \end{bmatrix} \qquad (3\text{-}134)$$

相应于式(3-128)的独立向量 $\boldsymbol{b} = (B_{11}, B_{22}, B_{33})$，$\boldsymbol{V}_{12}$ 和 $\boldsymbol{V}_{11} - \boldsymbol{V}_{22}$ 分别为：

$$\boldsymbol{V}_{12} = (h_{11}h_{12} - x_0 h_{31}h_{12} - x_0 h_{11}h_{32}, h_{21}h_{22} - y_0 h_{31}h_{22} - y_0 h_{21}h_{32}, h_{31}h_{32})$$

$$\boldsymbol{V}_{11} - \boldsymbol{V}_{22} = (h_{11}h_{11} - 2x_0 h_{31}h_{11} - h_{12}h_{12} + 2x_0 h_{32}h_{12}, h_{21}h_{21} - 2y_0 h_{31}h_{21} - h_{22}h_{22} +$$
$$2y_0 h_{32}h_{22}, h_{31}h_{31} - h_{32}h_{32})$$

独立向量 $\boldsymbol{b}$ 的解法同上，两个方向的焦距则按下式分解：

$$\begin{cases} \lambda = B_{33} - x_0^2 B_{11} - y_0^2 B_{22} \\ f_x = \sqrt{\lambda / B_{11}} \\ f_y = \sqrt{\lambda / B_{22}} \end{cases} \qquad (3\text{-}135)$$

（5）若 $s = 0$，主点 (x_0, y_0) 已知，且 $f_x = f_y = f$

如果内方位元素只有焦距未知，则其求解将更为简单，$\boldsymbol{B}$ 矩阵的表达式为：

$$\begin{bmatrix} B_{11} & 0 & -x_0 B_{11} \\ 0 & B_{11} & -y_0 B_{11} \\ -x_0 B_{11} & -y_0 B_{11} & B_{33} \end{bmatrix} = \begin{bmatrix} \dfrac{1}{f} & 0 & -\dfrac{x_0}{f^2} \\ 0 & \dfrac{1}{f} & -\dfrac{y_0}{f^2} \\ -\dfrac{x_0}{f^2} & -\dfrac{y_0}{f^2} & 1 + \dfrac{x_0^2}{f^2} + \dfrac{y_0^2}{f^2} \end{bmatrix} \qquad (3\text{-}136)$$

相应式(3-136)的独立向量 $b = (B_{11}, B_{33})$，$\boldsymbol{V}_{12}$ 和 $\boldsymbol{V}_{11} - \boldsymbol{V}_{22}$ 分别为：

$$\boldsymbol{V}_{12} = (h_{11}h_{12} - x_0 h_{31}h_{12} - x_0 h_{11}h_{32} + h_{21}h_{22} - y_0 h_{31}h_{22} - y_0 h_{21}h_{32}, h_{31}h_{32})$$

$$\boldsymbol{V}_{11} - \boldsymbol{V}_{22} = (h_{11}h_{11} - 2x_0 h_{31}h_{11} - h_{12}h_{12} + 2x_0 h_{32}h_{12} + h_{21}h_{21} - 2y_0 h_{31}h_{21} - h_{22}h_{22} +$$
$$2y_0 h_{32}h_{22}, h_{31}h_{31} - h_{32}h_{32})$$

独立向量 $\boldsymbol{b}$ 的解法同上，焦距则按下式分解：

$$\begin{cases} \lambda = B_{33} - x_0^2 B_{11} - y_0^2 B_{11} \\ f = \sqrt{\lambda / B_{11}} \end{cases} \qquad (3\text{-}137)$$

3. 外方位元素的求解

由式(3-122)可知：

$$\begin{cases} \boldsymbol{r}_1 = \lambda^{-1} \boldsymbol{A}^{-1} \boldsymbol{h}_1 \\ \boldsymbol{r}_2 = \lambda^{-1} \boldsymbol{A}^{-1} \boldsymbol{h}_2 \\ \boldsymbol{r}_3 = \boldsymbol{r}_1 \times \boldsymbol{r}_2 \\ \boldsymbol{t} = \lambda^{-1} \boldsymbol{A}^{-1} \boldsymbol{h}_3 \end{cases} \qquad (3\text{-}138)$$

式中，$\lambda = \| \boldsymbol{A}^{-1} \boldsymbol{h}_1 \| = \| \boldsymbol{A}^{-1} \boldsymbol{h}_2 \|$。

由于内方位元素矩阵 $\boldsymbol{A}$ 已经通过同形矩阵 $\boldsymbol{H}$ 分解出来,式(3-138)即可用来分解各张像片的外方位元素。一般来说,由于误差的影响,分解出的旋转矩阵 $\boldsymbol{R}' = [\,r_1 \quad r_2 \quad r_3\,]$ 并不满足标准正交性,可进一步通过奇异值分解 $\boldsymbol{R}' = \boldsymbol{USV}^{\mathrm{T}}$ 的方法获得旋转矩阵 $\boldsymbol{R} = \boldsymbol{UV}^{\mathrm{T}}$。

至此,摄像机的内外方位元素初值都已分解出来,但由于未考虑各种畸变差的影响,还需进行整体平差,以获得可靠的摄像机内参数。张正友采用的是 MINPACK 中的非线性最优化算法,该算法将控制点作为已知值,标定结果的精度受控制点精度的限制。张永军利用以上分解出的内外方位元素初值,对外方位元素进行变换,并采用摄影测量中最常用的自检校光束法平差模型进行摄像机标定。

4. 外方位元素的变换

两个三维坐标系之间的变换有 6 个自由度:3 个线元素和 3 个角元素,针对不同的应用可以采用不同表达方式。由于计算机视觉界采用的外方位元素表达方式与摄影测量界惯用的表达方式不同,为了将上一节分解出的外方位元素作为初值进行自检校光束法平差,需要进行外方位元素间的变换。

将针孔模型公式(3-117)两边同时乘以 $\boldsymbol{A}^{-1}$,并假设 $s = 0$ 且 $f_x = f_y = f$,可得:

$$
\frac{s}{f^2}
\begin{bmatrix} f & 0 & -f \cdot x_0 \\ 0 & f & -f \cdot y_0 \\ 0 & 0 & f^2 \end{bmatrix}
\begin{bmatrix} x \\ y \\ 1 \end{bmatrix}
=
\begin{bmatrix} R_{11} & R_{12} & R_{13} & t_x \\ R_{21} & R_{22} & R_{23} & t_y \\ R_{31} & R_{32} & R_{33} & t_z \end{bmatrix}
\cdot
\begin{bmatrix} X \\ Y \\ Z \\ 1 \end{bmatrix}
=
[\,\boldsymbol{R} \quad \boldsymbol{t}\,]
\begin{bmatrix} X \\ Y \\ Z \\ 1 \end{bmatrix}
\tag{3-139}
$$

展开左右两边即可得到针孔模型投影公式的等价形式:

$$
\lambda
\begin{bmatrix} x - x_0 \\ y - y_0 \\ f \end{bmatrix}
=
\begin{bmatrix} R_{11} & R_{12} & R_{13} \\ R_{21} & R_{22} & R_{23} \\ R_{31} & R_{32} & R_{33} \end{bmatrix}
\cdot
\begin{bmatrix} X \\ Y \\ Z \end{bmatrix}
+
\begin{bmatrix} t_x \\ t_y \\ t_z \end{bmatrix}
\tag{3-140}
$$

而摄影测量界常用的投影公式为:

$$
\lambda
\begin{bmatrix} x - x_0 \\ y - y_0 \\ -f \end{bmatrix}
=
\begin{bmatrix} a_1 & b_1 & c_1 \\ a_2 & b_2 & c_2 \\ a_3 & b_3 & c_3 \end{bmatrix}
\cdot
\begin{bmatrix} X - X_S \\ Y - Y_S \\ Z - Z_S \end{bmatrix}
\tag{3-141}
$$

计算机视觉界所取用的坐标系 Z 轴方向与摄影测量界相反,且旋转角的定义也不同,因而分解出的外方位元素不能直接作为初值进行平差,必须进行转换。式(3-141)可变为:

$$
\lambda
\begin{bmatrix} x - x_0 \\ y - y_0 \\ f \end{bmatrix}
=
\begin{bmatrix} a_1 & b_1 & -c_1 \\ a_2 & b_2 & -c_2 \\ -a_3 & -b_3 & c_3 \end{bmatrix}
\cdot
\begin{bmatrix} X \\ Y \\ -Z \end{bmatrix}
-
\begin{bmatrix} a_1 & b_1 & -c_1 \\ a_2 & b_2 & -c_2 \\ -a_3 & -b_3 & c_3 \end{bmatrix}
\cdot
\begin{bmatrix} X_S \\ Y_S \\ -Z_S \end{bmatrix}
\tag{3-142}
$$

对比公式(3-133)和式(3-135),即可得外方位元素间的变换关系:

$$
\begin{bmatrix} a_1 & b_1 & c_1 \\ a_2 & b_2 & c_2 \\ a_3 & b_3 & c_3 \end{bmatrix}
=
\begin{bmatrix} R_{11} & R_{12} & -R_{13} \\ R_{21} & R_{22} & -R_{23} \\ -R_{31} & -R_{32} & R_{33} \end{bmatrix}
\text{和}
\begin{bmatrix} X_S \\ Y_S \\ Z_S \end{bmatrix}
=
\begin{bmatrix} R_{11} & R_{21} & R_{31} \\ R_{12} & R_{22} & R_{32} \\ R_{13} & R_{23} & R_{33} \end{bmatrix}
\begin{bmatrix} -t_x \\ -t_y \\ t_z \end{bmatrix}
\tag{3-143}
$$

由式(3-143)计算得到的外方位元素则可以作为初值进行光束法平差。

经大量实验验证,利用张正友标定法对相机进行标定时,需多站摄影,并且应在同一摄站拍摄两张旋角 k 相差大约 90° 的像片。

3.4.4 基于 2 维直接线性变换(DLT) 的相机标定

当物方控制点位于一个平面内时,可以利用二维直接线性变换进行求解,并且通常只用于获取影像内外方位元素的初值。若要用于测量,则必须通过后方交会获取更加准确的参数。

二维 DLT 是三维 DLT 在物方空间坐标 Z 等于零的情况下的一种特殊表达式:

$$\begin{cases} x = \dfrac{h_1 X + h_2 Y + h_3}{h_7 X + h_8 Y + 1} \\ y = \dfrac{h_4 X + h_5 Y + h_6}{h_7 X + h_8 Y + 1} \end{cases} \tag{3-144}$$

式中,$H = \{h_i, i = 1, 2, \cdots, 8\}$ 为变换参数;(X, Y) 为平面控制点空间坐标(Z 坐标为零);(x, y) 为相应的像点坐标。当控制点数大于 4 个时,可以首先将式(3-144)化成线性方程(分母左乘),进而通过线性方程求解获取变换参数,再利用式(3-144)的泰勒展开式进行最小二乘方法迭代求解。

二维 DLT 的各种参数也是影像内外方位元素的函数,可以从 8 个变换参数中分解出影像内外方位元素的初值。下面首先介绍变换参数与影像内外方位元素的关系。

物方空间坐标 Z 为零时,摄影测量中的共线方程(3-1)可以转化成与式(3-144)类似的形式:

$$\begin{cases} x = \dfrac{\left(f\dfrac{a_1}{\lambda} - \dfrac{a_3}{\lambda}x_0\right)X + \left(f\dfrac{b_1}{\lambda} - \dfrac{b_3}{\lambda}x_0\right)Y + \left(x_0 - \dfrac{f}{\lambda}(a_1 X_s + b_1 Y_s + c_1 Z_s)\right)}{-\dfrac{a_3}{\lambda}X - \dfrac{b_3}{\lambda}Y + 1} \\ y = \dfrac{\left(f\dfrac{a_2}{\lambda} - \dfrac{a_3}{\lambda}y_0\right)X + \left(f\dfrac{b_2}{\lambda} - \dfrac{b_3}{\lambda}y_0\right)Y + \left(y_0 - \dfrac{f}{\lambda}(a_2 X_s + b_2 Y_s + c_2 Z_s)\right)}{-\dfrac{a_3}{\lambda}X - \dfrac{b_3}{\lambda}Y + 1} \end{cases} \tag{3-145}$$

其中,$\lambda = a_3 X_s + b_3 Y_s + c_3 Z_s$。比较式(3-144)和式(3-145)可知:

$$\begin{cases} h_1 = f\dfrac{a_1}{\lambda} - \dfrac{a_3}{\lambda}x_0 \\ h_2 = f\dfrac{b_1}{\lambda} - \dfrac{b_3}{\lambda}x_0 \end{cases} \tag{3-146}$$

$$\begin{cases} h_4 = f\dfrac{a_2}{\lambda} - \dfrac{a_3}{\lambda}y_0 \\ h_5 = f\dfrac{b_2}{\lambda} - \dfrac{b_3}{\lambda}y_0 \end{cases} \tag{3-147}$$

$$\begin{cases} h_7 = -\dfrac{a_3}{\lambda} \\ h_8 = -\dfrac{b_3}{\lambda} \end{cases} \tag{3-148}$$

$$\begin{cases} h_3 = x_0 - \dfrac{f}{\lambda}(a_1 X_s + b_1 Y_s + c_1 Z_s) \\ h_6 = y_0 - \dfrac{f}{\lambda}(a_2 X_s + b_2 Y_s + c_2 Z_s) \end{cases} \quad (3\text{-}149)$$

由式(3-146) ~ 式(3-148)得

$$\begin{cases} \dfrac{(h_1 - h_7 x_0)}{f} = \dfrac{a_1}{\lambda} \\ \dfrac{(h_2 - h_8 x_0)}{f} = \dfrac{b_1}{\lambda} \end{cases} \quad (3\text{-}150)$$

$$\begin{cases} \dfrac{(h_4 - h_7 y_0)}{f} = \dfrac{a_2}{\lambda} \\ \dfrac{(h_5 - h_8 y_0)}{f} = \dfrac{b_2}{\lambda} \end{cases} \quad (3\text{-}151)$$

$$\begin{cases} -h_7 = \dfrac{a_3}{\lambda} \\ -h_8 = \dfrac{b_3}{\lambda} \end{cases} \quad (3\text{-}152)$$

将式(3-150)、(3-151)和式(3-152)的上下两式分别相乘并相加,顾及 $a_1 b_1 + a_2 b_2 + a_3 b_3 = 0$,得

$$\frac{(h_1 - h_7 x_0)(h_2 - h_8 x_0)}{f^2} + \frac{(h_4 - h_7 y_0)(h_5 - h_8 y_0)}{f^2} + h_7 h_8 = 0 \quad (3\text{-}153)$$

则有

$$f = \sqrt{\frac{-(h_1 - h_7 x_0)(h_2 - h_8 x_0) - (h_4 - h_7 y_0)(h_5 - h_8 y_0)}{h_7 h_8}} \quad (3\text{-}154)$$

将式(3-150)、式(3-151)和式(3-152)的上下两式分别自乘并相加,顾及 $a_1^2 + a_2^2 + a_3^2 = 1$ 和 $b_1^2 + b_2^2 + b_3^2 = 1$ 并消去 λ,得

$$\frac{(h_1 - h_7 x_0)^2 - (h_2 - h_8 x_0)^2 + (h_4 - h_7 y_0)^2 - (h_5 - h_8 y_0)^2}{f^2} + (h_7^2 - h_8^2) = 0$$

$$(3\text{-}155)$$

当主点 (x_0, y_0) 已知或通过某种方法求得后,即可通过式(3-154)或式(3-155)求得主距 f。

利用式(3-153)和式(3-155)消去主距 f,即可得

$$F_h = (h_1 h_8 - h_2 h_7)(h_1 h_7 - h_7^2 x_0 + h_2 h_8 - h_8^2 x_0) + (h_4 h_8 - h_5 h_7)(h_4 h_7 - h_7^2 y_0 + h_5 h_8 - h_8^2 y_0)$$
$$= 0 \quad (3\text{-}156)$$

不考虑镜头畸变影响时,像片的实际未知数为9个 $(f, x_0, y_0, \varphi, \omega, \kappa, X_s, Y_s, Z_s)$,而二维 DLT 共有8个参数,则必然无法唯一分解出相机的9个未知数。事实上,在给定二维 DLT 的8个参数时,主点 (x_0, y_0) 可在主纵线上自由移动,从而造成外方位元素分解的不唯一性。解算出主点 (x_0, y_0) 及主距 f 后,便可进行外方位元素的分解。将式(3-152)分别代入式

（3-150）、式（3-151），可得

$$\begin{cases} \dfrac{a_1}{a_3} = -\dfrac{h_1 - h_7 x_0}{f h_7} \\[3mm] \dfrac{a_2}{a_3} = -\dfrac{h_4 - h_7 y_0}{f h_7} \\[3mm] \dfrac{b_1}{b_3} = -\dfrac{h_2 - h_8 x_0}{f h_8} \\[3mm] \dfrac{b_2}{b_3} = -\dfrac{h_5 - h_8 y_0}{f h_8} \end{cases} \qquad (3\text{-}157)$$

由 $b_1^2 + b_2^2 + b_3^2 = 1$ 可得 $b_3^2 = \dfrac{1}{1 + \dfrac{(h_2 - h_8 x_0)^2}{f^2 h_8^2} + \dfrac{(h_5 - h_8 y_0)^2}{f^2 h_8^2}}$。在 Y 为主轴的转角系统

下，$\tan\kappa = \dfrac{b_1}{b_2}$，由式（3-157）知，$\tan\kappa = \dfrac{b_1}{b_2} = \dfrac{h_2 - h_8 x_0}{h_5 - h_8 y_0}$，由此式可唯一确定 κ 角。

在求解 ω 角时，b_3 的值在开平方后首先取正号，并将已确定的 κ 角与通过 b_3 求得的 b_1、b_2 算出的 k' 相比较，若 $k \neq k'$，则说明 b_3 应取负号，然后重新计算 b_1、b_2 的值。通过 $\sin\omega = -b_3$ 即可计算出 ω 角。

根据旋转矩阵的正交性可得：

$$\begin{pmatrix} c_1 \\ c_2 \\ c_3 \end{pmatrix} = \begin{pmatrix} a_1 \\ a_2 \\ a_3 \end{pmatrix} \times \begin{pmatrix} b_1 \\ b_2 \\ b_3 \end{pmatrix} = \begin{pmatrix} a_2 b_3 - a_3 b_2 \\ a_3 b_1 - a_1 b_3 \\ a_1 b_2 - a_2 b_1 \end{pmatrix} \qquad (3\text{-}158)$$

因为 $\tan\varphi = -\dfrac{a_3}{c_3} = \dfrac{a_3}{a_1 b_2 - a_2 b_1} = \dfrac{1}{\dfrac{a_1}{a_3} b_2 - \dfrac{a_2}{a_3} b_1}$，$b_1$、$b_2$ 已在求 ω 角时确定，而 $\dfrac{a_1}{a_3}$ 和 $\dfrac{a_2}{a_3}$ 可由式

（3-157）确定，因而 φ 角也可唯一确定。

可以看出，在求解 φ，ω，κ 角时，并没有计算整个旋转矩阵中的所有 9 个元素，因而在计算 X_s，Y_s，Z_s 的初值时，需利用如上计算出的 φ，ω，κ 角，重新计算旋转矩阵的各元素。由式（3-150）、式（3-151）和式（3-152）求平均可得到 λ，则 X_s，Y_s，Z_s 的初值可通过解如下线性方程组获得：

$$\begin{cases} h_3 = x_0 - \dfrac{f}{\lambda}(a_1 X_s + b_1 Y_s + c_1 Z_s) \\[3mm] h_6 = y_0 - \dfrac{f}{\lambda}(a_2 X_s + b_2 Y_s + c_2 Z_s) \\[3mm] \lambda = (a_3 X_s + b_3 Y_s + c_3 Z_s) \end{cases} \qquad (3\text{-}159)$$

通过上述各式可以利用二维 DLT 获取每幅影像对应的外方位元素初值包括相机的主距初值等，在有些情况下也可利用空间后方交会获取更加准确的参数，进而用于光束法平差整体求解。

3.5 直线摄影测量

许多年来，摄影测量都是基于点状目标量测的过程，一部分是因为摄影测量的传统习惯，另外一部分是因为量测设备的限制。目前许多摄影测量测图软件中，数据采集仍然只支持点状数据，并且很大一部分是手工操作，即使对于线状目标特征也是在立体状态下逐点采集的，只是测图结束后添加点间的拓扑关系或者由量测模式决定量测的点是怎样连接成目标的，这些线状特征被存储为曲线线段或者通过更复杂的过程用函数拟合量测的点序列。基于点状的量测要求在一张影像上量测一个像点，同时在另外一张对应影像上或物方空间识别相对应的同名点。其对应的数学公式就是传统的共线条件方程或者对于立体像对的共面条件方程。而地图与影像上存在大量的线特征，将其作为控制信息完成一系列摄影测量任务(包括相对定向、空间后方交会、空间前方交会、区域网空中三角测量等)，具有重要的理论与现实意义。

直线摄影测量(line photogrammetry)适用于框幅式中心投影影像，就是利用线状特征作为观测值来完成摄影测量任务，它的基本原理就是物方空间的直线和对应的框幅式中心投影影像上的直线位于通过投影中心的平面上。直线摄影测量不仅是在自动(半自动)地图更新、近景摄影测量应用以及机器视觉方面具有很大的应用潜力，而且可以更灵活地运用于空间前方交会、空间后方交会、影像的绝对定向和相对定向模型的建立。

基于特征的摄影测量与基于点量测的传统摄影测量在量测原理上截然不同，在基于特征的摄影测量中，立体像对的量测既不需要点与点之间的严格对应，也不需要二维特征之间的完全对应。它所依赖的量测基础是表达地物特征的点序列(曲线)在重叠影像之间的对应，即只要求点集对应，不要求每个点之间对应。

直线特征用于摄影测量过程中具有以下优点：

① 在物方空间，线特征提取相对容易，并且大量的矢量地图和移动测图系统也提供了越来越多线状特征。

② 增加线特征将增加平差计算的观测值冗余度和几何约束条件。大量试验证明，直线摄影测量可以取得和常规摄影测量同样高的精度和可靠性，甚至会更好，另外直线摄影测量为观测值的自动量测提供了方向。

③ 用于直线摄影测量的同名直线上的点不要求一一对应(同名)，甚至不要求代表同一段地物，即只要求同名直线，不要求同名线段，因此引入直线特征可以更加灵活。

④ 直线特征与物方特征的关系十分密切，例如影像上边缘一般对应于物方地物的边界，因此线特征比点特征更切实际，特别是在 DEM 生成、测图等应用中。

⑤ 在处理带有遮掩和不确定信息的情况下，直线特征具有点特征所没有的优点。

共面条件是直线摄影测量最主要的数学基础。

如图 3-12 所示，直线摄影测量的数学模型是：当转换到同一坐标系下，影像空间的由影像上直线特征与摄影中心构成平面的法线矢量 n 等价于物方空间的直线特征与摄影中心构成平面的法线矢量 N，即这两个法线矢量方向相同。

根据解析几何的知识，像方空间的法线矢量(n_x, n_y, n_z)可以由从摄影中心到影像直线上两个观测点(x_p, y_p)和(x_q, y_q)的矢量叉积计算得到：

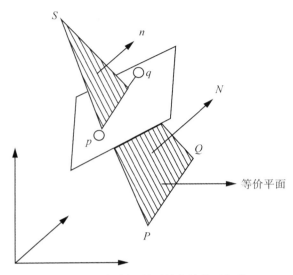

图 3-12　直线摄影测量中的共面条件

$$\begin{bmatrix} n_x \\ n_y \\ n_z \end{bmatrix} = \begin{bmatrix} x_p \\ y_p \\ -f \end{bmatrix} \times \begin{bmatrix} x_q \\ y_q \\ -f \end{bmatrix} \qquad (3\text{-}160)$$

物方空间的法线矢量(N_x, N_y, N_z)可以由从摄影中心到物方直线上任意一个三维观测点(X_p, Y_p, Z_p)的矢量和该直线方向矢量(a, b, c)的叉积计算得到：

$$\begin{bmatrix} N_x \\ N_y \\ N_z \end{bmatrix} = \begin{bmatrix} X_p - X_s \\ Y_p - Y_s \\ Z_p - Z_s \end{bmatrix} \times \begin{bmatrix} a \\ b \\ c \end{bmatrix} \qquad (3\text{-}161)$$

另外，物方法线矢量(N_x, N_y, N_z)也可以由从摄影中心到物方直线上两个观测点(X_p, Y_p, Z_p)和(X_q, Y_q, Z_q)的矢量叉积代替：

$$\begin{bmatrix} N_x \\ N_y \\ N_z \end{bmatrix} = \begin{bmatrix} X_p - X_s \\ Y_p - Y_s \\ Z_p - Z_s \end{bmatrix} \times \begin{bmatrix} X_q - X_s \\ Y_q - Y_s \\ Z_q - Z_s \end{bmatrix} \qquad (3\text{-}162)$$

式（3-161）与式（3-162）等价。

为了将这两个法线矢量转换到统一坐标系下，把物方法线矢量(N_x, N_y, N_z)乘以一个正交矩阵 $\boldsymbol{R}$（三个坐标轴的旋转矩阵），使其平行于像方法线矢量(n_x, n_y, n_z)，另外还需引入比例因子 λ 使其尺度相等，得到包含外方位元素的方程（3-163）与式（3-164）：

$$\begin{bmatrix} n_x \\ n_y \\ n_z \end{bmatrix} = \lambda \boldsymbol{R}(\varphi, \omega, \kappa) \begin{bmatrix} N_x \\ N_y \\ N_z \end{bmatrix} = \lambda \boldsymbol{R}(\varphi, \omega, \kappa) \left(\begin{bmatrix} X_p - X_s \\ Y_p - Y_s \\ Z_p - Z_s \end{bmatrix} \times \begin{bmatrix} a \\ b \\ c \end{bmatrix} \right) \qquad (3\text{-}163)$$

$$\begin{bmatrix} n_x \\ n_y \\ n_z \end{bmatrix} = \lambda \boldsymbol{R}(\varphi, \omega, \kappa) \begin{bmatrix} N_x \\ N_y \\ N_z \end{bmatrix} = \lambda \boldsymbol{R}(\varphi, \omega, \kappa) \left(\begin{bmatrix} X_p - X_s \\ Y_p - Y_s \\ Z_p - Z_s \end{bmatrix} \times \begin{bmatrix} X_q - X_s \\ Y_q - Y_s \\ Z_q - Z_s \end{bmatrix} \right) \qquad (3\text{-}164)$$

式（3-163）与式（3-164）的左边是由像方观测直线直接计算得到，即把像方法线矢量作为观测方程的"伪观测值"，这样可以简化条件方程的形式。由条件方程可知，一条控制直线可以构成三个条件方程。由于每条控制直线需要增加一个比例参数 λ，实际上每条控制直线只能贡献两个自由度，因此三条非退化直线（非退化直线是指直线之间两两不相互平行）可以解求六个外方位元素。

式（3-163）与式（3-164）适用于物方直线上的点作为观测值的情况，其中式（3-163）为已知物方直线上一点和直线方向矢量，式（3-164）为已知直线上两点。

参考共线条件方程（3-1），将式（3-163）与式（3-164）中的比例参数 λ 略去，同样可以实现以直线为观测值的空间后方交会方程式，该方程是在物方空间坐标系下实现的。像方直线上一点在像空间坐标系下矢量表达形式为 $(x，y，-f)$，将该矢量旋转到物方坐标系下，其形式为 $\boldsymbol{R}^{\mathrm{T}}(x，y，-f)^{\mathrm{T}}$，连同物方直线的方向矢量 $(a，b，c)$ 以及摄影中心 S 到物方直线上一点 P 连线 $(X_p - X_s，Y_p - Y_s，Z_p - Z_s)$，三者同在一个平面上（等价平面），满足下列共面条件方程：

$$\begin{vmatrix} \boldsymbol{R}^{\mathrm{T}}\begin{bmatrix} x_p \\ y_p \\ -f \end{bmatrix} & \begin{matrix} a \\ b \\ c \end{matrix} & \begin{matrix} X_p - X_s \\ Y_p - Y_s \\ Z_p - Z_s \end{matrix} \end{vmatrix} = 0 \tag{3-165}$$

另外，把物方直线的方向矢量 $(a，b，c)$ 换成摄影中心 S 到物方直线上另外一点 Q 连线 $(X_q - X_s，Y_q - Y_s，Z_q - Z_s)$，也满足共面条件：

$$\begin{vmatrix} \boldsymbol{R}^{\mathrm{T}}\begin{bmatrix} x_p \\ y_p \\ -f \end{bmatrix} & \begin{matrix} X_q - X_s \\ Y_q - Y_s \\ Z_q - Z_s \end{matrix} & \begin{matrix} X_p - X_s \\ Y_p - Y_s \\ Z_p - Z_s \end{matrix} \end{vmatrix} = 0 \tag{3-166}$$

式（3-165）与式（3-166）适用于像方直线上的点作为观测值的情况，其中式（3-165）为已知物方直线上一点 $(X_p，Y_p，Z_p)$ 和直线方向矢量 $(a，b，c)$，式（3-166）为已知直线上两点 $(X_p，Y_p，Z_p)$ 和 $(X_q，Y_q，Z_q)$。

如果已知像方直线方程，同样可以将共面条件在像方空间坐标系下实现。像方直线方程在极坐标下的形式为：$x\cos\theta + y\sin\theta = \rho$，该直线和摄影中心 S 组成平面的法线矢量为：$(f\cos\theta，f\sin\theta，\rho)$。摄影中心 S 到物方直线上一点 P 连线 $(X_p - X_s，Y_p - Y_s，Z_p - Z_s)$ 旋转到像空间坐标系下必然位于摄影中心和像方直线构成的平面上，即和该平面的法线垂直，方程如下：

$$R(\varphi，\omega，\kappa)\begin{bmatrix} X_p - X_s \\ Y_p - Y_s \\ Z_p - Z_s \end{bmatrix} \cdot \begin{bmatrix} f\cos\theta \\ f\sin\theta \\ \rho \end{bmatrix} = 0 \tag{3-167}$$

物方直线上的两点可以列出两个独立的方程。

通过以上分析可以看出，直线摄影测量中利用的最基本成像条件是：在统一的坐标系下，地面上的直线地物与影像上对应的直线特征共面，而且该平面（图 3-11 中的等价平面）通过成像瞬间的投影中心 S。式（3-160）～式（3-167）虽然表现形式不同，但它们最基本的原理都是共面条件，所不同的是式（3-163）、式（3-164）和式（3-167）是像方空间坐标系的共面条件，将物方空间的矢量旋转到像方空间坐标系下，而式（3-165）和式（3-166）是将像方空间的矢量旋转到物方空间坐标系下，其条件是物方空间坐标系下的共面条件。

前者每条控制线可以列出 3 个方程，但增加了一个比例参数 λ，而后者可列出 2 个独立的条件方程。可见无论在哪个坐标系下，每条控制线在外方位元素解算过程中只能贡献 2 个自由度，求解 6 个外方位元素需要至少 3 条非退化控制直线(非退化控制直线是指控制直线之间两两不相互平行)。

从上述数学模型可知，这些条件方程都是非线性的，需要对外参数求导进行线性化，然后在提供外方位元素初值的基础上迭代求解，不过这些共面条件方程比共线条件方程还要复杂一些。另外，直线摄影测量中的共面条件仅适用于框幅式中心投影影像。

总之，直线摄影测量和控制点一样，每条控制直线可以列出两个独立的条件方程。由每条直线上任意两点的坐标所列的两个条件方程和直线上一点坐标及其方向矢量所列的两个条件方程是等价的。为了保持观测值精度，基于直线特征的摄影测量空间后方交会其观测点应选择直线上相距较远的两点或两个端点。

3.6 广义点摄影测量

共线条件方程(即物点、像点与摄影中心位于一条直线上)是整个摄影测量的核心。无论是模拟摄影测量、解析摄影测量还是数字摄影测量，点的共线性是摄影测量的基本原理，但是摄影测量所涉及的点仅仅是物理意义上的点或可视的点，如圆点、角点、交叉点、端点等，见图 3-13。无论是在模拟还是解析甚至是数字摄影测量阶段，人工或自动量测的主要基本特征是物理的点，因而它可以称为"点摄影测量"。

圆点　　　　　　角点　　　　　　　　交叉点　　　　　　　端点

图 3-13　物理意义上的点特征

从数学意义上看，直线、曲线等都是由点组成的，在传统的基于点特征摄影测量中，这些都被看作线特征，在这里直线上的点、曲线上的点都被归结为数学意义上的点，见图 3-14，这些点和物理意义上的点一起统称为广义点(generalized point)。

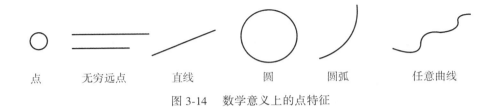

点　　　无穷远点　　　直线　　　　圆　　　圆弧　　　　任意曲线

图 3-14　数学意义上的点特征

与可视点一样，共线方程也可用到线特征中的点，而且摄影测量中的所有特征都可以归结为"点"以适合共线方程，这就是"广义点摄影测量"。

广义点摄影测量将各种特征的条件方程统一为一种形式，即共线方程，平差形式是一致的，而且比直线摄影测量简单、方便。特征线上的点与物理的点之间仅有的差别是：物

理的点使用关于 x 和 y 的两个共线方程，而特征线上的点根据线段的方向仅使用关于 x 或 y 的一个共线方程。因此，很容易将点、直线、圆、圆弧以及任意曲线归纳为一个数学模型——共线方程，进行统一平差，这就是广义点摄影测量的基本思想。

广义点摄影测量将点特征、线特征等综合到统一的平差系统中，既充分利用了线特征的优越性，便于点线混合参与摄影测量平差计算，又可以适用于各种遥感影像，包括直线摄影测量的共面方程不能适用的线阵 CCD 卫星影像。

3.6.1   框幅式中心投影影像的广义点摄影测量

立体像对的相对定向过程就是恢复摄影时相邻两影像摄影光束的相互关系，从而使同名光线对对相交。求解相对定向元素的条件方程是共面方程，即从两个相邻摄影基站到物方空间一点的两个投影光束，如图 3-15 中的矢量 $\boldsymbol{R}_1$、$\boldsymbol{R}_2$ 和基线矢量 $\boldsymbol{B}$ 在同一个平面内。通过线性化展开，可以将上述共面条件推导为在左右像片对应的同名像点之间的上下视差 Q 等于零，一般将 Q 视作观测值，列出误差方程式进行求解。如图 3-15 所示，左右像片对应的同名像点之间的上下视差 Q 等于零。基于同样的分析思路，直线摄影测量中的共面条件，即地面上的直线地物与影像上对应的直线特征位于通过投影中心的平面上，也可扩展为物方直线上的一点旋转到像方坐标系下到像方直线的距离等于零，这里的距离包括沿坐标轴方向的距离和垂直距离。

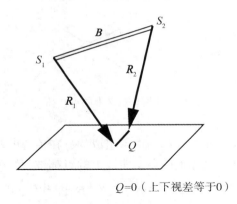

$Q=0$（上下视差等于 0）

图 3-15   相对定向的共面条件

下面分别以直线、曲线两种广义点来讨论框幅式中心投影影像的广义点摄影测量的条件方程。

1. 基于直线(广义点)的空间后方交会

将像方直线上的点到物方直线投影到像方直线的距离作为共线方程的残差，列出误差方程式。如图 3-16 所示，像方提取的直线段为粗线 l(观测直线段)，物方直线投影到影像上的线为细线 k(预测直线)，残差为 $h(s)$，相应的误差方程式为

$$V^{\mathrm{T}}V = \int_0^l h^2(s) = \min \tag{3-168}$$

由于增加了点到直线距离的计算，使共线方程比原来基于点的要复杂一些，接下来继

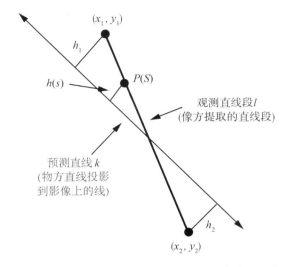

图 3-16　物方直线投影到像方后与像方提取直线的距离残差

续改进残差的形式，使共线方程的形式和原来基于点的保持一致。

影像中平行于 y 轴的直线上的任意一点 (x, v)，无论其纵坐标 v 为何值，都满足式（3-1）和式（3-3）的第一个方程。同理，影像中平行与 x 轴的直线上的任意一点 (u, y)，无论横坐标 u 为何值，都满足式（3-1）和式（3-3）的第二个方程。

对于影像中不平行于坐标轴的一般直线，可以通过修改式（3-3）的残差形式进行扩展。如图 3-17 所示，物方直线的端点 P、Q 投影到影像上，仅取它与对应直线上沿 x 或 y 方向的距离 v_x 或 v_y（视该直线方向而定）作为残差。直线上的每个点根据直线方向只列出一个共线方程，当直线与水平方向夹角大于 $45°$ 时，取 x 方向的共线方程（见图 3-18（a）），当直线与水平方向夹角小于 $45°$ 时，取 y 方向的共线方程（见图 3-18（b））。相应的条件方程和误差方程也由式（3-1）和式（3-3）修改为式（3-169）和式（3-170）。

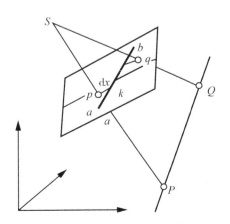

图 3-17　将共面条件归化为共线条件图示

$$\begin{cases} x - x_0 = -f\dfrac{a_1(X - X_s) + b_1(Y - Y_s) + c_1(Z - Z_s)}{a_3(X - X_s) + b_3(Y - Y_s) + c_3(Z - Z_s)}, & |\theta| \geqslant 45° \\[4mm] y - y_0 = -f\dfrac{a_2(X - X_s) + b_2(Y - Y_s) + c_2(Z - Z_s)}{a_3(X - X_s) + b_3(Y - Y_s) + c_3(Z - Z_s)}, & |\theta| < 45° \end{cases} \quad (3\text{-}169)$$

$$\begin{cases} v_x = \dfrac{\partial x}{\partial X_s}\Delta X_s + \dfrac{\partial x}{\partial Y_s}\Delta Y_s + \dfrac{\partial x}{\partial Z_s}\Delta Z_s + \dfrac{\partial x}{\partial \varphi}\Delta\varphi + \dfrac{\partial x}{\partial \omega}\Delta\omega + \dfrac{\partial x}{\partial \kappa}\Delta\kappa - l_x, \; |\theta| \geqslant 45° \\[4mm] v_y = \dfrac{\partial y}{\partial X_s}\Delta X_s + \dfrac{\partial y}{\partial Y_s}\Delta Y_s + \dfrac{\partial y}{\partial Z_s}\Delta Z_s + \dfrac{\partial y}{\partial \varphi}\Delta\varphi + \dfrac{\partial y}{\partial \omega}\Delta\omega + \dfrac{\partial y}{\partial \kappa}\Delta\kappa - l_y, \; |\theta| < 45° \end{cases} \quad (3\text{-}170)$$

式中，

$$\begin{cases} l_x = \dfrac{((y) - y_a) \times (x_b - x_a)}{y_b - y_a} + x_a - (x) \\[4mm] l_y = \dfrac{((x) - x_a) \times (y_b - y_a)}{x_b - x_a} + y_a - (y) \end{cases}$$

(x_a, y_a) 和 (x_b, y_b) 为确定影像上对应直线 k 的两个端点 a 和 b（见图3-17），其他变量含义见式(3-1) 和式(3-3)。

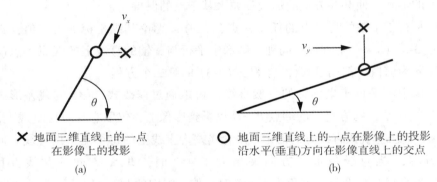

✕ 地面三维直线上的一点
　 在影像上的投影

(a)

○ 地面三维直线上的一点在影像上的投影
　 沿水平(垂直)方向在影像直线上的交点

(b)

图 3-18　直线上的点在共线方程中的残差

2. 基于曲线（广义点）的空间后方交会

（1）物方空间平面圆

对于一些特殊的曲线，如物方空间的平面圆，可以用其函数表达形式代入共线方程中去。在空间后方交会的过程中，求解外方位元素的同时，也可以求解物方曲线函数的参数，当然在物方曲线函数已知的情况下可以更稳定地求解外方位元素。如图3-19所示，为了简化公式，这里假设平面圆是水平的，即圆周上任意一点的 Z 值相同，此时圆的平面坐标方程为：

$$\begin{cases} X = X_0 + R\cos\theta \\ Y = Y_0 + R\sin\theta \end{cases} \quad (3\text{-}171)$$

式中，(X_0, Y_0) 为圆心坐标，R 为半径。将式(3-171) 代入共线方程式(3-1)，对于圆上任一点即可列出一个共线条件方程式，与直线特征类似，根据该点切线方向分别选择 X 或 Y 方向的条件方程式。当然，增加 Z 的参数也可以扩展为空间任意圆的条件方程式，同样

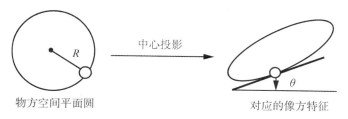

中心投影

物方空间平面圆   对应的像方特征

图 3-19   物方空间平面圆的广义点共线方程示意图

也可以扩展为一般的函数曲线的条件方程式。

$$\begin{cases} x - x_0 = -f\dfrac{a_1 X_0 + b_1 Y_0 + (a_1\cos\theta + b_1\sin\theta)R + [c_1(Z - Z_s) - a_1 X_s - b_1 Y_s]}{a_3 X_0 + b_3 Y_0 + (a_3\cos\theta + b_3\sin\theta)R + [c_3(Z - Z_s) - a_3 X_s - b_3 Y_s]}, & |\theta| \geqslant 45° \\[4mm] y - y_0 = -f\dfrac{a_2 X_0 + b_2 Y_0 + (a_2\cos\theta + b_2\sin\theta)R + [c_2(Z - Z_s) - a_2 X_s - b_2 Y_s]}{a_3 X_0 + b_3 Y_0 + (a_3\cos\theta + b_3\sin\theta)R + [c_3(Z - Z_s) - a_3 X_s - b_3 Y_s]}, & |\theta| < 45° \end{cases}$$

(3-172)

因为两点可以决定一条直线，在平差过程中，每条直线可以列两个误差方程，对于圆可列出 n 个误差方程，n 的大小和窗口有关，如图 3-20 所示。

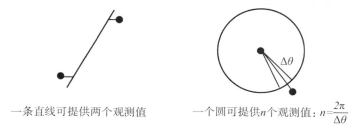

一条直线可提供两个观测值   一个圆可提供 n 个观测值：$n = \dfrac{2\pi}{\Delta\theta}$

图 3-20   圆和直线在广义点摄影测量中提供观测值的个数

（2）形状复杂曲线

扩展前面讨论的基于直线的共线方程，使其观测值适用于更一般的复杂线性特征，即建立影像上二维曲线和其对应的地面上三维曲线特征上的一点之间的函数关系，该函数的未知数只包含外方位元素。

如图 3-21（a）所示，根据中心投影的共线条件可知，物方线状特征上一点通过中心投影变换后，必然位于其对应的影像二维曲线上，但是在中心投影变换下，很难根据物方曲线的函数类型预测图像上曲线的函数类型。

对于一般的折线，可以分段用直线的形式表达。对于形状特别复杂的曲线特征，由于不能用函数形式描述，在计算机处理中一般进行离散化处理，即在保持一定的精度下，用折线的形式（图 3-21（b）的实折线）代替复杂的曲线（图 3-21（a）的实折线）。实际上，遥感影像上提取的线状特征在计算机中也是以这种形式存储的。

对于这种折线特征，其折线线段由于不能完全实现与地面上折线线段的一一对应，为了保证精度一般在前后几段中遍历一次，如图 3-21（b）所示，当用 P_j 点或 P_{j+1} 点列误差方

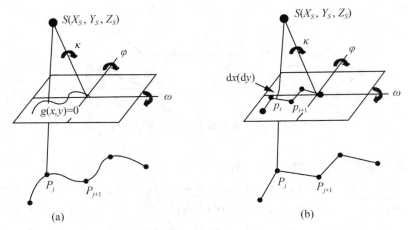

图 3-21　观测值的个数

程时，首先用本次迭代的外方位元素的初值计算对应的影像坐标，然后在 $p_i - p_{i+1}$ 线段及其前后几个线段中遍历，找出距离该投影点最近的一个线段，最后以距离最近的线段作为对应像方线段，按照前面叙述的直线段的误差方程式列出该地面点的误差方程式。

3.6.2　广义点摄影测量应用于线性阵列扫描影像

直线摄影测量中的共面条件仅适用于框幅式中心投影影像，对于高分辨率线阵 CCD 影像，由于直线特征上的不同点具有不同的外方位元素，因此不能用共面方程来描述线状特征的成像条件。广义点摄影测量的条件方程由于采用了传统的共线方程的形式，而且观测值也由线特征扩展到广义点，既包括物理意义上的点也包括特征线上的点等，由于条件方程继续保持原来的点摄影测量的形式，因此线性阵列扫描影像的成像方程（见第 8 章式(8-7)、式(8-8)、式(8-12)）均可应用到广义点摄影测量的空间后方交会中，所不同的是像点坐标由物方直线上一点投影到像方的坐标和像方直线共同确定。如图 3-18 所示，首先由物方直线上的点反投影到像方，该点的坐标根据控制线的方向沿水平（或垂直）方向投影到像方直线上的点，即为共"线"方程的像方观测点，假设控制线的像方直线由两个端点 $a(x_a, y_a)$ 和 $b(x_b, y_b)$ 确定，则 8.2 节中线性阵列扫描影像的成像方程的像点坐标为：

$$\begin{cases} x = \dfrac{((y) - y_a) \times (x_b - x_a)}{y_b - y_a} + x_a \\[2mm] y = \dfrac{((x) - x_a) \times (y_b - y_a)}{x_b - x_a} + y_a \end{cases}$$

式中，(x) 和 (y) 是物方直线上的点根据成像方程反投影到影像上的坐标。

因此广义点摄影测量将点特征、线特征等综合到统一的平差系统中，既充分利用了线特征的优越性，便于点线混合参与摄影测量平差计算，又可以适用于各种遥感影像，包括直线摄影测量的共面方程不能适用的线阵 CCD 卫星影像。

3.7 摄影测量处理的相关坐标系

3.7.1 高程系统

1. 大地水准面

由于海洋占全球面积的71%，故设想与平均海水面相重合，不受潮汐、风浪及大气压变化影响，并延伸到大陆下面处处与铅垂线相垂直的水准面称为大地水准面，它是一个没有褶皱、无棱角的连续封闭曲面。

大地水准面的形状（几何性质）及重力场（物理性质）都是不规则的，不能用一个简单的形状和数学公式表达。在目前尚不能唯一地确定它的时候，各个国家和地区往往选择一个平均海水面代替它。我国曾规定采用青岛验潮站求得的1956年黄海平均海水面作为我国同一高程基准面，1988年改用"1985国家高程基准"作为高程起算的统一基准。

2. 似大地水准面

似大地水准面指的是从地面点沿正常重力线量取正常高所得端点构成的封闭曲面。

由于地球质量特别是外层质量分布的不均匀，使得大地水准面形状非常复杂。大地水准面的严密测定取决于地球构造方面的学科知识，目前尚不能精确确定。似大地水准面严格说不是水准面，但接近于水准面，只是用于计算的辅助面。似大地水准面与大地水准面在海洋上完全重合，而在大陆上也几乎重合，在山区只有2～4cm的差异。似大地水准面尽管不是水准面，但它可以严密地解决关于研究与地球自然地理形状有关的问题。

3. 正高系统

正高系统是以大地水准面为高程基准面，地面上任一点的正高指该点沿垂线方向至大地水准面的距离，如图3-22所示，地面点 B 的正高设为 $H_{正}^{B}$，则

$$H_{正}^{B} = \sum_{CB} \Delta H = \int_{CB} \mathrm{d}H \tag{3-173}$$

式中，CB 是从 C 到 B 的积分区间。

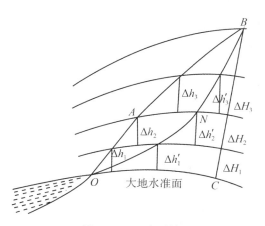

图 3-22 正高系统

当两水准面无限接近时，其位能差可以写为

$$g\mathrm{d}h = g^B \mathrm{d}H \tag{3-174}$$

由此得

$$\mathrm{d}H = \frac{g}{g^B}\mathrm{d}h \tag{3-175}$$

式中，g 为水准路线上相应于 $\mathrm{d}h$ 处的重力，g^B 为沿 B 点垂线方向上相应于 $\mathrm{d}H$ 处的重力。将式（3-175）代入式（3-173），得

$$H_{\overline{\text{正}}}^B = \int_{CB}\mathrm{d}H = \int_{OAB}\frac{g}{g^B}\mathrm{d}h \tag{3-176}$$

沿垂线上的重力 g^B 在不同深度处有不同数值，取其平均值，则有

$$H_{\overline{\text{正}}}^B = \frac{1}{g^B}\int_{OAB}g\mathrm{d}h \tag{3-177}$$

由式（3-177）可知，正高是不依水准路线而异的，这是因为式中 g^B 是常数；$\int g\mathrm{d}h$ 是过 B 点的水准面与起始大地水准面之间位能差，也不随路线而异。因此，正高是一种唯一确定的数值，可以用来表示地面点高程。但由于 g_m^B 是随着深入地下深度不同而不同，并与地球内部质量有关，而内部质量分布及密度是难以知道的，所以 g_m^B 不能精确测定，正高也不能精确求得。

4. 正常高系统

将正高系统中不能精确测定的 g_m^B 用正常重力 γ_m^B 代替，便得到另一种系统的高程，称为正常高，用公式表达为

$$H_{\overline{\text{常}}}^B = \frac{1}{\gamma_m^B}\int_{OAB}g\mathrm{d}h \tag{3-178}$$

式中，g 由沿水准测量路线的重力测量得到；$\mathrm{d}h$ 是水准测量的高差；γ_m^B 是按正常重力公式计算得到的正常重力平均值，所以正常高可用精确求得，其数值也不随水准路线而异，是唯一确定的。因此，我国规定采用正常高高程系统作为我国高程的统一系统。

正高是地面点到大地水准面的距离，正常高是地面点到似大地水准面的距离。似大地水准面与大地水准面极为接近，是由地面沿垂线向下量取正常高所得的点形成的连续曲面，它不是水准面，只是用以计算的辅助面。因此，可以把正常高定义为以似大地水准面为基准面的高程。

正高系统与正常高系统的区别在于所采用的高程基准面不同，正高无法精确求定，正常高可以精确唯一确定。

5. 国家高程基准

（1）高程基准面

高程基准面就是地面点高程的统一起算面。由于大地水准面所形成的体形——大地体是与整个地球最为接近的体形，因此通常采用大地水准面作为高程基准面。

大地水准面是假想海洋处于完全静止的平衡状态时的海水面延伸到大陆地面以下所形成的闭合曲面。事实上，海洋受着潮汐、风力的影响，永远不会处于完全静止的平衡状态，总是存在着不断的升降运动。但是可以在海洋近岸的一点处竖立水位标尺，成年累月地观测海水面的水位升降，根据长期观测的结果可以求出该点处海洋水面的平均位置。人

们假定大地水准面就是通过这点处实测的平均海水面。

长期观测海水面水位升降的工作称为验潮，进行这项工作的场所称为验潮站。

根据各地的验潮结果表明，不同地点平均海水面之间还存在着差异。因此，对于一个国家来说，只能根据一个验潮站所求得的平均海水面作为全国高程的统一起算面——高程基准面。

1956 年，我国根据基本验潮站应具备的条件，认为青岛验潮站位置适中，地处我国海岸线的中部，而且青岛验潮站所在港口是有代表性的规律性半日潮港，又避开了江河入海口，外海海面开阔，无密集岛屿和浅滩，海底平坦，水深在 10m 以上等有利条件。因此，在 1957 年确定青岛验潮站为我国基本验潮站，验潮井建在地质结构稳定的花岗石基岩上，以该站 1950—1956 年 7 年间的潮汐资料推求的平均海水面作为我国的高程基准面。以此高程基准面作为我国统一起算面的高程系统称为"1956 年黄海高程系统"。

"1956 年黄海高程系统"的高程基准面的确立，对统一全国高程有着重要的历史意义，对国防、经济建设、科学研究等方面都起了重要的作用。但从潮汐变化周期来看，确立"1956 年黄海高程系统"的平均海水面所采用的验潮资料时间较短，还不到潮汐变化的一个周期（一个周期一般为 18.61 年），同时又发现验潮资料中含有粗差，因此有必要重新确定一个新的国家高程基准。

新的国家高程基准面是根据青岛验潮站 1952—1979 年 19 年间的验潮资料计算确定，根据这个高程基准面作为全国高程的统一起算面，称为"1985 国家高程基准"。

（2）水准原点

用精密水准测量联测到陆地上预先设置好的一个固定点，定出这个点的高程作为全国水准测量的起算高程，这个固定点称为水准原点。水准原点是用作国家高程控制网起算的水准测量基准点，其高程由选定的验潮站根据验潮资料确定的多年平均海面作为基准面，经精密水准测量而获得。

根据 1956 年黄海高程系和 1985 国家高程基准确定的中国的水准原点在青岛市观象山（见图 3-23）。它由 1 个原点和 5 个附点构成水准原点网。1956 国家高程基准中水准原点的高程为 72.289m。之后国家根据 1952—1979 年的青岛验潮观测值，组合了 10 个 19 年的验潮观测值，求得黄海海水的平均高度，确定 1985 国家高程基准中水准原点的高程为 72.2604m，为零点的起算高程，是国家高程控制的起算点。

我国在新中国成立前曾采用过以不同地点的平均海水面作为高程基准面。由于高程基准面的不统一，使高程比较混乱，因此在使用过去旧有的高程资料时，应弄清楚当时采用的是以什么地点的平均海水面作为高程基准面。

地面上的点相对于高程基准面的高度，通常称为绝对高程或海拔高程，简称标高或高程。

3.7.2 高斯投影平面坐标系统

1. 高斯投影

（1）基本概念

假设有一个椭圆柱面横套在地球椭球体外面，并与某一条子午线（称为中央子午线或轴子午线）相切（见图 3-24），椭圆柱的中心轴通过椭球体中心，然后用一定投影方法，将中央子午线两侧一定经差范围内的地区投影到椭圆柱面上，再将此柱面展开即成为投影

图 3-23　青岛观象山的水准原点

面，如图 3-24 所示，此投影称为高斯投影。高斯投影是正形投影的一种。

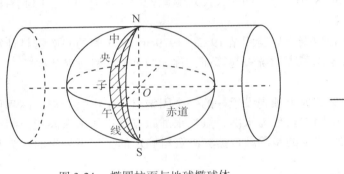

图 3-24　椭圆柱面与地球椭球体　　　　　　　　图 3-25　柱面展开

（2）分带投影

我国规定按经差 6° 和 3° 进行投影分带，大比例尺测图和工程测量采用 3° 带投影，在特殊情况下，工程测量网也可采用 1.5° 带或任意带投影。但为了测量成果的通用，需同国际 6° 或 3° 带相联系。

高斯投影 6° 带：自 0° 子午线起每隔经差 6° 自西向东分带，依次编号 1，2，3，… 我国 6° 带中央子午线的经度，由 69° 起每隔 6° 而至 135°，共计 12 带，带号用 n 表示。中央子午线的经度用 L_0 表示，它们的关系是 $L_0 = 6n - 3$，如图 3-26 所示。

高斯投影 3° 带：在 6° 带的基础上形成。它的中央子午线一部分带（单数带）与 6° 带中央子午线重合，另一部分（偶数带）与 6° 带分界子午线重合。如用 n' 表示 3° 带的带号，L 表示 3° 带中央子午线经度，它们的关系是 $L = 3n'$，如图 3-26 所示。

（3）高斯平面直角坐标系

在投影面上，中央子午线和赤道的投影都是直线，并且以中央子午线和赤道的交点 O 作为坐标原点，以中央子午线的投影为纵坐标 x 轴，以赤道的投影为横坐标 y 轴，这样便形成了高斯平面直角坐标系。

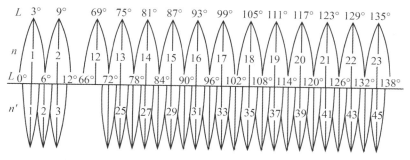

图 3-26　高斯投影 6°带

在我国 x 坐标都是正的，y 坐标的最大值（在赤道上，6°带）约为 330km。为了避免出现负的横坐标，可在横坐标上加上 500000m。此外还应在坐标前面再冠以带号。这种坐标称为国家统一坐标。例如，有一点 $y = 19123456.789$m，该点位在 19 带内，位于中央子午线以东，其相对于中央子午线而言的横坐标则是：首先去掉带号，再减去 500000m，最后得 $y = -376543.211$m。

由于分带造成了边界子午线两侧的控制点和地形图处于不同的投影带内，这给使用造成不便。为了把各带联成整体，一般规定各投影带要有一定的重叠度，其中每一 6°带向东加宽 30′，向西加宽 15′ 或 7.5′，这样在上述重叠范围内，控制点将有两套相邻带的坐标值，地形图将有两套公里格网，从而保证了边缘地区控制点间的互相应用，也保证了地图的顺利拼接和使用。

2. 高斯投影实用正算公式

① 适宜克拉索夫斯基椭球的实用正算公式为（″表示以秒为单位）：

$$\begin{cases} x = 6367558.4969 \dfrac{B''}{\rho''} - \{a_0 - [0.5 + (a_4 + a_6 l^2) l^2] l^2 N\} \sin B \cos B \\ y = [1 + (a_3 + a_5 l^2) l^2] l N \cos B \end{cases}$$

式中，

$$l = \frac{(L - L_0)}{\rho''}$$

$N = 6399698.902 - [21562.267 - (108.973 - 0.612 \cos^2 B) \cos^2 B] \cos^2 B$

$a_0 = 32140.404 - [135.3302 - (0.7092 - 0.0040 \cos^2 B) \cos^2 B] \cos^2 B$

$a_4 = (0.25 + 0.00252 \cos^2 B) \cos^2 B - 0.04166$

$a_6 = (0.166 \cos^2 B - 0.084) \cos^2 B$

$a_3 = (0.3333333 + 0.001123 \cos^2 B) \cos^2 B - 0.1666667$

$a_5 = 0.0083 - [0.1667 - (0.1968 + 0.004 \cos^2 B) \cos^2 B] \cos^2 B$

它们的计算精度，即平面坐标可达 0.001m。

② 适宜 1975 国际椭球的实用正算公式为：

$$\begin{cases} x = 6367452.1328 \dfrac{B''}{\rho''} - \{a_0 - [0.5 + (a_4 + a_6 l^2) l^2] l^2 N\} \cos B \sin B \\ y = [1 + (a_3 + a_5 l^2) l^2] l N \cos B \end{cases}$$

式中，

$$N = 6399596.652 - [21565.045 - (108.996 - 0.603\cos^2 B)\cos^2 B]\cos^2 B$$

$$a_0 = 32144.5189 - [135.3646 - (0.7034 - 0.0041\cos^2 B)\cos^2 B]\cos^2 B$$

$$a_4 = (0.25 + 0.00253\cos^2 B)\cos^2 B - 0.04167$$

$$a_6 = (0.167\cos^2 B - 0.083)\cos^2 B$$

$$a_3 = (0.3333333 + 0.001123\cos^2 B)\cos^2 B - 0.1666667$$

$$a_5 = 0.00878 - (0.1702 - 0.20382\cos^2 B)\cos^2 B$$

3. 高斯投影实用反算公式

① 适宜克拉索夫斯基椭球的实用反算公式为：

$$\begin{cases} B = B_f - [1 - (b_4 - 0.12Z^2)Z^2]Z^2 b_2\rho'' \\ l = [1 - (b_3 - b_5 Z^2)Z^2]Z\rho'' \\ L = L_0 + l \end{cases}$$

式中，

$$B_f = \beta + \{50221746 + [293622 + (2350 + 22\cos^2\beta)\cos^2\beta]\cos^2\beta\}10^{-10}\sin\beta\cos\beta\rho''$$

$$\beta = \frac{x}{6367558.4969}\rho''$$

$$Z = \frac{y}{N_f\cos B_f}$$

$$N_f = 6399698.902 - [21562.267 - (108.973 - 0.612\cos^2 B_f)\cos^2 B_f]\cos^2 B_f$$

$$b_2 = (0.5 + 0.003369\cos^2 B_f)\sin B_f\cos B_f$$

$$b_3 = 0.333333 - (0.166667 - 0.001123\cos^2 B_f)\cos^2 B_f$$

$$b_4 = 0.25 + (0.16161 + 0.00562\cos^2 B_f)\cos^2 B_f$$

$$b_5 = 0.2 - (0.1667 - 0.0088\cos^2 B_f)\cos^2 B_f$$

它们的计算精度，即大地坐标可达 $0.0001''$。

② 适宜1975国际椭球的实用反算公式为：

$$\begin{cases} B = B_f - [1 - (b_4 - 0.147Z^2)Z^2]Z^2 b_2\rho'' \\ l = [1 - (b_3 - b_5 Z^2)Z^2]Z\rho'' \end{cases}$$

式中，

$$B_f = \beta + \{50228976 + [293697 + (2383 + 22\cos^2\beta)\cos^2\beta]\cos^2\beta\}10^{-10}\sin\beta\cos\beta$$

$$Z = \frac{y}{N_f\cos B_f}$$

$$N_f = 6399596.652 - \{21565.047 - [109.003 - (0.612 - 0.004\cos^2 B)\cos^2 B]\cos^2 B\}\cos^2 B$$

$$b_2 = (0.5 + 0.00336975\cos^2 B_f)\sin B_f\cos B_f$$

$$b_3 = 0.333333 - (0.1666667 - 0.001123\cos^2 B_f)\cos^2 B_f$$

$$b_4 = 0.25 + (0.161612 + 0.005617\cos^2 B_f)\cos^2 B_f$$

$$b_5 = 0.2 - (0.16667 - 0.00878\cos^2 B_f)\cos^2 B_f$$

3.7.3 WGS-84 高斯投影平面坐标系统

1. 地心惯性坐标系统

以地球质心、地球平均赤道和平春分点定义的近似惯性坐标系，是 INS 导航计算的基本坐标系。如图 3-27 所示，坐标系原点：地心；X 轴指向平春分点；Y 轴垂直 XZ 平面，构成右手坐标系；Z 轴平行于平均地球自转轴。

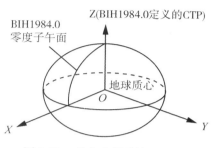

图 3-27　地心坐标系统 WGS-84

2. 地心地固坐标系与 WGS-84 地心直角坐标系统

原点在地球质心，Z 轴指向地球北极，X 轴在地球赤道平面内指向零度子午线，Y 轴垂直 XZ 平面，构成右手坐标系。该坐标系在量测领域应用广泛，GPS 采用的 WGS-84 坐标系就是一种协议地球参考系（CTS），是量测常用的坐标系。

美国国防部（DOD）曾建立过世界大地坐标系 WGS（world geodetic system），并于 1984 年开始，经过多年修正和完善，建立了更为精确的地心坐标系统，称为 WGS-84。WGS-84 是一个协议地球参考系（CTS），原点是地球的质心，Z 轴指向 BIH1984.0 定义的协议地球极（CTP）方向，X 轴指向 BIH1984.0 零度子午面和 CTP 赤道交点，Y 轴和 Z、X 轴构成右手系（见图 3-27）。

WGS-84 坐标系统最初是由美国国防部根据 TRANSIT 导航卫星系统的多普勒观测数据所建立，从 1987 年 1 月开始作为 GPS 卫星所发布的广播星历的坐标参照基准，采用的 4 个基本参数是：

① 长半轴 $a = 6378137\mathrm{m}$；

② 地心引力常数（含大气层）$GM = 3986005 \times 10^8 \mathrm{m^3/s^2}$；

③ 正常化二阶带球谐系数 $\bar{C}_{2.0} = -484.16685 \times 10^{-6}$；

④ 地球自转角速度 $\omega = 7292115 \times 10^{-11} \mathrm{rad/s}$。

根据以上 4 个参数可以进一步求得：

① 地球扁率 $a = 0.00335281066474$；

② 第一偏心率平方 $e_2 = 0.0066943799013$；

③ 第二偏心率平方 $e'^2 = 0.00673949674227$；

④ 赤道正常重力 $r_e = 9.7803267714 \mathrm{m/s^2}$；

⑤ 极正常重力 $r_p = 9.8321863685 \mathrm{m/s^2}$。

WGS-84 是由分布于全球的一系列 GPS 跟踪站的坐标来具体体现的，当初 GPS 跟踪站的坐标精度是 1 ~ 2m，远低于 ITRF 坐标的精度（10 ~ 20mm）。为了改善 WGS-84 系统的精度，1994 年 6 月，由美国国防制图局（DMA）将其和美国空军（Air Force）在全球的 10 个 GPS 跟踪站的数据加上部分 IGS 站的 ITRF91 数据进行联合处理，并以 IGS 站在 ITRF91 框架下的站坐标为固定值，重新计算了这些全球跟踪站在 1994.0 历元的站坐标，将 WGS-84 的地球引力常数 GM 更新为 IERS1992 标准规定的数值：3986004.418 × $10^8 m^3/s^2$，从而得到更精确的 WGS-84 坐标框架，即 WGS-84（G730）。其中，G 表示 GPS，730 表示 GPS 周，第 730 周的第一天对应于 1994 年 1 月 2 日。

WGS-84（G730）系统中的站坐标与 ITRF91、ITRF92 的差异减小为 0.1m 量级，这与 1987 年最初的站坐标相比有了显著改进，但与 ITRF 站坐标的 10 ~ 20mm 的精度比要差一些。

1996 年，WGS-84 坐标框架再次进行更新，得到了 WGS-84（G730），其坐标参考历元为 1997.0。WGS-84（G873）框架的站坐标精度有了进一步的提高，它与 ITRF94 框架的站坐标差异小于 2cm。WGS-84（G873）是目前使用的 GPS 广播星历和 DMA 精密星历的坐标参考基准。

3.7.4 站心切面直角坐标系统

如图 3-28 所示，以测站 P 点为原点，P 点的法线方向为 z^* 轴（指向天顶为正），子午线方向为 x^* 轴，y^* 轴与 x^*、z^* 垂直，构成左手坐标系。这种坐标系就称为法线站心直角坐标系，或称为站心椭球坐标系。

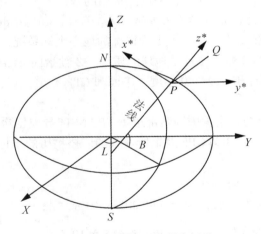

图 3-28 法线站心直角坐标系

若设 P 点的大地经纬度为 L、B，则可导出法线站心直角坐标系与相应的地心（或参心）直角坐标系之间的换算关系

$$\begin{bmatrix} X_Q \\ Y_Q \\ Z_Q \end{bmatrix} = \begin{bmatrix} X_P \\ Y_P \\ Z_P \end{bmatrix} + \begin{bmatrix} -\sin B\cos L & -\sin L & \cos B\cos L \\ -\sin B\sin L & \cos L & \cos B\sin L \\ \cos B & 0 & \sin B \end{bmatrix} \begin{bmatrix} x^* \\ y^* \\ z^* \end{bmatrix}_{PQ} \tag{3-179}$$

以及

$$\begin{bmatrix} x^* \\ y^* \\ z^* \end{bmatrix}_{PQ} = \begin{bmatrix} -\sin B\cos L & -\sin B\sin L & \cos B \\ -\sin L & \cos L & 0 \\ \cos B\cos L & \cos B\sin L & \sin B \end{bmatrix} \begin{bmatrix} X_Q - X_P \\ Y_Q - Y_P \\ Z_Q - Z_P \end{bmatrix} \tag{3-180}$$

3.8 有理函数模型

以共线条件方程为基础的物理传感器模型描述了真实的物理成像关系，在理论上是非常严密的。物理传感器模型的建立涉及传感器物理构造、成像方式及各种成像参数，每个定向参数都有严格的物理意义，并且彼此是相互独立的，适用于传统的空中三角测量处理。随着各种新型传感器（特别是各种高分辨率卫星影像的商业化）的出现，为了处理其数据，用户需要改变他们的软件或者为他们的系统增加新的传感器模型，给用户带来了诸多不便。另外，为了保护技术秘密，一些高性能传感器的镜头构造、成像方式及卫星轨道等信息并未被公开，因而用户不可能建立这些传感器的严格成像模型。传感器参数的保密性、成像几何模型的通用性及更高的处理速度均要求使用与具体传感器无关的、形式简单的通用传感器模型取代物理传感器模型完成摄影测量处理任务。

传感器通用模型与具体的传感器无关，更能适应传感器成像方式多样化的发展要求，通用模型取代物理传感器模型完成摄影测量处理任务已经成为一种现状。在多项式、直接线性变换、有理函数等多种传感器通用模型中，有理函数模型是目前应用较多、精度较高的通用传感器模型。

有理函数模型（rational function model，RFM）可以直接建立起像点和空间坐标之间的关系，不需要传感器成像的物理模型信息（如镜头构造、成像方式、卫星轨道信息等），回避成像的几何过程，可以广泛应用于线阵影像的处理中。

RFM 实质是多项式模型的扩展形式，是将像点坐标(r, c) 表示为以相应地面点空间坐标(P, L, H) 为自变量的比值多项式：

$$\begin{cases} r_n = \dfrac{\text{NumL}(P_n, L_n, H_n)}{\text{DenL}(P_n, L_n, H_n)} \\[2mm] c_n = \dfrac{\text{NumS}(P_n, L_n, H_n)}{\text{DenS}(P_n, L_n, H_n)} \end{cases} \tag{3-181}$$

式中，

$$\begin{aligned} \text{NumL}(P_n, L_n, H_n) = {} & a_0 + a_1 L_n + a_2 P_n + a_3 H_n + a_4 L_n P_n + a_5 L_n H_n + a_6 P_n H_n \\ & + a_7 L_n^2 + a_8 P_n^2 + a_9 H_n^2 + a_{10} P_n L_n H_n + a_{11} L_n^3 + a_{12} L_n P_n^2 \\ & + a_{13} L_n H_n^2 + a_{14} L_n^2 P_n + a_{15} P_n^3 + a_{16} P_n H_n^2 + a_{17} L_n^2 H_n \\ & + a_{18} P_n^2 H_n + a_{19} H_n^3 \end{aligned}$$

$$\begin{aligned} \text{DenL}(P_n, L_n, H_n) = {} & b_0 + b_1 L_n + b_2 P_n + b_3 H_n + b_4 L_n P_n + b_5 L_n H_n + b_6 P_n H_n \\ & + b_7 L_n^2 + b_8 P_n^2 + b_9 H_n^2 + b_{10} P_n L_n H_n + b_{11} L_n^3 + b_{12} L_n P_n^2 \\ & + b_{13} L_n H_n^2 + b_{14} L_n^2 P_n + b_{15} P_n^3 + b_{16} P_n H_n^2 + b_{17} L_n^2 H_n \\ & + b_{18} P_n^2 H_n + b_{19} H_n^3 \end{aligned}$$

$$\begin{aligned}
\mathrm{NumS}(P_n,\ L_n,\ H_n) &= c_0 + c_1 L_n + c_2 P_n + c_3 H_n + c_4 L_n P_n + c_5 L_n H_n + c_6 P_n H_n \\
&\quad + c_7 L_n^2 + c_8 P_n^2 + c_9 H_n^2 + c_{10} P_n L_n H_n + c_{11} L_n^3 + c_{12} L_n P_n^2 \\
&\quad + c_{13} L_n H_n^2 + c_{14} L_n^2 P_n + c_{15} P_n^3 + c_{16} P_n H_n^2 + c_{17} L_n^2 H_n \\
&\quad + c_{18} P_n^2 H_n + c_{19} H_n^3 \\
\mathrm{DenS}(P_n,\ L_n,\ H_n) &= d_0 + d_1 L_n + d_2 P_n + d_3 H_n + d_4 L_n P_n + d_5 L_n H_n + d_6 P_n H_n \\
&\quad + d_7 L_n^2 + d_8 P_n^2 + d_9 H_n^2 + d_{10} P_n L_n H_n + d_{11} L_n^3 + d_{12} L_n P_n^2 \\
&\quad + d_{13} L_n H_n^2 + d_{14} L_n^2 P_n + d_{15} P_n^3 + d_{16} P_n H_n^2 + d_{17} L_n^2 H_n \\
&\quad + d_{18} P_n^2 H_n + d_{19} H_n^3
\end{aligned}$$

其中，r_n、c_n 分别表示影像中归一化的行、列值；P_n、L_n、H_n 分别为归一化的地理经度、纬度、高程坐标。正则化坐标值用来代替实际值主要是为了将计算时的数值误差最小化，所有参数的比例和偏移都是精选的，以便所有归一化的值都在 $[-1,+1]$ 范围内。影像坐标表示为像素，地面坐标为十进制经度、纬度和以米为单位的高程。归一化如下：

$$\begin{cases}
P_n = \dfrac{\mathrm{Latitude} - \mathrm{LAT\_OFF}}{\mathrm{LAT\_SCALE}} \\[2mm]
L_n = \dfrac{\mathrm{Longitude} - \mathrm{LONG\_OFF}}{\mathrm{LONG\_SCALE}} \\[2mm]
H_n = \dfrac{\mathrm{Height} - \mathrm{HEIGHT\_OFF}}{\mathrm{HEIGHT\_SCALE}} \\[2mm]
r_n = \dfrac{\mathrm{row} - \mathrm{LINE\_OFF}}{\mathrm{LINE\_SCALE}} \\[2mm]
c_n = \dfrac{\mathrm{column} - \mathrm{SAMP\_OFF}}{\mathrm{SAMP\_SCALE}}
\end{cases} \tag{3-182}$$

式中，LAT_OFF、LAT_SCALE、LONG_OFF、LONG_SCALE、HEIGHT_OFF、HEIGHT_SCALE 为地面坐标的正则化参数；LINE_OFF、LINE_SCALE、SAMP_OFF、SAMP_SCALE 为影像坐标的正则化参数。

a_i, b_i, c_i, d_i 称为有理多项式系数(rational polynomial coefficient，RPC)，是 RFM 的重要数据文件。例如 SpaceImaging 公司和 DigitalGlobe 公司发布的 RPC 文件中都有 80 个 RPC 参数和 10 个规则化参数，它们一起构成了 IKONOS 和 QuickBird 卫星影像的有理函数模型。

在 RFM 中由光学投影引起的畸变表示为一阶多项式，而像地球曲率、大气折射、镜头畸变等产生的误差用二阶多项式逼近，其他未知的畸变用三阶多项式模拟。

有理函数模型具有许多优势，如：

① 因为 RFM 中每一等式右边都是有理函数，所以 RFM 能得到比多项式模型更高的精度。而且，多项式模型次数过高会产生振荡，但 RFM 不会振荡。

② 在 RFM 中无需加入附加改正参数，因为多项式系数本身已包含了这一改正参数，而其他模型需要在像点坐标中加入附加改正参数来提高传感器模型的精度。

③RFM 独立于摄影平台和传感器，这是 RFM 最诱人的特性。这就意味着用 RFM 纠正影像时，无需了解摄影平台和传感器的几何特性，也无需知道摄影时的任何参数。这一点确保 RFM 不仅可以用于现有的任何传感器模型，而且可应用于一种全新的传感器模型。

④RFM 独立于坐标系统。像点和地面点坐标可以在任意坐标系统中表示，地面点坐标可以是大地坐标、地心坐标，也可以是任何地图投影坐标系统；同时像点坐标系统也是任意的。这使得在使用 RFM 时无需繁复的坐标转换，大大简化了计算过程。

但是有理函数模型也有缺点：

① 该定位方法无法为影像的局部变形建立模型。

② 模型中很多参数没有物理意义，无法对这些参数的作用和影响做出定性的解释和确定。

③ 解算过程中可能会出现分母过小或者零分母，影响该模型的稳定性。

④RPC 之间可能存在相关性，会降低模型的稳定性。

⑤ 如果影像的范围过大或者有高频的影像变形，则定位精度无法保证。

这种通用的传感器模型通常是严格的传感器模型变换得到的，据报道，IKONOS 影像供应商首先解算出严格传感器模型参数，然后利用严格模型的定向结果反求出有理函数模型的参数 RPC，最后将 RPC 作为影像元数据的一部分提供给用户，这样用户可以在不知道精确传感器模型的情况下进行影像纠正以及后续的影像数据处理。

3.9   自动空中三角测量

利用模式识别技术和多像影像匹配等方法代替人工在影像上自动选点与刺点，同时自动获取像点坐标，提供给区域网平差程序解算，以确定加密点在选定坐标系中的空间位置和影像的定向参数。主要过程包括：

1. 构建区域网

一般情况，首先需将整个测区的光学影像逐一扫描成数字影像（对于数码影像则不需要此步），然后输入航摄仪检定数据建立摄影机信息文件输入地面控制点信息等建立原始观测值文件，最后在相邻航带的重叠区域里量测一对以上同名连接点。

2. 自动内定向

通过对影像中框标点的自动识别与定位来建立数字影像中的各像元行、列数与其像平面坐标之间的对应关系。首先，根据各种框标均具有对称性及任意倍数的 90° 旋转不变性，对每一种航摄仪自动建立标准框标模板；然后，利用模板匹配算法自动快速识别与定位各框标点；最后，以航摄仪检定的理论框标坐标值为依据，通过二维仿射变换或者是相似变换解算出像元坐标与像点坐标之间的各变换参数。对于数码影像则不需要进行内定向处理。

3. 自动选点与自动相对定向

首先，用特征点提取算子从相邻两幅影像的重叠范围内选取均匀分布的明显特征点，并对每一特征点进行局部多点松弛法影像匹配，得到其在另一幅影像中的同名点。为保证影像匹配的高可靠性，所选点应充分多。然后，进行相对定向解算，并根据相对定向结果剔除粗差后重新计算，直至不含粗差为止。必要时可进行人工干预。

4. 多影像匹配自动转点

对每幅影像中所选取的明显特征点，在所有与其重叠的影像中，利用核线（共面）条件约束的局部多点松弛法影像匹配算法进行自动转点，并对每一对点进行反向匹配，以检查并排除其匹配出的同名点中可能存在的粗差。

5. 控制点的半自动量测

摄影测量区域网平差时，要求在测区的固定位置上设立足够的地面控制点。研究表明，即使是对地面布设的人工标志点化，目前也无法采用影像匹配和模式识别方法完全准确地量测它们的影像坐标。目前，几乎所有的数字摄影测量系统还需作业员手工定位，然后通过多影像匹配进行自动转点，得到其在相邻影像上同名点的坐标。

6. 摄影测量区域网平差

利用多像影像匹配自动转点技术得到的影像连接点坐标可用作原始观测值提供给摄影测量平差软件，进行区域网平差解算。

3.10 框幅式数码影像的 POS 辅助区域网平差

3.10.1 GPS 辅助区域网平差

GPS 辅助空中三角测量的作业过程可分为 4 个阶段：

（1）现行航空摄影系统改造及偏心测定

对现行的航空摄影飞机进行改造，安装 GPS 接收机天线，并进行 GPS 接收机天线相位中心到摄影机中心的测定偏心。

（2）带 GPS 信号接收机的航空摄影

在航空摄影过程中，以 0.5 ~ 1.0s 的数据更新率，用至少两台分别设在地面基准站和飞机上的 GPS 接收机同时连续地观测 GPS 卫星信号，以获取 GPS 载波相位观测量和航摄仪曝光时刻。

（3）解求 GPS 摄站坐标

对 GPS 载波相位观测量进行离线数据后处理，解求航摄仪曝光时刻机载 GPS 天线相位中心的三维坐标(X_A, Y_A, Z_A)——GPS 摄站坐标及其方差 - 协方差矩阵。

（4）GPS 摄站坐标与摄影测量数据联合平差

将 GPS 摄站坐标视为带权观测值与摄影测量数据进行联合区域网平差，以确定目标点位置并评定其质量。

1. GPS 摄站坐标与摄影中心坐标的几何关系

由于机载 GPS 接收机天线的相位中心不可能与航摄仪物镜后节点重合，因此会产生一个偏心矢量。航摄飞行中，为了能够利用 GPS 动态定位技术获取航摄仪在曝光时刻摄站的三维坐标，必须对传统的航摄系统进行改造。首先应在飞机外表顶部中轴线附近安装一高动态航空 GPS 信号接收天线，其次必须在航摄仪中加装曝光传感器，再次是将 GPS 天线通过前置放大器、航摄仪通过外部事件接口（event marker）与机载 GPS 信号接收机相连构成一个可用于 GPS 导航的航摄系统。

将摄影机固定安装在飞机上后，机载 GPS 接收机天线的相位中心与航摄仪投影中心的偏心矢量为一常数，且在飞机坐标系（即像方坐标系）中的三个坐标分量u_A, v_A, w_A可以测定出来，如图 3-29 所示。

图 3-29 是利用单差分 GPS 定位方式获取摄站坐标的示意图。设机载 GPS 天线相位中

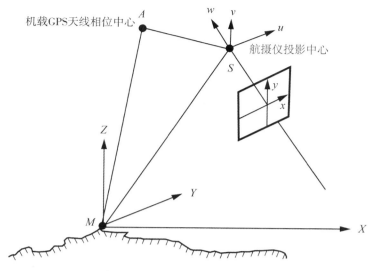

图 3-29　GPS 辅助航空摄影示意图

心 A 和航摄仪投影中心 S 在以 M 为原点的大地坐标系 $M\text{-}XYZ$ 中的坐标分别为(X_A，Y_A，Z_A) 和(X_S，Y_S，Z_S)，若 A 点在像空间辅助坐标系 $S\text{-}uvw$ 中的坐标为(u，v，w)，则利用像片姿态角 φ、ω、κ 所构成的正交矩阵 R 就可以得到如下关系式：

$$\begin{bmatrix} X_A \\ Y_A \\ Z_A \end{bmatrix} = \begin{bmatrix} X_S \\ Y_S \\ Z_S \end{bmatrix} + R \begin{bmatrix} u \\ v \\ w \end{bmatrix} \tag{3-183}$$

根据 Fireβ 等人(Fireβ，Peter，1991) 的研究表明，基于载波相位动态 GPS 定位会产生随航摄飞行时间 t 线性变化的漂移系统误差。若在式(3-183) 中引入该系统误差改正模型，则有

$$\begin{bmatrix} X_A \\ Y_A \\ Z_A \end{bmatrix} = \begin{bmatrix} X_S \\ Y_S \\ Z_S \end{bmatrix} + R \begin{bmatrix} u \\ v \\ w \end{bmatrix} + \begin{bmatrix} a_X \\ a_Y \\ a_Z \end{bmatrix} + (t - t_0) \begin{bmatrix} b_X \\ b_Y \\ b_Z \end{bmatrix} \tag{3-184}$$

式中，t_0 为参考时刻，a_X、a_Y、a_Z、b_X、b_Y、b_Z 为 GPS 摄站坐标漂移系统误差改正参数。

式(3-184) 所表达的机载 GPS 天线相位中心与摄影中心坐标间的严格几何关系是非线性的。为了能将 GPS 所确定的摄站坐标作为带权观测值引入空中三角测量平差中，需对其进行线性化处理。对未知数取偏导数，并按泰勒级数展开取至一次项，可得到如下误差方程式：

$$\begin{bmatrix} v_{X_A} \\ v_{Y_A} \\ v_{Z_A} \end{bmatrix} = \begin{bmatrix} \Delta X_S \\ \Delta Y_S \\ \Delta Z_S \end{bmatrix} + \frac{\partial X_A Y_A Z_A}{\partial \varphi \omega \kappa} \begin{bmatrix} \Delta \varphi \\ \Delta \omega \\ \Delta \kappa \end{bmatrix} + R \begin{bmatrix} \Delta u \\ \Delta v \\ \Delta w \end{bmatrix} + \begin{bmatrix} \Delta a_X \\ \Delta a_Y \\ \Delta a_Z \end{bmatrix} + (t - t_0) \begin{bmatrix} \Delta b_X \\ \Delta b_Y \\ \Delta b_Z \end{bmatrix} - \begin{bmatrix} X_A \\ Y_A \\ Z_A \end{bmatrix} + \begin{bmatrix} X_A^0 \\ Y_A^0 \\ Z_A^0 \end{bmatrix}$$

$$\tag{3-185}$$

式中，X_A^0，Y_A^0，Z_A^0 为由未知数的近似值代入式(3-184)求得的 GPS 摄站坐标。

2. GPS 辅助光束法平差的误差方程式和法方程式

GPS 辅助光束法区域网平差的数学模型是在自检校光束法区域网平差的基础上联合式(3-186)所得到的一个基础方程，其矩阵形式可写为：

$$
\begin{cases}
V_X = Bx + At + Cc & - L_X, & E \\
V_C = E_X x & - L_C, & P_C \\
V_S = \quad\quad E_C c & - L_S, & P_S \\
V_G = \quad \bar{A}t \quad\quad + Rr + Dd - L_G, & P_G
\end{cases}
\tag{3-186}
$$

式中，V_X、V_C、V_S、V_G 分别为像点坐标地面控制点坐标、自检校参数和 GPS 摄站坐标观测值改正数向量，其中 V_G 方程就是将 GPS 摄站坐标引入摄影测量区域网平差后新增的误差方程式；$x = (\Delta X, \Delta Y, \Delta Z)^T$ 为加密点坐标未知数增量向量；$t = (\Delta\varphi, \Delta\omega, \Delta\kappa, \Delta X_S, \Delta Y_S, \Delta Z_S)^T$ 为像片外方位元素未知数增量向量；$c = (a_1, a_2, a_3, \cdots)^T$ 为自检校参数向量；$r = (\Delta u, \Delta v, \Delta w)^T$ 为机载 GPS 天线相位中心与航摄仪中心间偏心分量未知数增量分量；$d = (a_X, a_Y, a_Z, b_X, b_Y, b_Z)^T$ 为漂移误差改正参数向量；A、B、C 为自检校光束法区域网平差方程式中相应于 t、x、c 未知数的系数矩阵；$\bar{A}$、R、D 为 GPS 摄站坐标误差方程式对应于 t、r、d 未知数的系数矩阵；E、E_X、E_C 为单位矩阵；L_X、L_C、L_S、L_G 为误差方程式的常数矩阵；P_C、P_S、P_G 为各类观测值的权矩阵。

根据最小二乘平差原理，由式(3-186)可得法方程的矩阵形式为：

$$
\begin{bmatrix}
B^T B + P_C & B^T A & B^T C & \cdot & \cdot \\
A^T B & A^T A + \bar{A}^T P_G A & A^T C & \bar{A}^T P_G R & \bar{A}^T P_G D \\
C^T B & C^T A & C^T C + P_S & \cdot & \cdot \\
\cdot & R^T P_G \bar{A} & \cdot & R^T P_G R & R^T P_G D \\
\cdot & D^T P_G \bar{A} & \cdot & D^T P_G R & D^T P_G D
\end{bmatrix}
\begin{bmatrix}
x \\ t \\ c \\ r \\ d
\end{bmatrix}
=
\begin{bmatrix}
B^T L_X + P_C L_C \\
A^T L_X + \bar{A}^T P_G L_G \\
C^T L_X + P_S L_S \\
R^T P_G L_G \\
D^T P_G L_G
\end{bmatrix}
\tag{3-187}
$$

式(3-187)为 GPS 辅助光束法区域网平差法方程的一般形式。与常规自检校光束法区域网平差相比，主要是增加了两组未知数 r 和 d，其系数矩阵增加了 5 个非零子矩阵，即镶边带状矩阵的边宽加大了，但法方程式系数矩阵的良好系数带状结构并没有破坏。因此，仍然可以用传统的边法化边消元的循环分块方法求解未知数向量 t、c、r 和 d。

实验表明，在四角布设 4 个平高地面控制点的情况下，GPS 辅助光束法区域网平差基本达到了常规密集周边布点自检校光束法区域网平差的精度，且实际精度与理论精度基本一致。在无地面控制点的情况下，GPS 辅助光束法区域网平差的实际精度略低于其理论精度，试验表明，这是由于作为空中控制的 GPS 摄站坐标含有系统误差造成的。尽管如此，无地面控制点控制的 GPS 辅助空中三角测量还是达到了相当高的精度。

3.10.2 POS 辅助空中三角测量

就 GPS/POS 辅助空中三角测量而言，如果需要进行高精度点位测定，在区域网的四角还需要量测 4 个地面控制点。如果是进行高山中小比例尺的航空摄影测量测图，则可考虑采用无地面控制点的空中三角测量方法，此时可完全用 GPS/POS 摄站坐标取代地面控制点，实现真正意义上的全自动空中三角测量。

当 GPS、IMU 与航摄仪三者之间的空间关系未知时，需要有适当数量的地面控制点，通过将 DGPS/IMU 系统获取的三维空间坐标与三个姿态数据直接作为空中三角测量的附加观测值参与区域网平差，从而高精度获取每张航片的 6 个外方位元素，大幅度减少地面控制点的数量。在集成传感器定向的过程中，虽然不可避免空中三角测量和连接点量测，但是也随之带来了更好的容错能力和更精确的定向结果。集成传感器定向不需要进行预先的系统校正，因为校正参数能够在空三过程中解算出来。

1. 摄影中心空间位置的确定

在机载 POS 系统和航摄仪集成安装时，GPS 天线相位中心 A 和航摄仪投影中心 S 有一个固定的空间距离。在航空摄影过程中，点 A 和点 S 的相对位置关系保持不变，它们满足式(3-183)。式(3-183)是通过机载 POS 系统获取摄站空间位置的理论公式，通常应根据具体应用，引入特定的误差改正模型。

2. 航摄仪姿态参数的确定

式(3-183)中的 R 表明机载 GPS 天线相位中心与航摄仪投影中心间的相对位置与航摄像片的 3 个姿态角 φ、ω、κ 相关。POS 系统中的 IMU 为三轴陀螺和三轴加速度表，是用来获取航摄仪姿态信息的。如 POS AV510 系列的 IMU 具有很高的精确度，而且数据更新频率远高于 GPS 接收机，但长时间持续测量会使精确度有所降低。运用动态 GPS 观测数据可以进行误差的补偿并归零。

IMU 获取的是惯导系统的侧滚角(φ)、俯仰角(ω)和航偏角(κ)，由于系统集成时 IMU 三轴陀螺坐标系和航摄仪像空间辅助坐标系之间总存在角度偏差($\Delta\varphi$，$\Delta\omega$，$\Delta\kappa$)。因此，航摄像片的姿态参数需要通过转角变换计算得到。航摄影像的 3 个姿态角所构成的正交变换矩阵 R 满足如下关系式：

$$R = R_I^G(\varphi,\ \omega,\ \kappa) \cdot \Delta R_P^I(\Delta\varphi,\ \Delta\omega,\ \Delta\kappa) \tag{3-188}$$

式中，$\Delta R_P^I(\Delta\varphi,\ \Delta\omega,\ \Delta\kappa)$ 为像空间坐标系到 IMU 坐标系之间的变换矩阵；$R_I^G(\varphi,\ \omega,\ \kappa)$ 为 IMU 坐标系到物方空间坐标系之间的变换矩阵；φ、ω、κ 为 IMU 获取的姿态参数；$\Delta\varphi$、$\Delta\omega$、$\Delta\kappa$ 为 IMU 坐标系与像空间辅助坐标系之间的偏差。

在测算出航摄仪的 3 个姿态参数后，根据式(3-183)即可解算出摄站的位置信息，从而得到影像的 6 个外方位元素。

3. POS 观测值的误差方程

在 POS 观测值误差方程中引入 POS 系统误差，从而在光束法平差的过程中，求解 POS 系统的线性和漂移误差。设影像外方位元素与其相应的 POS 数据的函数关系为：

$$\begin{cases} X_{S_{POS}} = X_S + a_{X_S} + b_{X_S} \cdot t \\ Y_{S_{POS}} = Y_S + a_{Y_S} + b_{Y_S} \cdot t \\ Z_{S_{POS}} = Z_S + a_{Z_S} + b_{Z_S} \cdot t \\ \varphi_{POS} = \varphi + a_{\varphi} + b_{\varphi} \cdot t \\ \omega_{POS} = \omega + a_{\omega} + b_{\omega} \cdot t \\ \kappa_{POS} = \kappa + a_{\kappa} + b_{\kappa} \cdot t \end{cases} \tag{3-189}$$

将式(3-189)线性化得到 POS 观测值的误差方程式。

4. POS 辅助全自动空中三角测量

在全自动空中三角测量作业过程中，对于模型连接点，利用多影像匹配算法可高效、准确、自动地量测其影像坐标，但对于区域网中的地面控制点，目前还缺乏行之有效的算法来自动定位其影像，只能由作业员手工量测。如果利用 GPS/POS 辅助空中三角测量进行高精度点位测定，在区域网四角还需量测 4 个地面控制点。若是高山地区中小比例尺的航空摄影测量测图，则可采用无地面控制的空中三角测量方法，此时可完全用 GPS/POS 摄站坐标取代地面控制点，实现真正意义上的全自动控制三角测量。图 3-30 示意了常规解析空中三角测量与 GPS/POS 辅助自动空中三角测量的主要过程。

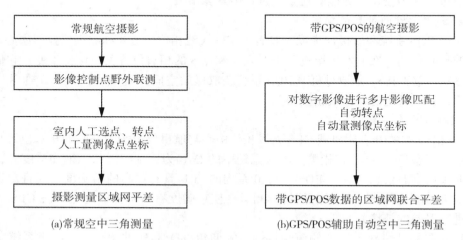

图 3-30　摄影测量区域网平差的主要过程

3.11　ADS40 影像的几何处理

3.11.1　ADS40 影像的基本处理

ADS40/80 是推扫式成像，其影像的几何处理与传统的框幅式中心投影影像不同。利用 ADS40/80 进行测图的影像有两套：原始的 0 级影像和纠正的 1 级影像，如图 3-31 所示。测图时使用 1 级影像，但是只有将 1 级影像坐标转换到 0 级影像坐标后，才能寻找到像点所对应的外方位元素。同时，ADS40 影像为线中心投影影像，影像的每一列都对应一组外方位元素，在生成 DEM 或 DOM 时都需要为投影的三维点寻找对应的外方位元素。

1. 0 级影像纠正

ADS40 原始 0 级影像的纠正过程原理可以概括为：利用外方位元素将整个影像平面上所有的像素投影到一个与地面的平均高度近似的平面上，通过对投影面上点的旋转、平移和比例缩放，得到新的影像。

（1）像素坐标转化为焦平面坐标

将 0 级影像上的每个点的像素坐标转化为焦平面坐标，即由像素坐标转化为物理意义的焦平面坐标。这个过程以 0 级像素点的 y 坐标作为索引，到相机检校文件中寻找对应的该像素的焦平面坐标。同样一幅 0 级影像中的点，只要这些点的像素坐标的 y 值相等，那

0级影像   1级影像

图 3-31　ADS40 影像

么它们对应的焦平面坐标也是相同的。因为一幅0级影像所有列只能由一个CCD产生，这幅影像上所有的列对应一组相同的相机检校结果。

令 0 级影像像点坐标为 $(x_p^0,\ y_p^0)$，它的焦平面坐标为 $(x_p',\ y_p')$，则变换公式为：

$$\begin{cases} x_p' = \text{xcal}[\,\text{pos}\,] + d \cdot (\text{xcal}[\,\text{pos} + 1\,] - \text{xcal}[\,\text{pos}\,]) \\ y_p' = \text{ycal}[\,\text{pos}\,] + d \cdot (\text{ycal}[\,\text{pos} + 1\,] - \text{ycal}[\,\text{pos}\,]) \end{cases} \tag{3-190}$$

式中，xcal 和 ycal 是相机检校文件中各个像素的焦平面坐标，$\text{pos} = \text{int}(y_p^0)$，$d = y_p^0 - \text{pos}$。

（2）焦平面点投影到物方空间平面

利用 0 级影像点的 x 坐标作为索引找到该点成像时刻对应的外方位元素，然后将这个点的物理坐标用共线方程投影到物方空间的一个平面上去。物方空间平面的高度应当接近整个摄影区域的平均高度。这一步的过程相当于用一个平面去截断每一列影像投影面。截断平面的高度与整个测区的平均高度接近，才能保证地物在平面上的投影的变形最小，受投影中心侧滚、航偏和俯仰等因素的影响也最小。

令物方空间平面的投影坐标为 $(X_p,\ Y_p,\ Z_p)$，f 是相机焦距，变换公式为：

$$\begin{cases} X_P = X_S + (Z_P - Z_S)\dfrac{a_1 x_p' + a_2 y_p' - a_3 f}{c_1 x_p' + c_2 y_p' - c_3 f} \\[3mm] Y_P = Y_S + (Z_P - Z_S)\dfrac{b_1 x_p' + b_2 y_p' - b_3 f}{c_1 x_p' + c_2 y_p' - c_3 f} \end{cases} \tag{3-191}$$

式中，$(X_S,\ Y_S,\ Z_S)$ 是投影时刻的投影中心坐标，$\boldsymbol{R} = \begin{bmatrix} a_1 & a_2 & a_3 \\ b_1 & b_2 & b_3 \\ c_1 & c_2 & c_3 \end{bmatrix}$ 是成像时刻的旋转

矩阵。

（3）物方空间平面到 1 级影像

将平面上的点进行旋转、平移和比例缩放得到新的影像（通常称为 1 级影像）。令

(s_p, l_p) 为纠正后 1 级影像的坐标，变换公式为：

$$
\left.
\begin{aligned}
s_p &= m \cdot (X_p\cos\alpha - Y_p\sin\alpha) - x_{\text{offset}} \\
l_p &= \text{lines} - [m \cdot (X_p\sin\alpha + Y_p\cos\alpha) - y_{\text{offset}}]
\end{aligned}
\right\}
\tag{3-192}
$$

式中，m 是缩放系数，lines 是纠正后 1 级影像的高度，α 是纠正旋转的角度，x_{offset} 和 y_{offset} 是纠正的偏移量。

这一步实际只是一个二维的变换，因为高程信息没有参与到其中。其中各参数的意义为：

①缩放系数 m：为保证纠正后的影像与原始影像保持相同的像素分辨率，缩放比例必须取分辨率的倒数。这个值将使 0 级影像与 1 级影像保持同样的分辨率，也就是使得 0 级影像上两个相邻的像素在 1 级影像上仍然是相邻的像素。两个相邻像素投影到平面上去之后，因为纠正平面的高度与实际的地面高度很接近，它们在投影平面上的距离就是地面分辨率的大小。因此，为了实现纠正影像与原始影像分辨率的一致，必须将投影之后的平面坐标值除以分辨率的值。缩放比例是随着投影平面高度的变化而变化的。为了保证影像间比例尺的一致，整个测区应该按照同样的平面高度进行投影。

② 旋转角度 α：旋转角度的计算过程为，令 (X_1, Y_1) 和 (X_2, Y_2) 分别对应第一个成像时刻和最后一个成像时刻的外方位元素中直线元素的平面坐标，则 $\alpha = \arctan[(Y_2 - Y_1)/(X_2 - X_1)]$。通过 α 的旋转，第一个时刻和最后一个时刻外方位元素平面坐标的连线方向将变成水平方向。如果解决了缩放比例和旋转角度的取值问题，那么平面上的平移就变得相当简单，只需要通过将 0 级影像上的边界点投影到平面上之后，寻找按照 $(X_0\cos\alpha + Y_0\sin\alpha)/m$ 和 $(X_0\sin\alpha - Y_0\cos\alpha)/m$ 计算的中间值的最大值和最小值就可以获得 x_{offset} 和 y_{offset} 的取值。

③lines：指纠正后 1 级影像的高度，它的值等于 $(X_0\sin\alpha - Y_0\cos\alpha)/m$ 的最大值减去 $(X_0\sin\alpha - Y_0\cos\alpha)/m$ 的最小值。

纠正过程中需要注意两点：一是 1 级影像仍然是多中心投影的成像方式，只不过这个时候的成像平面不再是 CCD 的焦平面，而是物方空间中与测区高度近似的投影平面。二是关于纠正影像的高度选择和缩放系数的确定，纠正平面的高度应当选择与航带的平均高度接近，纠正高度与实际高度越接近，纠正变形越小。

从 0 级影像纠正为 1 级影像可采用直接法或间接法，或者采用直接法与间接法混合的纠正。

2. 三维点投影

将一个三维点投影到影像上需要先确定该三维点成像时刻的外方位元素。在确定了外方位元素后，由地面坐标计算 0 级影像坐标，然后计算物方空间平面坐标，最后计算 1 级影像坐标。

(1) 计算 0 级影像坐标

① 确定外方位元素。

ADS40 的影像虽然是由连续推扫得到的，由于飞行器的颤动等原因，扫描投影面之间并不严格平行。也就是说 0 级影像上存储的每一列投影到地面上去的时候并不是严格平行的。这就不能按照用三维点 X 坐标减去航带起点 X 坐标再除以分辨率的方式寻找精确的三维点成像时刻外方位元素。然而 ADS40 的 0 级影像上每一个像素的焦平面坐标是已知的，这一点可以用来为三维点搜索成像时刻的外方位元素，现在通常采用一种从粗到细的搜索过程：

首先，确定搜索范围。先将整个 0 级影像作为初始的搜索范围。将 0 级影像上的 4 个角点投影到地面点 P 高度相同的平面上，得到 4 个三维点，这样就可以确定一个大致的仿射变换关系。根据仿射变换，可以由 $P(X, Y, Z)$ 计算出二维坐标 (x_0, y_0)。以 (x_0, y_0) 为中心，向上下左右延伸出一个只有原始搜索范围 1/4 大小的一个搜索区域，然后将这个搜索区域的 4 个角点进行投影，计算仿射变换系数，可以确定一个更精确的搜索区域。重复上述步骤，直到搜索区域小于给定阈值的大小（如一个 20 列 × 20 行的范围）。

其次，确定方位元素。令 0 级影像上粗略搜索范围内第 1 列和最后 1 列的 x 坐标值分别为 x_s 和 x_e，第 1 行和最后 1 行的 y 坐标值为 y_s 和 y_e，通过检校数据可以确定焦平面坐标系下与 y_s 和 y_e 对应的两个点 p'_{y_s} 和 p'_{y_e}，过 p'_{y_s} 和 p'_{y_e} 的直线 l 称为判断直线。依次将三维点 $P(X, Y, Z)$ 按照从 x_s 到 x_e 的外方位元素进行投影，并且计算每一个投影点到判断直线 l 之间的距离。距离最小值对应的外方位元素就是这个三维点成像时刻的外方位元素。

通常考虑最小距离与次小距离，若最小距离与次小距离对应的两条扫描线相邻，可将其外方位元素内插，作为对应的外方位元素；若最小距离与次小距离对应的两条扫描线不相邻，则取最小距离对应的外方位元素。

② 计算 0 级影像坐标。

利用共线方程与地面坐标计算焦平面（0 级影像）坐标 (x'_p, y'_p)，其中外方位元素是通过搜索得到的。

（2）计算物方空间平面坐标

由焦平面坐标计算物方空间平面（高度固定为地面的平均高程 Z_P），计算公式与式（3-191）式相同。

（3）计算 1 级影像坐标

由物方空间平面上点的坐标计算 1 级影像坐标，计算公式与式（3-192）相同。

3. 前方交会

使用 1 级影像进行前方交会的过程为：① 将同名像点变换到物方空间平均高程平面上去；② 确定成像时刻的外方位元素；③ 根据共线方程前方交会出目标的空间三维坐标。

（1）1 级影像投影至物方平面

令 1 级影像上的同名像点为 (s_p, l_p)，(s'_p, l'_p)，将 (s_p, l_p)，(s'_p, l'_p) 通过旋转、平移和比例缩放，变换到物方的目标空间的平均高程平面上去，也就是 1 级影像的纠正平面，得到 (X_o, Y_o, Z_o) 和 (X'_o, Y'_o, Z'_o) $(Z_o = Z'_o)$，计算公式如下：

$$\begin{cases} X_0 = \dfrac{1}{m}(s_p + x_{\text{offset}})\cos\alpha + \dfrac{1}{m}(\text{lines} - l_p + y_{\text{offset}})\sin\alpha \\[2mm] Y_0 = -\dfrac{1}{m}(s_p + x_{\text{offset}})\sin\alpha + \dfrac{1}{m}(\text{lines} - l_p + y_{\text{offset}})\cos\alpha \\[2mm] Z_0 = \text{height} \\[2mm] X'_0 = \dfrac{1}{m}(s'_p + x'_{\text{offset}})\cos\alpha' + \dfrac{1}{m}(\text{lines}' - l'_p + y'_{\text{offset}})\sin\alpha' \\[2mm] Y'_0 = -\dfrac{1}{m}(s'_p + x'_{\text{offset}})\sin\alpha' + \dfrac{1}{m}(\text{lines}' - l'_p + y'_{\text{offset}})\cos\alpha' \\[2mm] Z'_0 = \text{height} \end{cases} \tag{3-193}$$

其中，height 是纠正平面的高度，其余各项的意义与式(3-185)相同。

（2）计算影像坐标

确定(X_o, Y_o, Z_o)和(X'_o, Y'_o, Z'_o)对应的外方位元素，并且由共线方程计算同名点对应的焦平面的物理坐标。

（3）计算空间三维坐标

利用外方位元素和焦平面的物理坐标，根据共线方程前方交会出目标的空间三维坐标。

3.11.2 ADS40 影像的 POS 辅助空中三角测量

集成 POS 的机载三线阵传感器平差的观测值类型包括：影像量测坐标、GPS 坐标观测值、IMU 姿态观测值以及地面控制点。

机载三线阵传感器系统误差：GPS 天线中心与传感器投影中心间的空间位置偏移、IMU 坐标轴与传感器坐标轴间的旋转偏移以及 IMU/GPS 随时间的漂移等系统误差。

平差通常采用分段多项式拟合法和 Lagrange 多项式内插法建立轨道模型和姿态模型。分段多项式拟合法是将轨道分段，平差解算多项式系数；Lagrange 多项式内插法是通过抽取定向片／线，平差解算定向片／线外方位元素，然后内插其余线阵的外方位元素，需要指出的是经典的共线方程依然是平差数学模型的基础。

1. 基于定向片／线的区域网平差模型

定向片／线法(orientation image method)是德国学者 Otto Hofmann 在对星载遥感系统 MOMS 系列研究过程中提出来的一种三线阵 CCD 影像光束法区域网平差方法。定向片／线法虽然是为卫星线阵影像而设计的，但由于其实用性，已被推广应用于航空航天线阵影像处理，例如 ADS40 三线阵影像的区域网平差。

（1）定向片／线的基本原理

Hofmann 在提出定向片／线时，有一个外方位元素平稳变化的模型假设，即卫星摄影时传感器轨道变化平稳，外方位元素没有突变的情况。基于这个假设，定向片／线法进一步假定在某一段时间间隔内的任意时刻外方位元素可以由这个时间间隔首尾两端的外方位元素通过内插方法得到。在定向片／线法中，这个用于内插中间外方位元素的首尾时刻称为"定向片／线时刻"，这也是定向片／线法名称的由来。有了定向片／线时刻，定向片／线法就可以将求解所有扫描线外方位元素的问题转化为求解定向片／线时刻的外方位元素。

定向片／线法的基本原理为：在传感器飞行轨道上，以一定时间间隔将轨道划分为若干段，在进行光束法平差时，只解求分割轨道的定向片／线时刻的外方位元素，其他取样时刻的外方位元素由相应定向片／线时刻的外方位元素内插得到。

（2）定向片法的方位元素内插模型

在实际应用过程中，定向片／线时刻间隔内的外方位元素通常采用 Lagrange 多项式进行内插。设 $n-1$ 阶的 Lagrange 多项式通过曲线 $y = f(x)$ 上的 n 个点：$y_1 = f(x_1)$，$y_2 = f(x_2)$，$\cdots$，$y = f_n(x_n)$，令系数为：

$$P_j(x) = y_j \prod_{\substack{k-1 \\ k \neq j}} \frac{x - x_k}{x_j - x_k} \tag{3-194}$$

则 $n-1$ 阶 Lagrange 多项式可表示为：

$$P(x) = \sum_{j=1}^{n} P_j(x) \qquad (3\text{-}195)$$

（3）三次多项式内插模型

在图3-32中，假设地面点 P 的下视像点 P_N 成像与扫描行 j，其位于定向片／线 K 和 $K+1$ 之间，如果采用 Lagrange 多项式进行内插，则第 j 扫描行的外方位元素 $(X_{sj}, Y_{sj}, Z_{sj}, \varphi_j, \omega_j, \kappa_j)$ 可以利用相邻4个定向片／线的外方位元素内插得到，即

$$P(t_j) = \sum_{m=K-1}^{K+2} \left[P(t_m) \cdot \prod_{\substack{n=K-1 \\ n \neq i}}^{K+2} \frac{t - t_n}{t_m - t_n} \right] \qquad (3\text{-}196)$$

式中，$P(t)$ 表示 t 时刻的某一外方位元素分量。由式（3-196）式易知，扫描行 j 的外方位元素是相邻定向片／线外方位元素的线性组合。将式（3-196）代入到共线方程，以定向片／线的外方位元素为未知数，线性化即得到像点坐标观测值的误差方程。

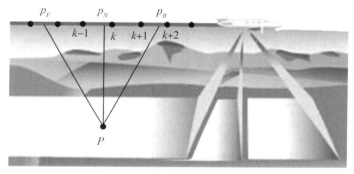

图 3-32　定向片／线内插示意图

（4）线性内插模型

点 P 的下视像点 P_n 位于第 j 条扫描行上，第 j 条扫描行位于定向片／线 k 和 $k+1$ 之间，则第 j 条扫描行的外方位元素可以根据相邻定向片／线 k 和 $k+1$ 的外方位元素按下式进行内插得到。

$$\begin{cases} X_{S_j} = \dfrac{t_{k+1} - t_j}{t_{k+1} - t_k} X_{S_k} + \dfrac{t_j - t_k}{t_{k+1} - t_k} X_{S_{k+1}} \\[2mm] Y_{S_j} = \dfrac{t_{k+1} - t_j}{t_{k+1} - t_k} Y_{S_k} + \dfrac{t_j - t_k}{t_{k+1} - t_k} Y_{S_{k+1}} \\[2mm] Z_{S_j} = \dfrac{t_{k+1} - t_j}{t_{k+1} - t_k} Z_{S_k} + \dfrac{t_j - t_k}{t_{k+1} - t_k} Z_{S_{k+1}} \\[2mm] \varphi_j = \dfrac{t_{k+1} - t_j}{t_{k+1} - t_k} \varphi_k + \dfrac{t_j - t_k}{t_{k+1} - t_k} \varphi_{k+1} \\[2mm] \omega_j = \dfrac{t_{k+1} - t_j}{t_{k+1} - t_k} \omega_k + \dfrac{t_j - t_k}{t_{k+1} - t_k} \omega_{k+1} \\[2mm] \kappa_j = \dfrac{t_{k+1} - t_j}{t_{k+1} - t_k} \kappa_k + \dfrac{t_j - t_k}{t_{k+1} - t_k} \kappa_{k+1} \end{cases} \qquad (3\text{-}197)$$

式中，$(X_{S_j}$，Y_{S_j}，Z_{S_j}，φ_j，ω_j，$\kappa_j)$ 为第 j 条扫描行的外方位元素；$(X_{S_k}$，Y_{S_k}，Z_{S_k}，φ_k，ω_k，$\kappa_k)$、$(X_{S_{k+1}}$，$Y_{S_{k+1}}$，$Z_{S_{k+1}}$，φ_{k+1}，ω_{k+1}，$\kappa_{k+1})$ 分别为第 k 和 $k+1$ 定向片／线时刻的外方位元素；t_{k+1}、t_k、t_j 分别为定向片／线时刻 k、$k+1$ 以及第 j 条扫描行的扫描线编号。

2. 基于多项式拟合的区域网平差模型

分段多项式拟合法是将线阵传感器轨道分为若干段，每一段轨道的外方位元素变化采用多项式函数模型进行拟合，将线阵影像外方位元素未知数转化为多项式系数，然后利用线阵像点观测值和 POS 观测值进行光束法区域网平差解求多项式系数和加密点地面坐标等未知数。

（1）线阵影像方位元素的多项式模型

分段多项式拟合法是基于如下假设建立的：假设传感器在飞行过程中，位置和姿态变化是平稳的，即每一条线阵列的外方位元素是随该扫描线行数平稳变化的，二者满足多项式函数关系。因此可以采用多项式函数

$$
\begin{cases}
X_{s_t}^{(k)} = X_{s_0}^{(k)} + X_{s_1}^{(k)} t + X_{s_2}^{(k)} t^2 + \cdots \\
Y_{s_t}^{(k)} = Y_{s_0}^{(k)} + Y_{s_1}^{(k)} t + Y_{s_2}^{(k)} t^2 + \cdots \\
Z_{s_t}^{(k)} = Z_{s_0}^{(k)} + Z_{s_1}^{(k)} t + Z_{s_2}^{(k)} t^2 + \cdots \\
\varphi_t^{(k)} = \varphi_0^{(k)} + \varphi_1^{(k)} t + \varphi_2^{(k)} t^2 + \cdots \\
\omega_t^{(k)} = \omega_0^{(k)} + \omega_1^{(k)} t + \omega_2^{(k)} t^2 + \cdots \\
\kappa_t^{(k)} = \kappa_0^{(k)} + \kappa_1^{(k)} t + \kappa_2^{(k)} t^2 + \cdots
\end{cases}
\tag{3-198}
$$

对每一段传感器轨道的外方位元素建模。式（3-191）中，$(*)^{(k)}$ 为第 k 段的参数，$(*_1)$ 为外方位元素的一阶变化率，$(*_2)$ 为外方位元素的二阶变化率。如果用二次多项式对线阵影像轨道建模进行分段拟合，则多项式只取到二次项。在分段边界处，需要外方位元素变化连续光滑的约束。

连续条件为：

$$
\begin{cases}
X_{s_0}^{(k+1)} + X_{s_1}^{(k+1)} t + X_{s_2}^{(k+1)} t^2 = X_{s_0}^{(k)} + X_{s_1}^{(k)} t + X_{s_2}^{(k)} t^2 \\
Y_{s_0}^{(k+1)} + Y_{s_1}^{(k+1)} t + Y_{s_2}^{(k+1)} t^2 = Y_{s_0}^{(k)} + Y_{s_1}^{(k)} t + Y_{s_2}^{(k)} t^2 \\
Z_{s_0}^{(k+1)} + Z_{s_1}^{(k+1)} t + Z_{s_2}^{(k+1)} t^2 = Z_{s_0}^{(k)} + Z_{s_1}^{(k)} t + Z_{s_2}^{(k)} t^2 \\
\varphi_0^{(k+1)} + \varphi_1^{(k+1)} t + \varphi_2^{(k+1)} t^2 = \varphi_0^{(k)} + \varphi_1^{(k)} t + \varphi_2^{(k)} t^2 \\
\omega_0^{(k+1)} + \omega_1^{(k+1)} t + \omega_2^{(k+1)} t^2 = \omega_0^{(k)} + \omega_1^{(k)} t + \omega_2^{(k)} t^2 \\
\kappa_0^{(k+1)} + \kappa_1^{(k+1)} t + \kappa_2^{(k+1)} t^2 = \kappa_0^{(k)} + \kappa_1^{(k)} t + \kappa_2^{(k)} t^2
\end{cases}
\tag{3-199}
$$

光滑条件（一阶导数相等）为：

$$
\begin{cases}
X_{s_1}^{(k+1)} + 2X_{s_2}^{(k+1)} t = X_{s_1}^{(k)} + 2X_{s_2}^{(k)} t \\
Y_{s_1}^{(k+1)} + 2Y_{s_2}^{(k+1)} t = Y_{s_1}^{(k)} + 2Y_{s_2}^{(k)} t \\
Z_{s_1}^{(k+1)} + 2Z_{s_2}^{(k+1)} t = Z_{s_1}^{(k)} + 2Z_{s_2}^{(k)} t \\
\varphi_1^{(k+1)} + 2\varphi_2^{(k+1)} t = \varphi_1^{(k)} + 2\varphi_2^{(k)} t \\
\omega_1^{(k+1)} + 2\omega_2^{(k+1)} t = \omega_1^{(k)} + 2\omega_2^{(k)} t \\
\kappa_1^{(k+1)} + 2\kappa_2^{(k+1)} t = \kappa_1^{(k)} + 2\kappa_2^{(k)} t
\end{cases}
\tag{3-200}
$$

用式（3-198）、式（3-199）与式（3-200）进行平差，解算每一段的参数：

$$(X_{s_j}^{(k)}, \ Y_{s_j}^{(k)}, \ Z_{s_j}^{(k)}, \ \varphi_j^{(k)}, \ \omega_j^{(k)}, \ \kappa_j^{(k)}), \ j = 0, \ 1, \ 2$$

（2）线阵影像方位元素的一次多项式模型

除了二次多项式模型，目前比较常用还有一次多项式模型，即线性模型：

$$\begin{cases} X_{s_t}^{(k)} = X_{s_0}^{(k)} + \Delta X^{(k)} t \\ Y_{s_t}^{(k)} = Y_{s_0}^{(k)} + \Delta Y^{(k)} t \\ Z_{s_t}^{(k)} = Z_{s_0}^{(k)} + \Delta Z^{(k)} t \\ \varphi_t^{(k)} = \varphi_0^{(k)} + \Delta \varphi^{(k)} t \\ \omega_t^{(k)} = \omega_0^{(k)} + \Delta \omega^{(k)} t \\ \kappa_t^{(k)} = \kappa_0^{(k)} + \Delta \kappa^{(k)} t \end{cases}$$

第 k 段的参数为：

$$(X_{s_0}^{(k)}, \ Y_{s_0}^{(k)}, \ Z_{s_0}^{(k)}, \ \varphi^{(k)}, \ \omega^{(k)}, \ \kappa^{(k)})$$

连续条件为：

$$\begin{cases} X_{s_0}^{(k+1)} + \Delta X^{(k+1)} t = X_{s_0}^{(k)} + \Delta X^{(k)} t \\ Y_{s_0}^{(k+1)} + \Delta Y^{(k+1)} t = Y_{s_0}^{(k)} + \Delta Y^{(k)} t \\ Z_{s_0}^{(k+1)} + \Delta Z^{(k+1)} t = Z_{s_0}^{(k)} + \Delta Z^{(k)} t \\ \varphi_0^{(k+1)} + \Delta \varphi^{(k+1)} t = \varphi_0^{(k)} + \Delta \varphi^{(k)} t \\ \omega_0^{(k)} + \Delta \omega^{(k+1)} t = \omega_0^{(k)} + \Delta \omega^{(k)} t \\ \kappa_0^{(k)} + \Delta \kappa^{(k+1)} t = \kappa_0^{(k)} + \Delta \kappa^{(k)} t \end{cases} \tag{3-201}$$

（3）多项式模型的轨道划分

对线阵影像一条航带，可以根据地面控制点、模型连接点数以及分布情况，将传感器轨道分割为若干段，并利用多项式模型对每一段轨道拟合（见图 3-33）。

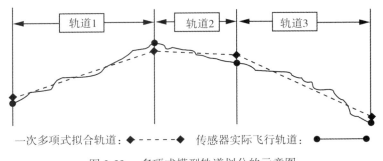

一次多项式拟合轨道：◆ - - - - - ◆　传感器实际飞行轨道：● —— ●

图 3-33　多项式模型轨道划分的示意图

在对线阵影像外方位元素拟合时，有以下两点需要注意：① 不宜采用等间隔方式对轨道进行划分；② 不宜采用相同阶数的多项式拟合所有的轨道。应该视具体情况和条件来对轨道进行合理划分和拟合。例如，在高动态变化的轨道中，采用二次或三次多项式来拟合轨道则更为合适。又如，具有不同多项式系数或不同多项式阶数的轨道持续时间不同，不能等间隔地分割轨道。

分段多项式模型虽然简单，但容易引起参数过度化，导致参数相关性增强。例如当考虑 POS 系统误差时，需要为每一段轨道的多项式模型引入一套多项式系统误差改正参数（通常是一次或二次的多项式模型），系统误差参数与外方位元素参数之间很容易具有相关性，使平差系统出现病态性。此外对于轨道变化复杂的线阵影像，分段多项式模型如果将轨道过分细化，会出现过多的参数，如果轨道划分太少，又将很难准确的描述外方位元素的变化情况。因此，分段多项式的使用应视具体情况而定。

习题与思考题

1. 基于共线条件方程式的空间后方交会有几种解算方法？哪种方法对初值的设置没有严格要求？

2. 在基于方向余弦和四元素的空间后方交会解算时，由于只有 3 个独立元素，其他元素怎样解算？

3. 大角度的相对定向可以采用什么方法解算？

4. 当不知道倾斜摄影中的倾角近似值以及不知道影像的内方位元素时，可以采用什么方法进行相对定向解算？

5. 核线的几何关系解算有几种方法？每种方法的基本思想是什么？

6. 数码相机检校有哪几种方法？每种方法的基本思想是什么？

7. 直线摄影测量有什么优点？直线摄影测量的数学基础是什么？

8. 每条控制直线可以列出几个条件方程？直线上的点如何选择？

9. 什么是广义点？广义点摄影测量的基本思想是什么？广义点摄影测量的数学基础是什么？

10. 摄影测量处理的相关坐标系有哪些？它们是怎样定义的？

11. 物理函数模型对于摄影测量有什么优势？其数学模型是怎样的？

12. 自动空中三角测量包含哪些内容？

13. 简述 GPS 辅助空中三角测量的基本原理，它比常规的空中三角测量有什么优势？

14. 简述 POS 直接对地定位的基本原理与方法。

15. 简述 POS 辅助全自动空中三角测量的基本过程。

16. 如何进行 ADS40/80 影像的 0 级影像纠正、三维点投影与前方交会？

17. 如何进行 ADS40/80 影像的 POS 辅助空中三角测量？

第4章　影像特征量测

影像特征量测是指利用一定的算法对影像上的点、线等特征进行识别、提取并精确量测其坐标的过程。在数字摄影测量中，具有明显标志或特征的影像（例如道路、河流的交叉口、田角、房角、建筑物上的明显标志、人工标志等）对影像的定向与定位有着特别重要的作用，因此，不仅需要提取这些明显点，还要精确地确定其位置。自动化影像特征量测的精度与算法有关，多数算法的定位精度高于手工量测精度，而且采用影像特征量测技术也能提高特征的量测速度，大大提高生产力。

在数字摄影测量中，影像特征量测技术借鉴了数字图像处理、计算机视觉等领域的研究成果。同时，摄影测量界为追求更高的定位精度，研究获得了一些很有价值的成果，例如"高精度定位算子"、"椭圆拟合"等算法能使定位的精度达到"子像素"级的精度。它们的研究与提出，是数字摄影测量的重要发展，也是摄影测量工作者对"数字图像处理"所做的独特的贡献。

数字摄影测量的重要任务之一，就是从遥感影像中提取地面目标。影像的特征提取是三维信息提取和影像匹配的基础，也是影像分析与单幅影像处理的重要任务。因此，无论从数字摄影测量的现状还是从发展来看，研究数字遥感影像的特征提取与定位是非常有意义的。影像是一个二维平面空间，可以从影像上提取的要素主要是点、线和面。摄影测量和计算机视觉中的许多任务都依靠特征提取，将所提取的特征作为后续进一步处理和分析的依据。已经证明，局部特征非常适宜于进行自动影像匹配、三维重建、运动跟踪、机器导航以及目标检测和识别。

随着数字摄影测量理论研究与技术的发展，目前已经有很多研究集中在各种摄影测量过程中使用更高级的特征，如线特征和面特征。数字传感器结合成熟的数字图像处理技术与工具，也推动了这一研究方向的发展，如基于线特征的摄影测量重建和目标恢复、基于线的航空影像定向、基于点和线特征的空中三角测量、利用线特征的自检校区域网平差以及利用立体像对中自由形状线特征匹配和三维重建等。

4.1　影像特征与信息量

影像特征是由于景物的物理与几何特性，使影像中局部区域的灰度产生明显变化而形成的，表现为影像局部灰度的急剧变化。因而数字影像中特征的存在意味着在该局部区域中有较大的信息量，而在没有特征的区域应当只有较小的信息量。影像特征可以分为点特征、线特征和面特征。

4.1.1　信息量

信息或不确定性是基本随机事件发生概率的实值函数。通常，信息测度也称为熵。影像的熵就是它的信息量的度量。熵有多种定义，常用的四种分别是 Shannon-Wiener 熵、条件熵、平方熵与立方熵。

对一个具有 n 个灰度值 g_1，g_2，$\cdots$，g_n 的数字影像，灰度 g_i 出现的概率为 p_i，该数字影像的 Shannon-Wiener 熵定义为：

$$H[P] = H[p_1,\ p_2,\ \cdots,\ p_n] = -k\sum_{i=1}^{n} p_i \log p_i \tag{4-1}$$

式中，灰度概率 p_i 可近似取为灰度的频率：

$$p_i = \frac{f_i}{N}$$

其中，f_i 为灰度 g_i 的频数；N 为影像像素的总数，即灰度值总数 $N = \sum_{i=1}^{n} f_i$；k 是适当的常数。

一幅影像的熵是整幅影像的信息度量，它可用于影像的编码，从而对影像进行压缩，而不能对影像的特征进行描述。但是，影像局部区域的熵（可称为影像的局部熵）是该局部区域信息的量度，可反映影像的特征存在与否。局部灰度变化越剧烈，其熵值也越大。另外，局部熵具有辐射失真不变性，熵值大小依赖于整个局部区域，对局部噪声不敏感。

但是信息量并不等于信号，也就是说其中还可能包含噪声分量。如何从影像中区分信号与噪声，一般可以对影像的灰度做频谱分析，计算其功率谱。根据白噪声的性质（振幅波是一个常数），即可估算噪声分量。

4.1.2　特征

理论上，特征是影像灰度曲面的不连续点。在实际影像中，由于点扩散函数的作用，特征表现为在一个微小邻域中灰度的急剧变化，也就是在局部区域中具有较大的信息量。因此，可以以每一像元为中心，取一个 $n \times n$ 像素的窗口，用式(4-1)计算窗口中的局部熵。若局部熵大于给定的阈值，则认为该像素是一个特征。

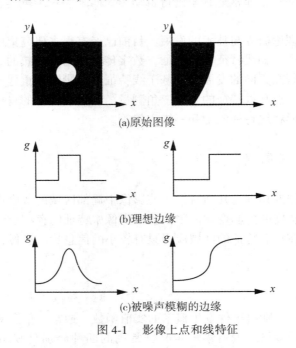

(a)原始图像

(b)理想边缘

(c)被噪声模糊的边缘

图 4-1　影像上点和线特征

在没有噪声的情况下，实际影像是理想灰度函数与点扩散函数的卷积。如图 4-1（a）所示的一个"点"和一条"线"，其特征表现为理想脉冲边缘和阶跃边缘（见图 4-1（b）），但实际情况是由于影像存在噪声的影响，其影像特征表现为平缓的变化（见图 4-1（c））。

从图 4-1 的典型例子可以看出，明显目标都包含了一定的信息量，如果目标是一片沙漠或水域，其影像几乎没有特征，不包含有用的信息；若地面景观是线形地物，如房屋、道路、水系等，影像上的局部区域表现为灰度的急剧变化，包含了丰富的地物信息，可以用局部熵来检测特征。此外，还可以用各种梯度或差分算子提取特征，其原理是对各像素的邻域即窗口进行一定的梯度或差分运算，选择其极值点（极大或极小）或超过给定阈值的点作为特征点。

4.2 点特征提取

点特征主要指影像上的明显点，如圆点、角点等。提取点特征的算子称为兴趣算子或有利算子，即运用某种算法从影像中提取我们感兴趣的、有利于某种目的的点。

4.2.1 Moravec 算子

Moravec 于 1977 年提出利用灰度方差提取点特征的算子，其出发点是特征点在所有方向上应有大的反差。其基本原理是考虑某一点与周围像素之间的灰度差，以 4 个方向上（见图 4-2）具有最小／最大灰度方差的点作为特征点。其步骤为：

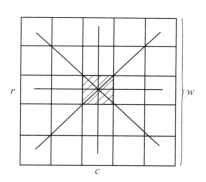

图 4-2　Moravec 算子

①计算各像元的兴趣值 IV（interest value）。在以像素（c，r）为中心的 $w \times w$ 的影像窗口中（如 5×5 的窗口），计算图 4-2 所示的 4 个方向相邻像素灰度差得平方和：

$$\begin{cases} V_1 = \sum_{i=-k}^{k-1} (g_{c+i,\,r} - g_{c+i+1,\,r})^2 \\ V_2 = \sum_{i=-k}^{k-1} (g_{c+i,\,r+i} - g_{c+i+1,\,r+i+1})^2 \\ V_3 = \sum_{i=-k}^{k-1} (g_{c,\,r+i} - g_{c,\,r+i+1})^2 \\ V_4 = \sum_{i=-k}^{k-1} (g_{c+i,\,r-i} - g_{c+i+1,\,r-i-1})^2 \end{cases} \qquad (4\text{-}2)$$

式中，$k = \mathrm{INT}(w/2)$。取其中最小者作为该像素(c, r)的兴趣值。

$$\mathrm{IV}_{c, r} = \min\{V_1, V_2, V_3, V_4\} \tag{4-3}$$

② 依次选取不同的窗口中心，按照式(4-2)和式(4-3)分别计算兴趣值 IV，给定一经验阈值，将兴趣值大于该阈值的点作为候选点。阈值的选择应以候选点中能包括所需要的特征点而又不含过多的非特征点为原则。

③ 选取候选点中的极值点作为特征点。在一定大小的窗口内，将候选点中兴趣值不是最大者均去掉，仅留下一个兴趣值最大者，该像素即为一个特征点，该过程称为"抑制局部非最大"。

Moravec 算子用差分近似偏导数且只考虑了 $\mathrm{IV}_{c, r}$ 的极小值，易受噪声影响。Harris 等于 1998 年提出了改进型的 Moravec 算子，即著名的 Harris 算子。

4.2.2　Harris 算子

Harris 角点提取算子是 Chris Harris 和 Mike Stephens 在 Moravec 算子基础上发展出的利用自相关矩阵的角点提取算法。这种算子利用信号处理中自相关函数的相关特性，利用了与自相关函数量联系的矩阵 $\boldsymbol{M}$：

$$\boldsymbol{M} = \begin{bmatrix} g_x & g_x g_y \\ g_x g_y & g_y \end{bmatrix} \tag{4-4}$$

式中，g_x 是灰度 g 在 x 方向的梯度，g_y 是灰度 g 在 y 方向的梯度。

矩阵 $\boldsymbol{M}$ 的特征值是自相关函数的一阶曲率，$\boldsymbol{M}$ 的特征值与图像中的点线面之间的关系如图 4-3 所示。如果 X，Y 两个方向上的曲率值都高且近似相等，那么就认为该点是角点特征。

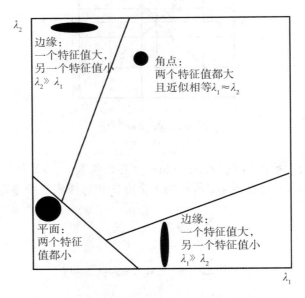

图 4-3　$\boldsymbol{M}$ 的特征值与图像中的点线面之间的关系

Harris 提取算法步骤为：

① 确定一个 $n \times n$ 的影像窗口，对窗口内每一个像素进行一阶差分运算，求得在 x、y

150

方向的梯度 g'_x、g'_y；

② 对梯度值进行高斯滤波：

$$\begin{cases} g_x = G \otimes g'_x \\ g_y = G \otimes g'_y \end{cases} \tag{4-5}$$

式中，$G = \exp\left(-\dfrac{x^2 + y^2}{2\sigma^2}\right)$ 为高斯卷积模板；σ 取 0.3 ~ 0.9。

③ 计算 M 矩阵，然后计算响应值：

$$R = \det(\boldsymbol{M}) - k \cdot \mathrm{tr}^2(\boldsymbol{M}) \tag{4-6}$$

式中，det 是矩阵的行列式；tr 是矩阵的迹；k 为默认常数，一般取 $k = 0.04$ ~ 0.06。

④ 在 3×3 或 5×5 的邻域内进行非极大值抑制，即选取兴趣值的局部极值点，在窗口内取最大值。局部极值点的数目往往很多，也可以根据特征点数提取的数目要求，对所有的极值点排序，根据要求选出兴趣值最大的若干个点作为最后的结果。

在使用 Harris 角点检测算子时，需要设置参数 k，k 的大小将直接影响角点的响应值 R，进而影响角点提取的数量。增大 k 值，将减小角点响应值 R，降低角点检测的灵敏度，减小被检测角点的数量；减小 k 值，将增大角点响应值 R，增大角点检测的灵敏度，增加被检测角点的数量。Harris 算子给出响应值作为衡量特征点显著性，可以控制特征点提取的输出。在一块区域内，可以按照兴趣值大小输出所需要的特征点数目。有些情况下，需要特征点分布均匀，则可以通过取一定格网内最大值实现均匀特征点的输出。

因 Harris 算子的计算公式中只用到一阶导数，而且不涉及阈值，因而即使图像存在旋转、灰度变化、噪声和视点的变换，该算法也是一种比较稳定的点特征提取算子，具有最佳的可重复性。该算子计算简单，整个过程的自动化程度高，提取的点特征均匀、合理而且稳定，但 Harris 算子随着影像尺度变化而变化，尺度改变其特征也会跟着改变。

4.2.3　Förstner 算子

Förstner 算子是 Förstner 于 1984 年提出的。Förstner 实质上是一个加权算子，它通过计算各像素的 Robert's 梯度和像素 (c, r) 为中心的一个窗口的灰度协方差矩阵，在影像中寻找具有尽可能小而接近圆的误差椭圆的点作为特征点。该算子不仅能找到具有精确视差的点，同时还能确定由任意数量和方向的边缘所形成的角度及圆、圆形影像与圆环的中心。

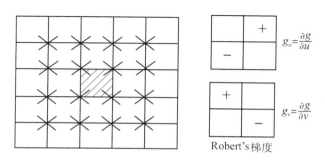

图 4-4　Förstner 算子

计算步骤如下：

① 以某一像素为中心，开取一定大小(如 $n \times n$) 的窗口(见图 4-4)。

② 计算各像素的 Robert's 梯度：

$$\begin{cases} g_u = \dfrac{\partial g}{\partial u} = g_{i+1,j+1} - g_{i,j} \\[2mm] g_v = \dfrac{\partial g}{\partial v} = g_{i,j+1} - g_{i+1,j} \end{cases} \tag{4-7}$$

③ 计算窗口中灰度的协方差矩阵：

$$\boldsymbol{Q} = \boldsymbol{N}^{-1} = \begin{bmatrix} \sum g_u^{\ 2} & \sum g_u g_v \\ \sum g_v g_u & \sum g_v^{\ 2} \end{bmatrix}^{-1} \tag{4-8}$$

式中，

$$\sum g_u^2 = \sum_{i=c-k}^{c+k-1} \sum_{j=r-k}^{r+k-1} (g_{i+1,\,j+1} - g_{i,\,j})^2$$

$$\sum g_v^2 = \sum_{i=c-k}^{c+k-1} \sum_{j=r-k}^{r+k-1} (g_{i,\,j+1} - g_{i+1,\,j})^2$$

$$\sum g_u g_v = \sum_{i=c-k}^{c+k-1} \sum_{j=r-k}^{r+k-1} (g_{i+1,\,j+1} - g_{i,\,j})(g_{i,\,j+1} - g_{i+1,\,j})$$

$$k = \mathrm{INT}\left(\frac{n}{2}\right)$$

④ 计算兴趣值 q 与 w：

$$q = \frac{4\mathrm{Det}\boldsymbol{N}}{(\mathrm{tr}\boldsymbol{N})^2} \tag{4-9}$$

$$w = \frac{1}{\mathrm{tr}\boldsymbol{Q}} = \frac{\mathrm{Det}\boldsymbol{N}}{\mathrm{tr}\boldsymbol{N}} \tag{4-10}$$

可以证明，q 即像素对应误差椭圆的圆度：

$$q = 1 - \frac{(a^2 - b^2)^2}{(a^2 + b^2)^2} \tag{4-11}$$

式中，a 和 b 分别为椭圆的长、短半轴。如果 a, b 中任一个为 0，则 $q = 0$，表明该点可能位于边缘上，如果 $a = b$，则 $q = 1$，表明为一圆。w 为该像元的权。

⑤ 确定待选点。如果兴趣值大于给定的阈值，则该像元为待选点。阈值为经验值，可参考下列值：

$$\begin{cases} T_q = 0.5 \sim 0.75 \\[2mm] T_w = \begin{cases} f\bar{w}\,(f = 0.5 \sim 1.5) \\ cw_c\,(c = 5) \end{cases} \end{cases} \tag{4-12}$$

式中，$\bar{w}$ 为权平均值，w_c 为权的中值。当 $q > T_q$ 且 $w > T_w$ 时，该像素为待选点。

⑥ 选取极值点。以权值 w 为依据，选择极值点，即在一个适当窗口内选择 w 最大的待选点为特征点，而去掉其余的点。

因此，Förstner 算子的直观解释是寻找那些在匹配中有较高精度的点或误差椭圆尽可能小尽可能圆的点。Förstner 还证明了，该算子不仅能提取出匹配精度高的点，而且还能够高精度地提取边缘的交点、角点及圆形特征的几何重心。

由于 Förstner 算子较复杂，可首先用一简单的差分算子提取初选点，然后采用 Förstner 算子在 3×3 窗口计算兴趣值，并选择备选点最后提取的极值点为特征点。具体步骤如下：

① 利用差分算子提取初选点。计算像素 (c, r) 在上下左右 4 个方向的灰度差分绝对值，若有任意 2 个大于给定的阈值，该像素有可能是一个特征点，则 (c, r) 为一初选点。

② 在以初选点 (c, r) 为中心的 3×3 窗口中，按 Förstner 算子方法计算协方差矩阵 $\boldsymbol{N}$ 与误差椭圆的圆度 $q_{c, r}$。

③ 给定阈值 T_q，若限制误差椭圆长短半轴之比不得大于 3.2 ~ 2.4，则求得 T_q 为 0.32 ~ 0.5。若 $q_{c, r} > T_q$，则该像素为一备选点，按以下原则确定其权：

$$w_c = \begin{cases} 0, & q_{c, r} \leqslant T_q \\ \dfrac{\mathrm{Det}\boldsymbol{N}}{\mathrm{tr}\boldsymbol{N}}, & q_{c, r} > T_q \end{cases} \tag{4-13}$$

④ 以权值为依据，选择一适当窗口中的极值点为特征点，即选取窗口中权最大者为特征点。

Moravec 算子较简单；Förstner 算子较复杂，但它能给出特征点的类型且精度也较高，同时对影像亮度和对比度变化较敏感；Harris 算子复杂程度介于两者之间，是实际应用中很受欢迎的算子之一。

4.2.4　SUSAN 算子

SUSAN（Smallest Univalue Segment Assimilating Nucleus，即同化核分割最小值）算子是英国牛津大学的 S. M. Smith 和 J. M. Brady 于 1995 年提出的，它主要用于提取图像中的角点及边缘特征。

1. 基本原理

在图像上设置一个移动的圆形模板（见图 4-5），若模板内的像素灰度与模板中心的像素差值小于给定的阈值，则认为该点与中心点是同值的，由满足这样条件的像素组成的区域叫做同化核同值区（univalue segment assimilating nucleus，USAN）。

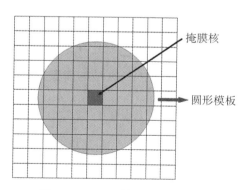

图 4-5　SUSAN 算子的圆形模板

SUSAN 算子使用的是圆形模板进行角点检测，一般使用的模板的半径是 3 ~ 5 个像素。

由图 4-6 可以看到，USAN 包含了图像结构的重要信息。掩膜核及掩膜完全包含在图像中时(深色区域，即 c)，USAN 的值最大；当模板移向图像边缘时，USAN 区域逐渐变小，掩膜核在图像的一条直线边缘附近(即 b) 时，USAN 值接近其最大值的一半；掩膜核在图像的一个角点处(即 a)，USAN 值接近最大值的 1/4。在一幅图像中搜索图像角点或边缘点，就是搜索 USAN 最小(小于一定值) 的点，即搜索最小化同化核同值区，这样可得到特征点检测的 SUSAN 算法。

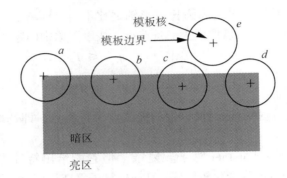

图 4-6　在不同位置下的四种不同的掩膜

2. 数学模型

对整幅图像中的所有像素，用圆形模板进行扫描，将模板中的各像元的亮度(或灰度) 与核心点的亮度(或灰度) 值利用下面的判别函数进行比较：

$$c(\boldsymbol{r},\ \boldsymbol{r}_0) = \begin{cases} 1, & |I(\boldsymbol{r}) - I(\boldsymbol{r}_0)| \leq t \\ 0, & |I(\boldsymbol{r}) - I(\boldsymbol{r}_0)| > t \end{cases} \tag{4-14}$$

式中，$\boldsymbol{r}_0$ 表示模板核所在位置；$\boldsymbol{r}$ 表示模板核其他像素所在位置；$I(\boldsymbol{r})$ 表示像元的亮度值(或灰度值)；t 表示亮度差(或灰度差) 阈值；阈值 t 是所能检测边缘点的最小对比度，也是能忽略的噪声的最大容限。t 越小，可从对比度越低的图像中提取特征。因此对于不同对比度和噪声情况的图像，应取不同的 t 值。

图像中每一点的 USAN 区域大小可用下式表示：

$$n(\boldsymbol{r}_0) = \sum_{\boldsymbol{r}} c(\boldsymbol{r},\ \boldsymbol{r}_0) \tag{4-15}$$

式中，n 是 USAN 区域的像素个数，即 USAN 区域的面积，把这个面积和几何阈值进行比较，得到响应函数：

$$R(\boldsymbol{r}_0) = \begin{cases} g - n(\boldsymbol{r}_0), & n(\boldsymbol{r}_0) < g \\ 0, & \text{其他} \end{cases} \tag{4-16}$$

式中，R 为响应函数，g 为阈值。

设模板能取到的最大 n 值为 $n_{\max}$，为了消除噪声的影响，通常用几何阈值 g 控制角点的生成质量，这样就可以确定边缘或角点的位置。

阈值 g 决定了特征的形状，一般的取值为 $3n_{\max}/4$(对应边缘)、$n_{\max}/2$(对应角点)。通常在检测角点时，取值为 1/2 模板的像素个数，当采用 7×7 的圆形模板时，

$g = 37 \times 1/2$。

3. 计算步骤

① 在图像中放置圆形模板，即确定掩膜核。

② 掩膜在整幅图像上进行二维遍历，计算模板内与模板核有相同亮度的像素个数。

③ 形成角点强度图像，如图 4-7 所示。

④ 通过寻求 USAN 的中心与邻接性去除伪点。

⑤ 通过抑制局部非最大确定最终角点，即通过将一个边缘点作为 3×3 模板的中心，在它的 8 邻域范围内的点中进行比较，保留最大亮度的点即为角点。

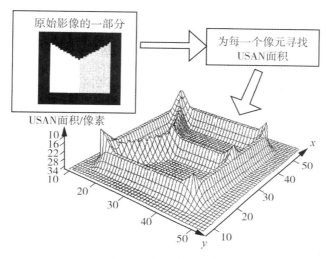

图 4-7　角点强度图像

SUSAN 算子的特点：

① 无须梯度运算，保证了算法的效率。

② 具有积分特征(在一个模板内计算 USAN 面积)，这就使得 SUSAN 算子在抗噪和计算速度方面有较大的改进。

③ 具有良好的定位能力。

④ 比 Harris 角点算子运行速度快 10 倍以上。

SUSAN 算子与 Harris 算子的比较如下：Harris 算子不需设置阈值，整个过程的自动化程度高，可以根据需要调整提取的特征点数；同时具有抗干扰强、精度高的特点。SUSAN 算子提取特征点分布合理，较适合提取图像边缘上的拐点。由于它不需对图像求导数，所以也有较强的抗噪声能力。利用 SUSAN 算子提取图像拐点，阈值的选取是关键，它没有自适应算法，也不像 Harris 算子可根据需要提出一定数目的特征点。该算法编程容易，易于硬件实现。为克服影像灰度值分布不均对提取 SUSAN 算子角点的影响，可对影像采取二值化(或多值化)分割，以进一步改进提取效果。在纹理信息丰富的区域，SUSAN 算子对明显角点提取的能力较强；在纹理相近处，Harris 算子提取角点的能力较强。

4.3 线特征提取

传统上，摄影测量的大多数应用都是基于特定的点进行的。然而，影像上存在着更加丰富的、更容易提取的线特征，摄影测量理论与应用的研究成果表明，线特征在定向与匹配中可以发挥更好的应用。

线特征是指影像的"边缘"与"线"。"边缘"可定义为影像局部区域特征不相同的那些区域间的分界线，而"线"则可以认为是具有很小宽度的其中间区域具有相同的影像特征的边缘对，也就是距离很小的一对边缘构成一条线。因此线特征提取算子通常也称边缘检测算子。

边缘的剖面灰度曲线通常是一条刀刃曲线（如图 4-1 所示），由于噪声等因素的影响，灰度曲线并不是平滑的。对这种边缘进行检测，通常是检测一阶导数（或差分）最大或二阶导数（或差分）为零的点，见图 4-8。因而常常利用差分算子进行边缘检测，但是各种差分算子对噪声较敏感（即提取的特征并非真正的边缘点，而是噪声），因此产生了各种优化算法，如 LOG 算子先对图像做低通滤波，尽量排除噪声影响，再利用差分算子提取边缘；Canny 算子把边缘检测问题转换为检测单位函数极大值问题。

不管用哪种边缘检测算子，所提取的边缘都可能只是一些不相连的或无序的边缘点，需要采用一定的方法将它们形成一个连贯的、对应于一个物体的边界或景物实体之间任何有意义的边界。这些方法包括 Hough、近似位置附近搜索法、启发式图搜索法、动态规划法、松弛法和轮廓追踪法等，才可用于影像分析、匹配、模式识别等应用。本节介绍 Hough 变换方法，用 Hough 变换可以将图像中存在的直线、圆、抛物线、椭圆等其形状能够用一定函数关系描述的曲线检测出来。

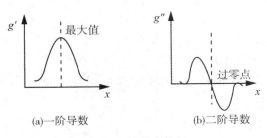

(a)一阶导数　　　　　　(b)二阶导数

图 4-8　边缘点特征

下述算子中如果通过设计一个矩阵模板，使其分别与原始图像进行卷积，一阶差分算子中若卷积值大于阈值，二阶差分算子若卷积值过零点处（或取其符号变化的点），则模板中心点对应的原始图像位置处的像素就是边缘点。

4.3.1 一阶差分算子

1. 梯度

对一个灰度函数 $g(x, y)$，其梯度定义为一个向量：

$$\boldsymbol{G}[g(x,y)] = \begin{bmatrix} \dfrac{\partial g}{\partial x} \\ \dfrac{\partial g}{\partial y} \end{bmatrix} \tag{4-17}$$

它的两个重要特性是：

(1) 向量 $\boldsymbol{G}[g(x,y)]$ 的方向是函数 $g(x,y)$ 在 (x,y) 处变化最快的方向；

(2) $\boldsymbol{G}[g(x,y)]$ 的模为最大变化率：

$$G(x,y) = \mathrm{mag}[\boldsymbol{G}] = \left[\left(\frac{\partial g}{\partial x}\right)^2 + \left(\frac{\partial g}{\partial y}\right)^2\right]^{1/2} \tag{4-18}$$

2. 梯度算子

在数字图像中，导数的计算通常用差分近似，则梯度算子即为差分算子：

$$G_{i,j} = [(g_{i,j} - g_{i+1,j})^2 + (g_{i,j} - g_{i,j+1})^2]^{1/2} \tag{4-19}$$

为了简化运算，通常用差分算子绝对值之和进一步近似为

$$G_{i,j} = |g_{i,j} - g_{i+1,j}| + |g_{i,j} - g_{i,j+1}| \tag{4-20}$$

对于一给定的阈值 T，当 $G_{i,j} > T$ 时，认为像素 (i,j) 是边缘上的点。

3. Roberts 梯度算子

Roberts 梯度定义为

$$\boldsymbol{G}_r[g(x,y)] = \begin{bmatrix} \dfrac{\partial g}{\partial u} \\ \dfrac{\partial g}{\partial v} \end{bmatrix} = \begin{bmatrix} g_u \\ g_v \end{bmatrix} \tag{4-21}$$

其中，g_u 是 $\pi/4$ 方向导数，g_v 是 $3\pi/4$ 方向导数。容易证明其模 $G_r(x,y)$ 为

$$G_r(x,y) = (g_u^2 + g_v^2)^{1/2} \tag{4-22}$$

用差分近似表示导数，则有

$$G_{i,j} = [(g_{i+1,j+1} - g_{i,j})^2 + (g_{i+1,j} - g_{i,j+1})^2]^{1/2} \tag{4-23}$$

或

$$G_{i,j} = |g_{i+1,j+1} - g_{i,j}| + |g_{i+1,j} - g_{i,j+1}| \tag{4-24}$$

4. 方向差分梯度算子

如果仅对某一方向的边缘感兴趣，可利用如图 4-9 所示的模板对图像做卷积进行边缘检测。

$$\underset{\text{北}}{\begin{bmatrix} 1 & 1 & 1 \\ 1 & -2 & 1 \\ -1 & -1 & -1 \end{bmatrix}} \quad \underset{\text{东北}}{\begin{bmatrix} 1 & 1 & 1 \\ -1 & -2 & 1 \\ -1 & -1 & 1 \end{bmatrix}} \quad \underset{\text{东}}{\begin{bmatrix} -1 & 1 & 1 \\ -1 & -2 & 1 \\ -1 & 1 & 1 \end{bmatrix}} \quad \underset{\text{东南}}{\begin{bmatrix} -1 & -1 & 1 \\ -1 & -2 & 1 \\ 1 & 1 & 1 \end{bmatrix}}$$

$$\underset{\text{南}}{\begin{bmatrix} -1 & -1 & -1 \\ 1 & -2 & 1 \\ 1 & 1 & 1 \end{bmatrix}} \quad \underset{\text{西南}}{\begin{bmatrix} 1 & -1 & -1 \\ 1 & -2 & -1 \\ 1 & 1 & 1 \end{bmatrix}} \quad \underset{\text{西}}{\begin{bmatrix} 1 & 1 & -1 \\ 1 & -2 & -1 \\ 1 & 1 & -1 \end{bmatrix}} \quad \underset{\text{西北}}{\begin{bmatrix} 1 & 1 & 1 \\ 1 & -2 & -1 \\ 1 & -1 & -1 \end{bmatrix}}$$

图 4-9　方向差分算子

5. Prewitt 算子

Prewitt 算子利用像素上、下、左、右邻近点的灰度差，Prewitt 算子模板如图 4-10 所示。

$$\boldsymbol{G}_x = \begin{bmatrix} 1 & 0 & -1 \\ 1 & 0 & -1 \\ 1 & 0 & -1 \end{bmatrix}, \quad \boldsymbol{G}_y = \begin{bmatrix} -1 & -1 & -1 \\ 0 & 0 & 0 \\ 1 & 1 & 1 \end{bmatrix}$$

图 4-10　Prewitt 算子

6. Sobel 算子

Sobel 算子对像素位置的影响做了处理，Sobel 模板如图 4-11 所示。

$$\boldsymbol{G}_x = \begin{bmatrix} 1 & 0 & -1 \\ 2 & 0 & -2 \\ 1 & 0 & -1 \end{bmatrix}, \quad \boldsymbol{G}_y = \begin{bmatrix} -1 & -2 & -1 \\ 0 & 0 & 0 \\ 1 & 2 & 1 \end{bmatrix}$$

图 4-11　Sobel 算子

7. Kirsch 算子

Kirsch 算子是一个 3×3 的非线性算子，它与 Prewitt 算子和 Sobel 算子不同的是取平均值的方法。Kirsch 算子用不等权的 8 个 3×3 循环平均梯度算子（见图 4-12）分别与图像做卷积，取其中的最大值输出，它可以检测各个方向上的边缘，减少了由于平均而造成的细节丢失，但同时增加了计算量。

$$\begin{bmatrix} 5 & 5 & 5 \\ -3 & 0 & -3 \\ -3 & -3 & -3 \end{bmatrix} \begin{bmatrix} -3 & 5 & 5 \\ -3 & 0 & 5 \\ -3 & -3 & -3 \end{bmatrix} \begin{bmatrix} -3 & -3 & 5 \\ -3 & 0 & 5 \\ -3 & -3 & 5 \end{bmatrix} \begin{bmatrix} -3 & -3 & -3 \\ -3 & 0 & 5 \\ -3 & 5 & 5 \end{bmatrix}$$

$$\begin{bmatrix} -3 & -3 & -3 \\ -3 & 0 & -3 \\ 5 & 5 & 5 \end{bmatrix} \begin{bmatrix} -3 & -3 & -3 \\ 5 & 0 & -3 \\ 5 & 5 & -3 \end{bmatrix} \begin{bmatrix} 5 & -3 & -3 \\ 5 & 0 & -3 \\ 5 & -3 & -3 \end{bmatrix} \begin{bmatrix} 5 & 5 & -3 \\ 5 & 0 & -3 \\ -3 & -3 & -3 \end{bmatrix}$$

图 4-12　Kirsch 算子

4.3.2　二阶差分算子

1. 方向二阶差分算子

二阶差分算子是在一阶差分的基础上再次差分的结果。水平方向二阶差分为：

$$
\begin{aligned}
g''_{ij} &= g'_{i,\,j+1} - g'_{i,\,j} \\
&= (g_{i,\,j+1} - g_{i,\,j}) - (g_{i,\,j} - g_{i,\,j-1}) \\
&= -\begin{bmatrix} g_{i,\,j-1} & g_{i,\,j} & g_{i,\,j+1} \end{bmatrix} \begin{bmatrix} -1 \\ 2 \\ -1 \end{bmatrix} \\
&= -g_{ij}\begin{bmatrix} -1 & 2 & -1 \end{bmatrix}
\end{aligned}
\tag{4-25}
$$

此时，二阶差分算子为$[-1 \quad 2 \quad -1]$。

相应于纵方向和两个对角线方向的二阶差分算子为：

$$\begin{bmatrix} 0 & -1 & 0 \\ 0 & 2 & 0 \\ 0 & -1 & 0 \end{bmatrix} \quad \begin{bmatrix} 0 & 0 & -1 \\ 0 & 2 & 0 \\ -1 & 0 & 0 \end{bmatrix} \quad \begin{bmatrix} -1 & 0 & 0 \\ 0 & 2 & 0 \\ 0 & 0 & -1 \end{bmatrix} \tag{4-26}$$

需要在纵横方向同时检测的算子为：

$$\boldsymbol{D} = \begin{bmatrix} 0 & 0 & 0 \\ -1 & 2 & -1 \\ 0 & 0 & 0 \end{bmatrix} + \begin{bmatrix} 0 & -1 & 0 \\ 0 & 2 & 0 \\ 0 & -1 & 0 \end{bmatrix} = \begin{bmatrix} 0 & -1 & 0 \\ -1 & 4 & -1 \\ 0 & -1 & 0 \end{bmatrix} \tag{4-27}$$

再加上两个对角线方向同时检测的算子为：

$$\boldsymbol{D}_1 = \begin{bmatrix} 0 & -1 & 0 \\ -1 & 4 & -1 \\ 0 & -1 & 0 \end{bmatrix} + \begin{bmatrix} 0 & 0 & -1 \\ 0 & 2 & 0 \\ -1 & 0 & 0 \end{bmatrix} + \begin{bmatrix} -1 & 0 & 0 \\ 0 & 2 & 0 \\ 0 & 0 & -1 \end{bmatrix} = \begin{bmatrix} -1 & -1 & -1 \\ -1 & 8 & -1 \\ -1 & -1 & -1 \end{bmatrix} \tag{4-28}$$

2. 拉普拉斯算子

拉普拉斯算子定义为∇^2，即

$$\nabla^2 g = \frac{\partial^2 g}{\partial x^2} + \frac{\partial^2 g}{\partial y^2} \tag{4-29}$$

若$g(x, y)$的傅里叶变换为$G(u, v)$，则$\nabla^2 g$的傅里叶变换为：

$$\nabla^2 g = -(2\pi)^2 (u^2 + v^2) \cdot G(u, v) \tag{4-30}$$

所以，拉普拉斯算子是一个高通滤波器。

对离散数字图像，拉普拉斯算子定义为：

$$\begin{aligned} \nabla^2 g_{ij} &= (g_{i+1, j} - g_{i, j}) - (g_{i, j} - g_{i-1, j}) + (g_{i, j+1} - g_{i, j}) - (g_{i, j} - g_{i, j-1}) \\ &= g_{i+1, j} + g_{i-1, j} + g_{i, j+1} + g_{i, j-1} - 4 g_{i, j} \end{aligned} \tag{4-31}$$

拉普拉斯算子取其符号变化的点，即通过零的点为边缘点，因此常常也称其为零交叉（zero-crossing）点。拉普拉斯算子是各向同性的导数算子，具有旋转不变性。

由于拉普拉斯算子是二阶差分，双倍加强了噪声，因而对图像中的噪声相当敏感。另外，它常产生双像素宽的边缘，且不能提供边缘方向的信息，因此拉普拉斯算子很少直接用于边缘检测。

4.3.3 高斯 - 拉普拉斯算子（LOG 算子）

由于各种差分算子对噪声很敏感，因而在进行差分运算前应先进行低通滤波，减低噪声的影响。通过理论推导，说明最优低通滤波近似于高斯函数。如果在提取边缘时，利用高斯函数先进行低通滤波，然后再利用拉普拉斯算子进行高通滤波并提取零交叉点，这就是高斯 - 拉普拉斯算子或称为 LOG 算子。

高斯滤波函数为：

$$f(x, y) = \exp\left(-\frac{x^2 + y^2}{2\sigma^2}\right) \tag{4-32}$$

则低通滤波结果为：

$$f(x, y) * g(x, y) \tag{4-33}$$

再经拉普拉斯算子处理得

$$G(x, y) = \nabla^2[f(x, y) * g(x, y)] \tag{4-34}$$

不难证明

$$G(x, y) = [\nabla^2 f(x, y)] * g(x, y) \tag{4-35}$$

$$\nabla^2 f(x, y) = \frac{x^2 + y^2 - 2\sigma^2}{\sigma^2} \exp\left(-\frac{x^2 + y^2}{2\sigma^4}\right) \tag{4-36}$$

　　LOG 算子就是以上式为卷积核，对原灰度函数进行卷积运算后提取零交叉点为边缘点，式中 s 为高斯滤波器的标准差，它决定着图像的平滑程度。

　　通常情况下，LOG 算子用到的卷积模板比较大，表 4-1 是一个 13×13 的模板。

表 4-1　　　　　　　　　　　　　　　　　　　LOG 算子

-0.2	-0.3	-0.4	-0.4	-0.5	-0.5	-0.5	-0.5	-0.5	-0.4	-0.4	-0.3	-0.2
-0.3	-0.4	-0.5	-0.5	-0.4	-0.4	-0.3	-0.4	-0.4	-0.5	-0.5	-0.4	-0.3
-0.4	-0.5	-0.5	-0.3	-0.1	0.0	0.1	0.0	-0.1	-0.3	-0.5	-0.5	-0.4
-0.4	-0.5	-0.3	0.0	0.3	0.5	0.6	0.5	0.3	0.0	-0.3	-0.5	-0.4
-0.5	-0.4	-0.1	0.3	0.7	1.1	1.2	1.1	0.7	0.3	-0.1	-0.4	-0.5
-0.5	-0.4	0.0	0.5	1.1	1.6	1.8	1.6	1.1	0.5	0.0	-0.4	-0.5
-0.5	-0.3	0.1	0.6	1.2	1.8	2.0	1.8	1.2	0.6	0.1	-0.3	-0.5
-0.5	-0.4	0.0	0.5	1.1	1.6	1.8	1.6	1.1	0.5	0.0	-0.4	-0.5
-0.5	-0.4	-0.1	0.3	0.7	1.1	1.2	1.1	0.7	0.3	-0.1	-0.4	-0.5
-0.4	-0.5	-0.3	0.0	0.3	0.5	0.6	0.5	0.3	0.0	-0.3	-0.5	-0.4
-0.4	-0.5	-0.5	-0.3	-0.1	0.0	0.1	0.0	-0.1	-0.3	-0.5	-0.5	-0.4
-0.3	-0.4	-0.5	-0.5	-0.4	-0.4	-0.3	-0.4	-0.4	-0.5	-0.5	-0.4	-0.3
-0.2	-0.3	-0.4	-0.4	-0.5	-0.5	-0.5	-0.5	-0.5	-0.4	-0.4	-0.3	-0.2

　　常用的 LOG 算子是 5×5 的模板：

-2	-4	-4	-4	-2
-4	0	8	0	-4
-4	8	24	8	-4
-4	0	8	0	-4
-2	-4	-4	-4	-2

4.3.4　Canny 算子

　　Canny 算子是 J. F. Canny 于 1986 年提出的一个多级边缘检测算子。该算子把边缘检测问题转换为检测单位函数极大值问题，根据边缘检测的有效性和定位的可靠性，研究了最优边缘检测器所需的特性，推导出最优边缘检测器的数学表达式。

Canny 边缘检测方法是一个具有滤波、增强和检测的多阶段的优化算子，利用了梯度方向信息，采用"非极大抑制"及双阈值技术，获得了单像素连续边缘，是目前所认为的检测效果较好的一种边缘检测方法。

Canny 给出了评价边缘检测性能优劣的三个指标：好的信噪比、好的定位性能、对单一边缘要有唯一响应。他将上述判据用数学的形式表示出来，然后采用最优化数值方法，得到了给定边缘类型对应的最佳边缘检测模板。

Canny 算子的基本原理是：先利用高斯函数对图像进行低通滤波；然后对图像中的每个像素进行处理，寻找边缘的位置及在该位置的边缘法向，并采用一种"非极大抑制"的技术在边缘法向寻找局部最大值；最后对边缘图像做滞后阈值化处理，消除虚假响应。具体步骤如下：

① 利用高斯平滑滤波器与图像做卷积以去除噪声。

$$H(x, y) = e^{-\frac{a^2+b^2}{2\sigma^2}} \tag{4-37}$$

$$G(x, y) = f(x, y) * H(x, y) \tag{4-38}$$

② 用一阶偏导的有限差分计算梯度的幅值和方向。

$$H_1 = \begin{bmatrix} -1 & -1 \\ 1 & 1 \end{bmatrix} \tag{4-39}$$

$$H_2 = \begin{bmatrix} 1 & -1 \\ 1 & -1 \end{bmatrix} \tag{4-40}$$

$$\varphi_1(m, n) = f(m, n) * H_1(x, y) \tag{4-41}$$

$$\varphi_2(m, n) = f(m, n) * H_2(x, y) \tag{4-42}$$

则梯度的幅值和方向为：

$$\varphi(m, n) = \sqrt{\varphi_1^2(m, n) + \varphi_2^2(m, n)} \tag{4-43}$$

$$\theta_\varphi = \arctan \frac{\varphi_2(m, n)}{\varphi_1(m, n)} \tag{4-44}$$

③ 对梯度幅值进行非极大值抑制（non-maxima suppression，NMS）。由于全局的梯度并不足以确定边缘，因此为确定边缘必须保留局部梯度最大的点，而抑制非极大值。解决的方法是利用梯度的方向。

图 4-13 中，4 个扇区的标号为 0 到 3，对应 3 × 3 邻域的 4 种可能组合。

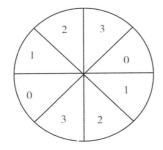

图 4-13　非极大值抑制

在每一点上，邻域的中心像素 M 与沿着梯度线的两个像素相比，如果 M 的梯度值不大于沿梯度线的两个相邻像素梯度值，则令 $M = 0$。

④ 用双阈值检测并连接边缘。双阈值算法对非极大值抑制图像采用两个阈值 τ_1 和 τ_2，且 $2\tau_1 \approx \tau_2$，从而可以得到两个阈值边缘图像 $N_1[i, j]$ 和 $N_2[i, j]$。由于 $N_2[i, j]$ 使用高阈值得到，因而含有很少的假边缘，但有间断（不闭合）。双阈值法要在 $N_2[i, j]$ 中把边缘连接成轮廓，当到达轮廓的端点时，该算法就在 $N_1[i, j]$ 的 8 邻域位置寻找可以连接到轮廓上的边缘，这样，算法不断地在 $N_1[i, j]$ 中收集边缘，直到将 $N_2[i, j]$ 连接起来为止。

4.3.5 SUSAN 算子

SUSAN 算子进行特征检测的原理已经在 4.2.4 节中进行了详细的介绍，采用 SUSAN 检测边缘点和角点的主要区别在于阈值 g 的选取，这是因为阈值决定了特征的形状。

SUSAN 算子具有以下特性：

① 边缘检测效果好。无论对直线边缘，还是曲线边缘，SUSAN 算子基本上可以检测出所有的边缘，检测结果较好。

② 抗噪声能力好。由于 USAN 的求和相当于求积分，所以对噪声不敏感，而且 SUSAN 算子不涉及梯度的计算，所以该算法抗噪声的性能好。SUSAN 边缘检测算法可用于被噪声污染的图像的边缘检测。

③ 算法使用灵活。对不同对比度、不同形状的图像通过设置恰当的 t 和 g 进行控制，如图像对比度较小时，可选取较小的 t 值。所以 SUSAN 算子适用于某些低对比度图像或目标识别。

④ 运算量小，速度快。如对一幅 256×256 的图像，应用 SUSAN 算子进行计算，对每一点只需做 8 次加法运算，共需做 $256 \times 256 \times 8$ 次加法；而 Sobel 算子采用两个 3×3 的模板，对每一点需要做 12 次加法、4 次乘法和 2 次绝对值运算，共需 $256 \times 256 \times 12$ 次加法、$256 \times 256 \times 4$ 次乘法和 $256 \times 256 \times 2$ 次绝对值运算；LOG 算子、Prewitt 算子和 Canny 算子的计算量也很大。

⑤ 可以检测边缘的方向信息。对每一个边缘点计算模板内与该点灰度相似的像素集合的重心，检测点与该重心的连线的矢量垂直于这条边缘。

SUSAN 边缘检测算法直接利用图像灰度相似性的比较，适用于含有噪声的图像或低对比度的灰度图像的边缘检测。

4.3.6 Hough 变换

Hough 变换是 1962 年由 Hough 提出来的，用于检测图像中的直线、圆、抛物线、椭圆等其形状能够用一定函数关系描述的曲线，它在影像分析、模式识别等很多领域中得到了成功的应用。

Hough 变换的基本原理是将影像空间中组成曲线（包括直线）的离散边缘点变换到参数空间中，通过检测参数空间中的极值点，确定出该曲线的描述参数，从而提取影像中的规则曲线。

直线 Hough 变换通常采用的直线模型为

$$\rho = x\cos\theta + y\sin\theta \tag{4-45}$$

式中，ρ 是从原点引到直线的垂线长度，θ 是垂线与 x 轴正向的夹角（见图 4-14）。

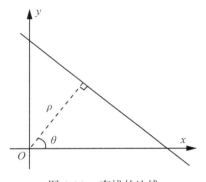

图 4-14　直线的法线

对于影像空间直线上任一点 (x, y)，Hough 变换将其映射到参数空间 (θ, ρ) 的一条正弦曲线上（见图 4-15(a)），由于影像空间内的一条直线由一对参数 (θ_0, ρ_0) 唯一地确定，因而该直线上的各点变换到参数空间的各正弦曲线必然都经过点 (θ_0, ρ_0)（见图 4-15(b)），在参数平面（或空间）中的这个点的坐标就代表了影像空间这条直线的参数。

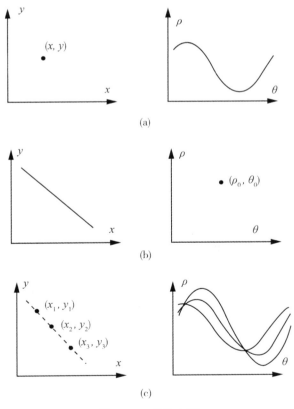

图 4-15　参数空间

163

这样，检测影像中直线的问题就转换为检测参数空间中的共线点的问题（见图 4-15（c））。由于存在噪声及特征点的位置误差，参数空间中所映射的曲线并不严格通过一点，而是在一个小区域中出现一个峰，只要检测峰值点，就能确定直线的参数。

Hough 变换提取直线的过程：

① 对影像进行预处理，提取特征并计算其梯度方向；

② 将 (θ, ρ) 参数平面量化，设置二维累计矩阵 $\boldsymbol{H}(\theta_i, \rho_i)$；

③ 边缘细化，即在边缘点的梯度方向上保留极值点，剔除非极值点；

④ 对每一边缘点，以其梯度方向 φ 为中心，设置一小区间 $[\varphi - \theta_0, \varphi - \theta_0]$，其中 θ_0 为经验值，一般可取 $5° \sim 10°$，在此小区间上以 $\Delta\theta$ 为步长，按式（4-45）对每一区间中的 θ 量化值计算相应的 ρ 值，并给相应的累计矩阵元素增加一个单位值；

⑤ 对累计矩阵进行阈值检测，将大于阈值的点作为备选点；

⑥ 取累计矩阵（即参数空间）中备选点中的极大值点为所需的峰值点，这些点所对应的参数空间的坐标即所检测直线的参数。

利用 Hough 变换也可以提取圆和抛物线：

$$(x - c)^2 + (y - r)^2 = R^2 \tag{4-46}$$

$$y = ax^2 + bx + c \tag{4-47}$$

但此时参数空间是三维空间，因而计算量相当大。对于圆，可利用参数方程

$$\begin{cases} x = c + R\sin\theta \\ y = r + R\cos\theta \end{cases} \tag{4-48}$$

将一个三维参数 (c, r, R) 空间化为两个二维参数空间 (c, R) 与 (r, R)，从而使计算量大大减小。

4.3.7 LSD 算法

LSD 是 Gioi 等人于 2010 年提出，被认为是最新最权威的线段检测算子，已被纳入了 OpenCV 标准库。LSD 算法具有实时性、准确性、鲁棒性，计算效率高，不需过多设置参数，能控制虚假直线等优点。

LSD 算法本质上是一种相位编组的直线提取算法，它利用梯度方向取代梯度幅值，直接在灰度图像中进行直线提取。为了减少噪声对线特征提取的影响，LSD 算法首先利用高斯模板对原始图像进行去噪处理，然后计算每个像素的梯度幅值和梯度方向，并对梯度幅值进行排序，按照梯度幅值的顺序，通过迭代方法将具有梯度方向相似性的像素划分为具有同一梯度方向的像素区域，最后利用矩形结构逼近这些相同梯度方向的区域，取矩形结构的中心线作为该区域线段特征。该算法包括四个步骤：梯度幅值和梯度方向估计、直线支撑区域生成、矩形逼近直线支撑区域、直线检测。

1. 梯度幅值与梯度方向估计

首先利用高斯模板对数字图像进行去噪，然后计算图像的梯度场。像素梯度计算公式如下：

$$\begin{cases} g_x(x, y) = \dfrac{I(x + 1, y) + I(x + 1, y + 1) - I(x, y) - I(x, y + 1)}{2} \\ g_y(x, y) = \dfrac{I(x, y + 1) + I(x + 1, y + 1) - I(x, y) - I(x + 1, y)}{2} \end{cases} \tag{4-49}$$

梯度方向公式为

$$\alpha = \arctan\left(-\frac{g_x(x, y)}{g_y(x, y)}\right) \qquad (4\text{-}50)$$

梯度幅值公式为

$$G(x, y) = \sqrt{g_x^2(x, y) + g_y^2(x, y)} \qquad (4\text{-}51)$$

2. 直线支撑区域生成

像素梯度能够反映像素灰度值变化大小及方向等几何属性，梯度大小反映了图像局部像素灰度值变化的剧烈程度。具体来说，较小的梯度幅值对应图像中灰度变化缓慢的区域，较大的梯度幅值对应图像中的边缘部分。

在直线支撑区域生成过程中，首先需要建立矩阵存储每个像素点的梯度信息，并按照像素梯度幅值从大到小的顺序进行排序。将梯度幅值较大的像素作为种子点，将该种子点的梯度方向设置为直线支撑区域方向，对该种子点的 8 - 领域像素进行检测，将方向夹角小于阈值 τ 的像素点加入直线支撑区域内，并将该像素标记为已遍历像素，如图 4-16 所示。

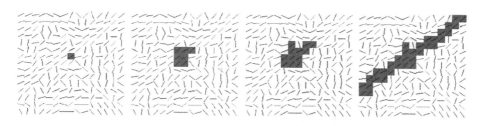

图 4-16　直线支撑区域生长过程

每当添加一个新的像素到当前支撑区域后，需要计算直线支撑区域的梯度方向：

$$\bar{\alpha} = \arctan\left(\frac{\sum \sin\alpha_i}{\sum \cos\alpha_i}\right) \qquad (4\text{-}52)$$

式中，α_i 对应直线支撑区域内每个像素点的梯度方向值，$\bar{\alpha}$ 对应重新计算得到的新的直线支撑区域平均梯度方向。

3. 矩形逼近直线支撑区域

在获得直线支撑区域后，需要对每个直线支撑区域进行矩形近似，计算直线支撑区域的最小外包矩形，同时计算矩形结构的中心、方向角、长度和宽度等参数，如图 4-17 所示。

每个直线支撑区域，对区域内的像素灰度进行加权平均，计算矩形中心点的坐标：

$$\begin{cases} c_x = \dfrac{\sum g(i) \cdot x(i)}{\sum g(i)} \\[3mm] c_y = \dfrac{\sum g(i) \cdot y(i)}{\sum g(i)} \end{cases} \qquad (4\text{-}53)$$

式中，$g(i)$ 为直线支撑区域内像素的 i 灰度值，$x(i)$、$y(i)$ 为像素点的横、纵坐标。

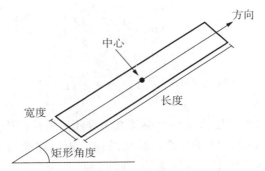

图 4-17 矩形结构的中心、方向角、长度和宽度

矩形的方向为直线支撑区域内像素点方向的均值。矩形的长和宽，以矩形内所有像素中属于直线支撑区域的像素的比率应达到 99% 为准则来计算。此时得到的矩形对应的中心线即为该直线支撑区域提取的直线段特征。图 4-18 为基于矩形结构近似的直线段示例图，左为原图，中为直线支撑区域，右为直线支撑区域满足 99% 比率的近似矩形。

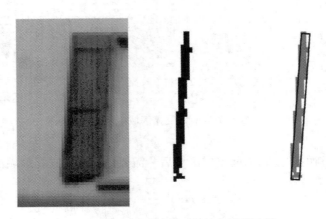

图 4-18 基于矩形结构近似的直线段示例

4. 直线检测

LSD 算法主要依据 Helmholtz 原则对初始直线进行检测，剔除错误直线段。假设图像模型为一随机场 $\varGamma = [1, M] \times [1, N]$，图像上每个像素点的梯度方向为一服从 $[0, 2\pi]$ 上均匀分布的随机变量，且随机变量间相互独立。直线支撑区域由其主轴的两个端点和宽度决定，且由于支撑区域有方向，因此端点的排列顺序不同对应不同的支撑区域。

一幅大小为 $M \times N$ 的图像中，总共可能有 $MN \times MN$ 种有向直线，宽度总共有 $\sqrt{MN}$ 种取值，则一幅图像中可能出现的直线支撑区域总数为 $(MN)^{\frac{5}{2}}$ 种。

在直线检测过程中，对于每一个直线支撑区域 r，定义直线区域的错误报警数（NFA），作为判断直线是否正确的标准。

$$\mathrm{NFA}(r) = (NM)^{\frac{5}{2}} B(n, k, p) \tag{4-54}$$

式中，$B(n, k, p)$ 为二次项模型。

$$B(n, k, p) = \sum_{j=k}^{n} \binom{n}{k} p^j (1 - p)^{n-j} \tag{4-55}$$

式中，n 为直线支撑区域 r 内总的像素个数，k 为某一梯度方向的像素个数，p 为给定的精度值。将式(4-55)代入式(4-54)得到 NFA 的计算公式：

$$\text{NFA}(r) = (NM)^{\frac{5}{2}} \sum_{j=k}^{n} \binom{n}{k} p^j (1 - p)^{n-j} \tag{4-56}$$

如果直线支撑区域 r 的错误报警数 NFA(r) 小于阈值 ε，则认为 r 是 ε 有意义的直线支撑区域，即为检测到的直线段。

4.4 面特征提取

长期以来，人们主要关注基于点、直线和曲线的图像配准与几何校正方法，近年来国内外的学者针对面状特征的提取、面状特征的相似性度量以及面状特征的匹配策略等方面进行了一些研究，基于面状地物的图像配准方法已经应用于光学影像与 SAR 影像、遥感影像与 GIS 数据的配准。

就特征提取而言，提取有意义的面特征比提取有意义的点特征更容易，而且无论是自然环境还是人工环境中都存在丰富的面状地物，参考影像、数字线划地(DLG)、GIS 矢量数据中都存在着大量的面特征，如建筑物、运动场、公园、湖泊等。

影像中的物体，除了在边界表现出不连续性之外，在物体区域内部具有某种同一性，例如灰度值同一或纹理同一等。根据这种同一性，把一整幅影像划分为若干子区域，每一区域对应于某一物体或物体的某一部分，这就是影像分割。影像分割也可以看成是给每一像素赋予一个类号，同一类号的像素组成一种子区域。影像分割是提取面特征的主要手段。

图像分割算法大致分为三类：基于阈值的分割、基于边缘的分割以及基于区域的分割。基于阈值的图像分割算法计算量小、易于实现，但未考虑空间特征，抗噪性差。基于边缘的图像分割，如应用启发式边缘生长算法、分析图像上目标对象异质性再结合边缘特征、并行边缘检测等方法，没有解决边缘检测时抗噪性和检测精度的矛盾。基于区域的图像分割有区域生长法、分裂 - 合并法、分水岭分割算法、基于局域同质性梯度、空间自相关性等方法。

随着高分辨率遥感卫星影像 SPOT5、IKONOS、QuickBird、WorldView、GeoEye 等的出现，为精确识别和自动化提取遥感影像信息带来了机遇和挑战，研究基于高分辨率遥感影像的分割算法已经成为遥感影像分割技术发展的趋势。然而，随着遥感影像分辨率的提高，其中所蕴含的信息愈来愈丰富，特征地物目标的几何形态也愈来愈复杂，待分割目标地物与周围环境的灰度差界越来越不明显，使得高分辨率下遥感影像分割更具有复杂性和挑战性，其中包括：① 数据量明显增加。譬如一幅地面覆盖面积为 $11.7\text{km} \times 7.9\text{km}$ 的多波段 IKONOS 图像大小为 20MB，全色单波段图像大小可达 80MB，这对影像分割技术提出了更高的要求。②"同物异谱"现象更为突出。由于高分遥感影像信息的高度细节化，以及地物阴影、互相遮盖、云层遮挡等因素，同一地物的不同部分灰度可能不一致，使得图像分割工作更加困难。③ 地理空间分析过程尺度依赖性强。针对不同的分割需求，选择适宜的影像分辨率，在适当的尺度下进行遥感影像分割处理。

针对高分辨率遥感影像，国内外研究学者进行了大量研究工作，工作主要集中在分割新方法探索、多领域交叉学科融合、基于分割的特征提取以及面向对象分类应用等方面。

每类分割算法都存在一定的针对性和适用性，尚无一种普适性算法能够对所有图像都取得良好的分割效果，也没有完全可靠的模型来指导我们如何根据图像的特点选择适宜的方法进行分割，对图像的分割结果也缺少客观的评价准则，这些都在一定程度上阻碍了分割技术在遥感领域的应用。

4.5 圆点特征定位

在近景摄影测量中常常会利用一些人工标志，其中圆形标志应用最广，为了自动识别在圆形标志基础上又有各种编码标志的出现，见图4-19。由于圆在影像上经常会成像为椭圆，因此圆点定位实际上也与椭圆的定位有关。

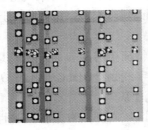

图 4-19　影像上的圆与编码标志

4.5.1　Wong-Trinder 圆点定位算子

Wong 和 Wei-Hsin 利用二值图像重心对圆点进行定位。首先利用阈值 $T = \dfrac{1}{2}$（最小灰度值 + 平均灰度值）将窗口中的影像二值化为 $g_{i,j}$（$i = 0,\ 1,\ \cdots,\ n-1$；$j = 0,\ 1,\ \cdots,\ m-1$）。然后计算目标重心坐标 $(x,\ y)$ 与圆度 γ。

$$\begin{cases} x = \dfrac{m_{10}}{m_{00}} \\[2mm] y = \dfrac{m_{01}}{m_{00}} \\[2mm] \gamma = \dfrac{M'_x}{M'_y} \end{cases} \tag{4-57}$$

$$M'_x = \frac{M_{20} + M_{02}}{2} + \sqrt{\left(\frac{M_{20} - M_{02}}{2}\right)^2 + M_{11}{}^2}$$

$$M'_y = \frac{M_{20} + M_{02}}{2} - \sqrt{\left(\frac{M_{20} - M_{02}}{2}\right)^2 + M_{11}{}^2}$$

其中，

$$m_{pq} = \sum_{i=0}^{n-1} \sum_{j=0}^{m-1} i^p j^q g_{ij} \quad (p, q = 0, 1, 2, \cdots)$$

$$M_{pq} = \sum_{i=0}^{n-1} \sum_{j=0}^{m-1} (i-x)^p (j-y)^q g_{ij} \quad (p, q = 0, 1, 2, \cdots)$$

分别为 $p+q$ 阶原点矩与中心矩。当 γ 小于阈值时，目标不是圆，否则圆心为 (x, y)。

Trinder 发现，该算子受二值化影响，误差可达 0.5 像素。因此他利用原始灰度 W_{ij} 为权进行改进：

$$\begin{cases} x = \dfrac{1}{M} \displaystyle\sum_{i=0}^{n-1} \sum_{j=0}^{m-1} i g_{ij} W_{ij} \\ y = \dfrac{1}{M} \displaystyle\sum_{i=0}^{n-1} \sum_{j=0}^{m-1} j g_{ij} W_{ij} \end{cases} \tag{4-58}$$

其中，

$$M = \sum_{i=0}^{n-1} \sum_{j=0}^{m-1} g_{ij} W_{ij}$$

在理想情况下，改进算子的定位精度可达 0.01 像素，这种算法只对圆点定位。

4.5.2 椭圆拟合法

圆形标志经透镜成像后一般为椭圆。该方法首先用边缘检测算子对椭圆边缘进行粗定位，然后剔除粗差，再对像素级边缘点进行亚像素边缘检测得到亚像素精度的边缘点，最后对提取的标志边缘点进行椭圆最小二乘拟合，从而确定标志中心的精确位置。

椭圆在平面内的一般方程为

$$x^2 + 2Bxy + Cy^2 + 2Dx + 2Ey + F = 0 \tag{4-59}$$

式中，(x_0, y_0) 为椭圆的中心点坐标，B、C、D、E、F 分别为椭圆方程的 5 个系数参数。

椭圆拟合可求得椭圆方程的 5 个系数参数，椭圆中心点坐标的计算公式为：

$$x_0 = \frac{BE - CD}{C - B^2}, \qquad y_0 = \frac{BD - E}{C - B^2} \tag{4-60}$$

该方法中需要注意的关键技术包括：

（1）粗差剔除

通过拟合得到椭圆方程之后，计算椭圆中心和当前边缘点连线与椭圆的交点，然后计算交点到当前边缘点的距离，代表当前边缘点的拟合误差；计算每个边缘点对应的拟合误差，然后通过统计方法剔除可能存在的边缘粗差点。

如图 4-20 所示，O 是拟合椭圆的中心，A 是当前边缘点，A' 是直线 OA 与椭圆的交点，dA 是当前边缘点对应的拟合误差。

（2）边缘点精确定位

首先计算椭圆在当前离散点 A 上的法向量方向；然后沿法向量方向，对以 A 为中心的一定区间 ab 内的灰度进行重采样，采样间隔可以为 0.5 个像素，这样可以获得一灰度序列；最后计算灰度序列的梯度，并采用抛物线拟合计算极值点，或者通过梯度加权方式获取梯度最大的点作为最佳边缘点。

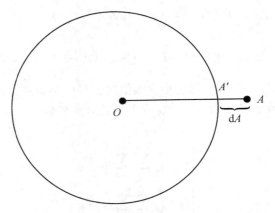

图 4-20 椭圆拟合误差示意图

① 抛物线拟合。在获取边缘点一定区间内的灰度序列后，计算其对应的梯度序列，利用抛物线方程(4-61)拟合此梯度序列，然后根据式(4-62)计算抛物线方程的极值点，最后通过极值点在区间中的坐标和法向量方向可以计算得到当前离散点对应的最佳边缘点在图像中的精确位置。

$$y = ax^2 + bx + c \tag{4-61}$$

$$x = -\frac{b}{2a} \tag{4-62}$$

② 梯度加权。由于沿法向量方向采样后得到的灰度序列为一维向量，因此只需考虑一维加权：

$$\Delta d = \frac{\sum_{i=1}^{n} \Delta g_i \cdot \Delta d_i}{\sum_{i=1}^{n} \Delta g_i} \tag{4-63}$$

式中，Δd_i 为梯度点 i 离区间中心点的距离；Δg_i 为梯度点 i 的梯度值；Δd 为梯度加权得到的距离值，代表最佳边缘点离区间中心的距离。

对回光反射圆形标志的模拟与实际实验的定位精度约为 0.02 像素。

4.6 角点特征定位

4.6.1 Förstner 定位算子

Förstner 定位算子是摄影测量界著名的定位算子。特点是速度快，精度较高。对角点定位分最佳窗口选择与在最佳窗口内加权重心化两步进行。最佳窗口由 Förstner 特征提取算子确定，以原点到窗口内边缘直线的距离为观测值，梯度模之平方为权，在点(x, y)处可列误差方程：

$$\begin{cases} v = x_0\cos\theta + y_0\sin\theta - (x\cos\theta + y\sin\theta) \\ w(x, y) = |\nabla g|^2 = g_x{}^2 + g_y{}^2 \end{cases} \tag{4-64}$$

每一点都可列出如式（4-64）式的误差方程式，合起来写出矩阵形式为：

$$V = BX - L \tag{4-65}$$

设有 5 个观测值，式（4-65）中各矩阵如下：

$$V = \begin{bmatrix} v_1 \\ v_2 \\ v_3 \\ v_4 \\ v_5 \end{bmatrix}, \quad B = \begin{bmatrix} \cos\theta_1 & \sin\theta_1 \\ \cos\theta_2 & \sin\theta_2 \\ \cos\theta_3 & \sin\theta_3 \\ \cos\theta_4 & \sin\theta_4 \\ \cos\theta_5 & \sin\theta_5 \end{bmatrix}, \quad X = \begin{bmatrix} x_0 \\ y_0 \end{bmatrix}, \quad L = \begin{bmatrix} x_1\cos\theta_1 + y_1\sin\theta_1 \\ x_2\cos\theta_2 + y_2\sin\theta_2 \\ x_3\cos\theta_3 + y_3\sin\theta_3 \\ x_4\cos\theta_4 + y_4\sin\theta_4 \\ x_5\cos\theta_5 + y_5\sin\theta_5 \end{bmatrix}$$

$$P = \begin{bmatrix} w(x_1, y_1) & & & & \\ & w(x_2, y_2) & & & \\ & & w(x_3, y_3) & & \\ & & & w(x_4, y_4) & \\ & & & & w(x_5, y_5) \end{bmatrix}$$

则

$$X = (B^{\mathrm{T}}PB)^{-1}B^{\mathrm{T}}PL \tag{4-66}$$

由最小二乘法可解得角点坐标(x_0, y_0)，其结果即窗口内像元的加权重心。

4.6.2　高精度角点与直线定位算子

从微观上看，任何角点总是由两条直线构成，高精度角点与直线定位算子就是通过精确地提取组成角点的两条边缘直线，解算交点坐标来精确定位角点位置的。该方法包括以下几个方面的关键技术：

1. 影像窗口

为了尽可能包含较多的直线信息和减少非直线信息的干扰，在取得直线参数近似值后，为精确提取直线的影像窗口（见图4-21），应使影像窗口沿直线方向尽量长，而在垂直于直线方向不要太宽，以减少不必要的信息对直线定位精度的影响。此外，由于两条直线的相互影响，角点附近影像的边缘点不利于定位，应当排除。

2. 数学模型

众所周知，一个理想的一维边缘的成像为一刀刃曲线，见图4-1，用数学描述如下：

$$g(x) = \int_{-\infty}^{x} S(x)\,\mathrm{d}x \tag{4-67}$$

式中，$S(x)$ 是系统的线扩散函数。由此求得影像的梯度：

$$\nabla g(x) = \frac{\mathrm{d}}{\mathrm{d}x}g(x) = \frac{\mathrm{d}}{\mathrm{d}x}\int_{-\infty}^{x} S(x)\,\mathrm{d}x = S(x) \tag{4-68}$$

考虑到幅度之差异，可得如下结论：一个理想边缘经一成像系统输出，其影像梯度与系统的线扩散函数成正比。

理想的线扩散函数服从高斯分布：

$$S(x, y) = \frac{1}{\sqrt{2\pi}\sigma}\exp\left[-\frac{1}{2\sigma^2}(x\cos\theta + y\sin\theta - \rho)^2\right] \tag{4-69}$$

因而影像梯度可表示为

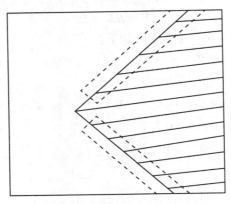

图 4-21　精确定位窗口

$$\nabla g(x, y) = a \cdot \exp\left[-k(x\cos\theta + y\sin\theta - \rho)^2\right] \tag{4-70}$$

其线性化误差方程为

$$v(x, y) = c_0 da + c_1 dk + c_2 d\rho + c_3 d\theta + c_4 \tag{4-71}$$

式中，

$$c_0 = \exp\left[-k_0(x\cos\theta_0 + y\sin\theta_0 - \rho_0)^2\right]$$

$$c_1 = -a_0 c_0 (x\cos\theta_0 + y\sin\theta_0 - \rho_0)^2$$

$$c_2 = 2a_0 k_0 c_0 (x\cos\theta_0 + y\sin\theta_0 - \rho_0)$$

$$c_3 = c_2(x\sin\theta_0 - y\cos\theta_0)$$

$$c_4 = a_0 \exp\left[-k(x\cos\theta_0 + y\sin\theta_0 - \rho_0)^2\right] - \nabla g(x, y)$$

a_0、k_0、ρ_0 与 θ_0 为参数的近似值。

误差方程式写成矩阵形式为

$$V = BX - L \tag{4-72}$$

其解为

$$X = (B^T P B)^{-1} B^T P L \tag{4-73}$$

该平差模型不采用梯度的方向，而是采用梯度的模为观测值。若使用 Roberts 梯度，则

$$\nabla g(i, j) = \sqrt{(g_{i+1, j+1} - g_{i, j})^2 + (g_{i+1, j} - g_{i, j+1})^2}$$

$$d\nabla g = -\cos\beta dg_{i, j} + \sin\beta dg_{i+1, j} - \sin\beta dg_{i, j+1} + \cos\beta dg_{i+1, j+1}$$

其中，β 为梯度角。若噪声方差为 m^2，则

$$m_{\nabla_g}{}^2 = \cos^2\beta \cdot m^2 + \sin^2\beta \cdot m^2 + \sin^2\beta \cdot m^2 + \cos^2\beta \cdot m^2 = 2m^2$$

令单位权中误差为 $m_0 = \sqrt{2}m$，则观测值的权为

$$w(i, j) = 1$$

因此观测值为等权观测值。对误差方程式法化、迭代求解可精确地求出直线参数 ρ，θ。

观测值采用梯度模而非梯度方向的原因在于梯度算子的误差。

若以方向角为 k 的理想直线通过 4 个相邻像素的中心，不难证明由 Roberts 梯度计算的斜率为

$$k' = \begin{cases} 2k - 1, & k \in [1, +\infty) \\ \dfrac{k}{2 - |k|}, & k \in [-1, 1] \\ 2k + 1, & k \in (-\infty, -1] \end{cases}$$

式中，$k = \tan a$。当边缘直线不通过 4 个相邻像素的中心时，用梯度算子计算的直线方向存在更大的误差。考虑到实际影像的噪声，除了上述模型误差外还存在随机误差：

$$m_\beta^2 = \frac{2}{\nabla^2 g} m_g^2$$

式中，β 为梯度方向角，∇g 为梯度模，m_g^2 为灰度方差。

尽管 Sobel 或 Prewitt 算子可减小误差，但仍然存在模型误差。如 Sobel 算子，当直线方向 $a \in [0, \pi/4]$ 时，梯度方向为

$$a' = \begin{cases} a, & 0 \leqslant a < \arctan \dfrac{1}{3} \\ \arctan\left(\dfrac{7\tan^2 a + 6\tan a - 1}{-9\tan^2 a + 22\tan a - 1} \right), & \arctan \dfrac{1}{3} \leqslant a < \dfrac{\pi}{4} \end{cases}$$

由于用梯度方向代替直线方向存在不容忽视的模型误差，因而 Hough 变换等使用梯度方向的方法不可能达到很高的精度。

3. 初值

首先利用 Hough 变换确定直线参数初值 ρ_0、θ_0。由于 a 是梯度的最大值，因而可令

$$a_0 = \max\{\nabla g(x, y)\} \tag{4-74}$$

最后可得

$$k_0 = -\frac{\ln \nabla g(x_0, y_0) - \ln a_0}{(x_0\cos\theta_0 + y_0\sin\theta_0 - \rho_0)^2} \tag{4-75}$$

其中，(x_0, y_0) 为直线附近任一点的坐标。

4. 粗差的剔除

为了剔除观测值中的粗差，采用选权迭代法，使粗差在平差的过程中自动地被逐渐剔除。权函数为：

$$P_{i,j} = \begin{cases} 1, & \sigma_0^2 < \sigma_n^2 \text{ 或 } \sigma_0^2/v_{ij}^2 > 1 \\ \sigma_0^2/v_{ij}^2, & \text{其他} \end{cases} \tag{4-76}$$

5. 角点定位

当组成角点的两条直线

$$\begin{cases} \rho_1 = x\cos\theta_1 + y\sin\theta_1 \\ \rho_2 = x\cos\theta_2 + y\sin\theta_2 \end{cases} \tag{4-77}$$

被确定后，角点 (x_c, y_c) 也就是它们的交点，具体表达式为

$$\begin{cases} x_c = \dfrac{\rho_1\sin\theta_2 - \rho_2\sin\theta_1}{\sin(\theta_2 - \theta_1)} \\ y_c = \dfrac{\rho_2\cos\theta_1 - \rho_1\cos\theta_2}{\sin(\theta_2 - \theta_1)} \end{cases} \tag{4-78}$$

6. 理论精度

单位权重误差为

$$\sigma_0 = \sqrt{\frac{\sum v^2}{n-4}} \tag{4-79}$$

式中，n 为观测值个数。

法方程系数阵 $\boldsymbol{N}$ 的逆为协因素阵 $\boldsymbol{Q} = \boldsymbol{N}^{-1}$，则直线参数 ρ、θ 的协因素阵为：

$$\begin{bmatrix} q_{\rho\rho} & q_{\rho\theta} \\ q_{\theta\rho} & q_{\theta\theta} \end{bmatrix} \tag{4-80}$$

两直线的单位权中误差分别为 σ_{01}、σ_{02}，则两直线参数的协方差阵为：

$$\boldsymbol{D} = \begin{bmatrix} \sigma_{01}{}^2 q_{\rho_1\rho_1} & \sigma_{01}{}^2 q_{\rho_1\theta_1} & 0 & 0 \\ \sigma_{01}{}^2 q_{\rho_1\theta_1} & \sigma_{01}{}^2 q_{\theta_1\theta_1} & 0 & 0 \\ 0 & 0 & \sigma_{02}{}^2 q_{\rho_2\rho_2} & \sigma_{02}{}^2 q_{\rho_2\theta_2} \\ 0 & 0 & \sigma_{02}{}^2 q_{\rho_2\theta_2} & \sigma_{02}{}^2 q_{\theta_2\theta_2} \end{bmatrix} \tag{4-81}$$

由式 (4-78) 可得

$$\mathrm{d}x_c = \boldsymbol{F}_x^{\mathrm{T}} \cdot \mathrm{d}\boldsymbol{L}, \qquad \mathrm{d}y_c = \boldsymbol{F}_y^{\mathrm{T}} \cdot \mathrm{d}\boldsymbol{L}$$

其中，

$$\boldsymbol{F}_x = \begin{bmatrix} \sin\theta_2 / \sin(\theta_2 - \theta_1) \\ -\rho_2\cos\theta_1 / \sin(\theta_2 - \theta_1) + x_c\cot(\theta_2 - \theta_1) \\ -\sin\theta_1 / \sin(\theta_2 - \theta_1) \\ \rho_1\cos\theta_2 / \sin(\theta_2 - \theta_1) - x_c\cot(\theta_2 - \theta_1) \end{bmatrix}$$

$$\boldsymbol{F}_y = \begin{bmatrix} -\cos\theta_2 / \sin(\theta_2 - \theta_1) \\ -\rho_2\sin\theta_1 / \sin(\theta_2 - \theta_1) + y_c\cot(\theta_2 - \theta_1) \\ \cos\theta_1 / \sin(\theta_2 - \theta_1) \\ \rho_1\sin\theta_2 / \sin(\theta_2 - \theta_1) - y_c\cot(\theta_2 - \theta_1) \end{bmatrix}$$

$$\mathrm{d}\boldsymbol{L} = \begin{bmatrix} \mathrm{d}\rho_1 & \mathrm{d}\theta_1 & \mathrm{d}\rho_2 & \mathrm{d}\theta_2 \end{bmatrix}^{\mathrm{T}}$$

由协方差传播率

$$\begin{cases} \sigma_x{}^2 = \boldsymbol{F}_x{}^{\mathrm{T}} \boldsymbol{D} \boldsymbol{F}_x; \\ \sigma_y{}^2 = \boldsymbol{F}_y{}^{\mathrm{T}} \boldsymbol{D} \boldsymbol{F}_y \\ \sigma_{xy} = \boldsymbol{F}_x{}^{\mathrm{T}} \boldsymbol{D} \boldsymbol{F}_y \end{cases} \tag{4-82}$$

故点位中误差 σ_P 为

$$\sigma_P = \sqrt{\sigma_x{}^2 + \sigma_y{}^2} \tag{4-83}$$

同时还可以求得该点的点位误差椭圆。

通过对模拟角点影像的定位精度统计计算，表明该方法的理论定位精度为 0.02 像素。

习题与思考题

1. 影像特征量测包含哪些操作？它们各利用什么理论和方法？

174

2. 怎样计算影像的信息量？局部影像信息量与影像特征有什么关系？

3. 在数字摄影测量中为什么要研究特征？常用的特征有哪些？

4. 什么是影像特征？绘出其坡面灰度曲线。

5. 试述 Moravec 算子、Harris 算子、Förstner 算子、SUSAN 算子的原理，绘出它们的程序框图并编制相应程序。

6. SUSAN 点特征提取算子与其他基于灰度差分的点特征算子有什么本质区别？其优点是什么？

7. 什么是线特征？有哪些梯度算子可用于线特征的提取？

8. 试分析并说明线特征检测算子设计的理论基础，并说明差分算子(梯度算子)在线特征检测中的应用特性。

9. 差分算子的缺点是什么？为什么 LOG 算子能避免差分算子的缺点？

10. 为什么说拉普拉斯线特征检测算子是各向同性的？该算子的本质意义是什么？

11. 高斯 - 拉普拉斯算子有哪些特点？为什么？

12. 什么是面特征？提取面特征的主要手段是什么？

13. 试叙述 Hough 变换提取线特征的基本步骤，绘出 Hough 变换提取直线的程序框图并编制相应程序。

14. 在利用 Hough 变换提取线特征时，为什么将参数平面离散化？为什么对每一空间边缘点，要以该点的梯度角 θ 为中心在一定的离散范围内计算相应的 ρ 值？

15. 在数字摄影测量中为什么要对特征进行精确定位？

16. 定位算子与特征提取算子有什么区别？有哪几种类型的特征定位算子？

17. 绘出椭圆拟合法圆点定位算子的程序框图并编制相应程序。

18. Förstner 定位算子与其特征提取算子有区别与联系？编制其定位算子的程序。

19. 为什么利用梯度方向的定位算子达不到较高的精度？

20. 高精度直线与角点定位算子的原理是什么？绘制其程序框图并编制相应程序。

第 5 章 基于灰度的影像匹配

影像匹配是图像处理与分析的基本问题和关键技术，它在影像立体测图、图像三维重建、计算机视觉、目标识别与跟踪、遥感影像的融合、变化检测、模式识别、医学图像处理、影像分析等领域都有重要应用。

摄影测量中双像(立体像对)的量测是提取物体三维信息的基础。在数字摄影测量中是以影像匹配代替传统的人工量测来达到自动确定同名像点的目的。

在数字摄影测量与遥感中，匹配可以定义为在不同数据集合之间建立对应或相关关系。这些不同的数据集合可以是影像，也可以是地图或目标模型及 GIS 数据。如果是在影像间建立对应关系，则称为影像匹配；如果是在遥感影像和地图间建立对应关系，则常称为配准。

摄影测量处理链中的许多过程都以这样或那样的方式与匹配问题关联。内定向就是局部框标影像与二维框标模板相匹配；相对定向中的选点与空中三角测量的转点就是一张影像中的点与另一张影像中的点之间的匹配，从而形成定向点或连接点；绝对定向则是局部影像与地面控制特征描述之间的匹配(多数情况下这些地面特征是地面控制点)；数字高程模型自动生成则是一张影像同另一张影像局部之间的匹配，并由此生成 3 维目标点集；最后，影像理解或解译也与匹配有关，它是局部影像同目标模型之间的匹配，以便对场景中的目标进行识别和定位。了解到摄影测量中的这么多任务都与匹配问题相关，就不会奇怪匹配问题长期以来一直是并且今后仍将是摄影测量研究与发展中最具挑战性的问题。

在数字摄影测量与遥感领域，数字影像匹配较严格的定义可以描述为：数字影像匹配就是在两张或多张数字影像的要素之间自动建立对应关系，这些影像是(或至少局部是)对同一场景在不同位置或不同时刻的成像，而要素可以是数字影像中的点(即像素)，也可以是数字影像中提取的其他特征。在计算机视觉领域这一问题则更多地被称为对应问题。

人们已经提出了大量的数字影像匹配算法，这些匹配算法从原理上分为 3 类：基于灰度的匹配、基于特征的匹配和关系匹配。本章介绍基于灰度的影像匹配。

5.1 数字影像匹配基础

在摄影测量领域，初期的影像匹配常称为影像相关，主要是指对模拟遥感影像通过光学的或电子的硬件设备实现同名点的确定。在数字摄影测量中，数字立体像对中同名对象的识别一般称为数字影像匹配。虽然名字不一样，但其核心内容仍然是相同的，都是在不同的数据集合(此时为数字立体像对的灰度值集合)之间建立对应或相关关系。无论是电子相关、光学相关还是数字影像匹配，其理论基础是相同的，都是在信号或函数间实现相关。

在数字影像匹配这种数字相关中，处理的问题是确定两张数字影像上的同名对象，属于左右两个数字影像信号之间的相关，称为互相关。但由于目标影像与共轭影像上同名点周围较小局部范围内的影像函数彼此相似，可近似地认为是同一种信号的相关，即自相关，因此可以通过自相关函数的研究为数字相关或数字影像匹配提供理论上的指导。

影像相关是利用互相关函数，评价两块影像的相似性以确定同名点。首先取出以待定点为中心的小区域中的影像信号，然后取出其在另一影像中相应区域的影像信号，计算两者的相关函数，以相关函数最大值对应的相应区域中心点为同名点，即以影像信号分布最相似的区域为同名区域。同名区域的中心点为同名点，这就是自动化立体量测的基本原理。

5.1.1 相关函数

两个随机信号 $x(t)$ 和 $y(t)$ 的互相关函数定义为

$$R_{xy}(\tau) = \int_{-\infty}^{+\infty} x(t)y(t+\tau)\mathrm{d}t \tag{5-1}$$

对信号能量无限的情况取其均值形式：

$$R_{xy}(\tau) = \lim_{T\to\infty} \frac{1}{T}\int_0^T x(t)y(t+\tau)\mathrm{d}t \tag{5-2}$$

在实际应用中信号不可能是无限长的，即 T 是有限值，所以实用的互相关函数估计形式为

$$\hat{R}_{xy}(\tau) = \frac{1}{T}\int_0^T x(t)y(t+\tau)\mathrm{d}t \tag{5-3}$$

上式中的 T 要足够大，使其构成的统计方差小到可以接受。当 $x(t)=y(t)$ 时，则得到自相关函数的相应定义与估计公式：

$$\begin{cases} R_{xx}(\tau) = \int_{-\infty}^{+\infty} x(t)x(t+\tau)\mathrm{d}t \\[2mm] R_{xx}(\tau) = \lim_{T\to\infty} \frac{1}{T}\int_0^T x(t)x(t+\tau)\mathrm{d}t \\[2mm] \hat{R}_{xx}(\tau) = \frac{1}{T}\int_0^T x(t)x(t+\tau)\mathrm{d}t \end{cases} \tag{5-4}$$

自相关函数 $R_{xx}(t)$ 有以下性质：

① 自相关函数是偶函数，即

$$R(\tau) = R(-\tau) \tag{5-5}$$

这是因为

$$\begin{aligned} R(\tau) &= \lim_{T\to\infty} \frac{1}{T}\int_0^T x(t)x(t+\tau)\mathrm{d}t \\ &= \lim_{T\to\infty} \frac{1}{T}\Big[\int_0^{T-\tau} x(t)x(t+\tau)\mathrm{d}t + \int_{T-\tau}^T x(t)x(t+\tau)\mathrm{d}t\Big] \\ &= \lim_{T\to\infty} \frac{1}{T}\int_0^{T-\tau} x(t)x(t+\tau)\mathrm{d}t \end{aligned}$$

令 $t' = t - \tau$，则

$$R(-\tau) = \lim_{T\to\infty} \frac{1}{T}\int_0^T x(t)x(t-\tau)\mathrm{d}t$$

$$= \lim_{T \to \infty} \frac{1}{T} \int_{-\tau}^{T-\tau} x(t')x(t'+\tau)\,dt'$$

$$= \lim_{T \to \infty} \frac{1}{T} \Big[\int_{-\tau}^{0} x(t')x(t'+\tau)\,dt' + \int_{0}^{T-\tau} x(t')x(t'+\tau)\,dt' \Big]$$

$$= \lim_{T \to \infty} \frac{1}{T} \int_{0}^{T-\tau} x(t)x(t+\tau)\,dt = R(\tau)$$

$$= R(\tau)$$

② 自相关函数在 $\tau = 0$ 处取得最大值，即

$$R(0) \geqslant R(\tau) \tag{5-6}$$

因为 $a^2 + b^2 \geqslant 2ab$，所以 $x(t)x(t) + x(t+\tau)x(t+\tau) \geqslant 2x(t)x(t+\tau)$。两边取时间 T 的平均值并取极限：

$$\lim_{T \to \infty} \frac{1}{T} \int_{0}^{T} x(t)x(t)\,dt + \lim_{T \to \infty} \frac{1}{T} \int_{0}^{T} x(t+\tau)x(t+\tau)\,dt \geqslant \lim_{T \to \infty} \frac{1}{T} \int_{0}^{T} 2x(t)x(x+\tau)\,dt$$

上式左边两部分均为 $R(0)$，所以

$$R(0) \geqslant R(\tau)$$

这一特性实际上描述了影像信号本身的粗糙（丰富）程度，当影像信息粗糙（丰富）时，其自相关函数具有唯一的峰值；反之，出现多峰值的概率会增大。同时，这一特性在影像匹配中具有非常重要的意义，它是判断两幅影像匹配正确与否的重要标准，是相关技术确定同名像点的依据。

5.1.2 影像相关的谱分析

相关是所有早期自动化测图系统所采用的基本技术，无论是现在还是将来，它都是最基础的影像匹配方法，因而对数字影像相关函数的研究是非常必要的。在摄影测量的数字相关中处理的问题是两张影像上的同名点问题，所讨论的相关总是互相关。但由于两张影像上同名点周围的影像彼此相似，所以通过自相关函数的研究，也可以提供数字影像相关系统中合理的设计基础，利用它可以对采样间隔以及相关函数的锐度等问题作出估计。由于影像的灰度不是一个简单的函数，因此对一个大面积的影像不可能用任何一种解析函数描述其灰度曲面，对它的相关函数也就很难估计。维纳（Wiener）与辛钦（Khintchine）的研究结果提供了一种估计相关函数的方法，即从影像的功率谱估计可以很容易地得到其相关函数的估计。因此在对影像功率谱及相关函数估计的基础上，可分析相关过程的各种问题及可能采取的策略。

1. 相关函数的谱分析

（1）功率谱

随机信号的功率谱反映了信号在不同频率所具有的能量，其定义为随机信号傅里叶变换的模的平方。两个随机信号 $x(t)$ 和 $y(t)$ 的傅里叶变换为 $X(f)$ 与 $Y(f)$，则 $x(t)$ 的自功率谱为

$$S_x(f) = |X(f)|^2 \tag{5-7}$$

$x(t)$ 与 $y(t)$ 的互功率谱定义为

$$S_{xy}(f) = X^*(f)Y(f) \tag{5-8}$$

其中，$X^*(f)$ 为 $X(f)$ 的复共轭。

（2）维纳 - 辛钦定理

维纳 - 辛钦（Wiener-Khintchine）定理：随机信号的相关函数与其功率谱是一对傅里叶变换对，相关函数的傅里叶变换即功率谱函数，而功率谱函数的逆傅里叶变换即相关函数，可表示为

$$R_{xy}(\tau) \Leftrightarrow S_{xy}(f) \tag{5-9}$$

随机信号 $x(t)$ 与 $y(t)$ 相关函数的傅里叶变换为

$$\int_{-\infty}^{+\infty} R_{xy}(\tau) \mathrm{e}^{-j2\pi f\tau} \mathrm{d}\tau = \int_{-\infty}^{+\infty} \left[\int_{-\infty}^{+\infty} x(t)y(t+\tau) \mathrm{d}t \right] \mathrm{e}^{-j2\pi f\tau} \mathrm{d}\tau$$

$$= \int_{-\infty}^{+\infty} x(t) \left[\int_{-\infty}^{+\infty} y(t+\tau) \mathrm{e}^{-j2\pi f\tau} \mathrm{d}\tau \right] \mathrm{d}t$$

令 $\sigma = t + \tau$，则

$$\int_{-\infty}^{+\infty} y(t+\tau) \mathrm{e}^{-j2\pi f\tau} \mathrm{d}\tau = \int_{-\infty}^{+\infty} y(\sigma) \mathrm{e}^{-j2\pi f(\sigma-t)} \mathrm{d}\sigma$$

$$= \mathrm{e}^{j2\pi ft} \int_{-\infty}^{+\infty} y(\sigma) \mathrm{e}^{-j2\pi f\sigma} \mathrm{d}\sigma$$

$$= \mathrm{e}^{j2\pi ft} Y(f)$$

因此

$$\int_{-\infty}^{+\infty} R_{xy}(\tau) \mathrm{e}^{-j2\pi f\tau} \mathrm{d}\tau = \int_{-\infty}^{+\infty} x(t) \mathrm{e}^{j2\pi ft} Y(f) \mathrm{d}t$$

$$= Y(f) \int_{-\infty}^{+\infty} x(t) \mathrm{e}^{-j2\pi f(-t)} \mathrm{d}t$$

$$= Y(f)X(-f) = X^*(f)Y(f)$$

$$= S_{xy}(f)$$

即

$$\int_{-\infty}^{+\infty} R_{xy}(\tau) \mathrm{e}^{-j2\pi f\tau} \mathrm{d}\tau = S_{xy}(f) \tag{5-10}$$

同理

$$\int_{-\infty}^{+\infty} S_{xy}(f) \mathrm{e}^{j2\pi f\tau} \mathrm{d}f = R_{xy}(\tau) \tag{5-11}$$

所以，若记傅里叶变换为 F，则有

$$\left. \begin{array}{l} F[R_{xy}(\tau)] = S_{xy}(f) \\ F^{-1}[S_{xy}(f)] = R_{xy}(\tau) \end{array} \right\} \tag{5-12}$$

同理，对信号 $x(t)$ 的自功率谱和自相关函数亦有

$$\left. \begin{array}{l} F[R_x(\tau)] = S_x(f) \\ F^{-1}[S_x(f)] = R_x(\tau) \end{array} \right\} \tag{5-13}$$

由维纳 - 辛钦定理，我们可先对影像的功率谱进行估计，经逆傅里叶变换就可以得到影像的相关函数估计。

（3）影像功率谱的估计

对影像功率谱进行估计，其结果不仅可进一步用于相关函数的估计，还可对信号的截止频率进行估计，以确定采样间隔。

影像功率谱的估计步骤如下：

① 读取影像灰度 g，采用一定的截断窗口（如最小能量矩形窗或其他有较小旁斑的截

179

断窗口）进行处理，以减小估计的偏移。

②用快速傅里叶变换（Fast Fourier Transform，FFT）计算信号的傅里叶变换 $G(f)$。

③计算功率谱估计值：

$$S(f) = |G(f)|^2 \tag{5-14}$$

④为了减小估计的方差，进行估计值的平滑（可用简单的移动平均法）。

⑤用最小二乘拟合法计算指数曲线参数，得到功率谱估计函数：

$$\hat{S}(f) = be^{-a|f|} \quad (a > 0) \tag{5-15}$$

式中，a，b 为所估计的参数。该功率谱函数近似表达为指数形状。标准化功率谱估计为

$$S(f) = e^{-a|f|} \quad (a > 0) \tag{5-16}$$

对一些有代表性的航空影像进行功率谱估计，获得如图 5-1 所示的虚线范围内的曲线。大量的实验表明，航空影像功率谱近似呈指数曲线状。

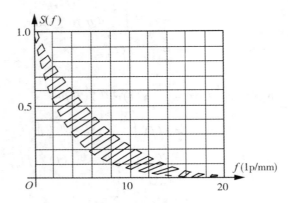

图 5-1　影像功率谱估计曲线

（4）相关函数的估计

根据维纳 - 辛钦定理，可得影像的自相关函数估计为

$$
\begin{aligned}
R(\tau) &= \int_{-\infty}^{+\infty} e^{-a|f|} e^{j2\pi f\tau} df \\
&= \int_{-\infty}^{0} e^{af} e^{j2\pi f\tau} df + \int_{0}^{+\infty} e^{-af} e^{j2\pi f\tau} df \\
&= \int_{0}^{\infty} e^{-(af+j2\pi f\tau)} df + \int_{0}^{\infty} e^{-(af-j2\pi f\tau)} df \\
&= \frac{1}{a + j2\pi\tau} + \frac{1}{a - j2\pi\tau} \\
&= \frac{2a}{a^2 + 4\pi^2\tau^2}
\end{aligned}
\tag{5-17}
$$

使 $R(0) = 1$，则 $a^2 = 2a$。将 $R(\tau)$ 除以 $R(0)$，可得归一化的自相关函数为

$$R(\tau) = \frac{1}{1 + 4\pi^2\left(\dfrac{\tau}{a}\right)^2} \tag{5-18}$$

图 5-2 给出了 $a = 0.2$ 时的自相关函数图形。

180

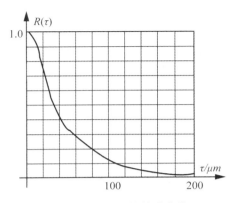

图 5-2　相关函数估计曲线

对影像功率谱函数估计式(5-16)求关于 f 的偏导数，得

$$|S'_f(f)| = ae^{-a|f|} \qquad (5\text{-}19)$$

显然 $|S'_f(f)|$ 与 a 近似成正比，只是随着 a 的增大比例系数也随之减小。因此可以看出：a 越大，$|S'_f(f)|$ 越大，从而功率谱曲线越陡峭；a 越小，功率谱曲线越平坦（因为一阶导数的大小反映函数升降的快慢）。在图 5-1 中，最下面的曲线对应着较大的 a，其曲线下包含的高频信息较少；上面的曲线对应较小的 a（较平坦），其曲线下包含更丰富的高频信息，即高频信息占优势。

对归一化的自相关函数式(5-18)求关于 a 的偏导数，则得

$$|R'(\tau)| = \frac{8\pi^2\tau^2}{\left(1 + 4\pi^2\left(\dfrac{\tau}{a}\right)^2\right)^2} \frac{1}{a^3} \qquad (5\text{-}20)$$

上式可近似地认为 $|R'(\tau)| \propto \dfrac{1}{a^3}$，说明 a 越大，自相关函数越平坦；a 越小，则自相关函数越陡峭，正好与功率谱函数相反。

结合功率谱函数与自相关函数对不同的 a 值变化情况，可以得到如下结论：当影像中包含较多的高频信息时（相当于功率谱曲线较平坦），相关函数较陡峭，此时对相同的阈值来说，相关过程中拉入范围小，但相关精度高。当影像中包含较多的低频信息时（相当于功率谱曲线较陡峭），相关函数较平坦，说明相关过程中其拉入范围大，但相关精度低。对复杂的遥感影像来说，其相关函数并不是单调（单峰）的，而是复杂多变的多峰曲线。上述结论的直观解释可用图 5-3 加以说明，图 5-3(a) 低频信息丰富，相关曲线平坦，拉入范围大，精度低；图 5-3(b) 高频信息丰富，相关曲线陡峭，拉入范围小，精度高。

图 5-1 和图 5-2 所给出的功率谱估计曲线和自相关函数估计曲线均是从宏观上考虑，并基于较大的影像范围所给出的估计，其自相关函数一般是单峰的，即仅在 $\tau = 0$ 时取得最大值。但实际上，相关运算必须在相当小的范围内进行，此时功率谱常常会在一定的频带特别强，信号中可能混有的"窄带随机噪声"也就突出了。这样，自相关函数就具有多个极值点，互相关函数的情况则更为复杂，多峰值的情况更多，并且有时最大值与同名点不相对应，使相关失败。这里仅从宏观上对自相关函数和功率谱函数进行了简单的分析，

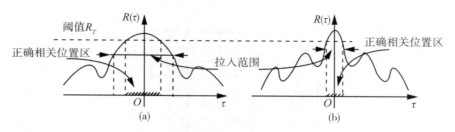

图 5-3　不同相关函数的拉入范围与相关精度示意图

得到了对影像匹配在理论上有一定指导意义的结论。

2. 金字塔多级匹配策略

通过以上相关函数的谱分析，综合考虑相关结果的正确性与精度，得出目前广泛应用的从粗到精的相关策略——金字塔多级影像匹配。假设影像金字塔中，低层分辨率是相邻上一层分辨率的 2 倍（4 像元平均），对如图 5-4 所示的 4 层金字塔来说，最高层（最粗分辨率层）上 1 个像素的精度就相当于在最底层（最高分辨率层的原始影像）上 64 个像素的精度。因此，必须在金字塔的每一层（或者隔一层）进行匹配处理以保证匹配过程的收敛性。在金字塔的每一层，匹配过程都必须重复进行以精化共轭位置，提高精度。通过金字塔进行位置追踪是多级方法的核心内容，也称为由粗到精的策略。

4 像元平均或 9 像元平均属于移动平均法，是金字塔影像形成中最简单的低通滤波方法，还可以采用较复杂的、较理想的低通滤波，例如高斯滤波等。

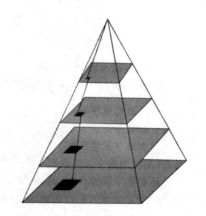

图 5-4　沿影像金字塔追踪配准示意图

5.1.3　遥感影像配准

遥感影像配准可以归结为四类：

（1）不同主点的影像配准

此类配准主要是为了将连续场景中的序列影像按照重叠区域的影像进行拼接，扩大数据在 2D 或 3D 的扫描场景范围，例如遥感影像里的影像拼接或计算机视觉应用中的形态重建。

（2）不同时期数据的配准（多时相分析）

同一地区的数据在不同的时间获取或不同条件下获取，以判断在数据获取间隔时间段内场景的变化，例如探测全球土地应用、土地规划，计算机视觉中自动安全监测、移动跟踪，医学痊愈检测、肿块变化情况等。

（3）不同传感器影像配准

同一场景被不同传感器获取数据，目的是将不同传感器获取的场景信息进行融合获取更多新的更复杂更精细的场景信息，例如遥感中的全色影像和多光谱影像的配准融合、SAR 影像和遥感影像的融合。

（4）场景到模型的配准

场景的数据和场景中的模型的配准。模型是对场景的计算机描述，例如 GIS 中的地图或 DEM 数据等遥感影像和矢量图的配准。

每一种配准必须考虑以下几个问题：几何变形类型、辐射变形类型以及噪音干扰、匹配精度和应用类型等。

5.2 基于灰度的影像匹配基本算法

影像匹配实质上是在两幅（或多幅）影像之间识别同名点，它是数字摄影测量及计算机视觉的核心问题。以影像上局部范围内的灰度值及其分布作为匹配实体（或比较要素），通过计算匹配实体之间的相似性测度寻找共轭实体的影像匹配方法，称为基于灰度的影像匹配。

基于灰度的影像匹配算法是一种起步最早、理论上也最成熟的匹配算法。该类算法通过比较两幅或多幅影像中较小影像范围内的灰度值来确定灰度值分布模式相似的共轭位置。其基本原理是：首先在主影像上以匹配点为中心选取一定大小的影像窗口，称为目标窗口；然后根据先验知识或其他约束条件，估计该点的同名点在辅影像上可能的存在范围，称为搜索区域；再以搜索区域中的每一点为中心，取与目标窗口同样大小的窗口，称为搜索窗口；最后计算目标窗口与每一搜索窗口之间的相似性测度，以相似性测度值最大的那个搜索窗口为目标窗口的配准窗口或称共轭窗口，目标窗口中心点和共轭窗口中心点为同名点。该过程示意图如图 5-5 所示。

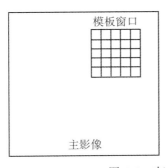
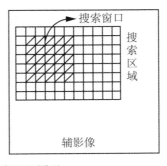

图 5-5 灰度匹配原理

5.2.1　相似性测度

影像匹配的数学描述如下：

若影像 I_1 与 I_2 中的像点 O_1 与 O_2 具有坐标 $P_1 = (x_1, y_1)$，$P_2 = (x_2, y_2)$，以及特征属性 f_1 与 f_2，即 $O_1 = (P_1, f_1)$，$O_2 = (P_2, f_2)$。

其中，f_1 与 f_2 可以是以 P_1 与 P_2 为中心的小影像窗口的灰度矩阵 $\boldsymbol{g}_1$ 与 $\boldsymbol{g}_2$，也可以是其他能够描述 O_1 与 O_2 的特征(广义的情况，O_1 与 O_2 可以是一定像素的集合，P_1 与 P_2 分别是描述它们的几何参数向量)。基于 f_1 与 f_2 定义某种测度 $m(f_1, f_2)$。所谓影像匹配就是建立一个映射函数 M，使其满足

$$P_2 = M(P_1, T)$$
$$m(f_1, f_2) = \max \text{ 或 } \min(O_1 \in I_1, \quad O_2 \in I_2)$$

式中，T 为描述映射 M 的参数向量；测度 m 表示 O_1 与 O_2 匹配程度，也称为匹配测度、相似性测度、相关准则、相关量、相关数据等。

对任意一对点 (O_1, O_2)，我们感兴趣的状态只有两种：O_1 与 O_2 是匹配点(同名点)；O_1 与 O_2 不是同名点。因此，匹配问题简化为：①寻找匹配点对(同名点对)；②确定参数向量 T。这两个问题是等价的，因为确定了匹配点，则映射参数也就确定了；反之亦然。而匹配点的确定是以上述的匹配测度为基础的，因而如何定义匹配测度，则是影像匹配最首要的任务。基于不同理论或不同的思想可以定义各种不同的匹配测度，形成了各种影像匹配方法及相应算法，其中基于统计理论的一些方法得到了较广泛的应用。

匹配测度也称为相似性测度，相似性测度是刻画或说明匹配实体之间相似性程度的一种定量度量指标。一般说来，相似性程度是通过代价函数来计算的。在基于灰度的影像匹配中，常用的相似性测度包括相关函数测度、协方差函数测度、相关系数测度、差平方和测度以及差绝对值和测度等。代价函数设计为匹配实体空间上的数值函数，根据代价函数在不同匹配实体上所计算出的数值大小来确定同名共轭实体。如果代价函数设计为距离型函数，则距离越小越相似，如差平方和测度与差绝对值和测度等。若代价函数设计为方向型函数，则方向越一致(匹配实体之间的夹角越小)越相似。夹角的大小若用角度的余弦值来度量，那么余弦值越大越相似，如相关系数测度。针对不同的匹配实体，常用的相似性测度见表5-1。

表 5-1　　　　　　　　　　　　　　不同匹配实体的相似性测度

共轭实体	匹配实体	相似性测度
点(或像素)	点周围局部影像的灰度值及分布	相关系数、差平方和、最小二乘等
特征 (如兴趣点、线特征等)	描述特征的特征向量(即属性)，如线特征描述参数中的方向、长度、梯度、曲率等	特征向量之间某种度量，如 Mahalanobis 距离、代价函数
面状特征	面特征属性(即特征向量)，如面积、圆度、区域邻接关系	特征向量之间某种度量，如 Mahalanobis 距离、代价函数
其他特征	特征关系描述	基于关系的代价函数

5.2.2 灰度匹配中常用的相似性测度

1. 相关函数测度

影像灰度函数 $g(x, y)$ 与 $g'(x, y)$ 的相关函数定义为

$$R(p, q) = \iint\limits_{(x, y) \in D} g(x, y)g'(x + p, y + q)\mathrm{d}x\mathrm{d}y \tag{5-21}$$

若 $R(p_0, q_0) = \max\{R(p, q)\}$，则 p_0，q_0 为搜索窗口影像相对于目标窗口的偏移参数。

对离散的数字图像，相关函数的估计公式为

$$R(r, c) = \sum_{i=1}^{m} \sum_{j=1}^{n} g_{i, j} \cdot g'_{i+r, j+c} \tag{5-22}$$

式中，$g_{i, j}$ 和 $g'_{i+r, j+c}$ 分别为目标影像与搜索影像上位置 (i, j) 和 $(i+r, j+c)$ 处的灰度值。

如果将两个影像窗口内的灰度值拉伸成一维向量并分别用 $\boldsymbol{X}$，$\boldsymbol{Y}$ 表示，即

$$\begin{cases} \boldsymbol{X} = (g_1, g_2, \cdots, g_N) \\ \boldsymbol{Y} = (g'_1, g'_2, \cdots, g'_N) \end{cases} \tag{5-23}$$

则相关函数测度公式(5-22)可以表示成矢量的内积，即

$$R(r, c) = \sum_{i=0}^{N-1} g_i g'_i = \boldsymbol{X} \cdot \boldsymbol{Y} = |\boldsymbol{X}| \cdot |\boldsymbol{Y}|\cos\theta \tag{5-24}$$

注意到在搜索过程中，目标向量 $\boldsymbol{X}$ 是不变的，所以按相关函数最大寻找同名点就相当于按 $|\boldsymbol{Y}|\cos\theta$ 最大确定同名点。若记 $\boldsymbol{Y'} = |\boldsymbol{Y}|\cos\theta \cdot \boldsymbol{e}$，$\boldsymbol{e} = \boldsymbol{X}/|\boldsymbol{X}|$ 为沿矢量 $\boldsymbol{X}$ 方向的单位矢量，则 $\boldsymbol{Y'}$ 为 $\boldsymbol{Y}$ 在 $\boldsymbol{X}$ 上的直接投影，$\boldsymbol{Y}$、$\boldsymbol{Y'}$、$\boldsymbol{Y'} - \boldsymbol{Y}$ 构成直角三角形，如图5-6(a)所示。

由图5-6(b)可以看出，当搜索向量 $\boldsymbol{Y}_1$、$\boldsymbol{Y}_2$ 的模长均小于目标向量 $\boldsymbol{X}$ 的模长时，这种直接投影最大即最相似的理论与图5-6(b)的情况基本一致，具有一定的合理性。但如果有搜索向量的模长明显大于 $\boldsymbol{X}$ 的模长(即位于以目标向量为半径所决定的圆外)，则这种直接投影越大越相似的理论显然不符合常理，如图5-6(c)所示。因此，如果搜索影像出现灰度值平移，某一搜索向量的模明显大于目标向量之模，那么按照相关函数测度极有可能出现误匹配。

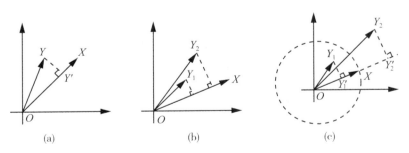

图 5-6　相关函数测度示意图

2. 协方差函数测度

协方差函数是中心化的相关函数。影像灰度函数 $g(x, y)$ 与 $g'(x, y)$ 的协方差函数定义为

$$C(p, q) = \iint\limits_{(x, y) \in D} \{g(x, y) - E[g(x, y)]\} \{g'(x + p, y + q) -$$
$$E[g'(x + p, y + q)]\} \mathrm{d}x\mathrm{d}y \tag{5-25}$$

其中,

$$E[g(x. y)] = \frac{1}{|D|} \iint\limits_{(x, y) \in D} g(x, y) \mathrm{d}x\mathrm{d}y$$

$$E[g'(x + p, y + q)] = \frac{1}{|D|} \iint\limits_{(x, y) \in D} g'(x + p, y + q)]\mathrm{d}x\mathrm{d}y$$

式中, $|D|$ 为 D 的面积。若 $C(p_0, q_0) = \max\{C(p, q)\}$,则 p_0,q_0 为搜索窗口影像相对于目标窗口的偏移参数。

对离散的数字图像,协方差函数的估计公式为

$$C(r, c) = \sum_{i=1}^{m} \sum_{j=1}^{n} (g_{i, j} - \bar{g}) \cdot (g'_{i+r, j+c} - \bar{g}) \tag{5-26}$$

其中,

$$\bar{g} = \frac{1}{m \cdot n} \sum_{i=1}^{m} \sum_{j=1}^{n} g_{i, j}, \qquad \bar{g}'_{r, c} = \frac{1}{m \cdot n} \sum_{i=1}^{m} \sum_{j=1}^{n} g'_{i+r, j+c}$$

如果记

$$\begin{cases} \boldsymbol{X} = (g_1, g_2, \cdots, g_y) \\ \boldsymbol{Y} = (g'_1, g'_2, \cdots, g'_N) \\ \bar{\boldsymbol{X}} = (\bar{g}, \bar{g}, \cdots, \bar{g}) \\ \bar{\boldsymbol{Y}} = (\bar{g}', \bar{g}', \cdots, \bar{g}') \end{cases} \tag{5-27}$$

其中,

$$\bar{g} = \frac{1}{N} \sum g_i, \qquad \bar{g}' = \frac{1}{N} \sum g'_i$$

则式(5-26)的协方差函数测度可表示为一般内积的形式,即

$$C(r, c) = (\boldsymbol{X} - \bar{\boldsymbol{X}}) \cdot (\boldsymbol{Y} - \bar{\boldsymbol{Y}}) = \boldsymbol{X}' \cdot \boldsymbol{Y}' \tag{5-28}$$

式中, $\boldsymbol{X}' = \boldsymbol{X} - \bar{\boldsymbol{X}}$, $\boldsymbol{Y}' = \boldsymbol{Y} - \bar{\boldsymbol{Y}}$。对任意向量 $\boldsymbol{Y} = (y_1, y_2, \cdots, y_N)$,由式(5-27)、式(5-28)中所定义的向量 $\bar{\boldsymbol{Y}}$、$\boldsymbol{Y}'$ 和向量 $\boldsymbol{Y}$ 构成直角三角形,如图 5-7(a)所示,其中向量 $\bar{\boldsymbol{Y}}$ 位于各分量均相等的向量 $\boldsymbol{E} = (1, 1, \cdots, 1)$ 的方向上。这样,按照协方差函数最大的匹配原则,就相当于

$$\max\{C(r, c)\} \Leftrightarrow \max\{\boldsymbol{X}' \cdot \boldsymbol{Y}'\} \Leftrightarrow \max\{|\boldsymbol{X}'| \cdot |\boldsymbol{Y}'|\cos\theta\} \Leftrightarrow \max\{|\boldsymbol{Y}'|\cos\theta\} \tag{5-29}$$

可以看出, $|\boldsymbol{Y}'|\cos\theta$ 是向量 $\boldsymbol{Y}'$ 在向量 $\boldsymbol{X}'$ 上投影的模,这种投影称为 $\boldsymbol{Y}$ 向 $\boldsymbol{X}$ 的间接投影,如图 5-7(b)所示。

不难看出,对任意向量 $\boldsymbol{Y}$ 来说, $\boldsymbol{Y}$ 都位于向量 $\boldsymbol{E} = (1, 1, \cdots, 1)$ 的方向上(在二维情况下, $\boldsymbol{E}$ 位于第一、三象限的对角线上)。仔细分析协方差函数测度的定义及式(5-28)、式(5-29)等可以得出下述结论:给定目标向量 $\boldsymbol{X}$,对任意搜索向量 $\boldsymbol{Y}$,如果该搜索向量 $\boldsymbol{Y}$ 位于目标向量 $\boldsymbol{X}$ 和对角线向量 $\boldsymbol{E}$ 之间的范围内,即 $\boldsymbol{X}$ 与 $\boldsymbol{E}$ 的夹角以内(如图 5-7(c)的 $\boldsymbol{Y}_1$ 所示),那么按照协方差函数越大越相似的原则,能够找到正确的匹配。但如果搜索向量 $\boldsymbol{Y}$

186

不位于上述范围内(如图 5-7(c) 的 Y_2 所示),那么按照协方差函数越大越相似,则可能得到错误的匹配。

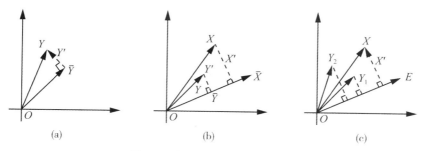

图 5-7　协方差函数测度示意图

由谱分析可知,减去信号的均值等于去掉其直流分量。因而当两影像的灰度强度平均相差一个常量时,应用协方差测度可不受影响。

3. 相关系数测度

相关函数测度受搜索矢量模长的影响,而协方差函数测度则易受角度的影响。相关系数测度则考虑单位化的目标向量和搜索向量,其直观意义是搜索向量与目标向量的夹角越小越相似,因而其匹配效果最好,在实际中得到了广泛的应用。

(1)定义与计算公式

相关系数是标准化(或归一化)的协方差函数。灰度函数 $g(x, y)$ 与 $g'(x, y)$ 的相关系数定义为

$$\rho(p, q) = \frac{C(p, q)}{\sqrt{C_{gg}C_{g'g'}(p, q)}} \tag{5-30}$$

其中,

$$C_{gg} = \iint\limits_{(x, y)\in D} \{g(x, y) - E[g(x, y)]\}^2 \mathrm{d}x\mathrm{d}y$$

$$C_{g'g'}(p, q) = \iint\limits_{(x, y)\in D} \{g'(x+p, y+q) - E[g'(x+p, y+q)]\}^2 \mathrm{d}x\mathrm{d}y$$

若 $\rho(p_0, q_0) = \max\{\rho(p, q)\}$,则 p_0、q_0 为搜索窗口影像相对于目标窗口的偏移参数。

对离散的数字图像,相关系数估计为

$$\rho(r, c) = \frac{\sum_{i=1}^{m}\sum_{j=1}^{n}(g_{i, j} - \overline{g}')(g'_{i+r, j+c} - \overline{g}')}{\sqrt{\sum_{i=1}^{m}\sum_{j=1}^{n}(g_{i, j} - \overline{g})^2 \cdot \sum_{i=1}^{m}\sum_{j=1}^{n}(g'_{i+r, j+c} - \overline{g}'_{r, c})^2}} \tag{5-31}$$

其中,

$$\overline{g} = \frac{1}{m \cdot n}\sum_{i=1}^{m}\sum_{j=1}^{n}g_{i, j}, \qquad \overline{g}'_{r, c} = \frac{1}{m \cdot n}\sum_{i=1}^{m}\sum_{j=1}^{n}g'_{i+r, j+c}$$

相关系数的实用公式为:

$$\rho(c, r) = \cfrac{\displaystyle\sum_{i=1}^{m}\sum_{j=1}^{n}(g_{i,j} \cdot g_{i+r,j+c}) - \cfrac{1}{m \cdot n}\left(\displaystyle\sum_{i=1}^{m}\sum_{j=1}^{n}g_{i,j}\right)\left(\displaystyle\sum_{i=1}^{m}\sum_{j=1}^{n}g'_{i+r,j+c}\right)}{\sqrt{\left[\displaystyle\sum_{i=1}^{m}\sum_{j=1}^{n}g_{i,j}^2 - \cfrac{1}{m \cdot n}\left(\displaystyle\sum_{i=1}^{m}\sum_{j=1}^{n}g_{i,j}\right)^2\right]\left[\displaystyle\sum_{i=1}^{m}\sum_{j=1}^{n}g'^{2}_{i+r,j+c} - \cfrac{1}{m \cdot n}\left(\displaystyle\sum_{i=1}^{m}\sum_{j=1}^{n}g'_{i+r,j+c}\right)^2\right]}}$$

(5-32)

如果将目标窗口内影像的灰度值与搜索窗口内影像的灰度值拉伸成一维向量并用 $\boldsymbol{X} = (x_1, x_2, \cdots, x_N)$，$\boldsymbol{Y} = (y_1, y_2, \cdots, y_N)$，$N = m \times n$ 表示，则相关系数测度可表示为

$$\rho(r, c) = \frac{\boldsymbol{X'} \cdot \boldsymbol{Y'}}{|\boldsymbol{X'}| \cdot |\boldsymbol{Y'}|} = \frac{|\boldsymbol{X'}| \cdot |\boldsymbol{Y'}|\cos\theta}{|\boldsymbol{X'}| \cdot |\boldsymbol{Y'}|} = \cos\theta \tag{5-33}$$

其中，θ 是矢量 $\boldsymbol{X'}$ 与矢量 $\boldsymbol{Y'}$ 之间的夹角，$\boldsymbol{X'}$ 与 $\boldsymbol{Y'}$ 的定义同式(5-28)。相关系数是两个单位长度矢量 $\dfrac{\boldsymbol{X'}}{|\boldsymbol{X'}|}$ 与 $\dfrac{\boldsymbol{Y'}}{|\boldsymbol{Y'}|}$ 的数量积，其值等于 $\boldsymbol{X}$、$\boldsymbol{E}$ 两矢量构成的超平面与 $\boldsymbol{Y}$、$\boldsymbol{E}$ 构成的超平面的夹角 θ 的余弦，因而其取值范围满足

$$|\rho| \leqslant 1 \tag{5-34}$$

如果 $\rho = 1$，说明目标窗口的影像灰度值及其分布与搜索窗口完全相同；如果两个窗口不相关，即没有任何相似性，则 $\rho = 0$；如果 $\rho = -1$，则说明两个窗口影像之间存在逆相关，例如相同局部影像的正片和负片的情况。由于余弦函数是减函数，故相关系数测度说明两矢量之间的夹角越小越相似。

（2）相关系数是灰度线性变换的不变量

由于相关系数是标准化协方差函数，因而当目标影像的灰度与搜索影像的灰度之间存在线性畸变时，仍然能较好地评价它们之间的相似性程度，即相关系数是灰度线性变换的不变量。

设 $\boldsymbol{X}$ 与 $\boldsymbol{Y}$ 是目标窗口影像的灰度矢量与搜索窗口影像的灰度矢量，其相关系数测度为

$$\rho = \frac{\displaystyle\sum_{i=1}^{N}(x_i - \bar{x})(y_i - \bar{y})}{\sqrt{\displaystyle\sum_{i=1}^{N}(x_i - \bar{x})^2\sum_{i=1}^{N}(y_i - \bar{y})^2}} \tag{5-35}$$

当搜索影像灰度矢量变为 $\boldsymbol{Y'}$，并假设它与 $\boldsymbol{Y}$ 呈一线性畸变：

$$\boldsymbol{Y'} = a\boldsymbol{Y} + b \tag{5-36}$$

则 $\boldsymbol{Y'}$ 与 $\boldsymbol{X}$ 的相关系数 ρ' 为

$$\begin{aligned}
\rho' &= \frac{\displaystyle\sum_{i=1}^{N}(x_i - \bar{x})(y'_i - \bar{y})}{\sqrt{\displaystyle\sum_{i=1}^{N}(x_i - \bar{x})^2\sum_{i=1}^{N}(y'_i - \bar{y})^2}} \\
&= \frac{\displaystyle\sum_{i=1}^{N}(x_i - \bar{x})[(ay_i + b) - (a\bar{y} + b)]}{\sqrt{\displaystyle\sum_{i=1}^{N}(x_i - \bar{x})^2\sum_{i=1}^{N}[(ay_i + b) - (a\bar{y} + b)]^2}}
\end{aligned} \tag{5-37}$$

$$= \frac{a \sum_{i=1}^{N} (x_i - \bar{x})(y_i - \bar{y})}{\sqrt{\sum_{i=1}^{N} (x_i - \bar{x})^2 a^2 \sum_{i=1}^{N} (y_i - \bar{y})^2}}$$

$$= \rho$$

即灰度矢量经线性变换后相关系数是不变的。

（3）相关系数与灰度的线性拟合

相关系数极大等价于目标窗口与搜索窗口灰度之间线性拟合的残差极小。

若对两个窗口内的灰度值矢量 $\boldsymbol{X} = (x_1, x_2, \cdots, x_N)$ 与 $\boldsymbol{Y} = (y_1, y_2, \cdots, y_N)$ 拟合一条直线（见图 5-8）为

$$y = a + bx \tag{5-38}$$

则对各相应灰度值，误差方程为

$$v_i = a + bx_i - y_i \tag{5-39}$$

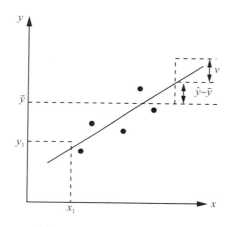

图 5-8　灰度线性拟合示意图

利用最小二乘方法可解得参数的参数 a，b：

$$\begin{cases} \hat{a} = \bar{y} - \bar{x}\hat{b} \\ \hat{b} = \dfrac{\sum_{i=1}^{N} (x_i - \bar{x})(y_i - \bar{y})}{\sum_{i=1}^{N} (x_i - \bar{x})^2} \end{cases} \tag{5-40}$$

式中，$\bar{x}$ 和 $\bar{y}$ 分别为 x_i 和 y_i 的均值。将 a，b，x_i 代入直线方程可求得 y_i 的平差值 $\hat{y}_i$ 与相应的余差 v_i，即

$$v_i = \hat{a} + \hat{b}x_i - y_i = \bar{y} - \bar{x}\hat{b} + \hat{b}x_i - y_i = \hat{b}(x_i - \bar{x}) - (y_i - \bar{y}) \tag{5-41}$$

余差平方和为

$$\sum_{i=1}^{N} v_i^2 = \sum_{i=1}^{N} (\hat{b}(x_i - \bar{x}) - (y_i - \bar{y}))^2$$

$$= \sum_{i=1}^{N} (y_i - \bar{y})^2 - \frac{\sum_{i=1}^{N} ((x_i - \bar{x})(y_i - \bar{y}))^2}{\sum_{i=1}^{N} (x_i - \bar{x})^2} \qquad (5-42)$$

两边同除 $\sum_{i=1}^{N} v_i^2 = \sum_{i=1}^{N} (y_i - \bar{y})^2$，得

$$\frac{\sum_{i=1}^{N} v_i^2}{\sum_{i=1}^{N} (y_i - \bar{y})^2} = 1 - \rho^2 \qquad (5-43)$$

由式(5-43)式可以看出，相关系数达到极大就相当于 $\sum_{i=1}^{N} v_i^2$ 达到极小。因此可以认为，以相关系数最大为准则的匹配，实际上相当于将搜索窗口内的灰度值拟合为目标窗口内相应灰度值的线性函数时，残差平方和为最小条件下的匹配，也就是将线性拟合残差平方和最小的搜索窗口作为目标窗口的最终配准窗口，而相应两窗口的中心被认为是同名点。

由式(5-44)式还可得

$$\frac{\frac{1}{N-1} \sum_{i=1}^{N} v_i^2}{\frac{1}{N-1} \sum_{i=1}^{N} (y_i - \bar{y})^2} = 1 - \rho^2 \qquad (5-44)$$

由统计理论知，当 N 充分大时，噪声方差 σ_n^2 可以用残差的均方误差来估计。因此有

$$\hat{\sigma}_n^2 = \frac{1}{N-1} \sum_{i=1}^{N} v_i^2 \qquad (5-45)$$

其中，$\hat{\sigma}_n^2$ 表示噪声方差的估计。式(5-44)的分母显然是搜索窗口图像信号方差 σ_g^2 的无偏估计量(可近似地认为是左影像目标窗口的方差)，记为

$$\sigma_g^2 = \frac{1}{N-1} \sum_{i=1}^{N} (y_i - \bar{y})^2 \qquad (5-46)$$

因此近似地有

$$\frac{\sigma_n^2}{\sigma_g^2} = 1 - \rho^2 \qquad (5-47)$$

若定义信噪比 $\mathrm{SNR} = \dfrac{\sigma_g}{\sigma_n}$，则有

$$\frac{1}{\mathrm{SNR}^2} = 1 - \rho^2 \quad 或 \quad \mathrm{SNR} = \frac{1}{\sqrt{1 - \rho^2}} \qquad (5-48)$$

上式说明，相关系数最大的匹配，也就是信噪比最大的匹配。

（4）相关系数匹配的步骤

以相关系数作为相似性测度的基于灰度的影像匹配的主要步骤如下：

① 在主影像上选择目标窗口的中心；

② 在辅影像上确定共轭位置的近似值；

③ 确定目标窗口的大小和搜索影像上以近似值为中心的搜索区域的尺寸；

④ 在搜索区域内，以每一像素位置 (r, c) 为中心，形成与目标窗口同样大小的搜索窗口，计算目标窗口与搜索窗口之间的相关系数；

⑤ 确定相关系数阈值 T，将相关系数大于阈值的搜索窗口作为目标窗口的备选共轭窗口，相应搜索窗口的中心作为目标窗口中心的候选共轭点；

⑥ 结合其他知识或准则，在候选的共轭窗口中确定最终的配准窗口；

⑦ 对每一个新的目标窗口，重复第 2～6 步，直到处理完所有目标窗口中心；

⑧ 根据整体一致性或基于先验目标空间的知识，分析匹配结果的精度。

4. 差平方和测度

灰度函数 $g(x, y)$ 与 $g'(x, y)$ 的差平方和测度定义为

$$S^2(p, q) = \iint\limits_{(x, y) \in D} [g(x, y) - g'(x+p, y+q)]^2 \mathrm{d}x\mathrm{d}y \qquad (5\text{-}49)$$

若 $S^2(p_0, q_0) = \min\{S^2(p, q)\}$，则 p_0、q_0 为搜索窗口影像相对于目标窗口的偏移参数。

对离散的数字图像，差平方和测度计算公式为

$$S^2(r, c) = \sum_{i=1}^{m} \sum_{j=1}^{n} (g_{i, j} - g'_{i+r, j+c})^2 \qquad (5\text{-}50)$$

两影像窗口灰度差的平方和即为两窗口灰度值矢量 $\boldsymbol{X}$、$\boldsymbol{Y}$ 的差矢量 $\boldsymbol{X} - \boldsymbol{Y}$ 的模的平方，即

$$S^2(r, c) = |\boldsymbol{X} - \boldsymbol{Y}|^2 = \sum_{i=1}^{N} (x_i - y_i)^2 \qquad (5\text{-}51)$$

式中，$N = m \times n$，x_i，y_i 分别表示两窗口内的影像灰度值。

差平方和测度式(5-49)是 N 维空间点 $\boldsymbol{X}$ 与 $\boldsymbol{Y}$ 之间距离的平方。显然，两窗口内的灰度值越接近，$S^2(r, c)$ 越小。当两个窗口内的灰度值及其分布完全相同时，差平方和测度达到其极小值 0。因此，用差平方和测度作为相似性测度时，其值越小则相应的匹配实体越相似。当 $N = 2$ 时，$S^2(r, c)$ 小于等于阈值 T 的候选匹配矢量的集合是二维平面上以目标矢量的终点为圆心、T 为半径的一个圆，如图 5-9 所示。

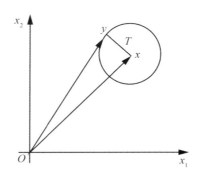

图 5-9　差平方和测度的几何意义

5. 差绝对值和测度

灰度函数 $g(x, y)$ 与 $g'(x, y)$ 的差绝对值和测度定义为

$$S(p, q) = \iint\limits_{(x, y) \in D} |g(x, y) - g'(x + p, y + q)| \mathrm{d}x\mathrm{d}y \qquad (5\text{-}52)$$

若 $S(p_0, q_0) = \min\{S(p, q)\}$，则 p_0、q_0 为搜索窗口影像相对于目标窗口的偏移参数。

对离散的数字图像，差绝对值和测度计算公式为

$$S(r, c) = \sum_{i=1}^{m} \sum_{j=1}^{n} |g_{i, j} - g'_{i+r, j+c}| \qquad (5\text{-}53)$$

如果将目标窗口内影像的灰度值与搜索窗口内影像的灰度值拉伸成一维向量并用 $\boldsymbol{X} = (x_1, x_2, \cdots, x_N)$，$\boldsymbol{Y} = (y_1, y_2, \cdots, y_N)$，$N = m \times n$ 表示，则差绝对值和测度即为差矢量 $\boldsymbol{X} - \boldsymbol{Y}$ 的分量的绝对值之和，即

$$S(r, c) = \sum_{i=1}^{n} |x_i - y_i| \qquad (5\text{-}54)$$

显然，差绝对值和直接度量了两窗口内相应影像灰度值之间的差异。如果两窗口内相应灰度值完全相等，那么 $S(r, c)$ 达到其极小值 0。而 $S(r, c)$ 值越大，两个影像窗口则越不相似。在实际应用中，可将 $S(r, c)$ 小于一定阈值 T 的搜索窗口集合作为候选配准窗口，再结合具体准则确定最终的配准窗口。当 $N = 2$ 时，$S(r, c)$ 小于等于阈值 T 的候选匹配矢量的集合是二维平面上以目标矢量的终点为圆心、边长为 $\sqrt{2}T$、对角线与坐标轴平行的一个正方形区域，如图 5-10 所示。

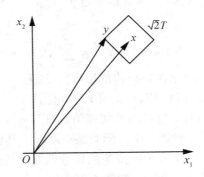

图 5-10　差绝对值和测度的几何意义

5.2.3　影像匹配精度

影像匹配(相关)精度即使在定位到整像素(同名点的坐标值为整数)的情况下，其理论精度也可达到大约 0.3 像素的精度。以下以相关系数最大的相关方法为例讨论相关的理论精度。所谓理论精度就是假设被匹配的两个影像窗口真正代表物理概念上的同名点。若非如此，则说明匹配有粗差。

1. 整像素相关的精度

影像相关是根据主影像上作为目标区的一影像窗口与辅影像上搜索区内相对应的相同大小的一影像窗口相比较，求得相关系数，代表各窗口中心像素的中央点处的相关关系。对搜索区内所有取作中心点的像素依次逐个地进行相同的过程，获得一系列相关系数，如图 5-11 所示。其中最大相关系数所在搜索区窗口中心像素中心点的坐标，例如图中点 i，就认为是所寻求的共轭点(同名点)。由于主、辅影像采样时的差别，同名像素的中心点

一般并不是真正的同名点。真正的同名点可能偏离像素中心点半个像素之内，这就使得相关产生误差；显然该项误差服从 $\left[-\dfrac{\Delta}{2},\ +\dfrac{\Delta}{2}\right]$ 内的均匀分布（Δ 为像素大小），因而相关精度

$$\sigma_x^2 = \int_{+\frac{\Delta}{2}}^{-\frac{\Delta}{2}} x^2 p(x)\,\mathrm{d}x \tag{5-55}$$

由于

$$p(x) = \begin{cases} \dfrac{1}{\Delta}, & |x| \le \dfrac{\Delta}{2} \\ 0, & \text{其他} \end{cases} \tag{5-56}$$

因此

$$\sigma_x^2 = \frac{\Delta^2}{12} \tag{5-57}$$

$$\sigma_x = 0.29\Delta \tag{5-58}$$

即整像素相关的精度的理论精度为 0.29 像素，或约为 1/3 像素。

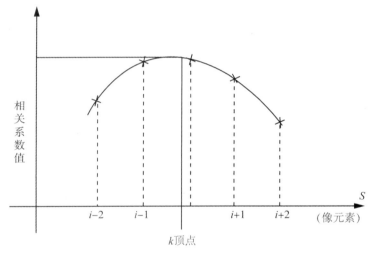

图 5-11   相关系数抛物线拟合

2. 用相关系数的抛物线拟合提高相关精度

为了把搜索窗口中同名点位求得精确一些，可以把 i 点左右若干点处（设取左右各两个点）所求得的相关系数值同一个平差函数联系起来，从而将函数的最大值 k 处作为寻求的同名点将会更好一些。

设如图 5-10 所示，有相邻像素处的 5 个相关系数，用一个二次抛物线方程式拟合。取抛物线方程的一般式为

$$f(S) = A + B \cdot S + C \cdot S^2 \tag{5-59}$$

式中，参数 A、B、C 用间接观测平差法求得。此时抛物线顶点 k 处的位置应为

$$k = i - \frac{B}{2C} \tag{5-60}$$

当取相邻像元 3 个相关系数进行抛物线拟合时，可得方程组

$$\begin{cases} \rho_{i-1} = A - B + C \\ \rho_i = A \\ \rho_{i+1} = A + B + C \end{cases} \tag{5-61}$$

其中，ρ_{i-1}、ρ_i、ρ_{i+1} 为相关系数。坐标系平移至 i 点，由式（5-61）得

$$\begin{cases} A = \rho_i \\ B = \dfrac{\rho_{i+1} - \rho_{i-1}}{2} \\ C = \rho_{i+1} - 2\rho_i + \rho_{i-1} \end{cases} \tag{5-62}$$

将式（5-62）代入式（5-60），得

$$k = i - \frac{\rho_{i+1} - \rho_{i-1}}{2(\rho_{i+1} - 2\rho_i + \rho_{i-1})}$$

由相关系数抛物线拟合可使相关精度达到 0.15 ~ 0.2 子像素精度（当信噪比较高时），但相关系数与信噪比近似成正比关系。当信噪比较小时，采用相关系数抛物线拟合，也不能提高相关精度。

基于灰度影像匹配的局限性来自于它本身的理念，主要包括 3 个方面：窗口形状、窗口影像内容及影像强度的变化。首先，这种矩形的影像窗口仅适用于局部影像间只有平移变形的立体影像匹配，如果待匹配的多幅影像间存在更加复杂的变换，那么这种形状的窗口就不能包含两幅影像上相同景物的同名影像。其次，匹配中窗口的选择并不是基于其内容的评价，所以容易产生误匹配。该类匹配方法等权地引用窗口中每一像素的灰度值，这与人类视觉敏感于灰度剧烈变化的本能不同；该类匹配方法也无法处理大比例尺遥感影像中很明显的遮蔽或阴影等问题；常常会出现的情况是，包含光滑区域没有任何明显细节的窗口被错误匹配于另一张影像上的平滑区域，产生这种现象的原因在于窗口中的影像内容太贫乏，不具备明显、突出的特点。最后，经典的基于灰度的影像匹配方法，都是直接利用影像的灰度值，没有任何结构分析，这种匹配方法对影像灰度值的变化非常敏感。例如，由于瞬时噪声、光照变化及采用不同类型传感器所引起的影像灰度值变化等。

5.3　基于物方的影像匹配

5.2 节讨论的影像匹配方法，是以目标影像为基准、在搜索影像上确定其相应共轭点的，匹配过程是在影像空间进行的，故被称为基于像方的影像匹配方法。然而，影像匹配的目的是提取物体的几何信息，确定其空间位置，因而在由前面所述的影像匹配方法获取左右影像的位移（视差）后，还要利用空间前方交会解算其对应物点的空间三维坐标（X，Y，Z），然后建立数字高程模型（DEM）或数字表面模型（DSM），在建立 DEM 时可能还会使用一定的内插方法，使得精度或多或少地降低。因此，能够直接确定物体表面点空间三维坐标的基于物方的影像匹配方法得到了研究。

在获得待匹配两幅影像的方位元素和待定点的平面坐标（X，Y）后，只需要确定待定点的高程 Z。此时可以沿着过点（X，Y）的铅垂线在左右影像上的投影直线进行匹配，这就是铅垂线轨迹法（vertical line locus，VLL）。当匹配完成时，点（X，Y）的高程也同时

获得了，因而基于物方的影像匹配也可以理解为高程直接求解的影像匹配方法。

5.3.1 铅垂线轨迹法影像匹配（VLL 法）

铅垂线轨迹法 VLL 的经典解法源于解析测图仪，用在数字摄影测量中更加易于实现。其原理如图 5-12 所示。假设在物方有一条铅垂线轨迹，则它在影像上的投影也是一条直线。这就是说，VLL 与地面交点 A 在左右影像上的像点必定位于相应的"投影差"上。利用 VLL 法搜索其相应的像点 a_1 与 a_2，从而确定 A 点高程的过程与人工在解析测图仪或立体测图仪上的过程十分相似。

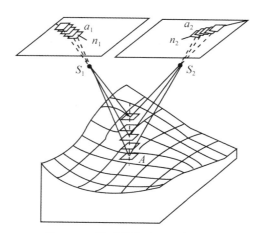

图 5-12   铅垂线轨迹法影像匹配

在 VLL 方式中，物方空间点的平面位置是固定的，当高程改变时，目标窗口影像与搜索窗口影像都会改变。

铅垂线轨迹法影像匹配的步骤为：

① 给定地面点的平面坐标 (X, Y) 与近似最低高程 $Z_{\min}$，高程搜索步距 ΔZ 可由所要求的高程精度确定。

② 由地面点平面坐标 (X, Y) 与可能的高程

$$Z_i = Z_{\min} + i \cdot \Delta Z \tag{5-63}$$

利用共线方程，计算左右像坐标 (x_i', y_i') 与 (x_i'', y_i'')：

$$\begin{cases} x_i' = -f\dfrac{a_1'(X - X_s') + b_1'(Y - Y_s') + c_1'(Z - Z_s')}{a_3'(X - X_s') + b_3'(Y - Y_s') + c_3'(Z - Z_s')} \\[3mm] y_i' = -f\dfrac{a_2'(X - X_s') + b_2'(Y - Y_s') + c_2'(Z - Z_s')}{a_3'(X - X_s') + b_3'(Y - Y_s') + c_3'(Z - Z_s')} \end{cases} \tag{5-64}$$

$$\begin{cases} x_i'' = -f\dfrac{a_1''(X - X_s'') + b_1''(Y - Y_s'') + c_1''(Z - Z_s'')}{a_3''(X - X_s'') + b_3''(Y - Y_s'') + c_3''(Z - Z_s'')} \\[3mm] y_i'' = -f\dfrac{a_2''(X - X_s'') + b_2''(Y - Y_s'') + c_2''(Z - Z_s'')}{a_3''(X - X_s'') + b_3''(Y - Y_s'') + c_3''(Z - Z_s'')} \end{cases} \tag{5-65}$$

③ 分别以 (x_i', y_i') 与 (x_i'', y_i'') 为中心在左右影像上取影像窗口，计算其匹配测度如相

关系数 ρ_i(也可以利用其他测度)。

④ 将 i 的值增加 1，重复②、③两步，得到 ρ_0，ρ_1，ρ_2，$\cdots$，ρ_n，取其最大者 ρ_k：

$$\rho_k = \max\{\rho_0,\ \rho_1,\ \rho_2,\ \cdots,\ \rho_n\} \tag{5-66}$$

其对应高程 $Z_k = Z_{\min} + k \cdot \Delta Z$ 被认为是地面点 A 的高程，即 $Z = Z_k$。

⑤ 还可以利用 ρ_k 及其相邻的几个相关系数拟合一条抛物线，以其极值对应的高程作为 A 点的高程，以进一步提高精度，或以更小的高程步距 ΔZ 在一个小范围内重复以上过程。

5.3.2 基于物方的多视影像匹配

假设摄取了被测目标的 $n + 1$ 幅影像：$g_0(x,\ y)$，$g_1(x,\ y)$，$\cdots$，$g_n(x,\ y)$。其中，$g_0(x,\ y)$ 为目标影像，其余的 n 幅影像为待匹配影像。如果在目标影像上 $g_0(x,\ y)$ 有一点 p_0，以该点为目标点，搜索它在其余 n 幅影像上对应的同名点 p_1，p_2，$\cdots$，p_n，同时确定该点对应的物方点 P 的三维坐标 $P(X,\ Y,\ Z)$。若 P_0 为像点 p_0 对应的物方点 P 的初始位置，P_0 在其他影像上的成像分别为 p_1，p_2，$\cdots$，p_n。通过多视影像匹配直接确定物方点 P 的三维坐标，即为基于物方的多视影像匹配。

在获得待匹配各幅影像的方位元素、目标影像中的点及这些点的物方初始高程的估计 Z_0 后，可以依据以下步骤进行多视影像匹配。

① 如图 5-13 所示，由目标影像的摄站点坐标 S_0 与目标像点 $p_0(x_0,\ y_0)$ 可确定过目标点的光线 $S_0 p_0$；

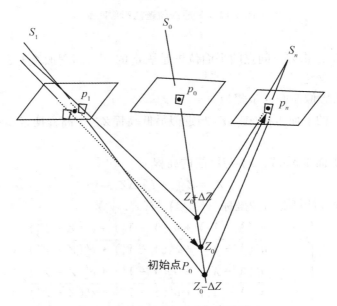

图 5-13　基于物方的多视影像匹配

② 根据特征点的初始物方高程 Z_0 和误差 ΔZ，确定高程范围 $[Z_0 - \Delta Z,\ Z_0 + \Delta Z]$，根据要求的高程精度设定高程步距 $\mathrm{d}Z$；

③ 由高程 $Z_i = Z_0 + i \cdot \mathrm{d}Z (i = 0,\ \pm 1,\ \pm 2,\ \cdots;\ Z_i \in [Z_0 - \Delta Z,\ Z_0 + \Delta Z])$ 与像点

$p_0(x_0, y_0)$ 根据共线方程计算物方平面坐标(X_i, Y_i)；

④ 将物方点坐标(X_i, Y_i, Z_i)分别投影到影像$g_1, g_2, \cdots, g_n$上，即由物方点(X_i, Y_i, Z_i)计算像点坐标$p_1(x_{1i}, y_{1i})$, $p_2(x_{2i}, y_{2i})$, $\cdots$, $p_n(x_{ni}, y_{ni})$；

⑤ 分别计算n幅待匹配影像窗口（以$p_{1i}, p_{2i}, \cdots, p_{ni}$为中心点）与目标影像窗口（$p_0$为中心）的相关系数$\rho_{1i}, \rho_{2i}, \cdots, \rho_{ni}$，并求出所有待匹配影像的相关系数和$\rho_{Ei}$；

⑥ 若第k个相关系数和为最大，认为其对应点在n幅影像上的投影为物方点P点在各幅影像上对应的同名点，其相应的空间坐标值(X_k, Y_k, Z_k)为P点的物方坐标。

5.4 最小二乘影像匹配

最小二乘法在影像匹配中的应用是20世纪80年代发展起来的，德国Ackermann教授提出了最小二乘影像匹配（least square image matching, LSM）。该方法的基本思想是：依据目标窗口影像的灰度值分布，以搜索窗口的中心位置和形状作为待定参数，通过极小化目标窗口与搜索窗口的影像灰度值差的平方和来估计待定参数值，从而确定同名点。也就是说，搜索窗口的中心位置及形状是不断变化的，直至变形窗口和目标窗口（不变）内的灰度差达到极小值。

与相关系数匹配方法比较，最小二乘影像匹配具有下述优点：

① 模型化几何变换：相关系数匹配中，最好结果是只能将影像上同名点的关系考虑成平移变换模型。如果左右影像的坐标系统之间的几何关系包含更复杂的变换，如尺度差异及旋转等，相关系数就不能确定正确的同名点位置。最小二乘影像匹配对几何变形有较好的适应性，除了平移变换外，其他几何变换参数也能够得到估计。

② 精度高：最小二乘影像匹配可以达到子像素（subpixel）精度（0.1～0.01个像素），只要目标窗口和搜索窗口之间的几何变换能够正确建模，并且窗口内影像灰度值具有较好的对比度。因此，实际应用中最小二乘影像匹配方法一般用于精匹配。

③ 误差传播：像所有最小二乘估计一样，最小二乘影像匹配也能够得到待定变换参数的精度估计。

此外，最小二乘匹配不仅可以被用于一般的数字地面模型获取、正射影像生成，而且可以用于控制点的加密（空中三角测量）及工业上的高精度测量。由于在最小二乘影像匹配中可以非常灵活地引入各种已知参数和条件（如共线方程等几何条件、已知控制点坐标等），从而可以进行整体平差。该算法不仅可以解决单点的影像匹配问题以求其"视差"，也可以直接求其空间坐标，而且可以同时解求待定点坐标与影像的方位元素，还可以同时解决"多点"影像匹配（multi-point matching）或"多片"影像匹配（multi-image matching）。另外，在最小二乘影像匹配系统中，可以很方便地引入"粗差检测"，从而大大提高影像匹配的可靠性。

最小二乘影像匹配的主要缺点是该算法要求相对精确的近似值。依据欲匹配的影像内容及平滑程度，对近似值的位置要求在1～2个像素以内，对左右影像窗口内影像的旋转角度要求小于20°，尺度差异小于30%。

影像匹配过程中的重要问题之一，就是用什么样的模型来定义左右影像匹配窗口之间的几何映射和辐射映射（或变换）关系。本节从最简单的影像匹配算法——灰度差的平方和最小，引入一种几何映射和辐射映射参数，介绍最小二乘影像匹配的基本原理。

5.4.1 最小二乘影像匹配原理

灰度匹配中有多种常用的相似性测度，其中有一种是"灰度差的平方和最小"。若将灰度差记为余差 v，则上述判断可以写为

$$\sum vv = \min \tag{5-67}$$

因此，它与最小二乘的原则是一致的。但是，一般情况下，它没有考虑影像灰度中存在的系统误差，仅仅认为影像灰度只存在偶然误差（随机噪声 n），即

$$n_1 + g_1(x, y) = n_2 + g_2(x, y) \tag{5-68}$$

或

$$v = g_1(x, y) - g_2(x, y) \tag{5-69}$$

这就是一般的按 $\sum vv = \min$ 原则进行影像匹配的数字模型。若在此系统中引入系统变形的参数，按 $\sum vv = \min$ 的原则，解求变形参数，就构成了最小二乘影像匹配系统。

影像灰度的系统变形有两大类：辐射畸变和几何畸变，由此产生了影像灰度分布之间的差异。产生辐射变形的原因有：照明及被摄物体辐射面的方向、大气与摄影机物镜所产生的衰减等。产生几何畸变的主要因素大致有：摄影机方位不同所产生的影像的透视畸变、影像的各种畸变以及地形坡度所产生的影像畸变等。在竖直航空摄影的情况下，地形高差则是几何畸变的主要因素。因此，在陡峭山区、城市地区的影像匹配要比平坦地区的影像匹配困难。

在影像匹配中引入这些变形参数，同时按最小二乘的原则，解求这些参数，就是最小二乘影像匹配的基本思想。

1. 仅考虑辐射的线性畸变的最小二乘匹配 —— 相关系数

在实际成像过程中，由于受光照和地物反射特性差异、相机因素，以及因地面倾斜、高低起伏和像片方位等诸多因素的影响，使得待匹配的两影像间的相应灰度值产生差异，并不严格相等。假设这种灰度差异可以通过右影像内灰度值的线性变换加以校正、补偿。现假设灰度分布 g_2 相对于另一个灰度分布 g_1 存在着线性畸变，因此

$$g_1 + n_1 = h_0 + h_1 g_2 + g_2 + n_2 \tag{5-70}$$

式中，h_0、h_1 为线性畸变的参数，n_1、n_2 分别为 g_1、g_2 中所存在的随机噪声。上述模型或变换相当于对搜索窗口内灰度值进行了亮度偏移 h_0 和对比度的拉伸 h_1，以使得其与目标窗口的灰度函数相一致。按上式可写出仅考虑辐射线性畸变的最小二乘的数学模型：

$$v = h_0 + h_1 g_2 - (g_1 - g_2) \tag{5-71}$$

按 $\sum vv = \min$ 的原理，可得法方程式

$$\begin{bmatrix} n & \sum g_2 \\ \sum g_2 & \sum g_2^2 \end{bmatrix} \begin{bmatrix} h_0 \\ h_1 \end{bmatrix} = \begin{bmatrix} \sum g_1 - \sum g_2 \\ \sum g_1 g_2 - \sum g_2^2 \end{bmatrix}$$

由此可得

$$\begin{cases} h_1 = \dfrac{\sum g_1 \sum g_2 - n \sum g_2 g_1}{\left(\sum g_2\right)^2 - n \sum g_2^2} - 1 \\ h_0 = \dfrac{1}{n}\left[\sum g_1 - \sum g_2 - \left(\sum g_2\right)h_1\right] \end{cases} \quad (5\text{-}72)$$

假定对 g_1、g_2 已作过中心化处理，则

$$\sum g_1 = 0$$
$$\sum g_2 = 0$$
$$h_0 = 0$$

故

$$h_1 = \frac{\sum g_2 g_1}{\sum g_2^2} - 1$$

因此，在消除了两个灰度分布的系统的辐射畸变后，其残余的灰度差的平方和为

$$\sum vv = \sum \left[\frac{\sum g_2 g_1}{\sum g_2^2} g_2 - g_2 - (g_1 - g_2)\right]^2$$

$$= \sum \left(g_2 \cdot \frac{\sum g_2 g_1}{\sum g_2^2} - g_1\right)^2$$

$$= \left(\frac{\sum g_2 g_1}{\sum g_2^2}\right)^2 \sum g_2^2 - 2\frac{\sum g_2 g_1}{\sum g_2^2}\sum g_2 g_1 + \sum g_1^2$$

$$\sum vv = \sum g_1^2 - \frac{\left(\sum g_2 g_1\right)^2}{\sum g_2^2} \quad (5\text{-}73)$$

因为相关系数

$$\rho^2 = \frac{\left(\sum g_2 g_1\right)^2}{\sum g_1^2 \sum g_2^2}$$

所以相关系数与 $\sum vv$ 的关系为

$$\sum vv = \sum g_1^2(1 - \rho^2) \quad \text{或} \quad \frac{\sum vv}{\sum g_1^2} = 1 - \rho^2$$

式中，$\sum vv$ 是噪声的功率，$\sum g_1^2$ 为信号的功率。可令它们之比为信噪比，即

$$(\text{SNR})^2 = \frac{\sum g_1^2}{\sum vv}$$

由此可得相关系数与信噪比之间的关系

$$\rho = \sqrt{1 - \frac{1}{(\text{SNR})^2}} \quad (5\text{-}74)$$

或
$$(\text{SNR})^2 = \frac{1}{1-\rho^2}$$

这是相关系数的另一种表达形式。由此可知，以"相关系数最大"作为影像匹配搜同名点的准则，其实质是搜索"信噪比为最大"的灰度序列。

但是，影像匹配的主要目的是确定影像相对移位，上述算法中只考虑辐射畸变，没有引入几何变形参数。因此，传统的影像匹配算法均采用目标区相对于搜索区不断地移动一个整像素，在移动的过程中计算相关系数，搜索最大相关系数的影像区中心作为同名像点。其搜索过程可用下式表达：

$$\max\{\rho(x \pm i \cdot \Delta, \ y \pm j \cdot \Delta)\}, \quad -k \leqslant i \leqslant k, \quad -l \leqslant j \leqslant l; \ k, \ l \ 为正整数$$

其中，Δ 为数字影像的采样间隔。因此，搜索的直接结果均以整像素为单位。

2. 仅考虑影像相对移位的一维最小二乘匹配

在最小二乘影像匹配算法中，可引入几何变形参数，直接解算影像移位（即计算中直接求出匹配的子像素位置而不需内插）。

假设两个一维灰度函数 $g_1(x)$、$g_2(x)$，除随机噪声外，$g_2(x)$ 相对于 $g_1(x)$ 只存在零次几何变形 —— 移位量 Δx，如图 5-14 所示。

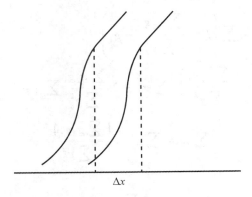

图 5-14　移位量 Δx

因此
$$g_1(x) + n_1(x) = g_2(x + \Delta x) + n_2(x) \ 或 \ v(x) = g_2(x + \Delta x) - g_1(x) \tag{5-75}$$

为解求相对移位量 Δx（视差值），需对上式进行线性化，得
$$v(x) = g_2'(x) \cdot \Delta x - \left[g_1(x) - g_2(x) \right]$$

对离散的数字影像而言，灰度函数的导数 $g_2'(x)$ 可由差分代替
$$\dot{g}_2(x) = \frac{g_2(x + \Delta) - g_2(x - \Delta)}{2\Delta}$$

式中，Δ 为采样间隔。因此，误差方程式可写为
$$v = \dot{g}_2 \cdot \Delta x - \Delta g \tag{5-76}$$

按最小二乘法原理，解得影像的相对移位

200

$$\Delta x = \frac{\sum \dot{g}_2 \cdot \Delta g}{\sum \dot{g}_2^2} \qquad (5-77)$$

由于最小二乘影像匹配是非线性系统，因此必须进行迭代。迭代过程收敛的速度取决于初值，为此采用最小二乘影像匹配，必须已知初匹配的结果。

5.4.2 单点最小二乘影像匹配

1. 二维影像匹配的基本算法

（1）数学模型

实际情况下，两张影像之间不仅存在着灰度值差异，而且由于地形的起伏、像片方位等因素的影响，两张影像之间还存在着比单一的移位更复杂的几何变形。如图 5-15 所示，左右两张二维影像之间的几何变形，不仅仅存在着相对移位，而且还存在着图形变化。左方影像上为矩形影像窗口，而在右方影像上相应的影像窗口是个任意四边形。只有充分地考虑影像的几何变形，才能获得最佳的影像匹配。但是，由于影像匹配窗口的尺寸均很小，所以一般只要考虑一次畸变：

$$\begin{cases} x_2 = a_0 + a_1 x + a_2 y \\ y_2 = b_0 + b_1 x + b_2 y \end{cases} \qquad (5-78)$$

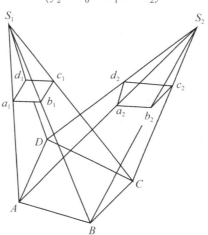

图 5-15　几何变形

有时只考虑仿射变形或一次正形变换。若同时再考虑到搜索（右方）影像相对于目标（左方）影像的线性灰度畸变，则可得

$$g_1(x, y) + n_1(x, y) = h_0 + h_1 g_2(a_0 + a_1 x + a_2 y, \ b_0 + b_1 x + b_2 y) + n_2(x, y)$$

或

$$v = h_0 + h_1 g_2(a_0 + a_1 x + a_2 y, \ b_0 + b_1 x + b_2 y) - g_1(x, y)$$

经线性化后，即可得最小二乘影像匹配的误差方程

$$v = c_1 dh_0 + c_2 dh_1 + c_3 da_0 + c_4 da_1 + c_5 da_2 + c_6 db_0 + c_7 db_1 + c_8 db_2 - \Delta g \qquad (5-79)$$

式中，未知数 dh_0，dh_1，da_0，$\cdots$，db_2 是待定参数的改正值，它们的初值分别为 $h_0 = 0$，$h_1 = 1$，$a_0 = 0$，$a_1 = 1$，$a_2 = 0$，$b_0 = 0$，$b_1 = 0$，$b_2 = 1$；观测值 Δg 是相应像素的灰度差；误差方程式的系数为

$$\begin{cases} c_1 = 1 \\[4pt] c_2 = g_2 \\[4pt] c_3 = \dfrac{\partial g_2}{\partial x_2} \cdot \dfrac{\partial x_2}{\partial a_0} = (\dot{g}_2)_x = \dot{g}_{2x} \\[8pt] c_4 = \dfrac{\partial g_2}{\partial x_2} \cdot \dfrac{\partial x_2}{\partial a_1} = x\dot{g}_{2x} \\[8pt] c_5 = \dfrac{\partial g_2}{\partial x_2} \cdot \dfrac{\partial x_2}{\partial a_2} = y\dot{g}_{2x} \\[8pt] c_6 = \dfrac{\partial g_2}{\partial y_2} \cdot \dfrac{\partial y_2}{\partial b_0} = \dot{g}_{2y} \\[8pt] c_7 = \dfrac{\partial g_2}{\partial y_2} \cdot \dfrac{\partial y_2}{\partial b_1} = x\dot{g}_{2y} \\[8pt] c_8 = \dfrac{\partial g_2}{\partial y_2} \cdot \dfrac{\partial y_2}{\partial b_2} = y\dot{g}_{2y} \end{cases} \tag{5-80}$$

由于在数字影像匹配中,灰度均是按规则格网排列的离散阵列,且采样间隔为常数 Δ,可被视为单位长度,故式(5-14)中的偏导数均用差分代替:

$$\dot{g}_{2y} = \dot{g}_J(I,J) = \frac{1}{2}[g_2(I,J+1) - g_2(I,J-1)]$$

$$\dot{g}_{2x} = \dot{g}_I(I,J) = \frac{1}{2}[g_2(I+1,J) - g_2(I-1,J)]$$

按式(5-79)、式(5-80)逐个像元建立误差方程式,其矩阵形式为

$$V = CX - L \tag{5-81}$$

式中,$X = [\mathrm{d}h_0\ \mathrm{d}h_1\ \mathrm{d}a_0\ \mathrm{d}a_1\ \mathrm{d}a_2\ \mathrm{d}b_0\ \mathrm{d}b_1\ \mathrm{d}b_2]^{\mathrm{T}}$。

在建立误差方程式时,可采用以目标区中心为坐标原点的局部坐标系。由误差方程式建立法方程式

$$(C^{\mathrm{T}}C)X = (C^{\mathrm{T}}L) \tag{5-82}$$

法方程式之系数矩阵 $C^{\mathrm{T}}C$ 为

$$\begin{bmatrix}
n & \sum g_2 & \sum \dot{g}_{2x} & \sum x\dot{g}_{2x} & \sum y\dot{g}_{2x} & \sum \dot{g}_{2y} & \sum x\dot{g}_{2y} & \sum y\dot{g}_{2y} \\[6pt]
\sum g_2 & \sum g_2^2 & \sum g_2\dot{g}_{2x} & \sum g_2 x\dot{g}_{2x} & \sum g_2 y\dot{g}_{2x} & \sum g_2\dot{g}_{2y} & \sum g_2 x\dot{g}_{2y} & \sum g_2 y\dot{g}_{2y} \\[6pt]
\sum \dot{g}_{2x} & \sum g_2\dot{g}_{2x} & \sum \dot{g}_{2x}^2 & \sum x\dot{g}_x^2 & \sum y\dot{g}_x^2 & \sum \dot{g}_{2x}\dot{g}_{2y} & \sum x\dot{g}_{2x}\dot{g}_{2y} & \sum y\dot{g}_{2x}\dot{g}_{2y} \\[6pt]
\sum x\dot{g}_{2x} & \sum g_2 x\dot{g}_{2x} & \sum x\dot{g}_{2x}^2 & \sum x^2\dot{g}_{2x}^2 & \sum xy\dot{g}_{2x}^2 & \sum x\dot{g}_{2x}\dot{g}_{2y} & \sum x^2\dot{g}_{2x}\dot{g}_{2y} & \sum xy\dot{g}_{2x}\dot{g}_{2y} \\[6pt]
\sum y\dot{g}_{2x} & \sum g_2 y\dot{g}_{2x} & \sum y\dot{g}_{2x}^2 & \sum xy\dot{g}_{2x}^2 & \sum y^2\dot{g}_{2x}^2 & \sum y\dot{g}_{2x}\dot{g}_{2y} & \sum xy\dot{g}_{2x}\dot{g}_{2y} & \sum y^2\dot{g}_{2x}\dot{g}_{2y} \\[6pt]
\sum \dot{g}_{2y} & \sum g_2\dot{g}_{2y} & \sum \dot{g}_{2x}\dot{g}_{2y} & \sum x\dot{g}_{2x}\dot{g}_{2y} & \sum y\dot{g}_{2x}\dot{g}_{2y} & \sum \dot{g}_{2y}^2 & \sum x\dot{g}_{2y}^2 & \sum y\dot{g}_{2y}^2 \\[6pt]
\sum x\dot{g}_{2y} & \sum g_2 x\dot{g}_{2y} & \sum x\dot{g}_{2x}\dot{g}_{2y} & \sum x^2\dot{g}_{2x}\dot{g}_{2y} & \sum xy\dot{g}_{2x}\dot{g}_{2y} & \sum x\dot{g}_{2y}^2 & \sum x^2\dot{g}_{2y}^2 & \sum xy\dot{g}_{2y}^2 \\[6pt]
\sum y\dot{g}_{2y} & \sum g_2 y\dot{g}_{2y} & \sum y\dot{g}_{2x}\dot{g}_{2y} & \sum xy\dot{g}_{2x}\dot{g}_{2y} & \sum y^2\dot{g}_{2x}\dot{g}_{2y} & \sum y\dot{g}_{2y}^2 & \sum xy\dot{g}_{2y}^2 & \sum y^2\dot{g}_{2y}^2
\end{bmatrix}$$

$$\tag{5-83}$$

（2）最小二乘影像匹配计算步骤

由于最小二乘影像匹配需要较好的近似值才能收敛，因此，需要在影像中进行初匹配，通常利用相关系数获得目标影像的共轭影像，将这两个影像窗口的中心点作为初始值，然后利用最小二乘影像匹配算法对初始同名点点位进行改正，最终获得高精度的同名点位。

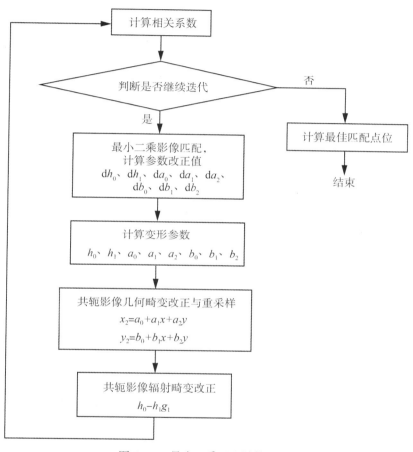

图 5-16　最小二乘匹配计算流程

最小二乘影像匹配计算流程如图 5-16 所示，其具体步骤为：

① 对利用相关系数获得的目标影像与共轭影像，计算两窗口的相关系数。

② 对目标影像和共轭影像进行最小二乘影像匹配，计算参数的改正值：dh_0、dh_1、da_0、da_1、da_2、db_0、db_1、db_2。

③ 计算新的变形参数。因为每一次迭代都是在前一次的基础上进行，而且辐射改正与几何改正是两种性质的运算，应分别进行。因此，变形参数应按下列算法求得，设 h_0^{i-1}，h_1^{i-1} a_0^{i-1}，a_1^{i-1}，… 是前一次变形参数，而 dh_0^i，dh_1^i，da_0^i，… 是本次迭代所求得的改正值，则几何改正参数 a_0^i，a_1^i，a_2^i，b_0^i，b_1^i，b_2^i 有如下关系：

$$\begin{bmatrix} 1 \\ x_2 \\ y_2 \end{bmatrix} = \begin{bmatrix} 1 & 0 & 0 \\ a_0^i & a_1^i & a_2^i \\ b_0^i & b_1^i & b_2^i \end{bmatrix} \begin{bmatrix} 1 \\ x \\ y \end{bmatrix} = \begin{bmatrix} 1 & 0 & 0 \\ \mathrm{d}a_0^i & 1+\mathrm{d}a_1^i & \mathrm{d}a_2^i \\ \mathrm{d}b_0^i & \mathrm{d}b_1^i & 1+\mathrm{d}b_2^i \end{bmatrix} \begin{bmatrix} 1 & 0 & 0 \\ a_0^{i-1} & a_1^{i-1} & a_2^{i-1} \\ b_0^{i-1} & b_1^{i-1} & b_2^{i-1} \end{bmatrix} \begin{bmatrix} 1 \\ x \\ y \end{bmatrix} \quad (5\text{-}84)$$

所以

$$\begin{cases} a_0^i = a_0^{i-1} + \mathrm{d}a_0^i + a_0^{i-1}\mathrm{d}a_1^i + b_0^{i-1}\mathrm{d}a_2^i \\ a_1^i = a_1^{i-1} + a_1^{i-1}\mathrm{d}a_1^i + b_1^{i-1}\mathrm{d}a_2^i \\ a_2^i = a_2^{i-1} + a_2^{i-1}\mathrm{d}a_1^i + b_2^{i-1}\mathrm{d}a_2^i \\ b_0^i = b_0^{i-1} + \mathrm{d}b_0^i + a_0^{i-1}\mathrm{d}b_1^i + b_0^{i-1}\mathrm{d}b_2^i \\ b_1^i = b_1^{i-1} + a_1^{i-1}\mathrm{d}b_1^i + b_1^{i-1}\mathrm{d}b_2^i \\ b_2^i = b_2^{i-1} + a_2^{i-1}\mathrm{d}b_1^i + b_2^{i-1}\mathrm{d}b_2^i \end{cases} \quad (5\text{-}85)$$

对于辐射畸变参数满足:

$$\begin{bmatrix} 1 \\ g_1 \end{bmatrix} = \begin{bmatrix} 1 & 0 \\ h_0^i & h_1^i \end{bmatrix} \begin{bmatrix} 1 \\ g_2 \end{bmatrix} = \begin{bmatrix} 1 & 0 \\ \mathrm{d}h_0^i & 1+\mathrm{d}h_1^i \end{bmatrix} \begin{bmatrix} 1 & 0 \\ h_0^{i-1} & h_1^{i-1} \end{bmatrix} \begin{bmatrix} 1 \\ g_2 \end{bmatrix} \quad (5\text{-}86)$$

所以

$$\begin{cases} h_0^i = h_0^{i-1} + \mathrm{d}h_0^i + h_0^{i-1}\mathrm{d}h_1^i \\ h_1^i = h_1^{i-1} + h_1^{i-1}\mathrm{d}h_1^i \end{cases} \quad (5\text{-}87)$$

④ 对共轭影像进行几何畸变改正。根据各几何变形参数的当前值,对中心化搜索窗口内的行列坐标进行几何变形改正。

$$\begin{cases} x_2 = a_0 + a_1 x + a_2 y \\ y_2 = b_0 + b_1 x + b_2 y \end{cases} \quad (5\text{-}88)$$

⑤ 对共轭影像进行重采样。由于换算后的坐标(x_2, y_2)一般不为整数,且不位于搜索窗口内的格点上,因此必须进行重采样,由重采样获得$g_2(x_2, y_2)$。一般用双线性内插方法。

⑥ 对共轭影像进行辐射畸变改正。利用当前的h_0、h_1对内插后的灰度值进行辐射(灰度)改正:$h_0 + h_1 \cdot g_2(x_2, y_2)$。

⑦ 计算目标影像窗口与经过几何、辐射改正后的共轭影像窗口的相关系数。一般来说,若相关系数大于前一次迭代后计算的相关系数值,或几何变形参数的改正值大于指定的阈值,重复步骤 ② ~ ⑦。否则迭代结束,执行步骤 ⑧。

⑧ 计算最佳匹配点位。影像匹配通常是以待定的目标点为中心建立一个目标影像窗口,但是在高精度影像匹配中,必须考虑目标窗口的中心点是否是最佳匹配点。根据最小二乘匹配的精度理论可知:匹配精度取决于影像灰度的梯度$\dot{g}_x^2$、$\dot{g}_y^2$。因此,可用梯度的平方为权,在目标影像窗口内对坐标作加权平均:

$$\begin{cases} x_t = \dfrac{\sum x \cdot \dot{g}_x^2}{\sum \dot{g}_x^2} \\[4mm] y_t = \dfrac{\sum y \cdot \dot{g}_y^2}{\sum \dot{g}_y^2} \end{cases} \quad (5\text{-}89)$$

以它为目标点坐标，共轭影像中的同名点坐标可由最小二乘影像匹配所求得的几何变换参数求得

$$\begin{cases} x_s = a_0 + a_1 x_t + a_2 y_t \\ y_s = b_0 + b_1 x_t + b_2 y_t \end{cases} \tag{5-90}$$

式中，(x_t, y_t) 与 (x_s, y_s) 为利用最小二乘影像匹配方法获得的高精度的同名点坐标。

2. 带共线条件的最小二乘影像匹配

随着以最小二乘法为基础的高精度数字影像匹配算法的发展，为了进一步提高其可靠性与精度，摄影测量工作者又进一步提出了各种制约条件的最小二乘影像匹配算法。其中，带共线条件的最小二乘影像匹配就是突出的例子。

（1）带有共线条件的多片影像匹配

因为在近景摄影测量中通常需要多于两张影像才能完整地描述一个空间物体。而且在低空摄影测量和航空摄影测量中，随着数码相机和数码航空相机的广泛使用，影像重叠度大幅度提高，大量存在着三度重叠、六度重叠、甚至九度重叠。怎样同时利用两张以上（包含两张）的影像确定物方点的空间坐标，有效方法之一就是带共线条件的多片影像匹配。

该算法的基本思想是：将共线条件作为制约条件，最小二乘影像匹配与共线方程两类误差方程联合组成法方程式，在解算 n 个影像 $g_1(x, y)$，$g_2(x, y)$，$\cdots$，$g_n(x, y)$ 与目标影像 $g_0(x, y)$ 的最小二乘匹配的同时，要求满足共线方程，并且解出物点的空间坐标。由于最小二乘影像匹配加入共线条件后，能够直接确定物体表面点空间三维坐标，所以是一种基于物方的影像匹配方法。

设对同一物体摄取了 $n+1$ 个影像：$g_0(x, y)$，$g_1(x, y)$，$g_2(x, y)$，$\cdots$，$g_n(x, y)$。以 $g_0(x, y)$ 作为"目标影像"，其余的 n 个影像作为"搜索影像"。例如，在 $g_0(x, y)$ 上有一个像点 p_0，以它为目标点，搜索它在其余 n 幅影像上的同名点 p_1，p_2，$\cdots$，p_n，并同时（在最小二乘影像匹配过程中）确定对应的物点 P 的空间坐标 (X, Y, Z)，如图 5-17 所示，P 为该物点的初始位置，它在 g_0 上的成像 $\bar{p}_0$ 与 p_0 重合，它在其他影像上的成像分别为 $\bar{p}_1$，$\bar{p}_2$，$\cdots$，$\bar{p}_n$。

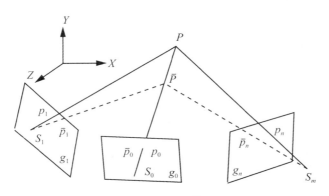

图 5-17　多片影像匹配

现以 $\bar{p}_0$，$\bar{p}_1$，$\cdots$，$\bar{p}_n$ 为中心，分别建立目标影像窗口与搜索影像窗口。对目标影像窗口与任何一个搜索窗口内的每一对像素，按最小二乘影像匹配算法，建立一个误差方程式：

$$v_{g_i}(x, y) = g_i(a_{0i} + a_{1i}x + a_{2i}y, \ b_{0i} + b_{1i}x + b_{2i}y) - g_0(x, y) \qquad (5\text{-}91)$$

其中没有考虑辐射畸变。经线性化后

$$v_{g_i}(x, y) = \boldsymbol{C}_i \boldsymbol{X}_i - l_i(x, y) \qquad \text{权：} p_g(i = 1, 2, \cdots, n) \qquad (5\text{-}92)$$

式中，

$$\boldsymbol{C}_i = \begin{bmatrix} \dot{g}_x & x\dot{g}_x & y\dot{g}_x & \dot{g}_y & x\dot{g}_y & y\dot{g}_y \end{bmatrix}$$

$$\boldsymbol{X}_i^{\mathrm{T}} = \begin{bmatrix} \mathrm{d}a_{0i} & \mathrm{d}a_{1i} & \mathrm{d}a_{2i} & \mathrm{d}b_{0i} & \mathrm{d}b_{1i} & \mathrm{d}b_{2i} \end{bmatrix}$$

$$l_i(x, y) = g_0(x, y) - g_i(x, y)$$

假如目标窗口的大小为 $m \times m$，则总共有 $n \times m \times m$ 个误差方程式，有 $6 \times n$ 个未知数。

在上述多片的最小二乘影像匹配的数学模型中，对于影像的几何变形参数未加任何的几何条件限制。但考虑到所有影像上的像点 p_0，p_1，p_2，$\cdots$，p_n 均为同一物点 P 的影像，因此物点 P、像点 p_i 与摄影中心 S_i 必然满足共线方程：

$$\begin{cases} x_i = -f_i \dfrac{r_{11i}(X - X_{si}) + r_{21i}(Y - Y_{si}) + r_{31i}(Z - Z_{si})}{r_{13i}(X - X_{si}) + r_{23i}(Y - Y_{si}) + r_{33i}(Z - Z_{si})} \\[4mm] y_i = -f_i \dfrac{r_{12i}(X - X_{si}) + r_{22i}(Y - Y_{si}) + r_{32i}(Z - Z_{si})}{r_{13i}(X - X_{si}) + r_{23i}(Y - Y_{si}) + r_{33i}(Z - Z_{si})} \end{cases}$$

当影像的内外方位元素为已知时，则像点坐标是物点坐标的函数：

$$\begin{cases} x_i = \varphi_i(X, Y, Z) \\ y_i = \eta_i(X, Y, Z) \end{cases}$$

将此共线方程对物点坐标 X，Y，Z 作线性化

$$\begin{cases} \Delta x_i = \dfrac{\partial \varphi_i}{\partial X}\mathrm{d}X + \dfrac{\partial \varphi_i}{\partial Y}\mathrm{d}Y + \dfrac{\partial \varphi_i}{\partial Z}\mathrm{d}Z + \varphi_i(X_0, Y_0, Z_0) - x_i^0 \\[4mm] \Delta y_i = \dfrac{\partial \eta_i}{\partial X}\mathrm{d}X + \dfrac{\partial \eta_i}{\partial Y}\mathrm{d}Y + \dfrac{\partial \eta_i}{\partial Z}\mathrm{d}Z + \eta_i(X_0, Y_0, Z_0) - y_i^0 \end{cases} \qquad (5\text{-}93)$$

式中，Δx_i、Δy_i 为相应影像 $g_i(x, y)$ 上搜索窗口几何变形中的移位量 $\mathrm{d}a_{0i}$、$\mathrm{d}b_{0i}$。因此，以共线方程为基础的误差方程为

$$\begin{cases} v_{x_i} = -\mathrm{d}a_{0i} + \dfrac{\partial \varphi_i}{\partial X}\mathrm{d}X + \dfrac{\partial \varphi_i}{\partial Y}\mathrm{d}Y + \dfrac{\partial \varphi_i}{\partial Z}\mathrm{d}Z - l_{x_i} \\[4mm] v_{y_i} = -\mathrm{d}b_{0i} + \dfrac{\partial \eta_i}{\partial X}\mathrm{d}X + \dfrac{\partial \eta_i}{\partial Y}\mathrm{d}Y + \dfrac{\partial \eta_i}{\partial Z}\mathrm{d}Z - l_{y_i} \end{cases} \qquad \text{（权：}p_{xy}\text{）} \qquad (5\text{-}94)$$

将最小二乘影像匹配与共线方程两类误差方程式(5-92)和式(5-94)联合组成法方程式，其系数阵结构如图 5-18 所示。从而在解算 n 个影像 $g_1(x, y)$，$g_2(x, y)$，$\cdots$，$g_n(x, y)$ 与 $g_0(x, y)$ 的最小二乘影像匹配的同时，要求满足共线方程，且解算出物点的空间坐标 (X, Y, Z)。当影像窗口为 $m \times m$ 时，共有 $n \times m \times m + 2n$ 个误差方程式，$6n + 3$ 个未知数。

(2) VLL 方式的最小二乘解

VLL 法就是固定待定物点的 X、Y 坐标不变，改变 Z 坐标，物点沿着过 (X, Y) 的铅垂线移

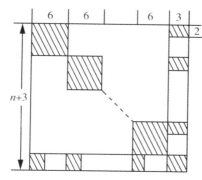

图 5-18　多片最小二乘影像匹配的法方程式结构

6：每个窗口有6个变形参数
2：每个像点有2个位移量
3：一个物点有3个坐标值

动,相应的像点在过像底点的直线上移动。

前述的最小二乘影像匹配,均采用固定某个影像(如双像时的目标影像、多片匹配时的 $g_0(x,y)$)上的像点,作为待定的目标点,因此可认为该影像无畸变。但是,在采用 VLL 方式时,固定的是物点的平面坐标 (X,Y) ,当高程改变时,目标窗口影像与搜索窗口影像都会改变,像点不能固定。根据估计的像点坐标 a_1 与 a_2 ,分别计算以 a_1 、 a_2 为中心的影像间的相关系数测度,以确定 a_1 、 a_2 最终的位置及目标点 A 的高程值 Z ;同时再结合最小二乘原理,即可得到能顾及几何变形与灰度变形因素的直接确定 DEM 的影像匹配方法。该方法可作为基本 VLL 法的高精度匹配过程,在 VLL 法已经确定 Z 的基础上进行。由于 VLL 方式的最小二乘影像匹配,能够直接确定目标点的高程值 Z ,所以是一种基于物方的影像匹配方法。

现以双像为例,说明 VLL 方式的最小二乘影像匹配的算法,根据参数引入的不同以及整个系统结构的不同,解决的方法也不完全相同,例如:

① 设有两幅影像 $g_1(x,y)$ 与 $g_2(x,y)$ (暂不考虑辐射改正),目标窗口影像(左影像)与搜索影像(右影像)均存在几何变形,则 VLL 方式的最小二乘影像匹配的数学模型为

$$g_1(x + a_{01}, y + b_{01}) + n_1(x,y) = g_2(a_{02} + a_{12}x + a_{22}y, b_{02} + b_{12}x + b_{22}y) + n_2(x,y)$$

(5-95)

窗口内某一像素的灰度误差方程为

$$v(x,y) = \boldsymbol{C}\boldsymbol{X} - l(x,y) \qquad 权:p_g$$

(5-96)

其中,

$$\boldsymbol{C} = [\dot{g}_{1x} \quad \dot{g}_{1y} \quad \dot{g}_{2x} \quad \dot{g}_{2y} \quad x\dot{g}_{1x} \quad y\dot{g}_{1y} \quad x\dot{g}_{2x} \quad y\dot{g}_{2x}]$$

$$\boldsymbol{X}^{\mathrm{T}} = [\mathrm{d}a_{01} \quad \mathrm{d}b_{01} \quad \mathrm{d}a_{02} \quad \mathrm{d}b_{02} \quad \mathrm{d}a_{12} \quad \mathrm{d}a_{22} \quad \mathrm{d}b_{12} \quad \mathrm{d}b_{22}]$$

此外,每一对匹配窗口还再引入共线条件方程

$$\begin{cases} v_{x1} = -\mathrm{d}a_{01} + \dfrac{\partial \varphi_1}{\partial Z}\mathrm{d}Z - l_{x1} \\[2mm] v_{y1} = -\mathrm{d}b_{01} + \dfrac{\partial \eta_1}{\partial Z}\mathrm{d}Z - l_{y1} \\[2mm] v_{x2} = -\mathrm{d}a_{02} + \dfrac{\partial \varphi_2}{\partial Z}\mathrm{d}Z - l_{x2} \\[2mm] v_{y2} = -\mathrm{d}b_{02} + \dfrac{\partial \eta_2}{\partial Z}\mathrm{d}Z - l_{y2} \end{cases} \qquad (权:p_{xy})$$

(5-97)

由误差方程式(5-96)和(5-97)组成法方程式,法方程式系数阵结构如图5-19所示。当影像窗口为 $m \times m$ 时,共有 $m \times m + 4$ 个误差方程式,$8 + 1$ 个未知数。

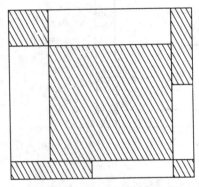

图 5-19　VLL 最小二乘影像匹配的法方程式结构

VLL 法最小二乘影像匹配流程见图5-20。

② 在一个已有的多片影像匹配系统中,加入 VLL 方式,则是直接引入两个观测值方程式

$$\begin{cases} \mathrm{d}X = 0 \\ \mathrm{d}Y = 0 \end{cases}$$

即

$$\begin{cases} v_x = \mathrm{d}X \\ v_y = \mathrm{d}Y \end{cases} \quad (\text{权}:p_{xy}) \tag{5-98}$$

将 P_{xy} 取很大值,式(5-98)并入多片最小二乘匹配系统(实际为双片),即可构成 VLL 的多片最小二乘匹配系统,即由误差方程式(5-92)、(5-94)和(5-98)联合组成法方程式。当影像窗口为 $m \times m$ 时,共有 $n \times m \times m + 2n + 2(n = 2)$ 个误差方程式和 $2 + 6n + 3$ 个未知数。

5.4.3　最小二乘影像匹配的精度

利用常规的匹配算法(如相关系数法等),至多能获得一个影像匹配质量指标,如相关系数越大,则影像匹配的质量越好,但是无法获得其精度指标。最小二乘影像匹配方法将影像匹配问题与最小二乘估计方法结合在一起,所以可以方便地根据最小二乘估计中的法方程系数矩阵,分析影像匹配中几何变形参数的理论精度。根据 σ_0 以及法方程系数矩阵的逆矩阵,同时求得其精度指标。其中几何变形参数的移位量的精度,就是我们所关心的利用最小二乘匹配算法进行"立体量测"的精度。同时,研究最小二乘影像匹配对于"特征提取"以及它与影像匹配的质量等问题,均有十分重要的意义。

为了分析简单起见,将辐射变形改正与几何变形改正分开考虑,并在几何变形的精度分析中,假定只包含平移参数。首先,仍以最简单的一维最小二乘匹配为例。由式(5-76)与式(5-77)可知:

$$\hat{\sigma}_x^2 = \frac{\sigma_0^2}{\sum \dot{g}^2}$$

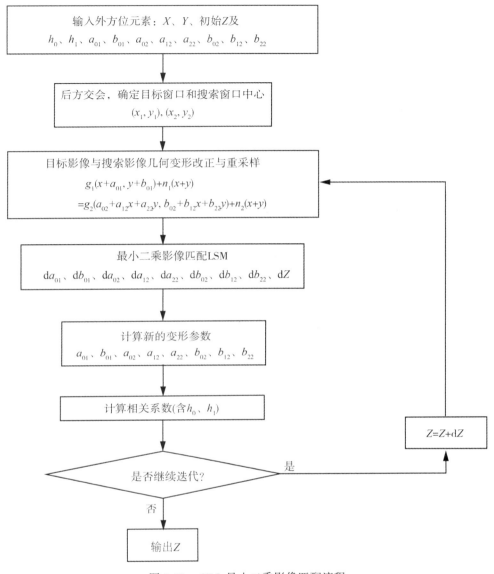

图 5-20　VLL 最小二乘影像匹配流程

式中，

$$\sigma_0^2 = \frac{\sum v^2}{n-1}$$

其中，n 为目标区像元个数。由于上式右边是 σ_v^2 的无偏估计，即 $\sigma_0^2 \approx \sigma_v^2$，又由于 $\sigma_{\dot{g}}^2 = \dfrac{\sum \dot{g}^2}{n}$，所以

$$\hat{\sigma}_x^2 = \frac{1}{n} \cdot \frac{\sigma_v^2}{\sigma_{\dot{g}}^2} \tag{5-99}$$

209

式中，σ_g^2 为影像方差。若定义信噪比

$$SNR = \frac{\sigma_g}{\sigma_v}$$

则一维最小二乘影像匹配的方差

$$\hat{\sigma}_x^2 = \frac{1}{n \cdot SNR^2} \cdot \frac{\sigma_g^2}{\dot{\sigma}_g^2} \tag{5-100}$$

式中，$\dot{\sigma}_g^2$ 为影像梯度方差。根据相关系数与信噪比之间的关系式(5-74)，式(5-100)还可表示为

$$\sigma_x^2 = \frac{(1-\rho^2)}{n} \cdot \frac{\sigma_g^2}{\dot{\sigma}_g^2} \tag{5-101}$$

　　由此可以得到一些很重要的结论:影像匹配的精度与相关系数有关,相关系数越大则精度越高,它们的关系可以用图 5-21 表示。换言之,它与影像窗口的信噪比有关,信噪比越大,则匹配的精度越高。由前可知,信噪比可以根据影像的功率谱进行估计,因此,由此公式可以在影像匹配之前估计出影像匹配的"验前方差"。另外,影像匹配的精度还与影像的纹理结构有关,即与 $(\sigma_g/\dot{\sigma}_g)^2$ 有关。特别是当影像梯度方差 $\dot{\sigma}_g^2$ 越大,则影像匹配精度越高。当 $\dot{\sigma}_g \doteq 0$,即目标窗口内灰度没有变化(如湖水表面、雪地等)时,则无法进行影像匹配,这也表明 $\dot{\sigma}_g^2$ 是评价特征是否丰富的重要标准之一。同时也说明了特征对影像匹配的重要性,因为特征提取实质就是探索具有灰度明显变化的影像。

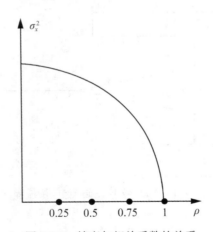

图 5-21　精度与相关系数的关系

　　二维影像的最小二乘影像匹配,若只考虑搜索影像上的平移量 a_0 和 b_0 时,则由法方程式的系数矩阵(5-83)可知,此时

$$M = C^{\mathrm{T}}C = \begin{bmatrix} \sum \dot{g}_x^2 & \sum \dot{g}_x \dot{g}_y \\ \sum \dot{g}_x \dot{g}_y & \sum \dot{g}_y^2 \end{bmatrix} \tag{5-102}$$

根据最小二乘原理,位移参数 a_0、b_0 的改正数 $\mathrm{d}a_0$、$\mathrm{d}b_0$ 的最小二乘估计为

$$\hat{X} = (C^{\mathrm{T}}PC)^{-1}(C^{\mathrm{T}}PL) \tag{5-103}$$

如果考虑单位权矩阵,可得最小二乘估计 $\hat{X}$ 的协方差矩阵为

$$\operatorname{cov}(\hat{X}) = \operatorname{cov}\begin{bmatrix} a_0 \\ b_0 \end{bmatrix} = \sigma_0^2 \, (C^{\mathrm{T}}C)^{-1} = \sigma_0^2 \begin{bmatrix} \sum \dot{g}_x^2 & \sum \dot{g}_x\dot{g}_y \\ \sum \dot{g}_x\dot{g}_y & \sum \dot{g}_y^2 \end{bmatrix}^{-1} = \sigma_0^2 \cdot Q \quad (5\text{-}104)$$

式中,σ_0^2 为单位权方差或噪声方差,矩阵中的求和是关于窗口的像素个数求和。如果将上述逆矩阵中的各元素近似地用相应的方差或协方差来表示,如记 $\sum \dot{g}_x\dot{g}_y = N\sigma_{\dot{g}_x\dot{g}_y}$ ($N = m \times m$),表示图像 g_x 与 g_y 的协方差估计,则式(5-104)可写为

$$\operatorname{cov}(\hat{X}) = \frac{\sigma_n^2}{N}\begin{bmatrix} \sigma_{\dot{g}_x}^2 & \sigma_{\dot{g}_x\dot{g}_y} \\ \sigma_{\dot{g}_x\dot{g}_y} & \sigma_{\dot{g}_y}^2 \end{bmatrix}^{-1} \quad (5\text{-}105)$$

由式(5-105)可以看出,位置偏移向量 a_0、b_0 的估计精度由 3 个参数所决定:影像噪声方差 σ_n^2($\sigma_n^2 \approx \sigma_0^2$)、窗口内像素数量 N、梯度图像的方差和协方差($\sigma_{\dot{g}_x}^2$,$\sigma_{\dot{g}_x\dot{g}_y}$)。

由式(5-104)得

$$\begin{cases} \hat{\sigma}_x^2 = \hat{a}_0 = \hat{\sigma}_0^2 \cdot Q_{xx} \\ \hat{\sigma}_y^2 = \hat{b}_0 = \hat{\sigma}_0^2 \cdot Q_{yy} \end{cases} \quad (5\text{-}106)$$

其中,$\hat{\sigma}_0^2 = \dfrac{\sum vv}{n-2}$。

由式(5-104)还可以得到

$$\sigma_{a_0}^2 + \sigma_{b_0}^2 = \sigma_n^2 \frac{\sum \dot{g}_x^2 + \sum \dot{g}_y^2}{\sum \dot{g}_x^2 \sum \dot{g}_y^2 - \left(\sum \dot{g}_x\dot{g}_y\right)^2} = \sigma_n^2 \frac{\operatorname{tr}M}{\det M} \quad (5\text{-}107)$$

显然,式(5-107)的右端相当于 Förstner 点特征提取算子中的兴趣值的倒数,且相当于搜索窗口中心点的点位误差椭圆的长半轴平方与短半轴平方的和,即

$$\frac{\operatorname{tr}M}{\det M} = a^2 + b^2 \quad (5\text{-}108)$$

当目标窗口的影像是一个如图 5-22 所示的直角角点,则由上述方差 – 协方差阵所表示的点位误差椭圆是一个圆。因此,它就是提取角点特征的 Förstner 兴趣算子。

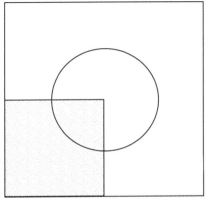

图 5-22　直角角点误差椭圆 —— 圆

习题与思考题

1. 摄影测量处理链中有哪些环节与影像匹配有关?

2. 影像匹配算法可以分为哪三类? 各是什么?

3. 相关函数是怎样定义的? 利用相关技术进行立体像对的自动量测的原理是什么?

4. 什么是金字塔影像? 基于金字塔影像进行相关有什么优点? 为什么?

5. 什么是影像匹配? 影像匹配与影像相关的关系是什么?

6. 在基于灰度的影像匹配中,常用的相似性测度有哪些? 各有什么直观意义? 哪种测度比较好?

7. 编写相关系数进行影像匹配的程序。分析相关系数灰度匹配的局限性,可做哪些改进?

8. 比较基于物方的双像 VLL 算法和多视 VLL 算法的异同点。VLL 法影像匹配的优点是什么?

9. 绘出基于物方的双像 VLL 算法的程序框图并编写相应程序。

10. 单点最小二乘影像匹配考虑了哪三种畸变或误差? 它的缺点是什么?

11. 最小二乘影像匹配是怎样处理几何变形的? 该算法最终输出的最佳匹配点位与变形参数有关吗?

12. 相关系数和最小二乘影像匹配各可以达到什么精度? 为什么最小二乘影像匹配能够达到很高的精度?

13. "灰度差的平方和最小"影像匹配与"最小二乘"影像匹配的相同点及差别各是什么?

14. 请从理论上解释"相关系数最大"影像匹配算法成功率高的原因。

15. 带共线条件的最小二乘影像匹配有什么优点?

16. 带共线条件的多片最小二乘影像匹配与 VLL 的最小二乘影像匹配的数学模型有什么不同?

17. 基于像方的影像匹配与基于物方的影像匹配有什么不同? 各包含哪些算法?

第6章　基于特征的影像匹配

前一章讨论的基于灰度的影像匹配都是直接利用影像的灰度值分布，对不同影像间的亮度变化及透视变换较敏感。尽管这些变换在某种程度上可以体现在灰度匹配模型中，但仍然可能导致匹配失败。当待匹配点位于低反差区内(图 6-1(a))，即该窗口内的信息贫乏，信噪比很小，则其匹配的成功率不高。因此，基于灰度的影像匹配并不十分可靠。在大比例尺城市航空影像中(图 6-1(b))，影像的内容主要是人工建筑物而非地形，这时由于影像的不连续、阴影与被遮挡等原因，基于灰度的影像匹配算法就难以适应。此外，影像匹配不一定仅用于地形测绘等目的，也不一定要生成密集的 DEM(或 DSM)。例如，在机器视觉中，有时影像匹配只是为了确定机器人所处的空间方位(图 6-1(c))，或为了识别特定目标与模式，因此无须生成密集的描述空间物体的格网点，而只需要配准某些感兴趣的点、线、面等特征。而数字影像中在不同定义下的特征是影像的灰度值变化剧烈、信息较丰富、信噪比较高的对象或区域，有些特征在空间中还具备明确的物理意义，因此在特征层(而非影像灰度级)上进行影像匹配，比灰度匹配更稳健、可靠。随着摄影测量、计算机视觉等相关技术的发展，基于特征的影像匹配可以克服灰度匹配存在的可靠性差、适应性差的问题，在影像匹配中的应用越来越广泛，而且其应用范围还可以包括除了地形测绘以外的机器视觉、信号图像处理等领域。

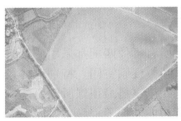  

(a)水塘　　　　　　　　　　(b)城区　　　　　　　　　(c)足球机器人

图 6-1　基于灰度的影像匹配算法难以适应

6.1　特征匹配概述

6.1.1　特征匹配的定义与过程

特征匹配或基于特征的匹配(feature based matching，FBM)是指通过计算从影像中提取的特征属性或描述参数之间的相似性测度来实现配准的影像匹配方法。根据所选取的特征，基于特征的匹配可以分为点、线、面的特征匹配。一般情况下，特征匹配可以包括 3

个步骤。

①特征提取。用于匹配的特征应该有确定的属性，使得能够方便地从多张影像中提出这些特征。大多数特征匹配方法是用兴趣算子提取的特征点或灰度边缘作为特征进行匹配。这些特征相互独立地从被匹配的多张影像中提取出来。

②候选特征的确定。对所提出特征的属性进行比较，将属性相似的特征分为一类，作为目标影像上待配准特征的候选特征。例如，对提取的灰度边缘，可以检查目标影像上待配准边缘与搜索影像上所提取的边缘之间是否有相同的对比度符号、相似的方位（假设两影像间的旋转近似已知），从而确定搜索影像上的候选边缘，并将同一特征的所有候选特征分为一类，从而形成待匹配特征与候选特征集合之间的对应列表。此时的对应列表可能是有歧义的、意义不明确的，因为搜索影像上的某一个特征也可能被认为是多个特征的候选特征，属于多个候选类别。

③变换参数估计或最终的特征对应。从初始的特征匹配候选列表中确定真正的对应特征，同时估计两影像间的几何变换参数。通过对一定窗口内的所有特征进行一致的几何变换，消除初始特征对应表中的不确定性。

多数基于特征的匹配方法也使用金字塔影像结构，将上一层影像的特征匹配结果传到下一层作为初始值，并考虑对粗差的剔除或改正。最后以特征匹配结果为"控制"，对其他点进行匹配或内插。由于基于特征的匹配是以"整像素"精度定位，因而对需要高精度匹配的情况，将其结果作为近似值，再利用最小二乘影像匹配进行精确匹配，取得"子像素"级的精度。

6.1.2 基于特征的影像匹配策略

基于特征的影像匹配策略主要指匹配立体像对的两张或多张影像的数据结构形式（如多层数据结构）、特征提取的方式、特征的匹配顺序、匹配准则与粗差剔除等各环节的处理方案。

1. 建立金字塔多层数据结构

在影像匹配过程中建立影像金字塔多层数据结构是几乎所有影像匹配都采用的策略之一。利用这种金字塔形的多层数据结构可以增大像素尺寸，减少搜索空间。特别地，在基于特征的影像匹配中，由于低通滤波和亚采样的作用，使得在金字塔最顶层所保留的特征应是影像中最明显、能量集中且由影像中较大的特征结构所形成的特征，而小尺度和反差不强的特征则被多次的平滑所抑制和湮灭。由于金字塔的最顶层影像是经过多次低通滤波后形成的，影像中主要包括低频成分（低频成分占主导地位），由 5.1.2 小节中的结论可知，此时在最高层匹配有更大的拉入范围。因此，在金字塔的最高层进行特征匹配，不仅具有大拉入范围，而且对明显突出、结构较大、反差剧烈的特征，匹配结果也更可靠、更稳健。

在形成金字塔多层数据结构的过程中，低通滤波模板一般采用奇数尺寸，使得上一层的像素位置在下一层有较好的近似对应位置，从而使得在下一层的搜索、计算更有针对性。金字塔数据结构层数可视原始影像的尺寸大小而定。

(1) 由影像匹配窗口大小确定金字塔影像层数

当影像的先验视差未知时，可建立一个较完整的金字塔，其塔尖（最上一层）的像元个数在列方向上介于匹配窗口像素列数的 $1 \sim l$ 倍之间。若影像长为 n 个像素，匹配窗口

长为 w 个像素，则金字塔影像的层数 k 满足

$$w < \mathrm{INT}\left(\frac{n}{l^k} + 0.5\right) < l \cdot w \tag{6-1}$$

当原始影像列方向较长时，则以行方向为准来确定金字塔的层数。

（2）由先验视差确定金字塔影像层数

若已知或可估计出影像的最大视差为 p_{max}，也可由人工量测一个点计算出其视差并进一步估计出最大左右视差。若在最上层影像匹配时左右搜索 S 个像素，则金字塔影像的层数 k 满足

$$\frac{p_{max}}{l^k} = S \cdot \Delta \tag{6-2}$$

其中，Δ 为像素大小。

2. 特征提取的分布模式

在特征匹配过程中，采用一定的特征提取算子对左右影像进行特征提取。对点特征来说，可以根据各特征点的兴趣值将特征点分成几个等级，匹配时可按等级依次进行处理。对不同的目的，特征点的提取应有所不同。当特征匹配的目的是用于计算影像的相对方位参数，应主要提取梯度方向与 y 轴接近一致的特征；对一维影像匹配，应主要提取梯度方向与 x 轴接近一致的特征。特征的方向还可用于匹配中的辅助判别。所提出的特征点的分布可以采取以下两种方式：

① 随机分布。按顺序进行特征提取，但控制特征的密度，在整幅影像中按一定比例选取特征点，并将极值点周围的其他点去掉，这种方法选取的点集中在信息丰富的区域，而在信息贫乏区则没有点或点很少。

② 均匀分布。将影像划分成规则矩形格网，每一格网内提取一个（或若干个）特征点。当匹配结果用于影像参数求解（如相对定向）时，格网边长较大，点数应根据应用的特点确定。当用于建立 DSM（或 DEM）时，特征提取格网可以就是与 DEM 相对应的像片格网。这种方法选取的特征点均匀地分布在影像各处。但若在每一格网中按兴趣值最大的原则提取特征点，则当一个格网完全落在信息贫乏区内时，所提取的并不是真正的特征点；若将阈值条件也用于特征提取，则这样的格网中也将没有特征点。

3. 特征点的匹配

（1）二维匹配与一维匹配

影像方位参数未知时，必须进行二维影像匹配。此时匹配的主要目的是利用明显特征点对来解求影像的方位参数，以建立立体影像模型，形成核线影像以便进行一维匹配。二维匹配的搜索范围在最上一层影像由先验视差确定，在其后各层只需要在小范围内搜索。

当影像方位已知时，可直接进行带核线约束条件的一维匹配。但当影像方位不精确或采用近似核线的概念时，也可能有必要在上下方向各搜索一个或多个像素。

建立影像模型，形成核线进行一维匹配

（2）匹配候选点的选择

左影像提取特征点后，右影像上匹配候选点的选择可采用以下几种方式：

① 对右影像也进行相应特征提取，挑选预测区内的特征点作为可能的匹配点。

② 右影像不进行特征提取，将预测区内的每一点都作为可能的匹配点。

③ 右影像不进行特征提取，但也不将所有的点作为可能的匹配点，而是采用其他的

准则，动态地确定各备选点。

（3）特征点的匹配顺序

① 深度优先。对第一层左影像每提取到一个特征点，即对其进行匹配，然后将结果传导至下一层影像进行匹配，直至原始影像，并以该匹配好的点对为中心，对其邻域内的点进行匹配。再上升到第一层，从该层已匹配的点的邻域选择另一点进行匹配，将结果化算到原始影像上，重复前一点的过程，直至第一层最先匹配的点的邻域中的点处理完，再回溯到第二层。对第二层重复上述对第一层的处理，如此进行直到处理完所有层。这种处理顺序类似于人工智能中的深度优先搜索法，其搜索顺序如图6-2所示。

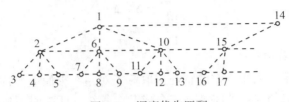

图 6-2　深度优先匹配

② 广度优先。这是一种按层处理的方法，即首先对第一层影像进行特征提取与匹配，将全部点处理完后，将结果化算到下一层并加密，然后进行匹配。重复以上过程直至原始影像。这种处理顺序类似于人工智能中的广度优先搜索法。

（4）匹配的准则

除了运用一定的相似性测度（如相关系数）外，一般还可以考虑特征的方向、周围已匹配点的结果，如将前一条核线已匹配的点沿边缘传递到当前核线同一边缘线上的点。由于特征点的信噪比较大，因此其相关系数也较大，故可设一较大的阈值，当相关系数高于阈值时，认为该特征点是其匹配点，否则需利用其他条件进一步判别。

（5）粗差的剔除

可在一个小范围内利用倾斜平面或二次曲面为模型进行视差（或右片对应点位）拟合，将残差大于某一阈值点作为粗差剔除。平面或曲面的拟合可用常规最小二乘法，还可用最大似然估计法求解参数。

6.2　跨接法影像匹配

数字影像匹配中，几何畸变是影响匹配结果可靠性及精度的主要因素。因此，许多影像匹配方法都在设计过程中考虑了几何畸变的因素。如最小二乘影像匹配就顾忌了这种几何畸变，只不过考虑的仅是匹配窗口间轻微的仿射变形。对更复杂的几何畸变（大尺度的透视变形、地面断裂及遮挡等）则需要用其他的算法实现。由于影像的几何变形，使得匹配窗口间影像的相似性受到影响（如图6-3所示），因而也影响到判别的成功率，增大了判别错误的概率。因此，需要研究能先改正影像几何变形的影像匹配方法，武汉大学张祖勋院士提出的跨接法就是这样一种影像匹配方法，在张院士领导下研制的世界著名的摄影测量软件系统 VirtuoZo 中，该影像匹配方法得到了成功的应用。

基于灰度的影像匹配方法中处理几何变形一般有三种模式：一种是直接计算匹配窗口

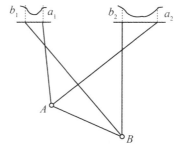

图 6-3　几何变形

间的相似性测度，评价它们之间是否是同名窗口，然后用其结果做几何改正再相关。这是由粗到精的匹配过程，而且是一个迭代过程。第二种是预先给定几何变形各参数的初值，在最小二乘影像匹配的迭代过程中同时完成影像匹配与几何变形改正，即最小二乘影像匹配将影像匹配与几何改正均作为参数同时解算。第三种是先做几何改正，后做影像匹配，即跨接法影像匹配。

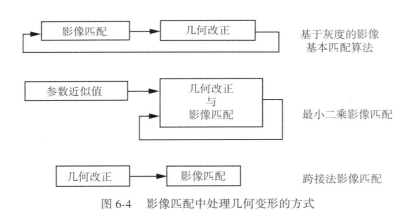

图 6-4　影像匹配中处理几何变形的方式

跨接法影像匹配是以特征(灰度剧烈变化的边缘点组成)围成的影像段作为匹配窗口，评价匹配窗口间灰度分布的相似性。因此，实质上它是基于灰度与基于特征相结合的影像匹配方法。

跨接法影像匹配主要针对已定向的立体像对而设计，即主要应用于核线影像。一维跨接法影像匹配的基本思想是：在核线影像上，以特定的影像段(即特征)作为窗口的边缘，计算左右核线影像上两窗口之间的相似性测度(如相关系数测度)，以相似性测度达到最大的两个窗口为同名窗口，而相应窗口的端点即为同名点。

6.2.1　跨接法影像匹配中的特征

在跨接法影像匹配中是采用特征分割法提取特征并对特征进行描述的。

在一维影像(核线影像)的情况下，将特征定义为一个"影像段"，它由三个特征点组成：一个灰度梯度最大点 Z，两个"突出点"（梯度很小）S_1、S_2，如图 6-5 所示，这种影像段就被称为跨接法影像匹配中的特征。利用特征提取算子，提取特征（实际上是依次提取上述的三个特征点），将一条核线影像分割为若干个"影像段"，每一段影像均由一个特征所组成，如图 6-6 所示。

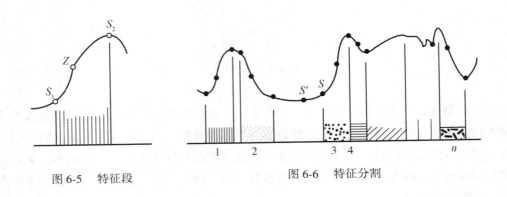

图 6-5　特征段　　　　　　　　　　图 6-6　特征分割

在提取特征时，所用算子不仅应顺次地提取出一个特征上三个特征点的像素序号（点位），而且还应保留两个突出点 S_1、S_2 的灰度差 Δg。将三个特征点的像素号与 Δg 作为描述此特征的四个参数（x_1，x_z，x_2，Δg）——特征参数。

$$S_1 = g(x_1)，S_2 = g(x_2)，\Delta g = g(x_2) - g(x_1)$$

而 x_z 满足

$$\mathrm{Grad}[g(x_z)] = \max_{x_1 \leqslant x_z \leqslant x_2} \{\mathrm{Grad}[g(x)]\}$$

其中，$\mathrm{Grad}[\cdot]$ 表示梯度算子。$\Delta g > 0$ 的特征为正特征，说明该特征是一个灰度值上升的影像段，而 $\Delta g < 0$ 的特征为负特征，说明该特征是一个灰度值下降的影像段。所以 Δg 可以认为是一个布尔变量，表示影像特征段的变化形态。

6.2.2　跨接法匹配窗口

在基于灰度的影像匹配中，一般以待定点为窗口的中心，这种窗口结构为"中心法"。中心法的窗口结构的最大缺点是无法在影像相关之前考虑影像的几何变形。在最小二乘影像匹配算法中，即使能提供点位初值，其他变形初值也难以预测，因此在几何变形很大时，最小二乘影像匹配就难以收敛。

跨接法窗口是将两个特征连接起来构成窗口，如图 6-7 所示。其中一个特征（如图 6-7 中的 F_b）可以是已经配准的特征，也可以是待配准的特征，而另一个特征是待定特征。因此，待匹配的特征始终位于窗口的边缘，这是跨接法与常规的中心法窗口结构的根本区别。同时，窗口大小是不固定的，而是由影像的纹理结构所决定，这比中心点窗口结构更合乎逻辑。在 F_b 与 F_e 之间可能没有任何特征，但也可能包括一个或多个未能配准的特征，如图 6-7 所示。

对于二维影像，跨接法的影像窗口是边缘线为界限所形成的不规则窗口。在核线影像的情况下，它们是曲边梯形，两条边缘即曲边梯形的两个腰，如图 6-8 所示。

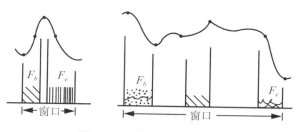

图 6-7　跨接法的窗口结构

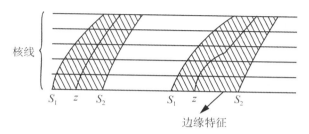

图 6-8　二维跨接法窗口

6.2.3　跨接法影像匹配的过程

从本质上讲，影像匹配是一种评价灰度分布相似性的手段。由于相关系数最大的算法有效地消除了辐射的线性畸变，因而影像的几何畸变（特别是在高山地区）是影响判断灰度分布相似性的主要因素。跨接法影像匹配算法从本质上解决了这一问题，在相关之前预先消除几何变形的影响。

1. 已有一对配准特征的跨接法影像匹配

若有一对特征已经配准（如图 6-9 所示），目标窗口由一个已经配准的特征构成，搜索窗口则由另一个配准特征与多个待匹配特征构成。其匹配过程如下：

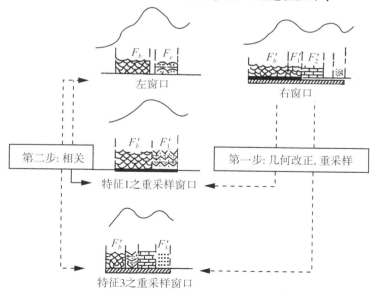

图 6-9　跨接法影像匹配过程

219

① 设在左方影像上 F_b 和 F_e 分别是已配准与待匹配的特征，它们构成目标窗口。

② 在右方影像上，F_b 是已配准的特征，在搜索范围内，可以在右方影像上选定若干个特征，如图 6-9 中的 F'_1、F'_2、F'_3，作为 F_e 的备选特征。

③ 比较待匹配特征 F_e 与备选特征 F'_1、F'_2、F'_3 之间的特征参数，选取相似特征（如 F'_1、F'_3）作为下一步匹配的备选特征。

④ 在右方影像上，以 F_b 为窗口的一个端点特征，而以被选定的备选特征 F'_1、F'_3 为窗口的另一端的特征，构成不同的匹配窗口。

⑤ 对匹配窗口进行重采样，使其大小（即窗口的长度）始终等于左方影像的目标窗口的长度，从而消除了几何畸变对相关的影响。

在二维影像窗口的情况下，每条核线上的影像段的长度分别与目标区内相应影像段的长度相等。值得注意的是，相对几何变形改正并不要求重采样后的搜索窗口的形状与目标窗口的形状完全相同，但要求搜索窗口中每一行上的像素个数与目标窗口同一行上的像素个数相等，如图 6-10 所示。

⑥ 计算目标窗口与重采样的匹配窗口的相关系数，按最大相关系数的准则确定 F_e 的同名特征。由于在计算相关系数之前，预先改正了几何变形（重采样），从而大大提高了相关的可靠性。

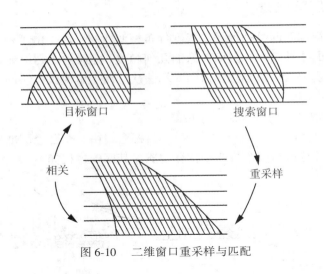

图 6-10　二维窗口重采样与匹配

2. 两特征均未配准的跨接法影像匹配

上述算法存在着一个缺点，即影像匹配结果的正确性依赖于"已配准点"是否正确。这种采用逐个特征传递的方式不能保证匹配的可靠性，特别是对于地形复杂地区的影像，其匹配的可靠性更不能保证。

上述跨接法的算法是面向目标特征本身，即影像匹配的结果是共轭特征。为了克服上述错误匹配被传递的弱点，必须将面向特征本身的算法扩充为面向由特征为界限的影像段算法，即影像匹配的结果是共轭影像段，而共轭特征则被隐含于其中。按此算法，它并不假定已存在配准的特征，而是将窗口 $[a'b']$ 整个视为待配准元的"影像段"。根据影像特征的相似性或搜索范围等几个限制，在右核线上建立一些备选的搜索窗口（见图 6-11）。

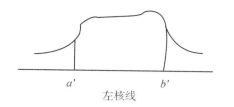 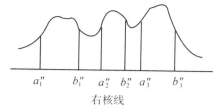

図 6-11　跨接法影像匹配

① 设在左方影像上进行特征分割提取特征。选定一个影像段 $[a'b']$ 作为目标窗口。

② 对右方影像进行特征分割提取特征，根据目标窗口与搜索窗口特征之间的相似性，在搜索窗口中选定几个备选影像段：

$$[a_i''b_j''] \ (i, j = 1,\ 2,\ 3 \text{ 且 } N_j > N_i)$$

式中，N_i、N_j 分别表示 a_i''、b_j'' 的像素序号。

③ 对搜索窗口各个影像段 $[a_i''b_j'']$ 分别进行几何变形改正、重采样，重采样可按特征点的序号（一维）或点的坐标进行，得到新的影像段 $R[a_i''b_j'']$，$R[a_i''b_j'']$ 与目标窗口 $[a'b']$ 等长。

④ 用目标窗口影像段与搜索窗口影像段分别进行相关匹配，并取相关系数最大的一对影像段作为共轭影像段。

$$\text{Max}\{C([a'b'],\ [R[a_i''b_j'']])\} \quad (i, j = 1,\ 2,\ 3 \text{ 且 } N_j > N_i)$$

其中，$R[a_i''b_j'']$ 表示对相应的搜索窗口 $[a_i''b_j'']$ 做重采样，并使其长度永远等于目标窗口 $[a'b']$；$C([\ \ ],\ [\ \ ])$ 表示计算相应两个影像窗口的相关系数。

总之，跨接法影像匹配是基于灰度和基于特征相结合的影像匹配方法。它最明显的特点有两个：一是在跨接法影像匹配中，待配准特征位于窗口的边缘（基于灰度的影像匹配在窗口中心），这就使得该匹配算法可以对搜索窗口进行内插，能够处理几何畸变，使之相似于目标窗口。二是在跨接法影像匹配中，窗口的大小由影像纹理结构确定，窗口大小具有自适应于影像内容的能力。对纹理丰富的影像，特征段多，相应窗口较小；对纹理贫乏的影像，特征段较稀疏，相应窗口较宽。

6.3　SIFT 影像匹配

用于匹配的两幅影像，有可能空间分辨率不一致，辐射亮度存在差异，几何方面存在平移、旋转变换等，这些问题都会影响影像匹配的可靠性、适应性。SIFT（scale invariant feature transform，尺度不变特征变换）特征匹配算法是 David G. Lowe 于 1999 年提出，在 2004 年完善总结的一种基于尺度空间的、对图像缩放、旋转甚至仿射变换保持不变性的特征匹配算法。该方法先在图像的尺度空间提取出稳定的特征点，并对其进行描述，然后通过图像间各特征点的特征描述向量进行相似性匹配。

SIFT 算法是一种提取图像局部特征的算法，在尺度空间寻找极值点，提取位置、尺度、旋转不变量，每个特征点形成一个 128 维描述向量，其主要特点有：

①SIFT 特征是图像的局部特征，其对旋转、尺度缩放、亮度变化保持不变性，对视角变化、仿射变换、噪声也保持一定程度的稳定性。

② 独特性好，信息量丰富，适用于在海量特征数据库中进行快速、准确的匹配。

③ 多量性，即使少数的几个物体也可以产生大量 SIFT 特征向量。

④ 可扩展性，可以很方便地与其他形式的特征向量进行联合。

该方法可靠，精度高，但是计算量大，速度较慢。

SIFT 特征匹配算法分两个阶段实现：第 1 阶段是 SIFT 特征的提取，即从多幅待匹配图像中提取出对尺度缩放、旋转、亮度变化无关的特征向量；第 2 阶段是 SIFT 特征向量的匹配。

6.3.1 SIFT 特征提取

SIFT 特征提取的主要步骤包括：

① 尺度空间的极值探测；

② 关键点的精确定位；

③ 确定关键点的主方向；

④ 关键点的描述。

1. 尺度空间的极值探测

（1）尺度空间

尺度空间的基本思想是：在视觉信息（图像信息）处理模型中引入一个被视为尺度的参数，通过连续变化尺度参数获得不同尺度下的视觉处理信息，然后综合这些信息以深入地挖掘图像的本质特征。尺度空间方法将传统的单尺度视觉信息处理技术纳入尺度不断变化的动态分析框架中，因此更容易获得图像的本质特征。

高斯卷积核是实现尺度变换的唯一线性核，若方差为 σ 的二维高斯函数为 $G(x, y, \sigma)$，一幅二维图像，在不同尺度下的尺度空间表示可由图像与高斯核卷积得到：

$$L(x, y, \sigma) = G(x, y, \sigma) * I(x, y)$$

其中，$G(x, y, \sigma)$ 是尺度可变高斯函数，可用式（6-3）表示；$L(x, y, \sigma)$ 为二维图像 $I(x, y)$ 经半径为 σ 的高斯函数模糊后的图像；(x, y) 代表图像的像素位置；L 代表图像的尺度空间；σ 为尺度空间因子，其值越小则表示图像被平滑得越少，相应的尺度也就越小。同时大尺度对应于图像的概貌特征，小尺度对应于图像的细节特征，见图 6-12。

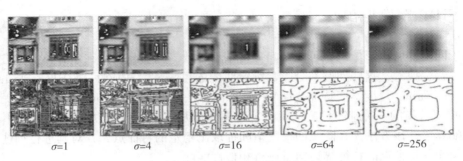

| $\sigma=1$ | $\sigma=4$ | $\sigma=16$ | $\sigma=64$ | $\sigma=256$ |

图 6-12　不同尺度图像的特点

$$G(x, y, \sigma) = \frac{1}{2\pi\sigma^2} e^{-(x^2+y^2)/2\sigma^2} \tag{6-3}$$

（2）DOG 算子

为了有效地在尺度空间检测到稳定的关键点，Lowe 提出了高斯差分尺度空间（DOG scale-space），利用不同尺度的高斯差分函数 DOG(difference of gaussian) 与原始图像卷积生成。

$$D(x, y, \sigma) = (G(x, y, k\sigma) - G(x, y, \sigma)) * I(x, y) = L(x, y, k\sigma) - L(x, y, \sigma)$$

(6-4)

式(6-4) 即为 DOG 算子。DOG 算子定义为两个不同尺度的高斯核的差分，其具有计算简单的特点，是归一化 LOG(laplacian of gaussian) 算子的近似，因此 $D(x, y, \sigma)$ 就是相邻尺度 $L(x, y, \sigma)$ 的差。

用 DOG 算子进行特征点提取的优点：

①DOG 算子的计算效率高，它只需利用不同的 σ 对图像进行高斯卷积生成平滑影像 L，然后将相邻的影像相减即可生成高斯差分影像 D。

② 高斯差分函数 $D(x, y, \sigma)$ 是比例尺归一化的"高斯 - 拉普拉斯函数"（LOG 算子 – $\sigma^2 \nabla^2 G$）的近似。当 $\sigma^2 \nabla^2 G$ 为最小和最大时，影像上能够产生大量、稳定的特征点，并且特征点的数量和稳定性比其他的特征提取算子（如 Hessian 算子、Harris 算子）要多得多、稳定得多。

高斯差分函数与高斯 - 拉普拉斯函数之间的近似关系可表示为：

$$\sigma \nabla^2 G = \frac{\partial G}{\partial \sigma} \approx \frac{G(x,y,k\sigma) - G(x,y,\sigma)}{k\sigma - \sigma}$$

(6-5)

$$G(x,y,k\sigma) - G(x,y,\sigma) \approx (k - 1)\sigma^2 \nabla^2 G$$

(6-6)

式(6-6) 中的系数 $k - 1$ 为一常数，因此不影响每个比例尺空间内的极值探测。当 $k = 1$ 时，式(6-6) 的近似误差为 0。Lowe 通过实验发现，近似误差不影响极值探测的稳定性，并且不会改变极值的位置。

（3）高斯差分尺度空间的生成

图 6-13 为生成高斯差分尺度空间的示意图。假设将尺度空间分为 n 层，每层尺度空间又被分为 S 子层，基准尺度空间因子为 σ，则尺度空间的生成步骤如下：

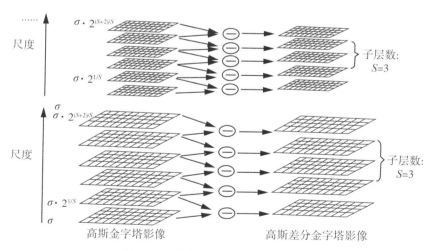

图 6-13　高斯差分尺度空间的生成

223

① 在第一层尺度空间中，利用 $\sigma \cdot 2^{n/S}$ 卷积核分别对原始影像进行高斯卷积，生成高斯金字塔影像（$S + 3$ 张），其中 n 为 0, 1, 2, $\cdots$, $S + 2$，S 为该层尺度空间的子层数；

② 将第一层尺度空间中的相邻高斯金字塔影像相减，生成高斯差分金字塔影像；

③ 不断地将原始影像降采样 2 倍，并重复类似 ① 和 ② 的步骤，生成下一层尺度空间。

（4）局部极值探测

为寻找高斯差分尺度空间中的极值点（最大值或最小值），在高斯差分金字塔影像中，每个采样点与它所在的同一层比例尺空间的周围 8 个相邻点和相邻上、下比例尺空间中相应位置上的 9×2 各相邻点进行比较。如果该采样点的值小于或者大于它的相邻点（26 个相邻点），那么该点即为一个局部极值点（关键点），见图 6-14。图中，× 表示当前探测的采样点，○ 表示与当前探测点相邻的 26 个比较点。

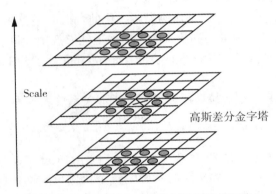

图 6-14　高斯差分尺度空间局部极值探测

2. 关键点的精确定位

（1）关键点精确定位

通过拟合三维二次函数以精确确定关键点的位置和尺度（达到亚像素精度），同时去除低对比度的关键点和不稳定的边缘响应点（因为 DOG 算子会产生较强的边缘响应），以增强匹配稳定性、提高抗噪声能力。

在关键点处用泰勒展开式得到：

$$D(\boldsymbol{X}) = D + \left(\frac{\partial D}{\partial \boldsymbol{X}}\right)^{\mathrm{T}} \boldsymbol{X} + \frac{1}{2}\boldsymbol{X}^{\mathrm{T}}\frac{\partial^2 D}{\partial \boldsymbol{X}^2}\boldsymbol{X}, \quad D \geqslant D_0 \tag{6-7}$$

式中，$\boldsymbol{X} = (x, y, \sigma)^{\mathrm{T}}$ 为关键点的偏移量；D 是 $D(x, y, \sigma)$ 在关键点处的值。令

$$\frac{\partial D(\boldsymbol{X})}{\partial \boldsymbol{X}} = 0$$

可得到 $\boldsymbol{X}$ 的极值 $\hat{\boldsymbol{X}}$：

$$\hat{\boldsymbol{X}} = -\left(\frac{\partial^2 D}{\partial \boldsymbol{X}^2}\right)^{-1}\frac{\partial D}{\partial \boldsymbol{X}} \tag{6-8}$$

其中，

$$\frac{\partial D}{\partial \boldsymbol{X}} = \left(\frac{\partial D}{\partial x} , \frac{\partial D}{\partial y}, \frac{\partial D}{\partial \sigma} \right)^{\mathrm{T}}$$

$$\frac{\partial^2 D}{\partial \boldsymbol{X}^2} = \begin{bmatrix} \dfrac{\partial^2 D}{\partial x^2} & \dfrac{\partial^2 D}{\partial xy} & \dfrac{\partial^2 D}{\partial x\sigma} \\[2mm] \dfrac{\partial^2 D}{\partial yx} & \dfrac{\partial^2 D}{\partial y^2} & \dfrac{\partial^2 D}{\partial y\sigma} \\[2mm] \dfrac{\partial^2 D}{\partial \sigma x} & \dfrac{\partial^2 D}{\partial \sigma y} & \dfrac{\partial^2 D}{\partial \sigma^2} \end{bmatrix}$$

$$= \begin{bmatrix} \dfrac{(D_s^{x+1,y} - D_s^{x,y}) - (D_s^{x,y} - D_s^{x-1,y})}{4} & \dfrac{(D_s^{x+1,y+1} - D_s^{x,y+1}) - (D_s^{x+1,y-1} - D_s^{x-1,y-1})}{4} & \dfrac{(D_{s+1}^{x+1,y} - D_{s+1}^{x-1,y}) - (D_{s-1}^{x+1,y} - D_{s-1}^{x-1,y})}{4} \\[4mm] & \dfrac{(D_s^{x,y+1} - D_s^{x,y}) - (D_s^{x,y} - D_s^{x,y-1})}{4} & \dfrac{(D_{s+1}^{x,y+1} - D_{s+1}^{x,y-1}) - (D_{s-1}^{x,y+1} - D_{s-1}^{x,y-1})}{4} \\[4mm] \text{对称} & & \dfrac{(D_{s+1}^{x,y} - D_s^{x,y}) - (D_s^{x,y} - D_{s-1}^{x,y})}{4} \end{bmatrix}$$

如果 $\hat{X}$ 在任一方向上大于 0.5,就意味着该关键点与另一采样点非常接近,这时就用插值代替该关键点的位置。关键点加上 $\hat{X}$ 即为关键点的精确位置。

（2）不稳定点剔除

为了增强匹配的稳定性,需要删除低对比度的点。将式（6-8）代入式（6-7）得

$$D(\hat{X}) = D + \frac{1}{2} \left(\frac{\partial D}{\partial \boldsymbol{X}} \right)^{\mathrm{T}} \hat{X}, \quad D \geqslant D_0 \tag{6-9}$$

$D(\hat{X})$ 可用来衡量特征点的对比度,如果 $D(\hat{X}) < \theta$,则 $\hat{X}$ 为不稳定的特征点,应删除。θ 经验值为 0.03。

（3）边缘点剔除

因为 DOG 算子会产生较强的边缘响应,所以要去除低对比度的特征点和不稳定的边缘响应点,以增强匹配稳定性、提高抗噪声能力。

一个定义不好的高斯差分算子的极值在横跨边缘的地方有较大的主曲率,而在垂直边缘的方向有较小的主曲率。主曲率通过一个 2×2 的 Hessian 矩阵 $\boldsymbol{H}$ 求出：

$$\boldsymbol{H} = \begin{bmatrix} D_{xx} & D_{xy} \\ D_{xy} & D_{yy} \end{bmatrix} \tag{6-10}$$

导数 D 通过相邻采样点的差值计算。由于 D 的主曲率和 $\boldsymbol{H}$ 的特征值成正比,可以通过比较 $\boldsymbol{H}$ 的两个特征值比值是否大于某一阈值来判断该点是否为不稳定边缘点。

令 α 为最大特征值,β 为最小特征值,则

$$\mathrm{tr}\boldsymbol{H} = D_{xx} + D_{yy} = \alpha + \beta$$

$$\det\boldsymbol{H} = D_{xx}D_{yy} - (D_{xy})^2 = \alpha\beta$$

令 γ 为最大特征值与最小特征值的比值,则

$$\alpha = \gamma\beta$$

$$\frac{(\mathrm{tr}\,\boldsymbol{H})^2}{\det\boldsymbol{H}} = \frac{(\alpha + \beta)^2}{\alpha\beta} = \frac{(\gamma\beta + \beta)^2}{\gamma\beta^2} = \frac{(\gamma + 1)^2}{\gamma}$$

$(\gamma + 1)^2/\gamma$ 的值在两个特征值相等时最小,并随着 γ 的增大而增大。因此,为了检测主

曲率是否在某阈值 γ 下，只需检测

$$\frac{(\operatorname{tr}\boldsymbol{H})^2}{\det\boldsymbol{H}} < \frac{(\gamma+1)^2}{\gamma} \tag{6-11}$$

γ 的经验值为 10。在设定比值阈值后，若 $\dfrac{(\operatorname{tr}\boldsymbol{H})^2}{\det\boldsymbol{H}} \geqslant \dfrac{(\gamma+1)^2}{\gamma}$，则表示该特征点的两个方向主曲率差异较大，应该删除该边缘不稳定特征。

3. 确定关键点的主方向

为使 SIFT 算子具有旋转不变性，需要确定特征点的最大梯度方向。并对每个极值点，取对应阶层中与其尺度最为接近的高斯影像，分别计算该点一定邻域范围的像素的梯度大小和方向。

利用关键点的局部影像特征（梯度）为每一个关键点确定主方向（梯度最大的方向）。

高斯金字塔影像 (x,y) 处梯度的大小和方向为：

$$m(x,y) = \sqrt{\left(L(x+1,y)-L(x-1,y)\right)^2 + \left(L(x,y+1)-L(x,y-1)\right)^2}$$
$$\theta(x,y) = \arctan\frac{L(x+1,y)-L(x-1,y)}{L(x,y+1)-L(x,y-1)} \tag{6-12}$$

式中，L 所用的尺度为每个关键点所在的尺度。

在以关键点为中心的邻域窗口内（16×16 像素窗口），利用高斯函数对窗口内各像素的梯度大小进行加权（越靠近关键点的像素，其梯度方向信息的贡献越大，即离中心像素越远，权重越小），用直方图统计窗口内的梯度方向。梯度直方图的范围为 $0°\sim360°$，其中每 $10°$ 一个柱，总共 36 个柱。梯度方向直方图的主峰值（最大峰值）代表了关键点处邻域梯度的主方向，即关键点的主方向。图 6-15 是采用 7 个柱时使用梯度直方图为关键点确定主方向的示例。

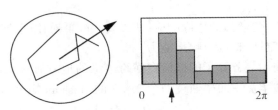

图 6-15　由梯度方向直方图确定关键点主方向

在梯度方向直方图中，当存在另一个相当于主峰值 80% 能量的峰值时，则将这个方向认为是该关键点的辅方向。一个关键点可能会被指定具有多个方向（一个主方向，多个辅方向），这可以增强匹配的鲁棒性。最后，对与所确定的梯度方向幅值最为接近的三个方向进行抛物线拟合，并取其顶点作为梯度方向，以提高梯度方向精度。至此，图像的关键点已检测完毕，每个关键点有三个信息：位置、所处尺度、方向。由此可以确定一个 SIFT 特征区域。

4. 生成关键点描述子

图 6-16 为由关键点邻域梯度信息生成的特征向量。

首先将坐标轴旋转到关键点的主方向，只有以主方向为零点方向来描述关键点才能使其具有旋转不变性。

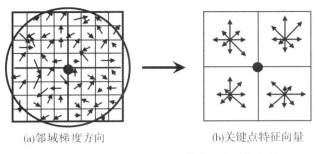

(a)邻域梯度方向　　　　　　　　(b)关键点特征向量

图 6-16　由关键点邻域梯度信息生成特征向量

然后以关键点为中心取 8×8 的窗口,如图 6-16(a) 所示。图 6-16(a) 中的黑点为当前关键点的位置,每个小格代表关键点邻域所在尺度空间的一个像素,箭头方向代表该像素的梯度方向,箭头长度代表梯度大小,圆圈代表高斯加权的范围。分别在 4×4 的小块上计算 8 个方向的梯度方向直方图,绘制每个梯度方向的累加值,即可形成一个种子点,如图 6-16(b) 所示。图 6-16(b) 中一个关键点由 2×2 共 4 个种子点组成,每个种子有向量信息。这种邻域方向性信息联合的思想增强了算法抗噪声的能力,同时对于含有定位误差的特征匹配也提供了较好的容错性。

实际计算过程中,为了增强匹配的稳健性,Lowe 建议对每个关键点使用 4×4 共 16 个种子点来描述(如图 6-17),这样对于一个关键点就可以产生 128 个数据,即最终形成 128 维的 SIFT 特征向量。此时 SIFT 特征向量已经去除了尺度变化、旋转等几何变形因素的影响,再继续将特征向量的长度归一化,则可以进一步去除光照变化的影响。

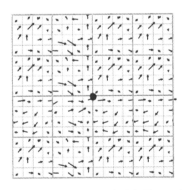

图 6-17　每个关键点的 16 个种子点共 128 维特征向量

6.3.2　特征点匹配

当两幅图像的 SIFT 特征向量生成后,可采用关键点特征向量的欧式距离作为两幅图像中关键点的相似性度量。在目标图像中取出某个关键点,并通过遍历找出其与搜索影像中欧式距离最近的前两个关键点。如果最近的距离与次近的距离比值少于某个阈值(经验值 0.8),则接受这一对匹配点。降低阈值,SIFT 匹配点数会减少,但可增加匹配点的正确率,更加稳定。

SIFT 特征是图像的局部特征,其对图像旋转、尺度缩放、亮度变化均保持不变。但是 SIFT 算子具有多重性,即使很小的影像或少数几个物体也能产生大量的特征点,如一幅纹理丰富的 150×150 的影像就能产生 1400 个特征点。因此 SIFT 特征匹配最终归结为在高维空间搜索最邻近点的问题。利用标准的 SIFT 算法来遍历比较每个特征点是不现实的,必须针对实际情况对标准的 SIFT 特征匹配方法进行优化。

1. 尺度空间的层数

SIFT 算子实际上只是旋转不变的特征向量,本质上不具有缩放不变的性质,其缩放不变是通过在各级金字塔影像上分别提取特征点,然后在左、右影像的特征点库中进行遍历搜索实现的。但是这种方法也增加了特征点的个数和匹配的遍历次数。因此,如果拍摄距离(影像比例尺)变化不大,则在进行极值探测时,无需将影像进行降采样,即高斯差分尺度空间的层数取为 1。

2. 匹配约束条件

匹配约束条件有多种,如唯一性约束、极线(核线)约束、视差范围约束、互对应约束等,可根据实际影像选用。

唯一性约束是指一幅图像上的一个像素点最多只能对应第二幅图像中的一个像素。极线(核线)约束是指同名点在同名核线上。视差范围约束起源于心理物理实验,它表明人类视觉系统只能融合视差比某个限度小的立体图像,于是该约束提供了寻找对应点时搜索长度的限制条件。互对应约束是假设搜索从左图像点 P_i 开始,找到对应点 P_j;如果任务反过来,搜索从点 P_j 开始没能找到 P_i,则匹配不可靠,应该被排除;这有助于排除因遮挡、高光或噪声原因而导致的误匹配,见图 6-18。

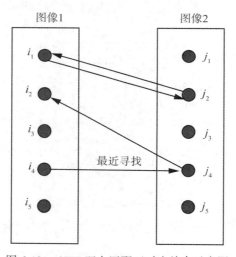

图 6-18   SIFT 双向匹配互对应约束示意图

3. 核线上特征点的快速查找

在灰度相关时,可根据核线快速地从影像中取出匹配窗口内的影像块进行灰度相关。而特征匹配中的特征点在内存中不是按照栅格存放的,并且坐标不连续,因此如果用遍历的方法来查找特征点,就不能体现核线约束的高效性。解决离散点的快速查找的方法就是将影像划分为格网,并记录每一格网中的特征点(见图 6-19)。在进行特征点匹配时,只需根据核线的起点格网和斜率,就能快速检索出通过核线的所有格网及格网内的特征点,从而只对同名核线附近的点进行灰度相关。

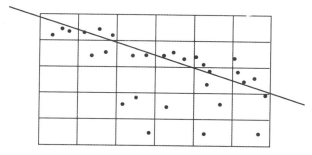

图 6-19　核线上特征点的快速查找

　　生成的特征向量在进行匹配时,可采用欧式距离作为相似性度量进行特征匹配,还可采用一些高维空间搜索的优化算法,包括 BBF 算法、哈希表查找等。经过特征向量组匹配的点对结果可利用 RANSAC 算法进行粗差剔除。

　　SIFT 在图像的不变特征提取方面有着无与伦比的优势(见图 6-20),但并不是完美的,仍然存在实时性不高、有时特征点少、对边缘模糊的目标无法准确提取特征点等缺陷。

(a)　　　　　　　　　　　　　　　　　(b)

图 6-20　SIFT 影像匹配结果

6.4　SURF 影像匹配

　　H. Bay 等人在 2006 年提出了 SURF(speeded-up robust features)影像匹配算法,被称为 SIFT 加速算法。SURF 算法的主要优势在于图像的求导用积分图近似,在图像金字塔的创建过程中进行了大量的简化,从而保证了算法的实时性。

　　SURF 特征提取算法可分为 3 个步骤:在图像的尺度空间中进行特征检测、主方向确定和描述子形成。

　　1. 积分图算法

　　积分图由 Viola 和 Jones 于 2001 年在人脸检测中引入计算机视觉邻域,它是指一幅图像中任一像素点到原点所构成的矩形区域的灰度值之和。积分图算法又称求和表,其目的是为了加速在图像处理中的卷积计算,如图 6-21 所示。

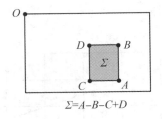

$$\Sigma = A - B - C + D$$

图 6-21　积分图

对于图像中的一点 X，假设其坐标为 (x, y)，积分图即为计算阴影区域像素灰度总合。公式如下：

$$I_{\Sigma}(X) = \sum_{i=0}^{i \leq x} \sum_{j=0}^{j \leq y} I(i, j) \tag{6-13}$$

利用积分图计算矩形区域内的像素积分仅需要三步，图 6-21 所示的矩形区域的计算为 $\Sigma = A - B - C + D$，这就表明，对于任意大小的矩形区域，其积分图计算量是恒定的，这对于大尺寸滤波器来说，其操作优势是非常明显的。在 OpenCV 中，利用了 IPP 技术对积分图计算进行加速，只要花少量时间计算了积分图，而后的滤波器操作时间开销就变得非常小，而这对于复杂的模式识别算法，其加速性能更为明显。

2. SURF 特征检测

与 SIFT 特征检测算法相似，SURF 特征极值点的提取也基于尺度空间。不同的是，SIFT 是基于 DOG 的特征点检测，而 SURF 是采用近似的 Hessian 矩阵检测兴趣点，并由此建立尺度空间。对于图像 I 中某点 X，$X = (x, y)$，该点在尺度 σ 上的 Hessian 矩阵 $\boldsymbol{H}$ 定义为

$$\boldsymbol{H}(X, \sigma) = \begin{bmatrix} L_{xx}(X, \sigma) & L_{xy}(X, \sigma) \\ L_{xy}(X, \sigma) & L_{yy}(X, \sigma) \end{bmatrix} \tag{6-14}$$

式中，$L_{xx}(X, \sigma)$ 是高斯滤波二阶导数 $\dfrac{\partial^2}{\partial x^2} g(\sigma)$ 与图像 I 的卷积，$L_{xx}(X, \sigma) = \dfrac{\partial^2}{\partial x^2} g(\sigma) * I$，$g(\sigma) = \dfrac{1}{2\pi\sigma^2} e^{-(x^2+y^2)/(2\sigma^2)}$，$L_{xy}(X, \sigma)$ 与 $L_{yy}(X, \sigma)$ 的含义相似。

H. Bay 等提出用框状滤波器来近似代替高斯滤波二阶导数（图 6-22 为 9×9 框状滤波器模板，图中灰色部分模板值为 0），然后用积分图来加速卷积提高计算速度。将框状滤波器与图像卷积的结果 D_{xx}、D_{xy}、D_{yy} 分别代替 L_{xx}、L_{xy}、L_{yy} 得到近似 Hessian 矩阵 $\boldsymbol{H}_{\text{approx}}$，其行列式为

$$\det(\boldsymbol{H}_{\text{approx}}) = D_{xx}D_{yy} - (wD_{xy})^2 \tag{6-15}$$

式中，w 用来平衡高斯核与近似高斯核之间的能力差异，通常取 0.9。

与 SIFT 类似，SURF 基于 Hessian 行列式图构建了一个金字塔式的尺度空间。SIFT 的尺度空间由通过对图像的下采样以及重复利用高斯滤波对图像进行平滑所获得的一系列滤波图像构成，SURF 主要通过改变使用高斯滤波器的尺度，而不是改变图像本身来构成对不同尺度的响应（见图 6-23）。因为引入框状滤波器和积分图像，同样的积分图像和不同尺度的框状滤波器进行计算，其计算量是完全相同的。

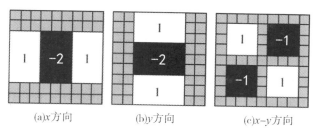

(a)x方向   (b)y方向   (c)x-y方向

图6-22　9×9框状滤波器模板

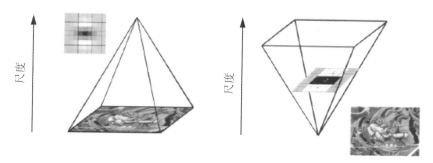

图6-23　SIFT与SURF金字塔比较

尺度空间是按阶分层形成的,SURF采用增大方框滤波器的尺寸来达到尺度空间分层的效果。尺度空间的建立是从9×9的滤波器开始,每一阶分4层。图6-24为建立4阶的尺度空间,图中方框内的数字表示框状滤波器模板的尺寸,横坐标表示相应的尺度,如滤波器模板尺寸为 $N \times N$,则对应的尺度为 $\sigma = 1.2 \times N/9$。

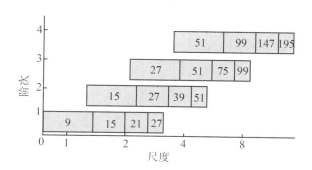

图6-24　4阶尺度空间框状滤波器的尺寸

在不同的层,图像用到的滤波器尺寸分别为9×9、15×15、21×21、27×27等。与SIFT类似,图像同样需要降采样为多组,当组发生变化时,所采用的滤波器尺寸要相应变化,尺寸随尺度上升而变大。对于新组,滤波器尺寸以2倍关系增加,第一层递增因子为6,第二层为12,第三层为24。对每个像素计算行列式(det),模板范围不断扩大构造上一尺度层、下一尺度层和本尺度层,挑选 26 邻域的最大值或最小值的点作为候选特征点,然后利用和 SIFT 中一样的插值方法得到精确的特征点位置和尺度。

3. 主方向确定

为了使得特征具有旋转不变性,需要确定特征点的主方向。首先在以兴趣点为圆心,计算半径为 $6s(s$ 为兴趣点尺度) 的邻域内的点在 x 和 y 方向上的 Haar 小波响应,Haar 小波边长取 $4s$。所用的 Haar 小波滤波器见图 6-25 所示,其中黑色为 -1,白色为 $+1$。

(a)x 方向滤波器　　　　　　　　(b)y 方向滤波器

图 6-25　Haar 小波滤波器

在计算 Haar 响应的过程中,以兴趣点为中心对参与计算的像素点进行赋权,权重由高斯函数确定,其中 $\sigma = 2s$,这样,越接近特征点的地方,其贡献越大。将 60° 范围内(见图 6-26)的水平和垂直响应相加,构成一个新的矢量。遍历整个圆形区域,选择模最大的矢量方向作为该特征的主方向。

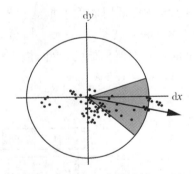

图 6-26　统计主方向滑动的 60° 窗口

4. 描述子形成

以每一个特征点为中心,将坐标轴旋转到主方向,按照主方向选取边长为 $20s$ 的正方形区域,将该窗口区域划分成 4×4 的子区域,在每一个子区域内,计算 $5s \times 5s$(采样步长取 s)范围内的 Haar 小波响应,相对于主方向的水平、垂直方向的 Haar 小波响应分别记为 d_x、d_y,同样赋予响应值以权值系数。然后将每个子区域的响应以及响应的绝对值相加形成 $\sum d_x$、$\sum d_y$、$\sum |d_x|$、$\sum |d_y|$。在每个子区域形成 4 维向量 $V_{\text{sub}} = (\sum d_x, \sum d_y, \sum |d_x|, \sum |d_y|)^{\text{T}}$。因此,对每一特征点,形成 $4 \times 4 \times 4 = 64$ 维的描述向量,再进行向量的归一化,从而对光照具有一定的鲁棒性。至此,SURF 特征提取结束。图 6-27 显示了对一幅图像提取的特征。

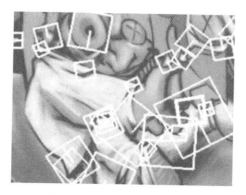

图 6-27   提取的 SURF 特征

SURF 特征描述子所使用的 Haar 小波响应充分地利用了积分图带来的计算便利性。更重要的是，Haar 小波响应是对边特征的有效描述，实际上，SURF 所采用的 Haar 小波特征为 Rainer Lienhart 等人提出的 14 个 Haar-Like 特征中最简单的两个，完全可以设想，当 SURF 特征构造时，采用更多特征的小波响应统计量时，其区分力势必会上升。

提取出 SURF 特征后，在一定的尺度空间范围内，匹配来自不同图像的 SURF 兴趣点，最后，还可以结合 RANSAC 算法和最小二乘法来估计出待配准图像和参考图像间的变换参数。

6.5   线特征匹配

传统的摄影测量都是基于控制点进行空中三角测量或计算影像的变换参数的，而卫星影像、航空影像、近景影像、正射影像、地图上存在了大量的直线和曲线，如果将直线或曲线作为控制，不仅仅可以增加控制可利用的点，也有利于控制的提取。摄影测量所需的控制就会由"控制点"转为"控制信息"，也将有利于不同数据源（如影像与地图）的匹配。

在大多数情况下，从噪声影像中提取线特征更容易并且精度更高，线特征比点特征具有更多的特征属性或描述参数，将会使得线特征匹配结果比点特征匹配结果更可靠。此外，影像空间的线特征可以用解析函数来表示（如直线、圆锥曲线等），也可以由不规则的自由形状图形表示。

6.5.1   直线匹配

直线作为视觉信息中最显著而重要的特征之一，普遍存在于各种影像中。由于直线特征具有稳定的几何特性，且易于被检测和跟踪，直线特征提取是人工地物自动提取领域中一个最基本的问题，对适应影像的不连续性、解决部分阴影或部分遮挡问题有着一定的作用。因而，直线特征的同名匹配不仅是计算机视觉领域特征匹配问题研究的一个重要方向，也是数字摄影测量领域基于影像三维重建领域研究的一个重要方面。

现有直线特征匹配方法大致可以分为三类：① 单直线结构特征信息匹配：主要通过特征直线的几何属性等，此类方法通常需要提取立体像对中的特征直线，因为单一的几何属性难以达到高精度的匹配结果，所以在直线匹配过程中往往需要多重约束条件；② 特

233

征直线编组匹配：该类方法是对立体像对中的直线集进行编组匹配，主要通过直线编组构建拓扑关系，优点是直线编组具有更丰富的几何信息，缺点是该类方法需要处理大量的数据，耗时较长，而且有错误匹配结果存在；③ 以点代线的匹配：现有方法大多是通过匹配线段端点完成直线匹配，这样虽然降低了匹配算法的复杂度，具备一定灵活性，但由于缺乏对直线整体上的一个判断，会导致匹配结果的可靠性不高。

1. 关键技术

匹配算法性能优劣涉及 5 个关键技术：特征空间、相似性测度、搜索空间、搜索策略和约束条件。对于直线匹配技术来说，可以看成是以上 5 种关键技术的组合，不同的组合可以产生不同的直线匹配算法。

（1）特征空间

特征空间指的是用来匹配的信息或数据表示。直线特征包括直线的几何特征(如长度、斜率、重叠度、梯度、方向、位置)和灰度特征(强度、亮度、对比度)，这些特征都可以作为直线匹配的依据。特征空间的选择决定了选择哪一种特征作为匹配依据，是进行直线匹配的首要步骤。

（2）相似性测度

相似性测度是指用哪种方法来确定待匹配特征之间的相似性。它一般以某种距离函数或代价函数的形式出现。直线匹配算法的实质就是估计待匹配直线和候选匹配直线之间的相似性程度，因此需要建立一些能够评价这种相似性程度的度量方法。

常见的相似性测度包括相关函数(如互相关、相关系数、相位相关)、距离函数(如欧氏距离、Minkowski 距离、街区距离、Hausdorff 距离)、互信息等。Hausdorff 距离对于噪声非常敏感，分数 Hausdorff 距离能处理当目标存在遮挡的情况，但计算费时；基于互信息的方法因其对于照明的改变不敏感，已在医学等图像的匹配中得到了广泛应用，但它也存在计算量大的问题，而且要求图像之间有较大的重叠区域。

相似性度量方案与直线特征空间的选择密切相关，从某种程度上来说，直线特征空间决定了相似性度量准则的选取，它将决定如何确定匹配变换，其匹配的程度最后转化为匹配或者不匹配。

（3）搜索空间

搜索空间由待估计参数组成，是将要找到匹配的最优变换的变换集。确定搜索空间就确定了两幅图像的边缘直线间的几何变换关系，它包括刚体变换、仿射变换、投影变换以及非线性变换等。

① 刚体变换：第一幅边缘直线的图像中两点间的距离变换到第二幅边缘直线的图像中后仍保持不变，则这种变换称为刚体变换。刚体变换可分解为平移、旋转和反转(镜像)。

② 仿射变换：经过变换后如果第一幅边缘直线图像中的直线映射到第二幅边缘直线图像中仍为直线，且保持平行关系，这样的变换称为仿射变换。仿射变换可以分解为线性(矩阵)变换和平移变换。

③ 投影变换：经过变换后第一幅边缘直线图像中的直线映射到第二幅边缘直线图像上仍为直线，但平行关系基本不保持，这样的变换称为投影变换。投影变换可用高维空间上的线性(矩阵)变换来表示。

④ 非线性变换：非线性变换可以把直线变换为曲线。非线性变换比较适用于具有全

局性形变的图像匹配问题，不适合用于直线匹配中。

（4）搜索策略

搜索策略决定如何在特征空间中选择下一个变换，如何测试并搜索出平移、旋转等变换参数的最优估计，使得经过变换后的直线间相似性测度达到最大。在直线匹配中引入搜索策略限制了其解空间的大小，减少误匹配结果，选择合适的搜索策略，可以在一定程度上提高搜索速度，减少计算量。下述的匹配策略被广泛运用于各类算法中。

① 全局最优搜索策略。

在匹配过程中，误差源的影响以及视差唯一性约束往往只在基准图中得到考虑，因此获得的匹配结果可能是局部最优。为避免局部极值的困扰，匹配算法通常引入全局最优搜索策略，即在算法中加入全局性约束条件，这些约束条件一般以能量方程最小化的形式体现。具体方法有遗传算法、动态规划法、松弛法、图形切割法、基于神经网络的匹配方法等。除基于神经网络的匹配方法之外，基于二维马尔可夫过程的图形切割方法性能很好，但是耗时太长，动态规划法能最快地实现全局最优搜索，但立体像对的对应点之间必须不违反有序性原则。

② 分层匹配策略。

通过将搜索过程渐进的变成分辨率由粗到精的过程，可以有效地改善搜索过程和提高计算速度，其特点是从视觉生理的角度揭示了人类视觉的立体融合机制。它可以理解为一种全局 — 局部的多分辨率匹配思想。在这种思想的指导下，算法一方面将图像数据做粗略的低分辨率处理，获得一些全局性的结构信息；另一方面，算法对高分辨率下的图像数据分析处理以精确地获得目标表面的信息。最终，算法将所有的信息融合，产生的视差图满足全局一致性的约束条件。该策略的具体体现包括自适尺度选择的相位匹配法、并行多层松弛算法、分层随机规划算法，等等。

（5）约束条件

直线匹配中可以加入很多约束，常用的约束条件包括：

① 核线约束，即同名像点在同名核线上；

② 唯一性约束；光度匹配约束，即同名像点灰度应匹配；

③ 几何相似约束，即同名特征的几何特性应相似；

④ 顺序约束，即物体在左右影像点的投影顺序应一致；

⑤ 视差连续性约束，即沿边缘方向上的视差变化应连续；

⑥ 相容性约束，即同名特征应相容；

⑦ 视差有限；

⑧ 视差变化梯度有限；

⑨ 单应矩阵约束，单应矩阵是一个数学概念，它定义了两幅图像之间的相互关系，一张图像上的任意一点可以在另一张图像上找到对应的点，且对应点唯一，反之亦然。

2. 基于直线特征的 DOM 与 DLG 配准方法

基于直线特征的 DOM 与 DLG 配准方法流程图如图 6-28 所示。该方法的特征空间用 Freemna 链码表达边界，然后用形状数描述；把形状数看作一串字符串，按照字符串匹配的方法进行轮廓匹配，两个形状间的距离量度作为相似性测度；匹配约束是唯一性约束、相容性约束和顺序约束，唯一性约束指 DOM 的一个特征唯一地与 DLG 中的特征匹配，相容性约束包括几何约束与属性数据约束（直线的几何与灰度相似性（边缘梯度幅度、方向、直线边缘同一像面投影长度)、角点的几何与属性相似性(角点坐标、凹凸性、角点角度)),采用由上到下、从粗到精的分层匹配实现全局最优策略,实现 DOM 与 DLG 的配准。

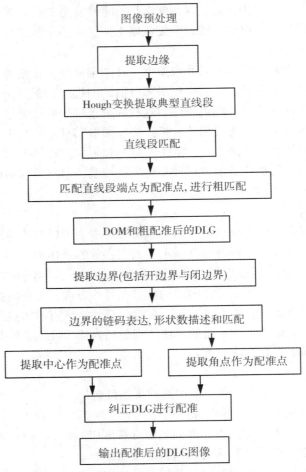

图 6-28　基于直线特征的 DOM 与 DLG 配准流程图

6.5.2　曲线匹配

1. 曲线匹配方法

曲线匹配基本框架见图 6-29,主要包含了三个重要步骤:曲线表达、曲线特征抽取和基于曲线特征的匹配算法。

合适的曲线表达方法选择能够节省存储空间、易于特征计算,常见的轮廓曲线表达方式有链码、样条、多条折线逼近和基于尺度空间特征点提取技术等。

曲线匹配的方法根据抽取特征的类型不同分为:曲线全局特征的匹配方法、曲线局部特征的匹配方法和全局与局部特征结合的方法。

常见的全局特征包括:紧密度、伸长度、自回溯系数及几何特征如面积、周长、矩常

236

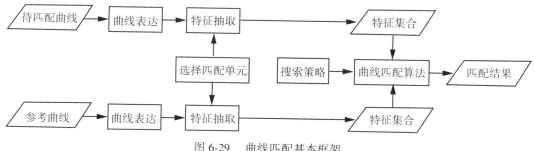

图 6-29　曲线匹配基本框架

量、惯性比、傅里叶描述子、Hausdoff 距离、Fréche 距离等。全局特征可以从整体上对曲线对的相似性进行描述和度量，但不能很好地反映出曲线对的局部的差异或遮挡情况对它们之间相似性的影响，导致曲线局部差异对图形相似性度量不敏感或者不稳定。曲线局部特征如分支点、角点、节点曲率、图形的凹凸特征等，对图形的微小变化比较敏感，在描述图形的局部特征方面有优势，但不利于抽取图形的全局特征，导致相似度计算受局部结构影响大，结果不稳定。

2. 基于曲率和中心距离($w-d$)模板的曲线匹配

（1）等曲率积分节点间隔方式表达曲线

常见的曲线链条表达方式都是采用如图 6-30(a) 所示的等弧长节点间隔方式表达，但这种方式不利于曲线在不同缩放比例尺下的表达；而等曲率积分节点间隔方式却能够满足曲线在不同缩放比例尺下的表达，如图 6-30(b) 所示。曲线链条上节点的曲率积分计算方法是各个节点曲率绝对值的和。等曲率积分节点间隔表达就是指从曲线起点开始，曲率积分每间隔一定值记录一个节点，这些点就是表达曲线的节点集。

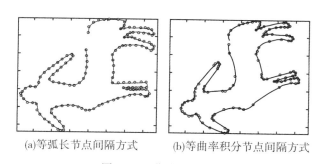

(a)等弧长节点间隔方式　　(b)等曲率积分节点间隔方式

图 6-30　曲线表达方式

（2）曲线 $w-d$ 特征抽取

曲线的 $w-d$ 特征抽取的步骤：①计算曲线上每个节点的曲率；②计算曲线上每个点到其外接圆形模板中心的距离；③对曲线段上所有节点的 $w-d$ 特征进行三维直方图统计，即可得到表示该曲线段的 $w-d$ 模板。

图 6-31 表现了曲线上的任一节点 P 与曲线外接圆中心的距离 d 和该点的曲率 w 的特征物理量。

曲线段边缘点 $P(x, y)$ 到其外接圆中心点 $O(x_c, y_c)$ 的距离的 $d(x, y)$ 为

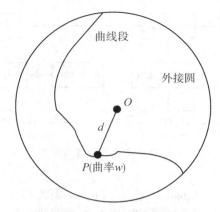

图 6-31　边缘像素的曲率和到模板中心像素距离

$$d(x, y) = \frac{\sqrt{(x - x_c)^2 + (y - y_c)^2}}{\bar{X}_d} \qquad (6\text{-}16)$$

式中，$\bar{X}_d$ 是曲线上所有点到曲线外接圆中心距离的平均值。

　　曲线节点 P 点曲率反映了该点与周围相邻节点之间的方向变化情况，如图 6-32(a) 中，P 点属于一个直线边缘，它的曲率非常小，而图 6-32(b) 中 P 点位于曲线的拐点，它的曲率比较大。

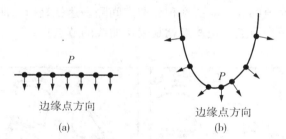

图 6-32　边缘像素的曲率和到模板中心像素距离

　　P 点曲率的计算公式如下

$$w(x, y) = \frac{1}{n_{L i \in L(x, y)}} \sum_{j \in L(x, y)} \sum (\theta_{i, j} - \theta_A)^2 \qquad (6\text{-}17)$$

式中，$L(x, y)$ 是定义的一个局部区域，该区域中包含有待计算曲率的点 P 以及它周围的 6 个边缘点，$\theta_{i, j}$ 为定义的局部区域中的每个边缘点的方向，θ_A 为定义的局部区域中的所有边缘点的边缘方向的平均值。

　　边缘点方向的计算公式如下

$$\theta_i = \arctan \frac{f'_y(x, y)}{f'_x(x, y)} \qquad (6\text{-}18)$$

式中，

$$\begin{cases} f'_x(x, y) \approx G_x = [f(x + h, y) - f(x - h, y)] /2h \\ f'_y(x, y) \approx G_y = [f(x, y + h) - f(x, y - h)] /2h \end{cases}$$

其中，h 为两个相邻像素之间的距离，通常取 1。

计算出圆形模板影像中所有曲线边缘节点的曲率 w_i 和距离 d_i，最后通过投票方法，按公式(6-19)将它们累计到由曲率 w 和距离 d 构建的三维投票空间(见图6-33)中的对应单元格里，所有节点投票完毕后，产生一个参考 $w - d$ 模板。

$$VOTE(w_i(x, y), d_i(x, y)) \leftarrow A(w_i(x, y), d_i(x, y)) + 1 \qquad (6-19)$$

式中，$w_i(x、y)$、$d_i(x, y)$ 为曲线边缘节点的曲率和距离值；$VOTE(\cdot)$ 为 $(w_i(x, y), d_i(x, y))$ 单元格的票数；$A(\cdot)$ 为边缘点对应的投票空间单元。

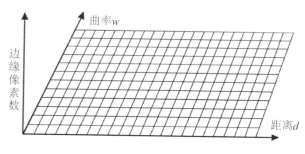

图 6-33　投票空间

3. $w - d$ 模板匹配

曲线的 $w - d$ 模板匹配步骤是：① 依次统计出搜索区域内各个圆形模板所包含曲线段的 $w - d$ 模板；② 通过 $w - d$ 模板相似度匹配公式(6-18)依次计算它们与目标曲线 $w - d$ 模板的相关系数；③ 取相关系数最大的一个曲线段为目标曲线段的同名曲线段。如图 6-34 所示，圆形模板(O)包含曲线段的同名曲线段为圆形模板(O_2)包含的曲线段。

$$\rho = \frac{\sum\limits_w \sum\limits_d W_{u, v}(w, d) \cdot T(w, d)}{\sqrt{\sum\limits_w \sum\limits_d W_{u, v}(w, d)^2} \sqrt{\sum\limits_w \sum\limits_d T(w, d)^2}} \qquad (6-20)$$

式中，$W_{u, v}(w, d)$ 为待配准影像中的圆形模板内曲线段的 $w - d$ 模板；$T(w, d)$ 为参考影像中的圆形模板内曲线段的 $w - d$ 模板。

如图 6-34 所示，待匹配影像中的每一个沿着待匹配曲线滑动的弹性尺寸圆形模板 $(O_1, O_2, \cdots, O_n)$ 包含具有相同曲率积分值的曲线段，并且和目标影像圆形模板(O)包含的目标曲线段的曲率积分值相等。在待匹配影像中，搜索区域内相邻的两个圆形模板 (O_1, O_2) 各自包含曲线段的起始节点是曲线段上的一对相邻节点(P_1, P_2)。

基于曲线匹配的配准流程如下：

① 在参考影像中选出利于配准的曲线段。沿着检测出的道路的边缘或河流等地物的边缘曲线找出一些曲率变化明显(曲率积分达到规定值时，弧长不超过设定参数)的曲线段，它们将作为参考影像中的曲线匹配单元；

② 用等曲率积分节点间隔方式表达曲线段；

③ 参考影像中的选用曲线段的 $w - d$ 模板生成；

239

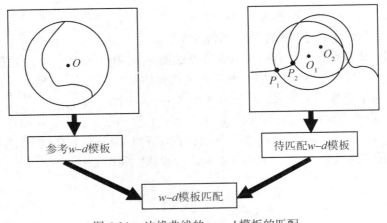

图 6-34 边缘曲线的 $w-d$ 模板的匹配

④ 在待配准影像上建立搜索区域(该区域面积要大于参考曲线外接圆面积)并记录搜索区域内的曲率积分值大于参考曲线曲率积分值的曲线链条;

⑤ 用基于 $w-d$ 模板匹配方法寻找各条参考曲线的同名曲线段。

6.6 关系匹配

关系匹配是基于特征的结构匹配(structural description),用匹配对象的结构关系进行匹配。从计算机视觉的角度出发,关系匹配可以解决图形之间的匹配问题,而遥感影像特别是大比例尺城区遥感影像,经过特征提取,也可以构成图形并用结构关系来表示。因此,关系匹配也可以用于影像之间的匹配,例如同一几何形体的影像及城区大比例尺影像;或用于影像与图形的匹配,例如几何形体的影像与图纸及城区大比例尺影像与现有地图。因为一个具有规则几何形状的物体,也能用其几何结构的关系表示。因此,关系匹配还能够直接解决影像和相应物体的配准,这就是所谓的单像计算机视觉(monocular image)。关系匹配(relational matching)的核心之一是结构的描述——关系,这也是关系匹配的基础。

6.6.1 集合与关系

1. 集合

集合指的是由某些可以互相区分的任意对象(如数、字母、图、语句或事件等)汇集在一起所组成的一个整体。组成一个集合的各个对象称为这个集合的元素。通常以大写的拉丁字母表示集合,如 A,B,C,$\cdots$,而用小写字母表示元素,如 a,b,c,$\cdots$ 元素、集合以及集合与集合之间的关系常用下述符号表示:

$a \in A$ 表示 a 为 A 的元素,或"a 属于 A",或"A 含有 a"。

$A \subseteq B$ 表示 A 是 B 的子集,或 B 包含 A,即对于每个 $a \in A$,皆有 $a \in B$。

并常用以下字母表示固定的集合:

Q—— 有理数集合;

N—— 自然数集合；

I—— 整数集合；

I_+，I_-—— 分别为正整数和负整数集合；

R—— 实数集合。

集合可以有不同的表示法，其中有列举法、部分列举法、命题法等。

① 列举法。依照任何一种次序，不重复地列举出集合中的全部元素，中间用逗号分开，并用一对好括号括起来。例如，10 以内素数的集合 = $\{2，3，5，7\}$。

② 部分列举法。不重复地列举出集合中的一部分元素，其余的用"…"代替。但可以从列举出的元素所体现出集合的构造规律，推断出集合中任何一个未列出的元素。例如，$N = \{0，1，2，\cdots\}$。

③ 命题法。对于集合 A 的元素 x 给出一个命题 $P(x)$，使得 $x \in A$，当且仅当 $P(x)$ 为真时，称 A 为"使 $P(x)$ 为真的 x 的集合"，记为

$$A = \{x \mid P(x)\} \quad \text{或} \quad A = \{x；P(x)\} \tag{6-21}$$

例如，小于 m 的自然数集合：$N_m = \{n \mid n \in N \text{且} 0 \leq N < m\}$。

2. 关系

关系也是一种集合，它是表示集合 A 上各元素之间的关系的一种集合，它也可以表示集合 A_1，A_2，$\cdots$ 之间各元素的关系的集合。为了表示元素之间的关系，可用集合的"笛卡儿乘积"予以描述，集合的笛卡儿乘积的一般定义为：

设 $n \in I_+$，A_1，A_2，A_3，$\cdots$，A_n 为 n 个任意集合，若令

$$A_1 \times A_2 \times A_3 \times \cdots \times A_n = \{\langle x_1，x_2，\cdots，x_n \rangle \mid \text{若} 1 \leq i \leq n，\text{则} x_i \in A_i\} \tag{6-22}$$

则称 $A_1 \times A_2 \times A_3 \times \cdots \times A_n$ 为 A_1，A_2，A_3，$\cdots$，A_n 的笛卡儿乘积。可用符号表示为 $\prod\limits_{i=1}^{n} A_i$ 或 $\mathop{X}\limits_{i=1}^{n} A_i$。$n$ 是 $A_1 \times A_2 \times A_3 \times \cdots \times A_n$ 的维数。当 $A_1 = A_2 = A_3 = \cdots = A_n = A$ 时，$A_1 \times A_2 \times A_3 \times \cdots \times A_n$ 简化为 A^n。

例 6.1：若取 $A = \{a，b\}$，$B = \{1，2\}$，则有

$$A^2 = \{\langle a，a \rangle，\langle a，b \rangle，\langle b，a \rangle，\langle b，b \rangle\}$$
$$A \times B = \{\langle a，1 \rangle，\langle a，2 \rangle，\langle b，1 \rangle，\langle b，2 \rangle\}$$

例 6.2：n 维欧氏空间是实数轴 R 的 n 维笛卡儿积的子集，其一般的定义为：

设 $n \in I_+$ 且 A_1，A_2，$\cdots$，A_n 为 n 个任意的集合，则 $R \subseteq \mathop{X}\limits_{i=1}^{n} A_i$。

① 称 R 为 A_1，A_2，$\cdots$，A_n 间的 n 元关系；

② 若 $n = 2$，则称 R 为 A_1 到 A_2 的二元关系；

③ 若 $A_1 = A_2 = A_3 = \cdots = A_n = A$，则称 R 为 A 上的 n 元关系。

将一个集合 A 上的元素 a_i 变换到另一个集合 B 上的元素 b_i 的元素为变换（映射），如 $h(a_i) = b_i$。

变换也是一种关系，它表示从集合 A 到 B 的二元关系：

$$h = \{\langle a_i，b_i \rangle \mid a_i \in A，b_i \in B，\quad 1 \leq i \leq N\} \tag{6-23}$$

变换 h 也可以将关系 R_1 变换到关系 R_2，记为

$$R_2 = R_1 \circ h \tag{6-24}$$

关系 R_1 与关系 h 的运算称为合成。

关系合成的一般定义：设 R_1 为从集合 A 到集合 B 的二元关系，R_2 是从集合 B 到集合 C 的二元关系，则称从 A 到 C 的二元关系 $\{\langle x, z \rangle \mid$ 有 $y \in B$ 使 $\langle x, y \rangle \in R_1$，且 $\langle x, z \rangle \in R_2\}$ 为 R_1 与 R_2 的合成，记为 $R_1 \circ R_2$。

例 6.3：设 R_1 和 R_2 都是集合 $\{1, 2, 3, 4\}$ 上的二元关系：

$$R_1 = \{\langle 2, 4 \rangle, \langle 3, 3 \rangle, \langle 4, 2 \rangle, \langle 4, 4 \rangle\}$$

$$R_2 = \{\langle 2, 1 \rangle, \langle 3, 2 \rangle, \langle 4, 3 \rangle\}$$

则合成关系为

$$R_1 {}^{\circ} R_2 = \{\langle 2, 3 \rangle, \langle 3, 2 \rangle, \langle 4, 1 \rangle, \langle 4, 3 \rangle\}$$

6.6.2 二元关系的矩阵表示与运算

为了方便计算机处理，可以将二元关系用矩阵表示：

设 $n, m \in I_+$，$A = \{x_1, x_2, \cdots, x_n\}$，$B = \{y_1, y_2, \cdots, y_m\}$。对于任意的从 A 到 B 的二元关系 R，令

$$\boldsymbol{M}_R = \begin{bmatrix} a_{11} & a_{12} & \cdots & a_{1m} \\ a_{21} & a_{22} & \cdots & a_{2m} \\ \vdots & \vdots & & \vdots \\ a_{n1} & a_{n2} & \cdots & a_{nm} \end{bmatrix} \tag{6-25}$$

其中，

$$a_{ij} = \begin{cases} 1, & \text{当} \langle x_i, y_i \rangle \in R \text{ 或称 } x_i R y_i \\ 0, & \text{其他} \end{cases}$$

称 $\boldsymbol{M}_R$ 为 R 的关系矩阵。

如上例中的关系 $R_1 = \{\langle 2, 4 \rangle, \langle 3, 3 \rangle, \langle 4, 2 \rangle, \langle 4, 4 \rangle\}$，其关系矩阵为

$$\boldsymbol{M}_{R_1} = \begin{bmatrix} 0 & 0 & 0 & 0 \\ 0 & 0 & 0 & 1 \\ 0 & 0 & 1 & 0 \\ 0 & 1 & 0 & 1 \end{bmatrix}$$

同样，关系的合成也能利用矩阵的运算实现，为此，应首先在 $\{0, 1\}$ 定义两种运算 "$\vee$" 和 "$\wedge$"，它与常规的逻辑运算一样，即

$$0 \vee 0 = 0, \quad 0 \vee 1 = 1 \vee 0 = 1 \vee 1 = 1$$

$$0 \wedge 0 = 0 \wedge 1 = 1 \wedge 0 = 0, \quad 1 \wedge 1 = 1$$

在此基础上再定义关系矩阵间的合成运算如下：

$$\begin{bmatrix} a_{11} & a_{12} & \cdots & a_{1m} \\ a_{21} & a_{22} & \cdots & a_{2m} \\ \vdots & \vdots & & \vdots \\ a_{n1} & a_{n2} & \cdots & a_{nm} \end{bmatrix} \circ \begin{bmatrix} b_{11} & b_{12} & \cdots & b_{1l} \\ b_{21} & b_{22} & \cdots & b_{2l} \\ \vdots & \vdots & & \vdots \\ b_{m1} & b_{m2} & \cdots & b_{ml} \end{bmatrix} = \begin{bmatrix} c_{11} & c_{12} & \cdots & c_{1l} \\ c_{21} & c_{22} & \cdots & c_{2l} \\ \vdots & \vdots & & \vdots \\ c_{n1} & c_{n2} & \cdots & c_{nl} \end{bmatrix} \tag{6-26}$$

其中，

$$ci_j = \bigvee_{k=1}^{m} (a_{ik} \wedge b_{kj}) \quad (1 \leqslant i \leqslant n \text{ 且 } 1 \leqslant j \leqslant l)$$

由此可知，$c_{ij} = 1$，当且仅当有 $k(1 \leqslant k \leqslant m)$ 使

$$a_{ik} = b_{kj} = 1$$

按此定义的关系矩阵运算，就能很方便地利用计算机完成关系的合成运算。如上例：

$$\boldsymbol{R}_1 {}^{\circ} \boldsymbol{R}_2 = \begin{bmatrix} 0 & 0 & 0 & 0 \\ 0 & 0 & 0 & 1 \\ 0 & 0 & 1 & 0 \\ 0 & 1 & 0 & 1 \end{bmatrix} {}^{\circ} \begin{bmatrix} 0 & 0 & 0 & 0 \\ 1 & 0 & 0 & 0 \\ 0 & 1 & 0 & 0 \\ 0 & 0 & 1 & 0 \end{bmatrix} = \begin{bmatrix} 0 & 0 & 0 & 0 \\ 0 & 0 & 1 & 1 \\ 0 & 1 & 0 & 0 \\ 1 & 0 & 1 & 0 \end{bmatrix}$$

6.6.3 关系匹配

任何一个图像或几何实体均由以下三部分所组成：

① 一组基本特征元素，例如点、边界线以及面。在关系匹配中，它们组成一个集合 A，其元素就是图像或几何实体的特征。如图 6-35 所示，一个立方体特征集合由 8 个点、12 条边和 6 个面组成：$A1 = \{v_1, v_2, \cdots, v_8; e_1, e_2, \cdots, e_{12}; a_1, a_2, \cdots, a_6\}$

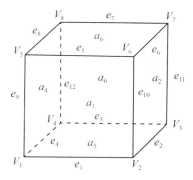

图 6-35　立方体的基本特征元素

② 这些特征的空间关系。由集合与关系的理论可知，在集合 A 上的任意一个 n 元关系 R 是集合 A 的 n 维笛卡儿积 A_n 的子集，即 $R_1 \subseteq A^n$。仍以上述立方体为例，由其中点元素 $v_1, v_2, \cdots, v_8$ 所组成的关系为

$$R = \left\{ \begin{array}{l} \langle v_1, v_2 \rangle, \langle v_2, v_3 \rangle, \langle v_3, v_4 \rangle, \langle v_4, v_1 \rangle, \langle v_5, v_6 \rangle, \langle v_6, v_7 \rangle, \\ \langle v_7, v_8 \rangle, \langle v_8, v_5 \rangle, \langle v_1, v_5 \rangle, \langle v_2, v_6 \rangle, \langle v_3, v_7 \rangle, \langle v_4, v_8 \rangle \end{array} \right\}$$

但是，仅仅用关系 R 不能完整地描述实体的结构，面需要用一组关系才能完整地描述其结构。因此，在关系匹配中采用"结构描述"（structure descroption）D_A。结构描述 D_A 被定义为关系的集合：

$$D_A = \{R_1, R_2, \cdots, R_l\} \tag{6-27}$$

对于每个 $i(1 \leqslant i \leqslant I)$，均有 $R_i \subseteq A^{n_i}$（这时将 R_i 视为集合 D_A 的一个元素，而 R_i 自身又是一个关系的集合，即 $R_i \subseteq A^{n_i}$）。

综上所述，在关系匹配中描述一个物体所采用的术语与符号有：

O_A——一个具有特征元素集合 A 的物体；

R_i——表示关系，它是集合 A 的 n_i 维笛卡儿积的子集，即 $R_i \subseteq A^{n_i}$；

D_A——物体 O_A 的结构描述，它是关系 $R_i (1 \leqslant i \leqslant I)$ 的集合，即 $D_A = \{R_1, R_2, \cdots, R_l\}$。

③ 特征元素的性质，其中包括几何与物理性质，例如特征点的坐标，边界线的长度，面的形状、面积，灰度等。

常用的影像匹配，多数是以灰度为基础。纵然是基于特征的影像匹配，也主要是以特征周围影像灰度为基础。有时，也加入某些几何限制，如核线条件、多片相交时的交会条件等。关系匹配主要是判别用于描述物体的特征描述 D_A，原则上不考虑特征元素的性质。

假设 D_A 和 D_B 分别表示具有两个特征元素集合 A 和 B 的两个物体(图像或几何实体的总称)的特征描述。为了判断 D_A 和 D_B 的相似性，应首先判断两组关系集合的相似性，设

$$R \in A^N, \quad S \in B^N$$

现设计一个变换 h，将集合 A 上的元素映射到集合 B 上的相应元素：

$$h(a_n) = b_n$$

反之，其反变换亦存在，且

$$h^{-1}(a_n) = b_n$$

从而可以将关系 R 与 h 做合成：

$$R \circ h = \{(b_1, b_2, \cdots, b_n) \in B^N \mid 有(a_1, a_2, \cdots, a_n) \in R, 并 h(a_n) = b_n, 1 \leq n \leq N\}$$

同时也对关系 S 与 h^{-1} 做合成运算：

$$S \circ h^{-1} = \{(a_1, a_2, \cdots, a_n) \in A^N \mid 有(b_1, b_2, \cdots, b_n) \in A, 并 h^{-1}(a_n) = b_n, 1 \leq n \leq N\}$$

再比较 $R \circ h$ 与 S 以及 $S \circ h^{-1}$ 与 R 的差异。在关系匹配中，将这种差异称为"关系距离"(relational distance)，这就是关系匹配中的度量(其作用相当于基于灰度匹配中判断的灰度相似性的度量——灰度差的绝对值之和、协方差等)。

若

$$D_A = \{R_1, R_2, \cdots, R_I\} \quad (R_i \in A^{N_i}, 1 \leq i \leq I)$$
$$D_B = \{S_1, S_2, \cdots, S_I\} \quad (S_i \in B^{N_i}, 1 \leq i \leq I)$$

h 是从集合 A 到集合 B 的一对一对应变换，则第 i 对相应关系(R_i 与 S_i)的"结构误差"(structural error) 为

$$E_S^i(h) = |R_i \circ h - S_i| + |S_i \circ h^{-1} - R_i|$$

例如，现有关系

$$R_i = \{(1, 2), (2, 3), (2, 4), (3, 4)\}$$
$$S_i = \{(a, b), (b, d), (c, d), (c, b), (c, a)\}$$

它们可由用图 6-36 表示。

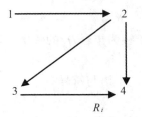 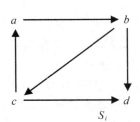

图 6-36　关系 R_i 与关系 S_i

244

假设变换 h，实现 $1 \rightarrow a$，$2 \rightarrow b$，$3 \rightarrow c$，$4 \rightarrow d$，则

$$h^{-1} \circ R_i \circ h = \{(a, b), (b, c), (b, d), (c, d)\}$$
$$h \circ S_i \circ h^{-1} = \{(1, 2), (2, 4), (3, 4), (3, 2), (3, 1)\}$$

所以

$$|R_i \circ h - S_i| = |\{(b, c)\}| = 1$$
$$|S_i \circ h^{-1} - R_i| = |\{(3, 2), (3, 1)\}| = 2$$

因此，结构误差

$$E_S^i(h) = 1 + 2 = 3$$

两个结构描述 D_A 与 D_B 总的结构误差 $E(h)$ 是每一对相应关系结构误差的总和，即

$$E(h) = \sum_{i=1}^{I} E_S^i(h) \tag{6-28}$$

为了获得最佳关系匹配，需设计一组变换集合：

$$H = \{h_1, h_2, \cdots, h_n\} \tag{6-29}$$

对应于变换集合 H，可以获得一个"总的结构误差"集合：

$$\{E(h_1), E(h_2), \cdots, E(h_n)\} \tag{6-30}$$

取其中最小的结构误差，作为 D_A 与 D_B 之间的关系距离：

$$GD(D_A, D_B) = \min\{E(h_1), E(h_2), \cdots, E(h_n)\} \tag{6-31}$$

从而获得变换 h_i，将 A 映射到 B，取得两者的最佳匹配。

6.6.4 单像计算机视觉

关系匹配可以用于图像与图像之间的匹配，也可用于图像与物体之间的匹配。前者属于双像(或多像)匹配，后者即为单像计算机视觉。单像计算机视觉可以用于物体的识别以及确定物体的方位等，单像计算机视觉的一个重要前提是要已知该实物的特征元素的集合，它们之间的拓扑关系以及特征元素的性质(如特征点的空间坐标)。虽然在关系匹配过程中，无需考虑物体的几何形态，但是对于确定物体的空间方位以及检查关系匹配的正确性，将是十分重要的。

单像计算机视觉原理如下：以利用单像视觉确定一个已知物体的方位为例。此时摄影机的方位是已知的，但物体的空间位置与方位是未知待定的。在此系统中共有三个空间坐标系，如图 6-37 所示空间参考坐标系为 G-XYZ，以摄影中心 S 为坐标原点的像空间坐标系为 S-xyz，被摄物体自身的物体空间坐标系为 o-$x'y'z'$。

此系统中，空间参考坐标系 G-XYZ 中的摄影中心 S 以及摄影方位是已知的，物体特征元素集合(例如点集合)、元素间的拓扑结构关系、特征元素的性质(例如特征点在物体空间坐标系中的坐标)也是已知的，如点集合及其坐标。由点集合构成的二元关系为

$R = \{\langle 1, 2 \rangle, \langle 2, 3 \rangle, \langle 3, 4 \rangle, \langle 4, 5 \rangle, \langle 5, 1 \rangle, \langle 6, 7 \rangle, \langle 7, 8 \rangle, \langle 8, 9 \rangle,$
$\langle 9, 10 \rangle, \langle 10, 6 \rangle \langle 1, 6 \rangle, \langle 2, 7 \rangle, \langle 3, 8 \rangle, \langle 4, 9 \rangle, \langle 5, 10 \rangle\}$

系统的目的是根据被摄物体的数字影像及上述已知参数及关系，自动地确定空间物体在空间参考坐标系 G-XYZ 中的位置与方位，其基本步骤为：

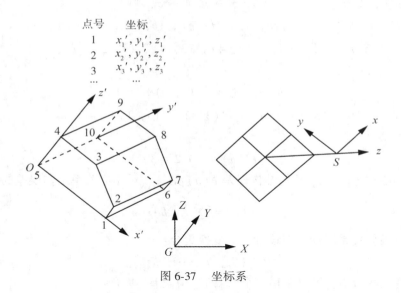

点号　　坐标
1　　x_1', y_1', z_1'
2　　x_2', y_2', z_2'
3　　x_3', y_3', z_3'
…　　…

图 6-37　坐标系

① 对所摄影像进行特征提取。利用兴趣算子提取影像的特征点与边缘线，如图 6-38 所示，并对特征点编号，构成影像特征元素的集合。

$$B = \{a, b, c, d, e, f, g, h, i\}$$

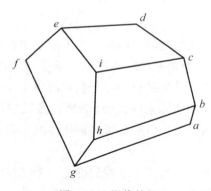

图 6-38　影像特征

② 利用特征定位算子对上述特征点进行定位，确定它们的影像坐标 (x_a, y_a)，(x_b, y_b)，…。

③ 利用特征提取所获得的边缘线，构成特征点集合 B 的二元关系 $S \subseteq B^2$。

$S = \{\langle a, b \rangle, \langle b, c \rangle, \langle c, d \rangle, \langle d, e \rangle, \langle e, f \rangle, \langle f, g \rangle, \langle g, h \rangle, \langle h, i \rangle, \langle i, e \rangle, \langle a, g \rangle, \langle b, h \rangle, \langle c, i \rangle\}$

④ 关系匹配。关系 R 与 S 均可以用关系矩阵 M_R 与 M_S 表示。由于我们所研究对象的性质，其二元关系是无序偶，即 $\langle x, y \rangle = \langle y, x \rangle$。在"图论"的术语中，它被称为"无向图"。因此，$M_R$、$M_S$ 可表示为

$$\boldsymbol{M}_R = \begin{bmatrix} 0 & 1 & 0 & 0 & 1 & 1 & 0 & 0 & 0 & 0 \\ 1 & 0 & 1 & 0 & 0 & 0 & 1 & 0 & 0 & 0 \\ 0 & 1 & 0 & 1 & 0 & 0 & 0 & 1 & 0 & 0 \\ 0 & 0 & 1 & 0 & 1 & 0 & 0 & 0 & 1 & 0 \\ 1 & 0 & 0 & 1 & 0 & 0 & 0 & 0 & 0 & 1 \\ 1 & 0 & 0 & 0 & 0 & 0 & 1 & 0 & 0 & 1 \\ 0 & 1 & 0 & 0 & 0 & 1 & 0 & 1 & 0 & 0 \\ 0 & 0 & 1 & 0 & 0 & 0 & 1 & 0 & 1 & 0 \\ 0 & 0 & 0 & 1 & 0 & 0 & 0 & 1 & 0 & 1 \\ 0 & 0 & 0 & 0 & 1 & 1 & 0 & 0 & 1 & 0 \end{bmatrix}$$

$$\boldsymbol{M}_S = \begin{bmatrix} 0 & 1 & 0 & 0 & 0 & 0 & 1 & 0 & 0 \\ 1 & 0 & 1 & 0 & 0 & 0 & 0 & 1 & 0 \\ 0 & 1 & 0 & 1 & 0 & 0 & 0 & 0 & 1 \\ 0 & 0 & 1 & 0 & 1 & 0 & 0 & 0 & 0 \\ 0 & 0 & 0 & 1 & 0 & 1 & 0 & 0 & 1 \\ 0 & 0 & 0 & 0 & 1 & 0 & 1 & 0 & 0 \\ 1 & 0 & 0 & 0 & 0 & 1 & 0 & 1 & 0 \\ 0 & 1 & 0 & 0 & 0 & 0 & 1 & 0 & 1 \\ 0 & 0 & 1 & 0 & 1 & 0 & 0 & 1 & 0 \end{bmatrix}$$

关系匹配就是根据上述两个关系矩阵的结构，设计变换集合 $H = \{h_1, h_2, \cdots\}$，计算每个变换所对应的结构误差 $E(h_i)$，最后按 $\min\{E(h_i)\}$ 原则确定最佳匹配。

⑤ 空间后方交会。由于在单像计算机视觉的大多数情况下，物体相对于摄影机的位置和方位是任意的、未知的，无近似值可供参考。因此，必须采纳"空间后方交会的直接解"。即适当地选择三个对应的物点与像点，计算影像在物体空间坐标系 $o\text{-}x'y'z'$ 中的外方位元素。

在此系统中，空间后方交会有两个目的：解求"外方位元素"和检核"关系匹配"的正确性。

由于在有些情况下，关系匹配不能获得唯一解。例如在上述的例子中，按最小结构误差准则得到的最佳匹配就不是唯一的。为此就必须利用"空间后方交会"的结果与多余点（不参与计算空间后方交会的对应点对）进行检核。

⑥ 计算物体在空间参考坐标系 $G\text{-}XYZ$ 中的位置与方位。设由上述关系匹配与空间后方交会的结果，即影像在物体空间坐标系 $o\text{-}x'y'z'$ 中的外方位元素为 x_s、y_s、z_s 及旋转矩阵 $\boldsymbol{R}'$，则物体空间坐标 (x', y', z') 与像点坐标 $(x, y, -f)$ 的关系为

$$\begin{bmatrix} x' - x_s' \\ y' - y_s' \\ z' - z_s' \end{bmatrix} = \lambda \cdot \boldsymbol{R}' \cdot \begin{bmatrix} x \\ y \\ -f \end{bmatrix} \tag{6-32}$$

同时，影像在空间参考坐标系 $G\text{-}XYZ$ 中的方位是已知的，即

$$\begin{bmatrix} X - X_s \\ Y - Y_s \\ Z - Z_s \end{bmatrix} = \lambda \cdot \boldsymbol{R} \cdot \begin{bmatrix} x \\ y \\ -f \end{bmatrix} = \boldsymbol{R} \cdot (\boldsymbol{R}')^{-1} \begin{bmatrix} x' - x_s' \\ y' - y_s' \\ z' - z_s' \end{bmatrix} \tag{6-33}$$

所以物体在空间参考坐标系 $G\text{-}XYZ$ 中的位置与方位为

$$\begin{bmatrix} X \\ Y \\ Z \end{bmatrix} = \boldsymbol{R}_0 \cdot \begin{bmatrix} x' \\ y' \\ z' \end{bmatrix} + \begin{bmatrix} X_0 \\ Y_0 \\ Z_0 \end{bmatrix} \tag{6-34}$$

其中，

$$\boldsymbol{R}_0 = \boldsymbol{R} \cdot (\boldsymbol{R}')^{-1}$$

$$\begin{bmatrix} X_0 \\ Y_0 \\ Z_0 \end{bmatrix} = \begin{bmatrix} X_s \\ Y_s \\ Z_s \end{bmatrix} - \boldsymbol{R}_0 \begin{bmatrix} x'_s \\ y'_s \\ z'_s \end{bmatrix}$$

6.7 RANSAC 估计

随机抽样一致性(random sample consensus，RANSAC)是由 Fischler 和 Bolles 于 1981 年所引入的鲁棒估计方法。该方法根据一组包含异常数据的样本数据集，计算出数据的数学模型参数，得到有效的样本数据，是一种稳健的模型参数估计算法。RANSAC 算法不同于最小二乘等一般参数估计方法(利用所有点估计模型参数，然后舍去误差大的点)，该算法的思想是：尽量用比较少的点估计出模型，再用剩余点来检验模型，这样就减轻了存在严重错误点时异常数据对模型参数估计的影响。

RANSAC 算法有一个基本假设：样本中包含正确数据(内点)和异常数据(外点)，即数据集中含有噪声。这些异常数据可能是由于错误的测量、错误的假设、错误的计算等产生的。同时它也假设，给定一组正确的数据，存在可以计算出符合这些数据的模型参数的方法。

需要明确：RANSAC 是一种随机的不确定算法，所以每次运算求出的结果可能会不同，但总能给出一个合理的结果，RANSAC 算法排除异常数据的能力很强大。我们从直线估计的例子来说明 RANSAC 的基本思想。

6.7.1 基于 RANSAC 算法的直线估计

在几何上，鲁棒估计一条直线可描述为：给定一组二维测量数据点，寻找一条直线最小化测量点到它的几何距离平方和，并且使得内点偏离该直线的距离小于 t 个单位。因此有两个要求：① 用一条直线拟合测量数据点；② 根据阈值 t 将测量数据分为内点(inlier)与外点(outlier)，其中 t 是根据测量噪声设置的。

直线的 RANSAC 估计主要有以下几步：

① 随机选择两点(确定一条直线所需要的最小点集)，由这两个点确定一条直线 l；

② 根据阈值 t，确定与直线 l 的几何距离小于 t 的数据点集 $S(l)$，并称它为直线 l 的一致集；

③ 重复若干次随机选择，得到直线 l_1，l_2，…，l_n 和相应的一致集 $S(l_1)$，$S(l_2)$，…，$S(l_n)$；

④ 使用几何距离，求最大一致集的最佳拟合直线，作为数据点的最佳匹配直线。

如果随机选择的两点中存在外点，则这两点所确定的直线一般不会有大的一致集，所以根据一致集的大小对所估计的直线进行评价有利于获得更好的拟合直线，如图 6-39 所示，图 6-39(a) 是来自一条直线的 18 个测量数据点，在给定的距离阈值下有 7 个外点。图 6-39(b) 是两个外点所确定的直线，它的一致集仅含有 3 个数据点。图 6-39(c) 是由一个内点与一个外点所确定的直线，它的一致集含有 8 个数据点。图 6-39(d) 是 RANSAC 最终估计的直线，它具有最大的一致集，并且所有的外点都被去除。

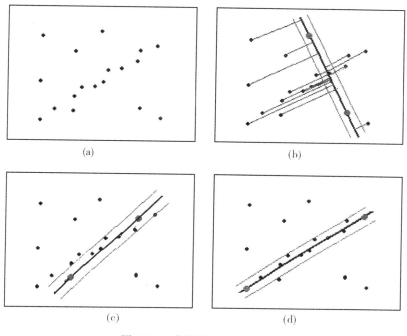

图 6-39   直线的 RANSAC 估计

正如 Fischler 和 Bolles 所指出：RANSAC 与通常的数据最佳拟合技术相反，不是用尽可能多的数据点去获得模型的估计，而是用尽可能少的可行数据并尽量地扩大一致性数据集。

6.7.2   RANSAC 的模型估计

根据估计直线的思想，对于一般模型 M 和给定的测量数据点集 D，RANSAC 估计模型参数 p 的一般步骤如下：

① 确定求解模型 M(即确定模型参数 p) 所需要的最小数据点的个数 n，由 n 个数据点组成的子集称为模型 M 的一个样本。

② 从数据点集 D 中随机地抽取一个样本 J，由该样本计算模型的一个实例 $M_p(J)$，确定与 $M_p(J)$ 之间几何距离 < 阈值 t 的数据点所构成的集合，并记为 $S(M_p(J))$，称为实例 $M_p(J)$ 的一致集。

③ 如果在一致集 $S(M_p(J))$ 中数据点的个数 $\#S(M_p(J))$ > 阈值 t，则用 $S(M_p(J))$ 重新估计模型 M，并输出结果，如果 $\#S(M_p(J))$ < 阈值 t，返回到步骤 ②。

④ 经过 K 次随机抽样，选择最大的一致集 $S(M_p(J))$，用 $S(M_p(J))$ 重新估计模型，

并输出结果。

下面对 RANSAC 的细节做一些说明：

1. 抽样次数

样本是从测量数据集中均匀随机抽取的子集所构成，每个样本所包含数据点的个数 n 是确定模型参数所需要数据点的最小数目。例如，直线最小需要 2 个数据点才能确定，即 $n = 2$；圆最少需要 3 个数据点，即 $n = 3$。至于为什么要选择最小数目，下文将给出解释。为了陈述方便，称不包含外点的样本为好样本，否则称为坏样本。

在执行 RANSAC 时，通常没有必要尝试每一种可能的抽样，同时计算上也是不可行的。只要选择足够多的抽样次数 K，保证至少能得到一个好样本就可以了。假定数据点集中含有内点的比例是 w，那么一个样本为好样本的概率 $p = w^n$。于是，为了得到一个好样本需要抽取次数 K 的期望值为

$$E(K) = 1 \cdot p_1 + 2 \cdot p_2 + 3 \cdot p_3 + \cdots$$

其中，p_j 为在 j 次抽样中得到一个好样本的概率，显然

$$p_j = (1 - w^n)^{j-1} w^n$$

则

$$\begin{aligned} E(K) &= w^n + 2(1 - w^n) w^n + 3(1 - w^n)^2 w^n + \cdots \\ &= w^n (1 + 2(1 - w^n) + 3(1 - w^n)^2 + \cdots) \\ &= w^n \left(\frac{x}{1-x} \right)' \bigg|_{x = 1 - w^n} = w^{-n} \end{aligned}$$

因此，为了保证得到一个好样本，抽样次数 K 应大于 w^{-n}。这很自然地联系到 K 的标准差 $SD[K]$，即抽样次数 $K = E[K] + 3 SD[K]$，就能保证得到一个好样本的机会非常大。不难计算

$$SD[K] = \frac{\sqrt{1 - w^n}}{w^n}$$

则

$$K = \frac{1 + 3\sqrt{1 - w^n}}{w^n} \tag{6-35}$$

处理这个问题的另一种方法，是使在 K 次抽样中所有样本均为坏样本的概率非常小，以保证获得一个好样本的概率非常大。记 z 为在 K 次抽样中所有样本均为坏样本的概率，则

$$z = (1 - w^n)^K$$

所以

$$K = \frac{\log z}{\log(1 - w^n)} \tag{6-36}$$

换句话说，在 K 次抽样中得到一个好样本的概率为 $1 - z$。

取 $w = 0.45$（内点的比例为 45%），$z = 0.02$（以 0.98 的概率获得一个好样本），表 6-1 给出了样本所含数据点个数 n 与抽样次数 K 的一些对应值。可以看出，随 n 增加抽样次数 K 将急剧增加，因此所需要数据点总数也将急剧增加，这就是为什么在执行 RANSAC 时需要对模型进行最小参数化使得样本由尽可能少的数据组成的原因。

表6-1　　　　样本所含数据点个数 n 与抽样次数 K 的对应值（$w = 0.45$，$z = 0.02$）

n	2	3	4	5	7	9	13	16	20
k	18	41	94	210	1045	5168	126076	1.38×10^6	3.37×10^7

值得说明的是，抽样的计算代价在外点数目很大的时候也是可以接受的。图 6-40 给出 $n = 5$ 时，抽样次数 K 与外点的比例 $1 - w$ 之间的变化关系。

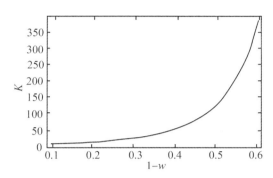

图 6-40　　抽样次数 K 与外点的比例 $1 - w$ 之间的变化关系

2. 距离阈值

如果希望所选取的阈值 t 使得内点被接受的概率是 α，则需要通过由内点到模型之间几何距离的概率分布来计算距离阈值 t，这是非常困难的。在实际中，距离阈值通常靠经验选取。但是，如果测量误差服从具有零均值和 σ 标准差的高斯分布，则可以计算 t 的值。因为在这种情况下点到模型几何距离的平方 d^2 是高斯变量的平方和，因此它服从一个自由度为 m 的 χ_m^2 分布。例如，在直线估计中，仅测量点到直线的几何距离 d，根据假定 $d \sim N(0, \sigma^2)$，所以 $d^2 \sim \chi_1^2$。数据点 (x, x') 到模型之间的几何距离是

$$d^2 = d_1^2 + d_2^2 = d_1^2(x, H^{-1}, \hat{x}') + d_2^2(x, H\hat{x})$$

又假定 $(d_1, d_2) \sim N(0, \sigma^2 I_2)$，所以 $d^2 = d_1^2 + d_2^2 \sim \chi_2^2$。表 6-2 给出了一些计算机视觉问题的距离阈值。随机变量 χ_m^2 小于 k^2 的概率由分布 $F_m(k^2) = \int_0^{k^2} \chi_m^2(\xi) \mathrm{d}\xi$ 来计算，所以

$$t^2 = F_m^{-1}(\alpha)\sigma^2 \tag{6-37}$$

于是，可以将内点与外点划分为

$$\begin{cases} \text{inliner}, & d^2 < F_m^{-1}(\alpha)\sigma^2 \\ \text{outliner}, & d^2 \geq F_m^{-1}(\alpha)\sigma^2 \end{cases} \tag{6-38}$$

通常 a 取 0.95，即内点被接受的概率是 95%。

表6-2　　　　　　内点被接受的概率（$\alpha = 0.95$，距离阈值 $t^2 = F_m^{-1}(\alpha)\sigma^2$）

m	模型	t^2
1	直线、基本矩阵	$3.84\sigma^2$
2	单应、摄像机矩阵	$5.99\sigma^2$
3	三焦张量	$7.81\sigma^2$

3. 终止阈值

终止阈值是难以设置的问题。经验的做法是：给出内点比例 w 的 1 个估计值 ε，如果一致集大小相当于数据集的内点规模则终止。因为很难给出内点比例 w 的 1 个准确估计，所以经验做法往往不能获得较好的估计结果。终止阈值仅仅是用来终止 RANSAN 的抽样，通常的做法是：初始时，给出内点比例 w 的一个最保守的估计，然后在抽样过程中不断地修正它，并利用式（6-36）估计得到一个好样本所需的抽样次数 K，一旦当前的抽样次数达到或超过这个估计值 K 时，就终止抽样，结束 RANSAN 的抽样过程。在初始时，抽样次数 K 的估计值可能是非常大的，但随着抽样过程对内点比例 w 的更新，抽样次数的估计值将迅速减小。这种终止抽样的方法是自适应的，下面是终止 RANSAN 抽样的自适应算法的具体步骤：

① 对内点比例做最保守估计 $w = w_0$（如 $w_0 = 0.1$，这意味着在数据点集中可能有 90% 的外点），应用式（6-36），得到抽样次数 K 的初始值 K_0；

② 抽样并更新 w_0、K_0：令当前抽样的一致集所含数据点占整个数据点的比例为 w，若 $w > w_0$，则更新 w_0 为 w，并用式（6-36）更新抽样数 K_0；否则，保持原来的 w_0、K_0；

③ 如果抽样次数已达到或超过 K_0，则终止抽样；否则，返回步骤 ②。

不难看出，抽样次数在更新过程中是单调下降的，所以抽样过程必然终止。此自适应算法同时还保证了有足够多次的抽样，所以是一种值得推荐的自适应算法。

4. 最终估计

RANSAN 方法将数据分为内点（最大一致集）和外点（剩下的数据）两个不相交的子集，同时给出模型的估计 M_{p_0}，它由最大一致集所对应的样本计算出来。RANSAN 的最后一步是用所有的内点（最大一致集中的数据点）重写估计模型，该估计要涉及代数方法或几何方法，最好使用几何方法，它们需要迭代最小化，而 M_{p_0} 可作为最小化的初始点。

这个过程的唯一缺点是内点与外点的分类变得不明确。这是因为将距离阈值应用于当前最大一致集所顾忌的 M_p 时，很可能有些点变为内点。解决这个问题的方法是：由内点得到模型顾忌 M_p，再由 M_p 应用式（6-38）重新划分内点与外点，继续这个过程直至内点集收敛。

5. χ_m^2 分布

若随机变量 x 的密度函数为

$$p_{\chi_n^2}(x) = \begin{cases} \dfrac{1}{2^{n/2} \Gamma(n/2)} e^{-x/2} x^{n/2-1}, & 0 < x < \infty \\ 0, & \text{other} \end{cases} \tag{6-39}$$

则称它服从自由度为 n 的 χ_n^2（卡方）分布，并记作 $x \sim \chi_n^2$。χ_n^2 变量 x 的分布函数（简称 χ_n^2 分布）为

$$F_n(x) = \int_0^x p_{\chi_n^2}(t)\,\mathrm{d}t = 1 - \frac{\Gamma(n/2, x/2)}{\Gamma(n/2)} \tag{6-40}$$

其中，$\Gamma(\cdot)$ 为 Gamma 函数，即 $\Gamma(z) = \int_0^\infty t^{z-1} \mathrm{e}^{-t} \mathrm{d}t$，而 $\Gamma(\cdot, \cdot)$ 为不完全的 Gamma 函数，即

$$\Gamma(\alpha, z) = \int_z^\infty t^{\alpha-1} \mathrm{e}^{-t} \mathrm{d}t$$

图 6-41 给出了 χ_n^2 密度函数与分布的图示。表 6-3 给出了 χ_n^2 分布的逆 $x = F_n^{-1}(p)$ 的若干对应值。

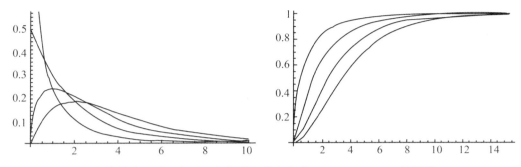

在横轴为 4 处，由下至上分别表示自由度 $n = 1$，2，3，4 的情形

图 6-41 χ_n^2 密度函数(左图)与分布(右图)

表 6-3	χ_n^2 分布逆$(x = F_n^{-1}(p))$					
	$n = 1$	$n = 2$	$n = 3$	$n = 4$	$n = 5$	$n = 6$
$p = 0.5$	0.45	1.39	2.37	3.35	4.35	5.34
$p = 0.8$	1.64	3.21	4.64	5.99	7.29	8.56
$p = 0.9$	2.71	4.61	6.25	7.78	9.24	10.64
$p = 0.95$	3.84	5.99	7.81	9.49	11.07	12.59
$p = 0.99$	6.63	9.21	11.34	13.28	15.09	16.81

6.7.3 RANSAC 用于误匹配剔除

利用 RANSAC 算法可以对初始的对应点进行过滤，剔除匹配较差的点。由于正确的匹配同名点点对满足基本矩阵的约束关系，可以用通过同名点对估算基本矩阵的过程来完成匹配粗差点的剔除。RANSAC 算法的原理是，通过不断地在所有匹配点对中抽取固定数目采样点(例如 8 对点)，计算两张图像转换模型，统计符合模型的匹配点数，拥有最多点数的模型即为图像转换模型，同时剔除不符合模型的错误匹配点，保留正确匹配点。

由于正确的匹配同名点点对满足基本矩阵 $\boldsymbol{F}$ 的约束关系，可以通过同名点对来估算基本矩阵的过程来完成匹配粗差点的剔除，在估算之后，错误的匹配点对会被划到外集里，大大提高匹配的精度。估算的计算过程如下：

① 自动提取两幅图像的特征点集，建立初始"匹配对集"；

②RANSAC 去除错误匹配对：

计算当前抽样所确定的基本矩阵 $\boldsymbol{F}$ 和它的一致点集 $S(\boldsymbol{F})$；

如果当前的一致集大于原先的一致集，则保持当前的一致集 $S(\boldsymbol{F})$ 和相应的基本矩阵 $\boldsymbol{F}$，并删去原先的一致集和相应的基本矩阵；

由自适应算法终止抽样过程，获得最大一致集，最大一致集中的匹配对(内点)是正确匹配对。

③ 由最大一致集（即正确匹配对）重新估计基本矩阵。

为了自动估计基本矩阵，首先需要从两幅图像自动建立一个"点对应集"，可以容忍这个点对应集包含有大量的误匹配，因为在 RANSAC 估计方法中，理论上只要存在 8 个"好"的点对应就可以估计出基本矩阵。

由于 RANSAC 是随机采样，以同样概率采样所有特征点对，当抽取次数足够多时，能够以较大概率保证模型和正确匹配点的准确性。

习题与思考题

1. 什么是基于特征的影像匹配？

2. 基于特征的匹配有哪些基本步骤？

3. 分析基于特征的匹配与金字塔数据结构相结合进行匹配的优势。

4. 特征匹配通常采用哪些策略？

5. 特征匹配中，特征的分布模式有哪几种？

6. 特征的匹配顺序有哪几种？试比较"深度优先"与"广度优先"影像匹配的优缺点。

7. 跨接法影像匹配的特点是什么？绘出示意图说明其原理。

8. 跨接法影像匹配的窗口有什么特点？

9. 跨接法影像匹配算法中，对影像进行几何改正后，为什么可以用相关系数计算两个窗口的相似性？

10. 已有一对配准特征和两特征均未配准的跨接法影像匹配方法各有什么优缺点？

11. 跨接法影像匹配、相关系数影像匹配和最小二乘影像匹配在影像匹配过程中，对影像的几何变形各是怎样处理的？

第7章　整体影像匹配

　　单点影像匹配仅靠孤立点处的影像信息进行匹配，匹配结果的可靠性与窗口内的信息量密切相关。例如，影像匹配中首先计算同名点之间的相似性，如相关系数作为同名点之间的相似性测度。由于影像内容的复杂性，对左影像中某一个点，在右影像中可能有多个点与其相匹配，并且都有较大的相关系数，单凭相关系数无法确定右影像中哪一个点是真正的匹配点，这就是影像匹配中的匹配混淆性和不确定性。因此，单点的影像匹配具有对噪声敏感、不易消除匹配混淆等缺陷，该类方法并不能获得较好的匹配结果。

　　基于特征的影像匹配考虑了目标影像窗口的信息量，增加了匹配点对的唯一性，提高了匹配结果的可靠性，同时遵循了先宏观后微观、先轮廓后细节、先易于辨认部分后较模糊部分的人类视觉匹配规律，因而使影像匹配结果更加稳健、合理。但是，基于特征的影像匹配也存在不足与缺陷。例如，在有些情况下，同名特征不一定存在（特征提取算法的单像性）；立体像对之间对同名特征的描述可能不一致；成功匹配的特征只占特征总数的一小部分；由特征提取到特征匹配、表面内插等都属于单项流程。匹配的结果乃至内插成的三维表面模型无法在新一轮内指导特征提取与匹配，无法使三维模型得到精化；单个特征匹配没有考虑局部区域内的整体一致性。如果基于特征的影像匹配不顾及匹配结果整体的一致性，还是难以避免错误匹配的发生。

　　无论是基于灰度的影像匹配，还是大部分基于特征的影像匹配，都是基于单点的影像匹配，即以待匹配点为中心（或边沿）确定一个窗口，根据一个或多个相似性测度，判断其与另一影像上搜索窗口中灰度分布的相似性，以确定待匹配点的同名点，其结果的正确与否与周围的点并无联系或只有很弱的联系（如由已匹配点进行预测等）。这种孤立的、不考虑周围关系的单点影像匹配结果之间必然会出现矛盾。因此，整体影像匹配也就逐步得到了发展。

　　在整体影像匹配中，不是孤立地看待每一个匹配点，而是将该点与其邻域内的其他点结合起来，同时考虑邻域内各点对该点的约束和影响，以寻求整体上的最优匹配结果。

　　由于从二维影像恢复三维世界在理论上是一个病态问题，因而局部匹配算法不可避免地会出现不可靠的解。但是，毕竟大部分匹配是正确的，少部分的错误结果必然与大部分的正确结果不一致或称为不相容，那么考虑相容性、一致性、整体协调性，就可以纠正或避免错误的结果，从而提高影像匹配的可靠性。

　　整体影像匹配算法主要包括：多点最小二乘影像匹配、松弛法影像匹配、动态规划影像匹配、人工神经网络影像匹配、半全局影像匹配等。在所有的整体影像匹配算法中都有一个目标函数，它在动态规划影像匹配中称为代价函数，在松弛法影像匹配中称为全局一致性兼容函数，在神经网络影像匹配中称为能量函数，在半全局影像匹配中称为匹配代价。

7.1 多点最小二乘影像匹配

多点最小二乘影像匹配(least squares multi-point matching, LSMPM)是 Rosenholm 提出的将有限元内插法与最小二乘影像匹配相结合,直接解求规则分布格网上的视差(或高程)的整体影像匹配方法,又称有限元最小二乘影像匹配。

有限元法是指为解算一个函数,有时需要把它分成为许多适当大小的"单元",在每一个单元中用一个简单的函数来近似地代表它。对于曲面也可以用大量的有限面积单元来趋近它,这就是有限元法。

在第 5 章讨论的最小二乘影像匹配方法中,影像间的几何变形都是针对一个小面积(灰度阵列)的变形而言。不管采用什么几何变形参数,对任何一个点(像素),我们关心的是其位移——x 方向视差 p 和 y 方向视差 q。假设左右影像均按核线进行了重采样,则同名核线上不存在上下视差,即 $q = 0$。也就是说,对某一个点(像素)而言,其几何变形主要是 x 方向存在的位移 p,如图 7-1 所示。

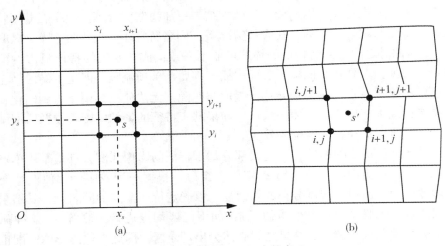

图 7-1 格网 (i, j) 中的点 S

若不考虑辐射畸变,左影像灰度函数 $g_1(x, y)$ 和右影像灰度函数 $g_2(x, y)$ 应满足:

$$g_1(x, y) + n_1(x, y) = g_2(x + p, y) + n_2(x, y) \tag{7-1}$$

式中,$n_1(x, y)$ 与 $n_2(x, y)$ 分别是左右影像中的随机噪声,未知数 p 是该点左右视差。由此数学模型可列出误差方程为

$$v(x, y) = g_2(x + p_s, y) - g_1(x, y) = g_2(x', y') - g_1(x, y) \tag{7-2}$$

其中,$x' = x + p$,$y' = y$。

如图 7-2 所示,按双线性有限元内插法可知,任意一点的视差值可用其所在格网的 4 个顶点的视差值作双线性内插求得。设 $S(x_s, y_s)$ 落在第 i 行、第 j 列的视差格网 (i, j) 中,则点 S 的视差可由点 $P_{i, j}(x_i, y_j)$、$P_{i+1, j}(x_{i+1}, y_j)$、$P_{i, j+1}(x_i, y_{j+1})$、$P_{i+1, j+1}(x_{i+1}, y_{j+1})$ 的视差 $p_{i, j}$、$p_{i+1, j}$、$p_{i, j+1}$ 与 $p_{i+1, j+1}$ 表示:

$$p_s = p_{i,j} \frac{(x_{i+1} - x_s)(y_{j+1} - y_s)}{(x_{i+1} - x_i)(y_{j+1} - y_j)} + p_{i+1,j} \frac{(x_s - x_i)(y_{j+1} - y_s)}{(x_{i+1} - x_i)(y_{j+1} - y_j)}$$
$$+ p_{i,j+1} \frac{(x_{i+1} - x_s)(y_s - y_j)}{(x_{i+1} - x_i)(y_{j+1} - y_j)} + p_{i+1,j+1} \frac{(x_s - x_i)(y_s - y_j)}{(x_{i+1} - x_i)(y_{j+1} - y_j)} \tag{7-3}$$

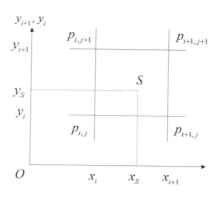

图 7-2　格网 (i, j) 中的点 S

式中，$x_i < x_s < x_{i+1}$，$y_j < y_s < y_{j+1}$。将式 (7-3) 代入误差方程式 (7-2) 并线性化得

$$v(x_s, y_s) = c_{i,j}\Delta p_{i,j} + c_{i+1,j}\Delta p_{i+1,j} + c_{i,j+1}\Delta p_{i,j+1} + c_{i+1,j+1}\Delta p_{i+1,j+1} - \Delta g(x_s, y_s) \tag{7-4}$$

式中，

$$c_{i,j} = \dot{g}_{2x}(x_{i+1} - x_s)(y_{j+1} - y_s)/(\Delta x \cdot \Delta y)$$

$$c_{i+1,j} = \dot{g}_{2x}(x_s - x_i)(y_{j+1} - y_s)/(\Delta x \cdot \Delta y)$$

$$c_{i,j+1} = \dot{g}_{2x}(x_{i+1} - x_s)(y_s - y_j)/(\Delta x \cdot \Delta y)$$

$$c_{i+1,j+1} = \dot{g}_{2x}(x_s - x_i)(y_s - y_j)/(\Delta x \cdot \Delta y)$$

$$\dot{g}_{2x} = \frac{\partial g_2(x_s', y_s')}{\partial x'} = \frac{1}{2}[g_2(x_s' + 1, y_s') - g_2(x_s' - 1, y_s')]$$

$$\Delta x = x_{i+1} - x_i$$

$$\Delta y = y_{i+1} - y_i$$

$$x_s' = x_s + p$$

$$y_s' = y_s$$

如图 7-3 所示，对两张影像进行整体影像匹配是为了获得多对同名像点，即获取规则分布格网上的视差。利用式 (7-4) 可以解求这些未知视差值。式 (7-4) 中有 4 个未知数 $\Delta p_{i,j}$，$\Delta p_{i+1,j}$，$\Delta p_{i,j+1}$，$\Delta p_{i+1,j+1}$，我们把视差格网看作是一个单元，则每个单元内将包含有 $m \times n$ 对像素，每一对像素可列出一个误差方程式，利用最小二乘方法就可解算出这 4 个未知视差值。

这是有限元最小二乘匹配的一类误差方程。另外，由于相邻单元解求出同一格网点的视差值可能不完全相等，因此，还需列出另一类起视差表面平滑作用的虚拟误差方程式：

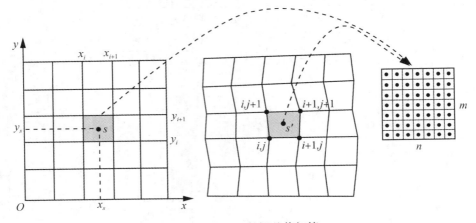

图 7-3 格网上的视差值解算

$$\begin{cases} v_x(i,\ j) = 2\Delta p_{i,\ j} - \Delta p_{i+1,\ j} - \Delta p_{i-1,\ j} \\ v_y(i,\ j) = 2\Delta p_{i,\ j} - \Delta p_{i,\ j+1} - \Delta p_{i,\ j-1} \end{cases} \qquad (7\text{-}5)$$

　　将式(7-4)和式(7-5)联合组成误差方程，即可解算规则格网点上的视差值，建立视差格网。实现局部多点处匹配结果的相容性与一致性，体现局部的整体最优理念。

　　误差方程式(7-5)的建立是基于对视差的光滑性约束。在某一点处的视差是光滑的，理论上应有视差的一阶导数 $p'_{i,\ j}$ 存在，也就是说该点处的视差左导数与右导数存在并相等。对离散的数字影像来说，相当于该点处的左差分与右差分相等。图7-4显示了某一条影像行上的离散视差，如果在 j 点处的视差导数存在，即左右视差差分存在并相等，则下式成立

$$\frac{p_{i+1,\ j} - p_{i,\ j}}{i+1-i} = \frac{p_{i,\ j} - p_{i-1,\ j}}{i-(i-1)}$$

即

$$p_{i+1,\ j} + p_{i-1,\ j} - 2p_{i,\ j} = 0 \qquad (7\text{-}6)$$

写成改正数的形式(实际是对式(7-6)两边求导数)，有

$$\Delta p_{i+1,\ j} + \Delta p_{i-1,\ j} - 2\Delta p_{i,\ j} = 0 \qquad (7\text{-}7)$$

写成误差方程，即

$$\Delta p_{i+1,\ j} + \Delta p_{i-1,\ j} - 2\Delta p_{i,\ j} = v_x(i,\ j) \qquad (7\text{-}8)$$

　　式(7-8)即为虚拟误差方程式(7-5)中的第一式。同理，如果考虑 y 方向的视差，可得式(7-5)中的第二式。

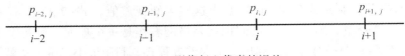

图 7-4 影像行上像素的视差

　　多点最小二乘影像匹配是整体影像匹配很好的途径。它不仅可以基于像方，也可基于

物方，还可以在匹配过程中同时确定地形特征线。其缺点是收敛速度慢，即使采用多级数据结构，收敛速度还是很慢。

7.2 松弛法影像匹配

影像匹配的各种算法根据其执行的顺序可分为并行算法、串行算法、松弛算法三种。

7.2.1 并行算法

并行算法的特点是对每个像素的处理是独立进行的，它不依赖于其他像素的处理结果。当然，处理每个像素时可以参考和利用其周围像素的相关信息，但与它们的处理结果无关。在数字空中三角测量中，多级影像控制的相对定向点的单点匹配就是属于这种并行算法。许多遥感图像处理的分类算法也多是并行算法。这种算法的优点是所有被处理的像素互相独立，特别有利于并行计算机的处理；在使用并行处理计算机时，该算法的效率很高。这种算法的缺点在于没有考虑周围像素的处理结果，可能产生与邻近的结果不协调和不合理的现象。

7.2.2 串行算法

串行算法与并行算法刚好相反，在处理某个像元时需要考虑先前已处理的邻近点的结果。大多数串行算法充分利用先前的决策结果作为修正后面决策的判据。如许多灰度相关算法中利用了先前相关的结果来预测当前待匹配点的近似位置，这种算法的优点是在相关算法中引入了预测，减小了搜索范围和计算量；同时在某种意义上，这种算法还可以减少相关的粗差。串行算法的最大缺点是它考虑邻近点的影响仅仅是"单向"的，即先前处理的结果影响当前的处理，而当前处理的结果，无法反过来影响先前的处理，这显然是不合理的。这种算法的结果与处理的顺序有关，即有"方向性"。因此，当先前结果出错时，直接会影响后面的处理结果，甚至出现匹配进入"死区"的现象，从而导致后续一系列的误匹配。

7.2.3 松弛算法

鉴于以上两种匹配方法的优缺点，一种在每点并行地做出模糊决策，又在下一次迭代时根据上次的决策，精化调整模糊决策的算法应运而生，这种算法就是松弛法，它因与数值计算中的松弛迭代法相似而得名。它是一种并行、迭代的算法，与决策的次序无关。在每一次迭代过程中，每一点的处理是并行的，可以用并行处理来提高速度；但在下一次的迭代过程中，它将根据上次迭代中周围点的处理结果来调整相关测度，经过有限次迭代来寻找最优的整体解。所以，松弛法具有前面两种算法的优点，同时又能克服它们的缺点。

松弛法是解决整体最优的方法之一，它利用邻域内的上下文信息，考虑的是对象之间局部整体的约束性和一致性，并通过迭代计算来最终获得整体上最一致、最兼容的结果。松弛法目前在图像处理与影像分析的边缘特征增强、对象标号、纹理分割与分类、立体影像匹配等领域中得到了广泛的应用

松弛法的基本思想如下：

设有一目标集合 $A = \{A_1, A_2, \cdots, A_n\}$，现需要把它分成 m 个类别，其分类集合为 C

$= \{C_1, C_2, \cdots, C_m\}$。并假设目标分类是相互依存的，即事件 $A_i \in C_j$ 和事件 $A_h \in C_k$ 可用一兼容尺度——兼容系数(或称其为联合概率) $C(i, j; h, k)$ 来衡量它们之间的相容性(或相关性、相互制约性)。负的 $C(i, j; h, k)$ 表示 $A_i \in C_j$ 和 $A_h \in C_k$ 不相容，正的 $C(i, j; h, k)$ 表示它们相容，零值表示它们无关。

若 P_{ij}^0 表示 $A_i \in C_j (1 \leq i \leq n, 1 \leq j \leq m)$ 的初始估计概率，并且满足 $0 \leq P_{ij}^0 \leq 1$，$\sum_{j=1}^{m} P_{ij}^0 = 1$，$P_{ij}^r$ 表示第 r 次迭代时修正后的概率，且同样满足 $0 \leq P_{ij}^r \leq 1$，$\sum_{j=1}^{m} P_{ij}^r = 1$。这些参数之间的关系如图 7-5 所示。

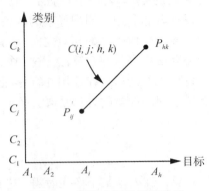

图 7-5　事件之间的依赖关系

图 7-5 中以横轴表示目标集合 A，以纵轴表示类别集合 C。在松弛法的每一次迭代计算过程中，它并不进行绝对的分类，只是确定 $A_i \in C_j$ 的概率，然后在下一次迭代时，不断地调整这一概率，形成不同迭代周期 k 中的概率序列 $P_{ij}^k (k = 1, 2, \cdots, r)$。显然，如果其邻域事件 $A_h \in C_k$ 的概率 P_{hk} 很高，且 $C(i, j; h, k) > 0$，则 P_{ij} 必然得到增益，因此事件 $A_i \in C_j$ 与高概率事件 $A_h \in C_k$ 相容。由此，可求得在每次迭代过程中 P_{hk}^r 的增量为

$$q_{ij}^r = \sum_{\substack{h=1 \\ h \neq i}}^{n} \left(\sum_{k=1}^{m} C(i, j; h, k) P_{hk}^r \right) \tag{7-9}$$

这就是松弛法分类决策的基本原理。松弛法调整概率的公式不是唯一的，针对不同的问题可以设置不同的松弛算法和确定不同的相容系数。初始概率 P_{ij}^0 的确定依赖于问题的物理意义，在分类中一个最简单的确定方法是：对于目标 A_i，认为它可能被分成 m 类中的每一类的概率都相等，初始概率为等概率，即 $P_{ij}^0 = 1/m$。

7.2.4　基于松弛法的整体影像匹配

1. 数学模型的建立

影像匹配的实质是确定左(或右)影像中某个目标(或像点) j 在另一张影像上的共轭目标(或像点) i 的问题。若将目标点 j 视为类别，而共轭备选点 i 的集合视为目标，则影像匹配问题可用松弛法来解决。

此时的类别集合为 $C = \{C_1, C_2, \cdots, C_m\}$，其中 $C_j (j = 1, 2, \cdots, m)$ 为左影像点。目标集合可利用基本匹配算法在右影像上一定的搜索范围内，对每一左影像点 j 确定 n 个点作为 j 的匹配候选点，则目标集合 $A = \{A_{11}, A_{12}, \cdots, A_{21}, A_{22}, \cdots, A_{n1}, A_{n2}, \cdots,$

$A_{nn}\}$。对于事件 $A_i \in C_j$ 的初始概率，可以理解为左影像中的点 j 对应右影像在一定搜索范围内的匹配点集的概率，且要求 $0 \leqslant P_{ij}^0 \leqslant 1$，$\sum_{i=1}^{m} P_{ij}^0 = 1$，因此事件 $A_i \in C_j$ 的概率可以用相似性测度来确定。若左影像 j 的匹配候选点为 A_{j1}，A_{j2}，$\cdots$，A_{jn}，且与左影像 j 的相关系数为 ρ_{1j}，ρ_{2j}，$\cdots$，ρ_{nj}，，则事件 $A_i \in C_j$ 的初始概率则可通过下式归一化得到

$$\rho_{ij}^0 = \frac{\rho_{ij}}{\sum_{i=1}^{n} \rho_{ij}} \tag{7-10}$$

整体影像匹配过程实际上包含局部匹配和整体挑选两个过程。在局部匹配过程中，根据左、右匹配窗口的影像信息，计算其相似性测度，给出候选匹配点；在整体挑选过程中，根据挑选规则从候选匹配点中选出最终的匹配结果。对于左影像上的某一点，其在右影像上的候选匹配点可以有很多，有时其相似性测度都很大，很难判断哪一个候选点是正确的。从另一方面看，格网点之间的相关结果存在着一定的相关性，并且这种相关性随距离的增加而减弱，相关结果之间的相关性主要反映在邻域内的匹配点之间。因此，所谓的整体最佳都是在多个关联的局部最佳的基础上得到的。

人们在挑选匹配点的同时，为了达到整体最优通常都是通过考虑邻域内匹配点的兼容性来实现的。在匹配过程中，这种兼容性表现在：好的匹配点获得的邻域支持强度较大，坏的匹配点获得的邻域支持强度较小。在松弛法影像匹配中，这种一致性约束是通过相容系数调节匹配点的概率值来完成的。这样，有较大邻域支持的好的匹配点的概率值会增加，只获得较小邻域支持的坏的匹配点的概率值会减小，最终使得匹配结果满足整体上的一致性。

标准的松弛算法调整概率的公式为

$$\left. \begin{array}{l} q_{ij}^r = \sum_{\substack{h=1 \\ h \neq i}}^{n} \left(\sum_{k=1}^{m} C(i, j; h, k) P_{hk}^r \right) \\ p_{ij}^{r+1} = \dfrac{p_{ij}^r (1 + q_{ij}^r)}{\mathrm{norm}^r} \\ \mathrm{norm}^r = \sum_{j=1}^{m} p_{ij}^r (1 + q_{ij}^r) \end{array} \right\} \tag{7-11}$$

式中，r 表示第 r 次迭代计算。

2. 相容系数及参数的确定

针对处理问题的不同，相容系数 $C(i, j; h, k)$ 的确定方法各异。对于影像匹配而言，相容系数是通过邻域内匹配点的视差变化的一致性来确定的，即视差的差（视差较）越小，正确匹配的概率越大。这就是确定影像匹配相容系数 $C(i, j; h, k)$ 的基本依据。为此，在影像匹配的松弛算法中相容系数可定义为

$$C(i, j; h, k) = \frac{1}{M + N |V_{ij} - V_{hk}|} \tag{7-12}$$

式中，i 的邻域为 h，j 的邻域为 k；V_{ij} 是 i 与 j 的视差；V_{hk} 是 i 的邻域 h 与 j 的邻域 k 的视差；M、N 为常数。

相容系数 $C(i, j; h, k)$ 衡量的是事件 $A_i \in C_j$ 与事件 $A_h \in C_k$ 之间的兼容性。其取值

范围为 $[-1，+1]$，且越接近 $+1$，表示它们之间的相容性越好。M、N 的取值就是要使 $C(i,j;h,k)$ 的计算结果在区间 $[-1，+1]$ 上，而且要使该算法收敛得越快越好。对于式 (7-12)，设计就是要使视差的差（视差较）越小的点，其相容系数 $C(i,j;h,k)$ 的值越接近于 1，在标准松弛算法的相容系数中，M、N 的取值均为 1，即

$$C(i,j;h,k) = \frac{1}{1 + |V_{ij} - V_{hk}|} \tag{7-13}$$

上式可以保证 $C(i,j;h,k) \leqslant 1$，且邻域内有相近的视差时，概率的增量可以获得较大的支持，即 $|V_{ij} - V_{hk}|$ 越小，$C(i,j;h,k)$ 越接近于 1；$|V_{ij} - V_{hk}|$ 越大，$C(i,j;h,k)$ 越接近于 0。松弛法影像匹配的计算流程如图 7-6 所示。

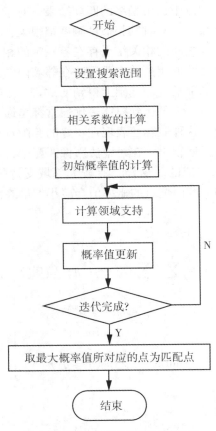

图 7-6　松弛法影像匹配计算流程

7.3　半全局影像匹配

密集匹配算法是在恢复影像序列方位元素的基础上，通过逐像素的匹配建立对应关系，获取可以描述左右影像像素之间匹配关系的视差图。在此基础上，可以根据已知的方位元素，对匹配像素进行前方交会，恢复三维位置信息，生成密集的三维点云。同时，还可以根据影像的彩色信息生成彩色点云，为点云的分类提供可靠的初始信息，方便 DSM

和 DEM 的获取以及地物模型的建立。如果利用高空间分辨率的影像进行计算，就可以计算出足够多的匹配点，生成密集的三维彩色点云。

双目密集匹配可以分为局部算法（local methods）、全局算法（global methods）和半全局算法（semi-global matching，SGM）。局部算法利用像素周围有限区域的信息来计算视差，而全局算法则考虑整幅影像的信息，通过应用能量最小化的方法确定所有视差。半全局算法也是应用能量最小化方法来求解，不过它是利用多个一维方向的计算来逼近二维计算。一般来说，局部算法的速度快，但是结果容易受到噪声的影响。全局算法的效果要优于局部算法，但是计算所消耗的时间也要大于局部算法。半全局算法综合考虑算法的效率和效果，计算精度优于局部算法，计算时间优于全局算法。

SGM 是德国学者 Hirchmüller 在 2005 年提出的一种半全局约束立体影像匹配算法。通过在待匹配像素点多个方向上作动态规划来近似图像二维全局优化，确定视差图。在构建能量函数时，SGM 算法引入平滑约束以保证匹配结果的整体一致性，同时采用逐像素匹配，可以得到密集可靠的匹配结果。SGM 算法可以很好地兼顾计算效率与匹配效果，特别是在目标边界和细小结构处，因此普遍应用于城区三维重建。目前，SGM 算法应用于三维数字城市建模、机器人导航、汽车援助系统、数字文物保护及存档等。

半全局匹配算法包括：匹配代价计算、匹配代价聚合、视差计算、一致性检查 4 个步骤，其结果是生成基准图像与目标图像间的视差图。

7.3.1 匹配代价计算

匹配代价是代表左右两张影像的两个待匹配像素之间的匹配程度，其本质是一种相似性测度。通常来讲，匹配代价越小，两个像素之间的匹配程度越高，两个像素是正确匹配的可能性就越大。匹配代价计算就是利用左右两张核线影像，在某一个视差 d 下，左右核线影像的像素之间会有一个对应关系，根据所选择的一个匹配代价函数，每一对待匹配像素都可以计算出一个匹配代价值，一对影像可以计算出一幅匹配代价影像。当视差 d 变化时，左右影像像素的对应关系会发生变化，这样又可以计算出一幅匹配代价影像。在已知的一个视差变化范围 D 内，有多少个可能视差 d，就可以计算出多少张匹配代价影像，由这些匹配代价影像组成的一个三维空间，就称为视差空间影像，如图 7-7 所示。所以视差空间影像实际上是一个逐像素逐视差计算的结果，它所存储的是所有可能匹配的匹配代价。视差空间影像的第一维 x 对应的是核线影像的行方向，第二维 y 是核线影像的列方向，第三维 d 对应的是视差，从第三维方向来看，视差空间影像的每一层是在某一个视差下所有像素的匹配代价，从第一维与第二维方向来看，视差空间影像的每一列是影像像素的所有视差下的匹配代价。

匹配代价是衡量左右影像上任意两个像素点之间的相似性，匹配代价越小，则匹配程度越高。匹配代价计算可分为三大类：参数变换匹配代价（如相关系数、灰度差绝对值和、灰度差平方和、BT（birchfield-tomasi's cost）算法）、非参数变换匹配代价（如census（census transform））、互信息量。

匹配代价计算是从一对核线影像出发，进行逐像素的匹配，逐像素逐视差的计算左右核线影像像素之间的匹配代价，并将匹配代价存储为一个三维空间，生成视差空间影像。

以下为互信息代价计算：假设基准图像 I_b 上像素 p 的灰度值为 I_{bp}，而匹配图像 I_m 上对应像点 $q = e_{bm}(p, d)$ 的灰度值为 I_{mq}，其中函数 $e_{bm}(p, d)$ 表示 p 和 q 之间的坐标映射关

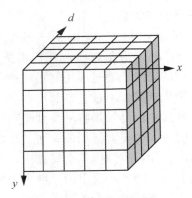

图 7-7　视差空间影像

系，对核线影像而言，$e_{bm}(p, d) = [p_x - d, p_y]$ 为左右视差。

在计算过程中，选取匹配测度考虑的主要因素是匹配窗口的大小及其形状。增大窗口可以提高算法的稳定性，但由于其假设（匹配窗口内的视差不变）在物体的边缘处并不成立，而造成边界模糊；虽然可以通过调整窗口形状来减小模糊，但无法从根本上消除。理想的匹配测度应该仅仅利用待匹配像点对的灰度值，但这容易受噪声的干扰，因此在半整体匹配过程中可以采用互信息作为匹配测度。

互信息是信息理论中的一个基本概念，用于描述两个系统之间的统计相关性，或者是一个系统中所包含的另一个系统信息的多少。在图像匹配过程中，一般使用两幅图像的信息熵和联合信息熵来定义：

$$MI_{I_1, I_2} = H_{I_1} + H_{I_2} - H_{I_1, I_2} \tag{7-14}$$

信息熵是通过计算相关图像的灰度值分布概率 P 来得到的，对于经过核线纠正的立体像对，可以通过一幅图像预测另一幅图像，故联合信息熵比较低。

$$H_I = -\int_0^1 P_I(i) \log P_I(i) \, \mathrm{d}i \tag{7-15}$$

$$H_{I_1, I_2} = -\int_0^1 \int_0^1 P_{I_1, I_2}(i_1, i_2) \log P_{I_1, I_2}(i_1, i_2) \, \mathrm{d}i_1 \mathrm{d}i_2 \tag{7-16}$$

由于互信息的计算是在整幅影像上进行的，且需要一个初始视差图作为基础对匹配影像进行变换，保证假定的同名像点在两幅图像上的位置相同。以上两个要求限制了互信息作为匹配测度的应用。

对于第一个限制，Kim 等通过利用泰勒级数展开将联合信息熵的计算转换为求以下数据项的和，如下式：

$$H_{I_1, I_2} = \sum_p h_{I_1, I_2}(I_{1p}, I_{2p}) \tag{7-17}$$

数据项 h_{I_1, I_2} 是通过对同名像点亮度值的分布概率进行二维高斯卷积运算（利用 $\otimes$ $g(i, k)$ 表示）得到，仅依赖于同名像点对的亮度值，且每个像素的计算过程相互独立。

$$h_{I_1, I_2}(I_{1p}, I_{2p}) = -\frac{1}{n} \log(P_{I_1, I_2}(i, k) \otimes g(i, k)) \otimes g(i, k) \tag{7-18}$$

而同名像点亮度值的概率分布利用 $T[\ \ ]$ 函数来计算得到，如果输入参数为真，则为输出 1；否则输出为 0。

$$P_{I_1,\,I_2}(i,\ k) = \frac{1}{n}\sum_p T\,[\,(i,\ k) = (I_{1p},\ I_{2p})\,]\tag{7-19}$$

通常，图像信息熵 H_{I_1} 是不变的，H_{I_2} 也几乎不变，因为视差图反映 I_2 灰度值的重新分布。因此联合信息熵可以作为像素 I_{1p} 和 I_{2p} 的匹配测度。但是如果存在遮挡，则会有一些像点找不到对应的同名点，这样的像点应该排除在计算之外，因为它们会引起图像信息熵的变化。因此，可通过计算这些信息熵来近似表示联合信息熵。

$$H_I = \sum_p h_I(I_p),\qquad h_I(i) = -\frac{1}{n}\log(P_I(i)\otimes g(i))\otimes g(i)\tag{7-20}$$

概率分布 P_I 不必在整幅影像 I_1 和 I_2 上进行，仅需要计算相对应的区域即可，这可以通过求相应行和列的联合概率分布之和得到 $P_{I_1}(i) = \sum_k P_{I_1,\,I_2}(i,\ k)$。

而相对应的互信息的定义为：

$$M_{I_1,\,I_2} = \sum_p mi_{I_1,\,I_2}(I_{1p},\ I_{2p})\tag{7-21}$$

$$mi_{I_1,\,I_2}(i,\ k) = h_{I_1}(i) + h_{I_2}(k) - h_{I_1,\,I_2}(i,\ k)\tag{7-22}$$

相应的互信息匹配代价定义为：

$$C_{MI}(p,\ d) = - mi_{I_b,\,f_D(I_m)}(I_{bp},\ I_{mq}),\qquad q = e_{bm}(p,\ d)\tag{7-23}$$

对于第二个限制，即在计算匹配代价之前需要一个初步的视差图。Hirchmüller 给出一种迭代求解方法，首先利用一个随机视差图计算匹配代价 C_{MI}，并利用匹配代价生成新的视差图用于迭代计算新的匹配代价，这类似于图割法等迭代立体匹配算法，但却增加了立体匹配的时间。因此，Hirchmüller 提出了一种分层计算方法，即利用低分辨率的视差图进行内插得到高分辨率的视差图，用于匹配代价的回归计算。如果算法的复杂度为 $O(WHD)$（宽×高×视差范围），则经过 2 倍率重采样后计算规模降低 $2^3 = 8$ 倍。如果在 16 倍分辨率上生成视差图，并进行 3 次迭代计算，相应的总的计算规模为：

$$1 + \frac{1}{2^3} + \frac{1}{4^3} + \frac{1}{8^3} + 3\,\frac{1}{16^3} \approx 1.14\tag{7-24}$$

如果忽略 MI 的计算量和图像缩放处理时间，从理论上讲 C_{MI} 的计算仅比 C_{BT} 的计算慢 14%。其中低分辨率的视差图仅用来计算概率分布 P 和高分辨率的匹配代价 C_{MI}。

7.3.2 匹配代价聚合

匹配代价聚合一般通过求解最小能量函数来实现。半全局匹配算法通过对全局能量函数施加额外的平滑约束来提高匹配结果的可靠性。

由于核线影像存在噪声，或者因为匹配代价函数本身的缺陷，匹配代价计算步骤所计算出来的匹配代价可能不足以代表像素间的匹配程度，因此需要通过代价聚合来对视差空间影像进行修改。也就是说，代价聚合是在匹配代价计算的基础上，对视差空间影像中的匹配代价进行处理，修改视差空间影像中的匹配代价，使其能更准确的表示像素之间的匹配程度。

基于点的匹配代价计算往往容易受到多种因素影响（如噪声、大范围的相似区域等），其结果常常是错误的匹配代价小于正确的匹配代价，从而影响算法在该点的深度估算，甚至将错误扩散，影响到周围点的深度估算。因此，在半全局匹配算法中，需要对全局能量函数施加一个额外的平滑约束：

$$E(D) = \sum_p e(p,\ d) = \sum_p \left\{ c(p,\ d) + \sum_{q \in N_p} P_1 T(\mid d - d_q \mid = 1) + \sum_{q \in N_p} P_2 T(\mid d - d_q \mid > 1) \right\}$$

$$(7\text{-}25)$$

式中，第一项表示所有像素点的匹配代价之和，第二项和第三项分别利用系数 P_1 和 P_2 对像素点 p 与其相邻 N_p 的像素点深度差存在的较小变化（1 个像素内）和较大变化（大于 1 个像素）两种情况进行了惩罚，即平滑约束，显然 $P_1 < P_2$。这里的函数 $T[\quad]$ 为 1，当且仅当其参数为真，否则为 0。

对于二维图像，寻找上式的全局最小值已被证明是 NP 完全问题，而一维路径上的能量最小化可以使用动态规划 DP（dynamic programming）算法高效地实现，因此可以通过平等地对待多个一维路径，合并它们的结果来近似二维的情况。在半全局匹配算法中，利用 8 个（或 16 个）方向上的一维平滑约束近似拟合一个二维平滑约束，而在每一条路径上按照动态规划的思想进行计算（见图 7-8），然后各个方向上的匹配代价相加得到总的匹配代价（见图 7-9）。

$$L_r(p,\ d) = c(p,\ d) + \min \begin{cases} L_r(p-r,\ d), \\ L_r(p-r,\ d \pm 1) + P_1, \\ \min\limits_{i = d_{\min},\ \cdots,\ d_{\max}} L_r(p-r,\ i) + P_2 \end{cases} \quad (7\text{-}26)$$

$$L_r(p_0,\ d) = c(p_0,\ d) \quad (7\text{-}27)$$

$$S(p,\ d) = \sum_r L_r(p_0,\ d) \quad (7\text{-}28)$$

式（7-26）中的第一项表示对像素点 p 赋予深度 d 的匹配代价。第二项是当前路径上 p 的上一个点 $p-r$，包含了惩罚系数的最小匹配代价。第三项对最优路径的产生没有施加影响，加入这一项的目的仅仅是为了防止 L 过大，使得 $L \leqslant C_{\max} + P_2$。

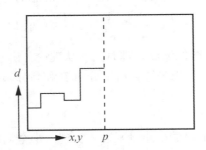

图 7-8　最小匹配代价路径

7.3.3　视差估计

视差估计是利用匹配代价聚合后的视差空间影像，通过一定的算法，得到每个像素的最优视差，即得到一幅视差图。

在计算得到所有像素的匹配代价 $S(p,\ d)$ 之后，对应于基准图像 I_b 的视差图 D_b 的确定便是一个简单的选择过程：对于每一个像素点 p 视差 $d_p = \min_d S(p,\ d)$，即对应的总匹配代价最小的视差值。尽管在计算匹配代价的过程中，基准图像和目标图并不是相同对待的，但仍可以根据 $S(p,\ d)$ 来估算 I_m 对应的视差图 D_m，对于 I_m 中的每个像素点 q，深度

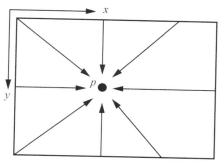

图 7-9　8 个方向的匹配代价聚合

$d_m = \min_d S(e_{mb}(q, d), d)$ 。最后，对 D_b 和 D_m 分别使用中值滤波去掉一些突变的深度，得到最终的视差。

7.3.4　一致性检查

一致性检查是视差后处理过程，检测出初始视差图中错误的像素视差值，并进行改正。

经过视差估计得到了初步的视差图。这样的视差图通常存在种种错误。首先是遮挡，由于半全局算法是基于动态规划的，在这样的区域无法给出显式的赋值，并且由于平滑约束的存在，往往在这些区域误用了邻近区域的深度值；其次就是任何算法都无法避免的错误匹配。遮挡和错误匹配的存在使得两幅图中的场景点的映射不是一对一的，破坏了匹配的一致性，因此需要一种方法来检测遮挡与错误。

经过处理的 D_b 和 D_m 可以作为判断遮挡和错误匹配的依据，即进行一致性检查。这个过程是通过比较算法输出的匹配点对的视差来进行的（如式（7-29）），若两者差别过大则不接受算法输出结果，并将该点标识为误匹配点 D_{inv}。

$$D_p = \begin{cases} D_{bp}, & |D_{bp} - D_{mq}| \leqslant 1, \ q = e_{bm}(p, D_{bp}) \\ D_{inv}, & \text{其他} \end{cases} \tag{7-29}$$

实质上这样的一致性检查保证了唯一性约束，因为式（7-29）使得基准图像与匹配图像的像素点是一对一映射的，并且提供了有效地检查遮挡和错误匹配的一种方法。

半全局匹配方法通过对视差值的不同变化加以不同惩罚保证了平滑性约束，通过左右视差图的一致性检查保证了唯一性约束，并且其 8 或 16 个方向的一维路径动态规划算法使得结果更加可靠，由此对噪声表现出了鲁棒性，可与全局方法相媲美；同时由于其代价矩阵结构简单规则，仅有加减和比较运算，该方法执行速度远远高于全局算法。

习题与思考题

1. 什么是整体影像匹配？常用的整体影像匹配算法有哪些？

2. 在影像匹配时为什么会考虑整体影像匹配，原因是什么？

3. 多点最小二乘影像匹配算法是将哪两种方法结合形成的？列立的两类误差方程式

的思想是什么？该算法是如何实现"整体"理念的？

4. 试述多点最小二乘影像匹配的原理，并绘出程序框图。

5. 为什么采用多点最小二乘影像匹配可提高影像匹配的可靠性？

6. 影像匹配的并行算法、串行算法与松弛算法的特点各是什么？

7. 绘出松弛法影像匹配的流程图。

8. 松弛法影像匹配算法是如何实现"整体"理念的？

9. 为什么松弛法影像匹配能提高影像匹配的可靠性？

10. 试述半全局影像匹配的原理，并绘出程序框图。

第8章　数字微分纠正

　　航空影像或卫星影像能够直观、真实、客观地反映实际的地物地貌等地表面上的一切景物，具有十分丰富的信息。然而航空影像或卫星影像通常不是与地表面保持相似的、简单的缩小，而是中心投影或多中心投影构像，这样的影像由于影像倾斜和地形起伏等因素会引起影像的变形。如果对这种影像进行纠正，得到既有正确平面位置又保持原有丰富信息的像片平面图或正射影像图，对地球空间信息科学的研究与应用是十分有价值的。

　　由于航空或卫星影像传感器的空中位置与姿态的变化以及地面高程的影响，使得航空或卫星影像产生变形，数字纠正的目的就是要改正这种变形，并获得具有地理编码的数字正射影像，这一改正过程被称为数字纠正或数字微分纠正。数字微分纠正是三维纠正，是根据传感器成像模型并考虑地面起伏对每一个像素影响的严密纠正方法。它不仅考虑到传感器成像过程的姿态变化，而且考虑地形起伏的影响。数字微分纠正是逐点纠正，因而可以获得较高的精度。

　　根据有关的参数与数字地面模型，利用相应的构像方程式，或按一定的数学模型用控制点解算，从原始非正射数字影像获取正射影像，将影像化为很多微小的区域逐一进行，且使用数字方式处理，叫做数字微分纠正或数字纠正，如图 8-1 所示。

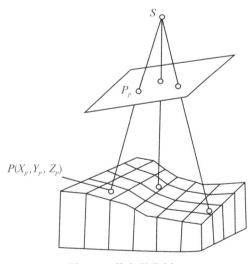

图 8-1　数字微分纠正

　　在数字纠正的基础上进行数字镶嵌，可以获得统一尺度与色调的大区域影像，即正射影像图(digital orthophoto map，DOM)。数字正射影像图是对航空航天像片进行数字微分纠正和镶嵌，按一定图幅范围裁剪生成的数字正射影像集，它是同时具有地图几何精度和影像特征的图像。

DOM 具有精度高、信息丰富、直观逼真、获取快捷等优点，可作为地图分析背景控制信息，也可从中提取自然资源和社会经济发展的历史信息或最新信息，为防治灾害和公共设施建设规划等应用提供可靠依据，还可从中提取和派生新的信息，实现地图的修测更新，评价其他数据的精度、现实性和完整性。

本章首先介绍框幅式中心投影影像与线性阵列扫描影像的数字微分纠正方法，然后介绍数字真正射影像及正射影像的匀光匀色，最后介绍立体正射影像对的制作与影像景观图的制作原理。

8.1 框幅式中心投影影像的数字微分纠正

从被纠正的最小单元来区分微分纠正的类别，基本上可分为 3 类：点元素纠正、线元素纠正、面元素纠正。数字影像是由像元按一定规则排列而成的矩阵，其处理的最基本单元就是像元。因此，对数字影像进行数字微分纠正，在原理上最适合采用点元素纠正。但是，能否真正做到点元素纠正，取决于能否真正地测定每个像元对应的物方坐标。另外，点元素纠正计算量大，在实际中通常采用线性内插的方法，此时的数字微分纠正实际上是线元素纠正或者面元素纠正。

8.1.1 数字微分纠正的两种解算方案

数字微分纠正的基本任务是实现两个二维图像之间的几何变换，其概念在数学上属于映射的范畴。因此，数字微分纠正必须首先确定原始影像和纠正影像之间的几何变换关系。设任意像元在原始影像和纠正影像中的坐标分别为 (x, y) 和 (X, Y)，它们之间存在的映射关系为

$$x = G_x(X, Y), \qquad y = G_y(X, Y) \tag{8-1}$$

$$X = F_X(x, y), \qquad Y = F_Y(x, y) \tag{8-2}$$

如图 8-2 所示，式 (8-1) 是从纠正后的像点坐标 (X, Y) 出发，反求其在原始影像上的像点坐标 (x, y)，这种方法称为反解法（或间接法）。式 (8-2) 是从原始像点坐标 (x, y) 出发，求纠正后的像点坐标 (X, Y)，这种方法称为正解法（或直接法）。

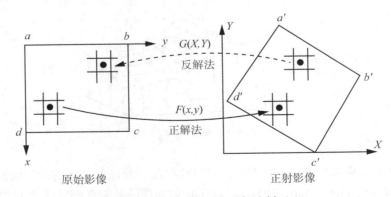

图 8-2 正解法纠正和反解法纠正

下面以框幅式中心投影影像纠正为正射影像的过程为例，分别介绍反解法和正解法的数字微分纠正。

1. 反解法(间接法)数字微分纠正

反解法数字微分纠正是从空白的纠正后影像出发，按行列的顺序依次对每个像素点位反求其在原始影像中的位置，如图8-3(a)所示。根据式(8-1)所计算得到的原始影像点位上的灰度值赋给纠正影像上的像素。

由于按式(8-1)计算出的原始影像点位坐标(x, y)并不一定恰好落在像素中心，因此需根据其周围像素的灰度值内插计算$g(x, y)$。

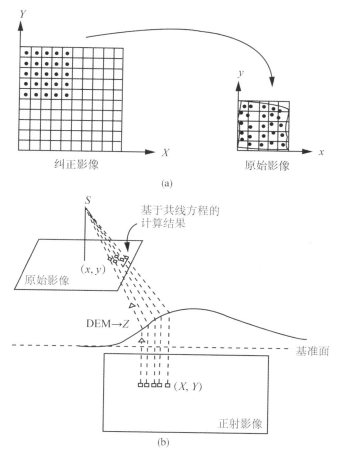

图 8-3 反解法数字微分纠正

反解法数字微分纠正的原理还可以用图 8-3(b)进一步说明。图中，依次在正射影像上选取某个像素，然后按照式(8-1)反算到原始影像上，通过对灰度的内插，将内插的灰度结果赋给对应的正射像素。如此反复计算，直至正射影像上的所有像素都得到灰度赋值，微分纠正即告结束。

当采用共线方程为纠正的变换函数时，数字微分纠正须在已知影像的内外方位元素和数字高程模型(DEM)的情况下进行。

下面以共线方程为例，介绍反解法数字微分纠正的基本步骤：

271

（1）计算地面点坐标

设正射影像任一点（像素中心）P的坐标为(X', Y')，由正射影像左下角图廓点地面坐标(X_0, Y_0)与正射影像比例尺分母M计算P点对应的地面坐标(X, Y)，公式为

$$\begin{cases} X = X_0 + M \cdot X' \\ Y = Y_0 + M \cdot Y' \end{cases} \tag{8-3}$$

（2）计算像点坐标

应用反解公式计算原始影像上的相应像点坐标$p(x, y)$。在航空摄影情况下，反解公式为共线方程：

$$\begin{cases} x - x_0 = -f \dfrac{a_1(X - X_s) + b_1(Y - Y_s) + c_1(Z - Z_s)}{a_3(X - X_s) + b_3(Y - Y_s) + c_3(Z - Z_s)} \\ y - y_0 = -f \dfrac{a_2(X - X_s) + b_2(Y - Y_s) + c_2(Z - Z_s)}{a_3(X - X_s) + b_3(Y - Y_s) + c_3(Z - Z_s)} \end{cases} \tag{8-4}$$

式中，Z是P点的高程，由 DEM 内插求得。

但应注意的是，原始数字影像是以行、列为计量单位。为此，应利用像点坐标与扫描坐标之间的关系，再求得相应的像元素坐标，也可以由(X, Y, Z)直接解求扫描坐标(I, J)。

（3）灰度内插

由于计算所得的像点坐标不一定落在像元素中心（见图 8-3（a）），为此必须进行灰度内插，以求得像点p的灰度值$g(x, y)$。常用的灰度内插方法有双线性内插、双三次卷积法内插和最邻近像元法，以双线性内插法用得最多。

（4）灰度赋值

最后将像点p的灰度值赋给纠正后的像元素P，即$G(X, Y) = g(x, y)$。

依次对每个纠正像素完成上述运算，即能获得纠正的数字图像，这就是反解法的原理和基本步骤。因此，从原理而言，数字纠正属于点元素纠正。

2. 正解法（直接法）数字微分纠正

正解法数字微分纠正是从原始影像出发，按行列的顺序依次对原始影像上的每个像素点位按式（8-2）求其在纠正后影像中的像点坐标，如图 8-4 所示，然后把原始影像(x, y)点的灰度值赋给纠正影像上的像素(X, Y)。由于按式（8-2）计算(X, Y)并不一定恰好落在像素中心，因此需根据其周围像素的灰度值内插计算出纠正影像上的灰度值$g(X, Y)$。

由于地形起伏的影响，直接法微分纠正有可能导致纠正影像上有的像素内可能"空白"（无像点），有的可能重复（多个像点），这对纠正后的重采样是不利的。因此，在实际微分纠正过程中，直接法较少使用。

另外，在航空摄影测量情况下，其正算公式为

$$\begin{cases} X = Z \dfrac{a_1 x + a_2 y - a_3 f}{c_1 x + c_2 y - c_3 f} \\ Y = Z \dfrac{b_1 x + b_2 y - b_3 f}{c_1 x + c_2 y - c_3 f} \end{cases} \tag{8-5}$$

利用上述正算公式，必须已知Z值，但Z又是待定量X、Y的函数，为此要由x、y求得X、Y。必须先假定一近似值Z_0，求得(X_1, Y_1)，即A_1，再由 DEM 内插得该点$A_1(X_1,$

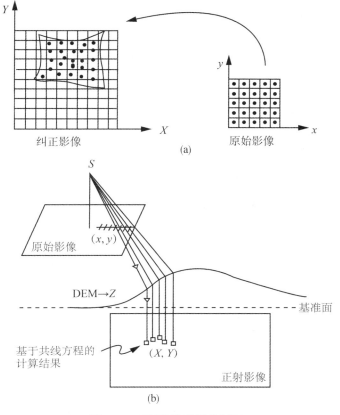

图 8-4　正解法数字微分纠正

Y_1）的高程 Z_1，然后由正算公式求得 $A_2(X_2 , Y_2)$，如此反复迭代，如图 8-5 所示。因此，由正解公式（8-5）计算 X、Y，实际是一个由二维图像(x , y) 变换到三维空间(X , Y , Z)的过程，它必须是一个迭代求解的过程。

由于正解法的上述缺点，数字微分纠正一般采用反解法。

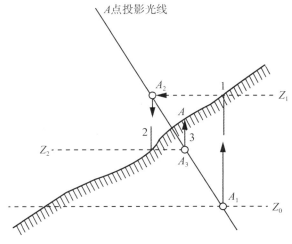

图 8-5　迭代求解示意图

8.1.2 数字纠正实际解法

从原理上来说，数字纠正是点元素纠正，但在实际的软件系统中，大多是采用反解公式求解像点坐标，并且以"面元素"作为"纠正单元"，一般以正方形作为纠正单元，用反算公式计算该单元的4个"角点"的像点坐标(x_1, y_1)、(x_2, y_2)、(x_3, y_3)、(x_4, y_4)。而纠正单元内的点的坐标$(x_{ij}, y_{ij})(i = 1, 2, \cdots, n-1; j = 1, 2, \cdots, n-1)$则采用双线性内插求得，这时的$x_{ij}$，$y_{ij}$是分别进行内插求解的，如图8-6所示。内插后任意一个像素(i, j)所对应的像点(x, y)为

$$\begin{cases} x(i, j) = \dfrac{1}{n^2}\left[(n-i)(n-j)x_1 + i(n-j)x_2 + (n-i)jx_4 + ijx_3\right] \\ y(i, j) = \dfrac{1}{n^2}\left[(n-i)(n-j)y_1 + i(n-j)y_2 + (n-i)jy_4 + ijy_3\right] \end{cases} \tag{8-6}$$

由此求得像点坐标后，再由灰度双线性内插，求得其灰度。

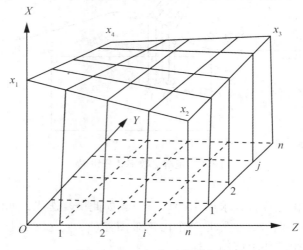

图8-6 x 坐标的双线性内插

8.2 线性阵列扫描影像的数字微分纠正

线性阵列传感器利用安置在光学系统成像焦面上的CCD阵列采集地面辐射信息，每次扫描得到垂直于航线的一条线状影像，随着传感器平台的向前移动，以推扫方式获取沿轨道的连续影像条带，如图8-6(a)所示。扫描行之间的外方位元素各自不同，随时间不断变化。由若干条线阵扫描影像可以构成像幅，因此，线性阵列扫描影像是多中心投影影像，每条扫描线影像有一个投影中心，每条扫描线影像有自己的外方位元素，如图8-7(b)所示。

线性阵列扫描影像数字微分纠正的主要处理过程包括：

① 根据图像的成像方式确定影像坐标和地面坐标之间的数学模型；

② 根据所采用的数学模型确定纠正公式；

③ 根据地面控制点和对应像点坐标进行平差计算变换参数，评定精度；

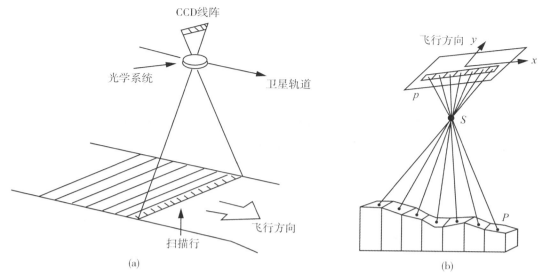

図 8-7　線阵传感器的成像原理

④ 对原始影像进行几何变换计算，像素亮度值重采样。

例如对 SPOT 卫星影像，由 12000 条扫描线组成一景影像。可将 SPOT 影像坐标的原点设在每景的中央，即第 6000 条扫描线的第 6000 个像元上。第 6000 条扫描线可作为影像坐标系的 x 轴，则个扫描线上第 6000 个像元的连线就是 y 轴，如图 8-8 所示。

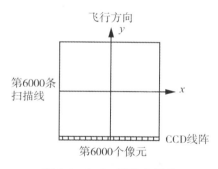

图 8-8　SPOT 影像坐标系

8.2.1　基于共线方程的数字微分纠正

以共线条件方程为基础的物理传感器模型描述了真实的物理成像关系，在理论上是严密的，因此共线方程也称为严格成像模型。该类模型的建立涉及传感器物理构造、成像方式及各种成像参数，每个定向参数都有严格的物理意义，并且彼此独立，可以产生很高的定向精度。

由于每条扫描线影像有一个投影中心，某扫描线影像的 y 值应为零，在时刻 t 的构像方程式为

$$\begin{bmatrix} x \\ 0 \\ -f \end{bmatrix} = \frac{1}{\lambda} \begin{bmatrix} a_1(t) & b_1(t) & c_1(t) \\ a_2(t) & b_2(t) & c_2(t) \\ a_3(t) & b_3(t) & c_3(t) \end{bmatrix} \begin{bmatrix} X - X_S(t) \\ Y - Y_S(t) \\ Z - Z_S(t) \end{bmatrix} \qquad (8\text{-}7)$$

式中，(t) 表明各参数是随时间而变化的。

1. 间接法

间接法是从纠正后的像点坐标 (X, Y) 出发，反求其在原始影像上的像点坐标 (x, y)。由于线阵扫描影像是多中心投影影像，每一扫描行影像的外方位元素是随时间变化的。因此，需首先求出各元素对应的外方位元素，才能求出该相应像点的 y 及 t 或 y 及 x。

（1）确定成像时刻或扫描行

该步骤是为求解出像平面 y 坐标。

由式（8-7）式的第 2 行得

$$0 = \frac{1}{\lambda} [Xa_2(t) + Yb_2(t) + Zc_2(t) - (X_S(t)a_2(t) + Y_S(t)b_2(t) + Z_S(t)c_2(t))]$$

或

$$Xa_2(t) + Yb_2(t) + Zc_2(t) = A(t) \qquad (8\text{-}8)$$

式中，$A(t) = X_S(t)a_2(t) + Y_S(t)b_2(t) + Z_S(t)c_2(t)$。

对式（8-8）中各因子以 t 为变量，按泰勒级数展开为

$$\begin{cases} a_2(t) = a_2^{(0)} + a_2^{(1)}t + a_2^{(2)}t^2 + \cdots \\ b_2(t) = b_2^{(0)} + b_2^{(1)}t + b_2^{(2)}t^2 + \cdots \\ c_2(t) = c_2^{(0)} + c_2^{(1)}t + c_2^{(2)}t^2 + \cdots \\ A(t) = A^{(0)} + A^{(1)}t + A^{(2)}t^2 + \cdots \end{cases} \qquad (8\text{-}9)$$

代入式（8-8）得

$$[Xa_2^{(0)} + Yb_2^{(0)} + Zc_2^{(0)} - A^{(0)}] + [Xa_2^{(1)} + Yb_2^{(1)} + Zc_2^{(1)} - A^{(1)}]t$$
$$+ [Xa_2^{(2)} + Yb_2^{(2)} + Zc_2^{(2)} - A^{(2)}]t^2 + \cdots = 0$$

取至二次项得

$$t = \frac{(Xa_2^{(0)} + Yb_2^{(0)} + Zc_2^{(0)} - A^{(0)}) + (Xa_2^{(2)} + Yb_2^{(2)} + Zc_2^{(2)} - A^{(2)})t^2}{Xa_2^{(1)} + Yb_2^{(1)} + Zc_2^{(1)} - A^{(1)}} \qquad (8\text{-}10)$$

上式右端含有 t^2 项，所以对 t 进行迭代计算。t 值实际上表达了如图 8-8 坐标系中像点 p 在时刻 t 的 y 坐标，公式为

$$y = (l_p - l_o)\delta = \frac{t}{\mu}\delta \qquad (8\text{-}11)$$

式中，l_p，l_o 分别代表在点 p 及原点 o 处的扫描线行数；δ 为 CCD 一个探测像元的宽度（SPOT 影像为 $13\mu m$）；μ 为扫描线的时间间隔（SPOT 影像为 $1.5ms$）。

从式（8-11）可知，点 p 的 y 坐标与时刻 t 对应，而点 p 的 y 坐标对应某一扫描行，因此求 t 即是确定点 p 所在扫描行。

（2）求像点坐标 x

由式（8-7）的第 1 行和第 3 行可得

$$x = \frac{1}{\lambda} \left[(X - X_S(t)) a_1(t) + (Y - Y_S(t)) b_1(t) + (Z - Z_S(t)) c_1(t) \right]$$

$$-f = \frac{1}{\lambda} \left[(X - X_S(t)) a_3(t) + (Y - Y_S(t)) b_3(t) + (Z - Z_S(t)) c_3(t) \right]$$

或写成

$$x = -f \frac{(X - X_S(t)) a_1(t) + (Y - Y_S(t)) b_1(t) + (Z - Z_S(t)) c_1(t)}{(X - X_S(t)) a_3(t) + (Y - Y_S(t)) b_3(t) + (Z - Z_S(t)) c_3(t)} \tag{8-12}$$

同理，对 $a_1(t)$、$b_1(t)$、$c_1(t)$、$a_3(t)$、$b_3(t)$、$c_3(t)$ 也可用多项式表示为

$$\left. \begin{aligned}
a_1(t) &= a_1^{(0)} + a_1^{(1)} t + a_1^{(2)} t^2 + \cdots \\
b_1(t) &= b_1^{(0)} + b_1^{(1)} t + b_1^{(2)} t^2 + \cdots \\
c_1(t) &= c_1^{(0)} + c_1^{(1)} t + c_1^{(2)} t^2 + \cdots \\
a_3(t) &= a_3^{(0)} + a_3^{(1)} t + a_3^{(2)} t^2 + \cdots \\
b_3(t) &= b_3^{(0)} + b_3^{(1)} t + b_3^{(2)} t^2 + \cdots \\
c_3(t) &= c_3^{(0)} + c_3^{(1)} t + c_3^{(2)} t^2 + \cdots
\end{aligned} \right\} \tag{8-13}$$

式（8-12）与常规航摄共线方程式相似，与式（8-10）一起表示卫星飞行瞬间成像的影像坐标与地面坐标之间的关系。

在影像纠正中首先求出各像素对应的 $a_1(t)$、$b_1(t)$、$c_1(t)$、$a_3(t)$、$b_3(t)$、$c_3(t)$ 及 $X_S(t)$、$Y_s(t)$、$Z_s(t)$，然后才能求出该像点的 y 及 t 或 y 及 x。由于卫星通常是平稳飞行的，可认为各参数是 t 或 y 的线性函数，即

$$\left\{ \begin{aligned}
\varphi(t) &= \varphi(0) + \Delta\varphi \cdot t \\
\omega(t) &= \omega(0) + \Delta\omega \cdot t \\
\kappa(t) &= \kappa(0) + \Delta\kappa \cdot t \\
X_s(t) &= X_s(0) + \Delta X_s \cdot t \\
Y_s(t) &= Y_s(0) + \Delta Y_s \cdot t \\
Z_s(t) &= Z_s(0) + \Delta Z_s \cdot t
\end{aligned} \right. \quad \text{或} \quad \left\{ \begin{aligned}
\varphi(y) &= \varphi(0) + \Delta\varphi \cdot y \\
\omega(y) &= \omega(0) + \Delta\omega \cdot y \\
\kappa(y) &= \kappa(0) + \Delta\kappa \cdot y \\
X_s(y) &= X_s(0) + \Delta X_s \cdot y \\
Y_s(y) &= Y_s(0) + \Delta Y_s \cdot y \\
Z_s(y) &= Z_s(0) + \Delta Z_s \cdot y
\end{aligned} \right. \tag{8-14}$$

式中，$\varphi(0)$、$\omega(0)$、$\kappa(0)$、$X_s(0)$、$Y_s(0)$、$Z_s(0)$ 为影像中心行外方位元素；$\Delta\varphi$、$\Delta\omega$、$\Delta\kappa$、ΔX_s、ΔY_s、ΔZ_s 为变化率参数。

（3）计算过程

从以上分析可知，线阵扫描影像间接纠正的关键在于确定像点的成像时刻或像点所在的影像扫描行。从原理上说，线阵扫描影像的间接法数字微分纠正可以逐点进行，但由于像点的成像时刻（或扫描行）的确定需要迭代计算，逐点计算将非常耗时。

从实际应用角度出发，可以采用如下计算过程：

① 利用 DEM（栅格或 TIN），按照一定间距对 DEM 进行重采样，加密出规则格网的 DEM；

② 针对加密出的每个 DEM 网格，利用共线条件方程反求出其四个格网点对应的像点坐标；

③ 逐像素进行正射纠正。

具体做法是：针对正射影像上的像点 P，首先根据其平面坐标判断位于加密 DEM 的哪个网格中；然后利用步骤 ② 计算出该 DEM 四个格网点的像坐标进行双线性内插，得到

P 在原始影像上的坐标 p；最后将 p 的灰度赋值给正射影像像点 P。其中，点 p 的灰度需要在原始影像上通过灰度内插得到。

2. 直接法

直接法是从原始像点坐标 (x, y) 出发求纠正后的像点坐标 (X, Y)。

由式(8-7)可得

$$\begin{cases} X = X_S(t) + \dfrac{a_1(t)x - a_3(t)f}{c_1(t)x - c_3(t)f}(Z - Z_S(t)) \\ Y = Y_S(t) + \dfrac{b_1(t)x - b_3(t)f}{c_1(t)x - c_3(t)f}(Z - Z_S(t)) \end{cases} \tag{8-15}$$

式中，$a_1(t)$、$b_1(t)$、$c_1(t)$、$a_3(t)$、$b_3(t)$、$c_3(t)$ 及 $X_s(t)$、$Y_s(t)$、$Z_s(t)$ 为像点 (x, y) 对应的外方位元素，可由其行号 l_i 计算，公式为

$$\begin{cases} \varphi_i = \varphi_0 + (l_i - l_0)\Delta\varphi \\ \omega_i = \omega_0 + (l_i - l_0)\Delta\omega \\ \kappa_i = \kappa_0 + (l_i - l_0)\Delta\kappa \\ X_{S_i} = X_{S_0} + (l_i - l_0)\Delta X_S \\ Y_{S_i} = Y_{S_0} + (l_i - l_0)\Delta Y_S \\ Z_{S_i} = Z_{S_0} + (l_i - l_0)\Delta Z_S \end{cases} \tag{8-16}$$

其中，φ_0、ω_0、κ_0、X_{s0}、Y_{s0}、Z_{s0} 为影像中心行外方位元素；l_0 为中心行号；$\Delta\varphi$、$\Delta\omega$、$\Delta\kappa$、ΔX_S、ΔY_S、ΔZ_S 为变化率参数。

当给定高程初始值 Z_0 后，代入式(8-15)计算出地面平面坐标近似值 (X_1, Y_1)，再用 DEM 与 (X_1, Y_1) 内插出其对应的高程 Z_1。重复以上过程，直至收敛到 (x, y) 对应的地面点 (X, Y, Z)，其过程与框幅式中心投影影像的正解法过程相同。当地面坡度较大而不收敛时，可按单片修测中的方法处理。

3. 直接法与间接法相结合的纠正方案

对应线阵传感器影像的纠正，由于利用间接法也需要迭代计算时间(或行数)参数，而直接法本来就需要迭代求解，因而可以将两种方法结合起来。首先在影像上确定一个规则格网，其所有格网点的行、列坐标显然是已知，其间隔按像元的地面分辨率化算后与数字高程模型 DEM 的间隔一致，用直接法解算它们的地面坐标，这些点在地面上是一个非规则网点，由它们内插出地面规则格网点对应的像坐标，再按间接法进行纠正。

(1) 像片规则格网点对应的地面坐标的解算(直接法，由 xy 计算 XYZ)

利用式(8-15)与式(8-16)直接法进行计算，得到地面一非规则格网，如图 8-9 中 P'_{11}，P'_{12}，…，P'_{33} 所示，它们的地面坐标 (X'_{11}, Y'_{11})，(X'_{12}, Y'_{12})，…，(X'_{33}, Y'_{33}) 与对应的原始影像像点坐标 (x'_{11}, y'_{11})，(x'_{12}, y'_{12})，…，(x'_{33}, y'_{33}) 均为已知。

(2) 地面规则格网点对应的像点坐标的内插(间接法，由 X、Y、Z 计出 x、y)

按照一定间距对这个非规则格网进行重采样，加密出规则格网的 DEM，如图 8-9 所示，P_{11}，P_{12}，P_{21}，P_{22} 为规则格网。

如图 8-9 所示，规则格网上 P_{11} 位于 P'_{11}、P'_{12}、P'_{21}、P'_{22} 四点组成的非规则格网内，由该四点的地面坐标 (X'_{11}, Y'_{11})、(X'_{12}, Y'_{12})、(X'_{21}, Y'_{21})、(X'_{22}, Y'_{22}) 及原始影像像点坐标 (x'_{11}, y'_{11})、(x'_{12}, y'_{12})、(x'_{21}, y'_{21})、(x'_{22}, y'_{22}) 拟合两个平面：

278

$$\begin{cases} x' = a_0 + a_1 X' + a_2 Y' \\ y' = b_0 + b_1 X' + b_2 Y' \end{cases} \qquad (8\text{-}17)$$

然后由 P_{11} 点的地面坐标 (X_{11}, Y_{11}) 根据式(8-17)计算其对应的原始影像上的像点坐标 (x_{11}, y_{11})。

按同样的方法可计算所有规则格网点 (X_{ij}, Y_{ij}) 对应的原始影像上的像点坐标 (x_{ij}, y_{ij})。

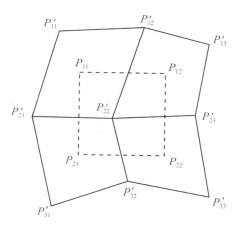

图 8-9 由不规则格网内插规则格网

（3）各地面元对应像素坐标的计算（间接法，内插出纠正影像像点的灰度）

已知地面规则格网点所对应的原始影像上的像点坐标后，由这些点的像点坐标经双线性内插，可计算每一地面点所对应的原始影像像点坐标，再经过灰度重采样并将其灰度值赋予纠正影像相应的像点，即可完成纠正处理。

其过程与框幅式中心投影影像间接法的纠正过程完全相同，不需要迭代计算。

8.2.2 基于有理函数模型的数字微分纠正

随着各种新型航空和航天传感器的出现，从应用的角度出发，为了处理这些新型传感器的数据，用户需要改变他们的软件或为他们的系统增加新的传感器模型模块。另外，物理传感器模型并非总能得到，为了保护技术秘密，一些高性能传感器的镜头构造、成像方式及卫星轨道等信息未被公开，因而用户不可能建立这些传感器的严格成像模型。

高分辨率卫星遥感影像是线性阵列传感器推扫式成像，每行扫描影像是中心投影。早期较多使用的是严格成像模型，包含 6 个传统的中心投影方位参数加上它们的 6 个变化率参数。由于高分辨率卫星遥感影像摄影高度大、视场角小，其传统的影像方位参数之间存在着强相关，常常很难得到合理的解。尽管很多研究者提出了很多克服相关性的方法，如分组迭代、合并相关项等，但在很多情况下还是得不到合理的解。出于保密的原因，很多高分辨率卫星传感器的核心信息和卫星轨道参数并未公开，如 IKONOS 等卫星，无法利用严格成像几何模型进行处理。

在通用传感器模型中，目标空间和影像空间的转换关系可以通过一般的数学函数来描述，并且这些函数的建立不需要传感器成像的物理模型信息。这些函数可以采用多种不同的形式，其中，有理函数模型得到了广泛的应用。有理函数模型是目前应用最多、精度较高的通用传感器模型。例如，IKONOS 影像与 Quickbird 影像均应用三次有理多项式，提供三次有理多项式系数(Rational Polynomial Coefficient，RPC)，IKONOS 影像的 RPC 在后缀为 RPC 的文件中，Quickbird 影像的 RPC 在后缀为 RPB 的文件中。

1. 基于 RPC 的有理函数模型

RFM 将地面点 P(latitude，longitude，height) 与影像上的点 p(line，sample) 关联起来，正则化地面坐标$(P_n，L_n，H_n)$ 与影像坐标$(r_n，c_n)$ 见式(8-18) 与式(8-19)。影像坐标的每个多项式是$(P，L，H)$ 3 阶多项式，系数有 20 项，即 RPC，即用 RPC 参数可计算出影像坐标(line，sample)：

$$\begin{cases} P_n = \dfrac{\text{Latitude} - \text{LAT\_OFF}}{\text{LAT\_SCALE}} \\[2mm] L_n = \dfrac{\text{Longitude} - \text{LONG\_OFF}}{\text{LONG\_SCALE}} \\[2mm] H_n = \dfrac{\text{Height} - \text{HEIGHT\_OFF}}{\text{HEIGHT\_SCALE}} \end{cases} \qquad (8\text{-}18)$$

$$\begin{cases} r_n = \dfrac{\sum\limits_{i=1}^{20} a_i \cdot \rho_i(P,L,H)}{\sum\limits_{i=1}^{20} b_i \cdot \rho_i(P,L,H)} \\[6mm] c_n = \dfrac{\sum\limits_{i=1}^{20} c_i \cdot \rho_i(P,L,H)}{\sum\limits_{i=1}^{20} d_i \cdot \rho_i(P,L,H)} \end{cases} \qquad (8\text{-}19)$$

式中，$a_i，b_i，c_i，d_i(i = 1,2,\cdots,20)$ 即 RPC，则可求得影像坐标(line，sample) 为：

$$\left. \begin{aligned} \text{line} &= r \cdot \text{LINE\_SCALE} + \text{LINE\_OFF} \\ \text{sample} &= c \cdot \text{SAMP\_SCALE} + \text{SAMP\_OFF} \end{aligned} \right\} \qquad (8\text{-}20)$$

式中，LAT_OFF，LAT_SCALE，LONG_OFF，$\cdots，a_i，b_i，c_i，\cdots$ 的值记录在 RPC/RPB 文件中。

但直接应用所提供的 RPC，常常达不到精度要求，因而还需要利用一定数量的控制点对 RPC 所包含的系统误差进行改正。通常可利用仿射变换进行 RPC 的系统误差改正，即对每一幅影像定义一个仿射变换：

$$\left. \begin{aligned} \text{col} &= e_0 + e_1 \cdot \text{sample} + e_2 \cdot \text{line} \\ \text{row} &= f_0 + f_1 \cdot \text{sample} + f_2 \cdot \text{line} \end{aligned} \right\} \qquad (8\text{-}21)$$

式中，(col，row) 是点在影像上的量测坐标。通过已知的少数控制点的地面坐标及其在影像上的量测坐标计算每一幅影像的仿射变换参数。

当存在有重叠的多幅影像时，则需要进行区域网平差。对于区域网中的控制点可以根据有理函数模型(8-18) ~ (8-21) 列出误差方程：

$$\begin{cases} v_r = -\sum b_i \rho_i \left(\dfrac{\partial x}{\partial e_0}\Delta e_0 + \dfrac{\partial x}{\partial e_1}\Delta e_1 + \dfrac{\partial x}{\partial e_2}\Delta e_2 + \dfrac{\partial x}{\partial f_0}\Delta f_0 + \dfrac{\partial x}{\partial f_1}\Delta f_1 + \dfrac{\partial x}{\partial f_2}\Delta f_2 \right) + F_{x0} \\[4mm] v_c = -\sum d_i \rho_i \left(\dfrac{\partial y}{\partial e_0}\Delta e_0 + \dfrac{\partial y}{\partial e_1}\Delta e_1 + \dfrac{\partial y}{\partial e_2}\Delta e_2 + \dfrac{\partial y}{\partial f_0}\Delta f_0 + \dfrac{\partial y}{\partial f_1}\Delta f_1 + \dfrac{\partial y}{\partial f_2}\Delta f_2 \right) + F_{y0} \end{cases} \qquad (8\text{-}22)$$

对区域网的连接点,首先根据 RPC 以及该点在多幅影像上的量测坐标计算出地面坐标的初值,然后列出误差方程:

$$
\begin{cases}
v_r = - \sum b_i \rho_i \left(\dfrac{\partial x}{\partial e_0} \Delta e_0 + \dfrac{\partial x}{\partial e_1} \Delta e_1 + \dfrac{\partial x}{\partial e_2} \Delta e_2 + \dfrac{\partial x}{\partial f_0} \Delta f_0 + \dfrac{\partial x}{\partial f_1} \Delta f_1 + \dfrac{\partial x}{\partial f_2} \Delta f_2 \right) \\
\qquad + \sum (a_i - x b_i) \left(\dfrac{\partial \rho_i}{\partial P} \Delta P \right) + \sum (a_i - x b_i) \left(\dfrac{\partial \rho_i}{\partial L} \Delta L \right) + \sum (a_i - x b_i) \left(\dfrac{\partial \rho_i}{\partial H} \Delta H \right) + F_{x0} \\
v_c = - \sum d_i \rho_i \left(\dfrac{\partial y}{\partial e_0} \Delta e_0 + \dfrac{\partial y}{\partial e_1} \Delta e_1 + \dfrac{\partial y}{\partial e_2} \Delta e_2 + \dfrac{\partial y}{\partial f_0} \Delta f_0 + \dfrac{\partial y}{\partial f_1} \Delta f_1 + \dfrac{\partial y}{\partial f_2} \Delta f_2 \right) \\
\qquad + \sum (c_i - y d_i) \left(\dfrac{\partial \rho_i}{\partial P} \Delta P \right) + \sum (c_i - y d_i) \left(\dfrac{\partial \rho_i}{\partial L} \Delta L \right) + \sum (c_i - y d_i) \left(\dfrac{\partial \rho_i}{\partial H} \Delta H \right) + F_{y0}
\end{cases}
$$

$$(8\text{-}23)$$

法化并迭代求解,可得到每一幅影像的影像坐标的仿射变换参数及所有连接点的地面坐标。

2. 基于有理函数模型的遥感影像纠正

基于有理函数模型的遥感影像纠正的反解法步骤如下:

① 按照式(8-3)计算地面点坐标(X, Y),由 DEM 内插求得该点的高程 Z,并将其转换为经纬度坐标(P, L, H)。

② 按照式(8-18)对地面点坐标正则化。

③ 按照式(8-19)、式(8-20)、式(8-21)计算正则化像点坐标。

④ 按照式(8-22),根据控制点估计影像的 6 个仿射变换参数,尽量消除系统残留误差,然后计算像点的像素坐标。

⑤ 灰度内插求得像点 p 的灰度值 $g(x, y)$。

⑥ 将像点 p 的灰度值 $g(x, y)$ 赋给纠正后的像元素。

依次对每个纠正元素完成上述运算,即能获得纠正的数字图像。实际纠正过程中一般以"面元素"作为纠正单元,在纠正单元内的像素是沿着 x 和 y 方向进行线性内插解求。

8.3　数字真正射影像

正射影像应同时具有地图的几何精度和影像的视觉特征,特别是对高分辨率、大比例尺的数字正射影像图(digital orthophoto map, DOM),它可作为背景控制信息去评价其他地图空间数据的精度、现势性和完整性,是地球空间数据框架的一个基础数据层。

随着高分辨率遥感影像的大量出现,将建筑物等视为地表的一部分,采用 DEM(digital elevation map)进行纠正的结果就是在正射影像上建筑物等偏离了其正直投影的位置。DOM 作为一个视觉影像地图产品,影像上由于投影差引起的遮蔽现象不仅影响了正射影像作为地图产品的基本功能发挥,而且还影响了影像的视觉解译能力。为了最大限度地发挥正射影像产品的地图功能,关于真正射影像(true digital orthophoto map, TDOM)的制作引起了国内外的关注。

传统的正射纠正过程中采用 DEM 进行纠正,是采用了一种不完备的地表模型,会产生由于透视成像和地形起伏导致的正射影像的变形。但是,简单地利用 DSM(digital surface map, DSM）代替 DEM 进行正射纠正，在建筑物等遮挡的区域会存在重复映射现象，使得纠正结果更加难以判读，也不能取得理想的真正射效果。

(a)传统正射影像   (b)真正射影像

图 8-10   传统正射影像与真正射影像

8.3.1   影像上的遮蔽

遮挡问题是真正射纠正过程中的关键问题。在城市的遥感影像上，遮挡现象十分普遍且多样，不仅包括建筑物遮挡地面，还包括建筑物遮挡建筑物等情况。航空遥感影像上的遮蔽主要有两种情况，一种是绝对遮蔽，比如高大的树木将低矮的建筑物遮挡了，使得被遮挡的建筑物在影像上不可见。另一种是相对遮蔽，如图 8-11 所示，地面上有些区域在一张像片上可见，而在另一张影像上不可见。对于相对遮蔽情况而言，影像上的丢失信息是可以通过相邻影像进行补偿的，而绝对遮蔽则做不到这一点。

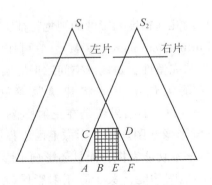

图 8-11   相对遮蔽示意图

航空遥感影像是中心投影影像，影像上遮蔽（实质就是投影差）的产生与投影方式有关，因此，地面上有一定高度的目标物体，其遮蔽是不可避免的。传统的正射影像上有一定高度的地面目标物体所产生的遮蔽现象也仍然存在(如图 8-10(a)所示)，这使得正射影像失去了"正射投影"的意义，同时也使得正射影像在与其他空间信息数据进行套合时发生困难，使传统正射影像的应用受到了一定的限制。线阵扫描影像在制作正射影像方面得到了越来越多的重视，这是由于在线阵扫描传感器的垂直下视影像中，地面上具有一定高度的目标只会在垂直于飞行方向产生投影差(遮蔽)，而在沿飞行方向则无投影差(遮蔽)，如图 8-12 所示。

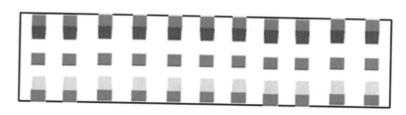

图 8-12　垂直下视线阵扫描影像投影差

8.3.2　真正射影像的制作

真正射影像就是要以 DSM 为基础来进行数字微分纠正。对于空旷地区，其 DSM 和 DEM 是一致的，纠正后的影像上不会有投影差。实际上，需要制作真正射影像的情况往往是那些地表上有人工建筑或有树木等覆盖的地区，其 DSM 和 DEM 的差别就体现在人工建筑或树木等高度上。因此需要采集该地区的所有高出地表面的目标物体高度信息，或直接得到该地区的 DSM，以供制作真正射影像。

真正射影像纠正是一个复杂过程，至少应包括以下三个步骤：

① 利用 DSM 进行正射纠正，改正由地形起伏和建筑物造成的投影差；

② 检测并标识被建筑物遮挡的区域；

③ 合并相邻的正射影像，对被遮挡区域进行填充。

真正射影像制作的一般过程可用图 8-13 所示的流程图来表示。

对流程图说明如下：在具有多度重叠的影像中选择一张影像作为主纠正影像，而其他影像则作为从属影像用来补偿主影像上被遮挡部分的信息，前提是主影像上被遮挡处在从属影像上可见，否则，被遮挡处信息只能利用相邻区域的纹理进行填充补偿。补偿过程中必须顾及所填充区域与其周边在亮度、色彩和纹理方面的协调性。

对于建筑物为主要目标物的真正射影像制作，还可以采用以下两种解决方法：

① 建筑物稀少地区。如果影像中绝大部分为开放地带，仅有少量建筑物并且相互之间不存在遮挡现象，此时可采用简单的检测方法，分别利用数字建筑物模型(digital building model，DBM)和 DEM 进行正射纠正，得到仅包含屋顶而没有任何地形信息的真正射影像，在此重采样过程中可同时在原始影像上标示出建筑物覆盖的区域。其后，再利用 DEM 对标示后的原始影像进行正射纠正，可得到只包含地形信息的传统正射影像，其

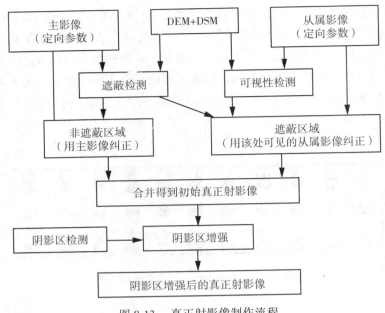

图 8-13　真正射影像制作流程

中被建筑物遮挡区域用一个缺省值填充。最后将两个正射影像融合即可得到最终的真正射影像，其中的空白区域可利用相邻影像的处理结果进行填充。

②建筑物密集区。如果影像位于密集的居民区、城区或影像中存在复杂得相互遮挡的建筑群落，此时可采用类似于上述建筑物稀少地区的方法，只是需要在 DBM 之中进行严格的可视性分析，其他处理方式与建筑物稀少地区的方法相同。

8.3.3　真正射影像的制作对摄影测量作业的要求

利用 DSM 或 DBM 经过遮挡区（和阴影区）检测和补偿后生产的真正射影像，比传统正射影像更精确，理论上可完全解决传统正射影像存在的问题，但其对生产工艺、成本、航空摄影等多方面都提出了更高的要求。

1. 航空摄影

为了获取真正射影像，要求目标区被 100% 覆盖，这对于居民区和城区意味着要增加航空摄影的航向与旁向重叠度。根据法国 ISTAR 公司"像素工厂"系统的处理经验，三线阵相机的旁向重叠度至少达到 50% 以上（航向重叠度为 100%）才可生成真正射影像，而常规航摄任务达到 20% 已足够；对于 150mm 焦距的传统航摄像机，其航向与旁向重叠度都需要达到 80% 以上，从而使地面目标在接近垂直的地方成像，同时获取高质量的 DSM。重叠度的增加使得航线数和数据量激增，数据处理工作量显著增大。

2. DSM/DBM 的采集

真正射纠正中最繁琐、最耗时的阶段在于提取 DSM 或 DBM。就目前数字摄影测量及相关技术的发展水平而言，DSM/DBM 的采集主要有两种方法：一是采用半自动方式在摄影测量工作站上采集得到，二是可以用机载三维激光扫描仪或断面扫描仪直接扫描得到。

上述两种方法在理论上都是可行的，很多学者提出了多种方法来实现建筑物的自动或半自动提取，但还远未达到实用化阶段，人机交互仍在所难免。特别对于大型都市，多样的建筑物使得自动识别难度增大，且建筑物的建模本身就是一个技术难题，而全部进行人工采集则又是不现实的。同时由于实际地表覆盖的高低起伏很复杂，若以较大的采样间隔去采集 DSM 或 DBM，将直接影响到所生产的真正射影像的质量。另外，DSM 采集的对象是否有必要包括地面上一切有一定高度的目标，也值得考虑。因此，真正射技术的推广还需要 DSM/DBM 自动采集技术的进一步成熟和完善。

3. 生产工艺

真正射影像的制作需要进行遮蔽区、阴影区的检查与补偿，同时可能还会生成许多中间产品，这不仅增加了存储负担，更显著增加了计算量，对计算机的配置提出了更高的要求。为适应真正射影像生产的需要，目前有些摄影测量专业软件如"Pixel Factory"及"DPGrid"系统已经更新了工作模式，利用多处理器、分布式、并行计算实现海量数据处理，可望实现自动化的真正射影像制作。

8.4 数字正射影像的匀光匀色

在遥感影像的应用中，一个应用区域往往需要多幅影像才能完全覆盖，因而必须对多幅影像进行配准，并镶嵌成为一个整体，以便能够进行统一的分析、处理、解释和其他应用研究。数字正射影像图（DOM）是对多幅影像进行数字纠正后，获得的统一尺度与色调的大区域影像。影像镶嵌技术是将同一场景中的两幅或者两幅以上有部分重叠区域的影像进行镶嵌从而得到宽视角影像的过程。

由于受影像获取时间、外部光照条件以及其他因素的影响，导致获取的影像在照度与色彩上存在不同程度的差异，这种差异不同程度地影响到后续数字正射影像的生产，因此，为了消除影像照度与色彩（色调）上的差异，需要对影像进行色彩平衡处理，即匀光与匀色（色调匹配）处理。

影像的照度与色彩不平衡可以分为单幅影像内部的不平衡（见图 8-14(a)）和区域范围内多幅影像之间的不平衡（见图 8-14(b)）。单幅影像内部的色彩不平衡主要是由于影像在

(a)单幅影像内部的不平衡　　　　　　　　(b)多幅影像之间的不平衡

图 8-14　照度与色彩的不平衡

获取过程中光学透镜成像的不均匀性、大气衰减、云层、烟雾以及向阳、背阳等造成的光照条件不同等因素引起的。多幅影像之间的色彩不平衡主要由两方面因素引起,一是摄影时的因素,如相机参数设置不同、曝光时间不同、影像获取时间不同、影像获取时的摄影角度不同、阴影或云层的影像而使光照条件不同等。另外,也有获取数字影像时的各种因素导致的色调差异等。为保证产品质量和数据应用的质量,需要对这两方面分别进行处理。

经过配准的影像虽然在几何上达到了一致,但是由于不同影像获取的日期／时刻不同,太阳入射角不同,摄影机透镜对地物的视角不同,影像的色调不能完全一致。在影像镶嵌时,为了不在镶嵌的边界线上出现假轮廓,需要先确定一条镶嵌曲线,对影像重叠区域进行色调的过渡性调整,对影像进行匀光匀色处理,最终使镶嵌得到的数字正射影像图达到满意效果。

针对光学航空遥感影像存在的一幅影像内部以及区域范围内多幅影像之间的色彩不平衡现象,学者们提出了很多匀光匀色处理的方法,如基于 Mask 法的单幅影像匀光预处理方法和基于 Wallis 滤波的多幅影像匀色处理方法等。

8.4.1　Mask 法的单幅影像匀光

Mask 匀光法又称为模糊正像匀光法,是针对传统的光学照片照度不均匀提出来的一种处理方法。其基本原理是用一张模糊的透明正片作为遮光板,将模糊透明正片与负片按轮廓线叠加在一起进行晒像,得到一张反差较小而密度比较均匀的像片;然后用硬性相纸晒印,增强整张像片的总体反差;最后得到晒印的光学像片。

将 Mask 的原理用于数字图像的处理同样可以实现数字影像的匀光。设 $I'(x, y)$ 为所获取的不均匀光照的影像,$I'(x, y)$ 可以看作是受光均匀的影像 $I(x, y)$ 叠加了一个背景影像 $B(x, y)$:

$$I'(x, y) = I(x, y) + B(x, y) \qquad (8\text{-}24)$$

获取的影像之所以存在不均匀光照现象是因为背景影像的不均匀。按照 Mask 匀光的原理,如果能够很好地模拟出影像的背景影像,将其从原影像中减去,就可以得到受光均匀的影像;然后进行拉伸处理增大影像的反差,就可以消除单幅影像的光照不平衡现象。基于 Mask 的单幅影像匀光流程如图 8-15 所示。

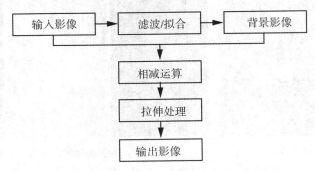

图 8-15　基于 Mask 的单幅影像匀光处理流程

背景影像的生成主要有两种方法：

①基于影像的成像模型对亮度分布不均匀问题进行处理。这类方法主要根据在局部区域获得的采样值，用数学模型来拟合场景范围内亮度变化的趋势。

②利用低通滤波的方法，从影像中快速分离出亮度分布信息，该方法不仅不需对水域等特殊区域进行区别对待，而且还能调整由于影像亮度分布问题而导致的影像局部反差分布不均匀的问题，从而实现影像亮度分布问题与局部反差问题同时调整的目的。一般可采用高斯滤波器进行低通滤波，并且利用 FFT 进行频率域的低通滤波，能加快处理速度。

Mask 匀光法可以应用于原始影像灰度值变化快慢基本一致的单幅影像匀光处理。该方法不仅可以保证不减小整张影像的总体方差，而且还可以使像片中大反差减小，小反差增大，得到反差基本一致的、相邻细部反差增大的像片，可以有效地消除不均匀光照现象。

从频率角度考虑，在一幅影像中，高频信息包括边缘、细节等，低频信息包括背景（通常表现为在整幅影像内阴影的逐渐变化）等。在 Mask 匀光法中，背景影像 $B(x, y)$ 主要包含原始影像 $I'(x, y)$ 中的低频信息，将原始影像 $I'(x, y)$ 与背景影像 $B(x, y)$ 做相减运算，也就去除了原始影像中的一些低频信息，产生了一张主要包含高频信息的影像；对得到的影像进行拉伸处理，起到了增强高频信息的作用。整个处理过程是在抑制低频信息的同时，增强了高频信息。这样处理后，输出影像各像素灰度值与原始影像中各部分像素灰度值的变化快慢密切相关，而与像素值的大小并无太大关系。灰度值的变化快慢主要取决于地物的反差，于是对原始影像中那些偏亮或偏暗的部分，尽管灰度值偏高或偏低，但灰度值的变化快慢基本一致，所以可以采用基于 Mask 的方法进行单幅影像的匀光处理。

8.4.2 基于 Wallis 滤波器的多幅影像匀光

对影像之间色调差异问题的处理（也称为影像匀色），目前广泛使用的方法有线性变换法、方差 - 均值法、直方图匹配法等。线性变换的优点是可以从整体上同时考虑区域范围内多影像的色彩一致性处理，便于质量控制，处理的结果不依赖于影像的顺序，缺点是不能很好地反映航空影像非线性的特点，尽管能确保整体色彩的一致性，但对局部区域，色彩差异可能仍然存在。线性变换法对灰度分布复杂的影像还容易引起颜色畸变。

一幅影像的均值反映了它的色调与亮度，标准偏差反映了它的灰度动态变化范围，并在一定程度上反映了它的反差。一方面，考虑到相邻地物的相关性，理想情况下获取的多幅影像在色彩空间上应该是连续的，应该具有近似一致的色调、亮度与反差，近似一致的灰度动态变化范围，因而也应该具有近似一致的均值与标准偏差。因此，要实现多幅影像间的色彩平衡，就应该使不同影像具有近似一致的均值与标准偏差，这是一个必要条件。另一方面，由于在真实场景中地物的色彩信息在色彩空间上是连续的，因此在整个场景中，尽管不同影像范围内地物的色彩信息仍然存在差异与变化，但一般来说，这些差异与变化都是局部的，其整体信息的变化是很小的。而影像的整体信息可以通过整幅影像的均值、方差等统计参数反映出来，所以可以对不同影像以标准参数为准，进行标准化的处理，从而获取影像间的整体映射关系，这是一个充分条件。

Wallis 滤波器是一种局部影像线性变换，将局部影像的灰度均值和方差映射到给定的灰度均值和方差值，使得在影像不同位置处的灰度均值和方差具有近似相等的数值。即影像反差小的区域反差增大，影像反差大的区域反差减小，达到影像中细节信息得到增强的目的。

Wallis 滤波器可表示为：

$$f(x, y) = [g(x, y) - m_g] \frac{cs_f}{cs_g + (1 - c)s_f} + bm_f + (1 - b)m_g \qquad (8\text{-}25)$$

式中，$g(x, y)$ 为原始影像的灰度值；$f(x, y)$ 为 Wallis 变换后结果影像的灰度值；m_g 为原始影像的局部灰度均值；s_g 为原始影像的局部灰度标准偏差；m_f 为结果影像的局部灰度均值；s_f 为结果影像的局部灰度标准偏差值；$c \in [0, 1]$ 为影像方差的扩展常数；$b \in [0, 1]$ 为影像的亮度系数；当 $b \to 1$ 时，影像均值被强制到 m_f；当 $b \to 0$ 时，影像均值被强制到 m_g。式(8-25)也可以表示为：

$$f(x, y) = g(x, y)r_1 + r_0 \qquad (8\text{-}26)$$

其中，$r_1 = \dfrac{cs_f}{cs_g + (1 - c)s_f}$，$r_0 = bm_f + (1 - b - r_1)m_g$，参数 r_1、r_0 分别为乘性系数和加性系数，即 Wallis 滤波器是一种线性变换。

典型的 Wallis 滤波器中，$c = 1$，$b = 1$，此时 Wallis 滤波公式变为：

$$f(x, y) = \frac{s_f[g(x, y) - m_g]}{s_g} + m_f \qquad (8\text{-}27)$$

式中，$r_1 = s_f/s_g$，$r_0 = m_f - r_1 m_g$。

具体过程就是：首先确定标准参数(m_f, s_f)，再将各影像基于标准参数(m_f, s_f)进行 Wallis 变换，实现多幅影像间的匀光。对彩色影像，则要分别对红、绿、蓝分量进行 Wallis 变换，实现多幅影像间的匀光匀色。对整个测区的影像，往往是在测区中选择一张色调具有代表性的影像作为色调基准影像，先统计出基准影像的均值与方差作为 Wallis 处理时的标准均值与标准方差，然后对测区中的其他待处理影像利用标准均值与标准方差进行 Wallis 滤波处理。

8.4.3　影像匀光处理流程

影像中存在如大面积水域等一些特殊的区域，这些区域会影响一般情况下的匀光匀色处理效果，特别是多幅影像匀光匀色处理时，会使影像间的整体信息差别较大，不满足采用标准化处理的条件。为了使匀光匀色处理处理获得更好的处理效果，需要对这些特殊区域进行单独处理。

大面积的水域等特殊区域与其他部分影像相比，其影像的纹理信息相对比较贫乏。由于方差反映了纹理的强度信息，因而可以根据局部影像的方差作为统计参数来检测水面等特殊区域影像。整幅影像排除特殊区域后，可以采用标准化处理进行影像的匀光匀色。

对整个测区的影像进行匀光匀色处理时，应首先进行单幅影像的匀光匀色处理，然后进行区域范围内多幅影像的匀光匀色处理，同时还需对特殊区域进行确定并单独处理，最终才能保证重叠区的色彩过渡自然，保证整幅 DOM 影像色彩平衡。

影像匀光匀色处理流程如图 8-16 所示。

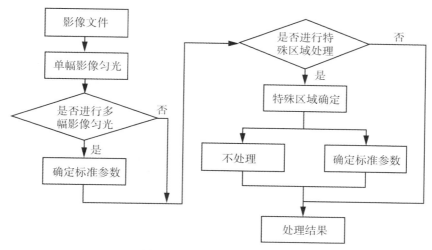

图 8-16   影像匀光处理流程

8.5   立体正射影像对的制作

正射影像既有正确的平面位置，又保持着丰富的影像信息，但是它不包含第三维信息。将等高线套合到正射影像上，也只能部分地克服这个缺点，它不可能取代人们在立体观察中获得的直观立体感觉。立体观察尤其便于对影像内容进行判读和解译，为此目的，人们可以为正射影像制作出一幅所谓的立体匹配片。正射影像和相应的立体匹配片共同称为立体正射影像对。

与原始中心投影影像相比，立体正射影像对具有许多明显的优点，比如 ① 便于定向和量测，定向仅需要将正射影像和立体匹配片在 X 方向上保持一致，量测中不会产生上下视差，所测出的左右视差用简单计算方法即可获得高差和高程；② 量测用的设备简单，整个量测方法可由非摄影测量专业人员很快掌握。

至于立体正射影像对的应用，只要已具备 DEM 高程数据库，就可以在摄影后立即方便地制作出立体正射影像对。用它来修测地形图上的地物和量测具有一定高度物体的高度等是十分有效的。试验表明，用正射影像修测地图比用原始航片方便，而用立体正射影像对比单眼观测正射影像多辨认出 50% 的细部。此外，立体正射影像对在资源调查、土地利用面积估算、交通线路的初步规划、建立地籍图、制作具有更丰富地貌形态的等高线图等方面都能发挥一定的作用。

8.5.1   基本思想

立体正射影像对的基本原理可概略地示意于图 8-17 中。其基础是数字高程模型（DEM）。为了获得正射影像，必须将 DEM 格网点的 X、Y、Z 坐标用中心投影共线方程变换到影像上去，这就是图 8-17(a) 绘出的情况。

如果要获得立体效应，就需要引入一个具有人工视差的匹配片。该人工视差的大小应

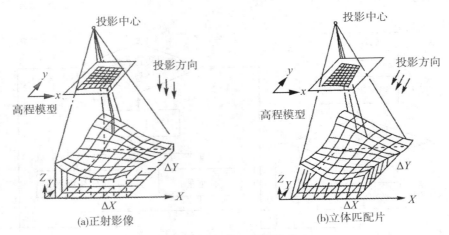

图 8-17　立体正射影像对

能反映实地的地形起伏情况。最简单的方法是利用投射角为 α 的平行光线法，如图 8-17(b) 所示。此时，人造左右视差将直接反映实地高差的变化，这可以用图 8-18 做进一步说明。

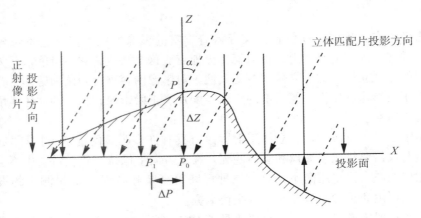

图 8-18　斜平行投影

　　以图 8-18 中地表面上 P 点为例，它相对于投影面的高差为 ΔZ，该点的正射投影为 P_0，该点的斜平行投影为 P_1。正射投影得到正射影像，斜平行投影得到立体匹配片。立体观测得到左右视差 $\Delta P = P_1 P_0$，显然有：

$$\Delta P = \Delta Z \tan\alpha = k \cdot \Delta Z \tag{8-28}$$

　　由于斜平行投影方向平行于 XZ 面，所以正射影像和立体匹配片的同名点坐标仅有左右视差，而没有上下视差，这就满足了立体观测的先决条件，从而构成了理想的立体正射影像对。在这样的像对上进行立体量测，既可以保证点的正确平面位置，又可以方便地解求出点的高程。

8.5.2 立体正射影像对的高程量测精度

立体正射影像对既可以用来看立体，也可以用来量测地面点的高程。这里存在一个有趣的问题：为了制作立体正射影像，必须具备相应地区的 DEM。既然已有 DEM，再用立体正射影像对量测高程几乎就没有意义了。然而事实并非如此，这是因为制作立体正射影像往往只在具有摄影测量仪器和系统的生产部门进行，而使用立体正射影像对的可能是在国民经济建设的各个有关部门。为了进行专业判读和量测，他们只要使用反光立体镜或其他简单的设备即可。此时，将量测的左右视差 ΔP 除以系数 k，便可换算为高差，再加上起始面高程，便可获得点的高程：

$$Z_i = \Delta P_i / k + Z_0 \tag{8-29}$$

在作业中，可利用任一高程控制点求出起始面高程 Z_0。

既然立体正射影像可用于高程量测，就有必要讨论它的高程精度。很有趣的是，立体正射影像对的高程量测精度通常高于用来制作正射影像和立体匹配片的 DEM 精度。

图 8-19 可以说明这种关系。假设由左片制作正射影像，由右片制作立体匹配片，并假设 $k = \tan\alpha = B/H$（基线／航高），然后讨论 DEM 误差产生的影响。

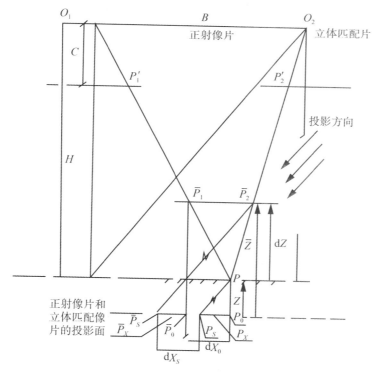

图 8-19　立体正射影像对高程精度

对图 8-19 中的物点 P，按其真实高程 Z 投影到正射影像和立体匹配片的位置为 P_0 和 P_S，两点的视差为 P_X。若高程模型在 P 处有一误差 dZ，则按中心透视获得的两个像点 P_1' 和 P_2' 的光线将投影至高程相差 dZ 的水平面上，P 点被分成 $\bar{P}_1$ 和 $\bar{P}_2$ 两个点，点 $\bar{P}_1$ 在正射

影像上的位置为 $\bar{P}_0$，点 $\bar{P}_2$ 在立体匹配片上的位置为 $\bar{P}_S$，两点的视差为 $\bar{P}_x$。由图中几何关系可以证明 $P_X = \bar{P}_X$，即由立体正射影像对计算的高程不受 DEM 高程误差 dZ 的影响。

以上的讨论是一种理想的情况，实际上由于每个点的航高在变化，其基高比也是变化的，但立体匹配片却不可能改变斜平行投影方向，再加上每个物点处的地形不可能像图 8-19 所示的那样平坦，所以实际的用立体正射影像对量测高程时不可能完全不受 DEM 高程误差的影响。根据 Kraus 教授等人的研究，立体正射影像对的高程量测精度比用来制作立体正射影像的 DEM 的高程精度还要高三倍左右。

8.5.3 立体正射影像对的制作方法（斜平行投影法）

从立体正射影像对制作的基本思想可知，如果想要从同一 DEM 出发制作立体正射影像对，必须包括以下几个步骤。

第一步：按 XY 平面上一定间隔的方形格网，将它正射投影到 DEM 上，获得 X_i、Y_i、Z_i 坐标，再由共线方程求出对应像点在左片上的坐标 x_i、y_i，用此影像断面数据可制作正射影像。

第二步：由 XY 平面上同样的方格网，沿斜平行投影方向将格网点平行投影到 DEM 表面，该投影方向平行于 XZ 面（见图 8-20）。如果按照式（8-28）投影，则该投影线与 DEM 表面交点坐标 $\bar{X}_i$，$\bar{Y}_i$，$\bar{Z}_i$ 可由式（8-30）求出

$$\begin{cases} \bar{Y}_i = Y_i \\ \bar{X}_i = \dfrac{[(X_{i+1} - X_i)(X_i + kZ_i) - X_i k(Z_{i+1} - Z_i)]}{[X_{i+1} - k(Z_{i+1} - Z_i) - X_i]} \\ \bar{Z}_i = Zi + \dfrac{(Z_{i+1} - Z_i)(\bar{X}_i - X_i)}{X_{i+1} - X_i} \end{cases} \quad (8\text{-}30)$$

式中，$k = \tan\alpha$。

为了获得良好的立体感，k 值取 0.5 ~ 0.6，地面十分平坦时，k 值可取到 0.8。

第三步：将斜平行投影后的地表点坐标（$\bar{X}_i$，$\bar{Y}_i$，$\bar{Z}_i$）按中心投影方程式变换到右方影像上，得到一套影像断面数据（$\bar{x}_i$，$\bar{y}_i$），由此数据可制成立体匹配片。

该方法的必要条件包括：① 为了进行共线方程解算，需已知影像内外方位元素。它们可由区域网平差结果中获得，亦可由已知地面控制点用空间后方交会解算。② 用左、右片分别制作正射影像和立体匹配片，地形及地物才能够在立体观察下有起伏，有利于立体量测。

8.5.4 适合高程量测的立体正射影像对制作（对数投影法）

1. 立体正射影像对量测碎部高度存在的问题

正射影像和立体匹配片应由相互重叠的两幅影像分别制作，在立体观察下不仅能立体地看到 DEM 描述的地面起伏，而且能立体地看到 DEM 中未被采集的许多碎部，如树木、房屋、微型地貌等。倘若用同一影像制作正射影像和立体匹配片，这些树木和房屋在立体观察下将不可能竖立在地面上，更不可能量测它们的高度。

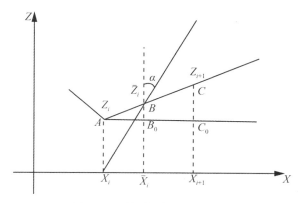

图 8-20　斜平行投影坐标内插

但是，中心投影影像组成的立体影像对（原始影像）与立体正射影像对产生视差的原理不同，因而将会导致高程量测方面的问题。可用图 8-21 来说明这方面的问题。

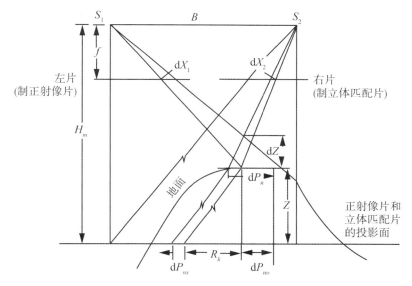

图 8-21　碎部高程测量

图中假设 DEM 未包含的碎部（如一棵树）所在的地面小范围是水平的。设树顶在原始中心投影影像上的位移在 X 方向为的 dX_1 和 dX_2，位移 dX_1 在正射影像上相应的量为 dP_{no}，位移 dX_2 在立体匹配片上相应的量为 dP_{ns}，显然，两部分相加得

$$dP = dP_{no} + dP_{ns}$$

即为正射影像对上与树高相对应的左右视差较。

仍然假设 $k = B/H$，则由式（8-29）计算的树高为

$$dZ' = \frac{H}{B}dP_n \qquad (8-31)$$

而实际的树高由图 8-19 可求出

$$dZ = \frac{H_m - (Z + dZ)}{B}dP_n \approx \frac{H_m - Z}{B}dP_n \qquad (8\text{-}32)$$

显然 $dZ' = dZ$，其差 ε_Z 为

$$\varepsilon_Z = \frac{Z \cdot dZ}{H_m} \qquad (8\text{-}33)$$

这里存在两个问题：第一，对于未被 DEM 所采集的高程信息，如树高、房高、细微地貌等，不应当用立体正射影像的计算高差公式（8-31）来计算，而应当用式（8-32）计算；第二，对于已被 DEM 所采集的高程信息，则必须用公式（8-31）计算高差。

例如，在立体正射影像上测得一棵树的左右视差较为 10mm，另测得两个地面点的左右视差较亦为 10mm，假设 $Z = 15cm$，$B = 30cm$，$H_m = 90cm$，则求得树高应为 25mm（见式（8-32）），而两个地面点高差为 30mm（均按正射影像比例尺计）。

这意味着，用斜平行投影法制作立体匹配片时，可能造成在立体正射影像对上相等的左右视差较，而实地却对应着不同的高差，从而带来了难以解决的问题。

2. 用对数投影法制作立体匹配片

为了解决上述问题，克服斜平行投影的缺点，S. Collins 建议用下列对数投影来代替斜平行投影，如图 8-22 所示。

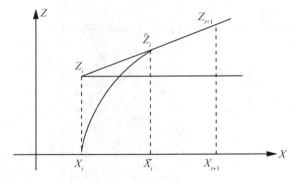

图 8-22　对数投影关系

$$P_X = B \cdot \ln \frac{H_m}{H_m - Z} \qquad (8\text{-}34)$$

对该式微分，得到

$$dP_X = \frac{B}{H_m - Z}dZ \qquad (8\text{-}35)$$

所以，在忽略二次小项情况下，人造视差公式（8-34）与天然视差公式（8-32）一致，原来相互之间的矛盾消失了。

对数投影时，计算的 $\bar{X}_i$、$\bar{Z}_i$ 公式如下：

$$\bar{X}_i = X_i + B \cdot \ln \frac{H_m}{H_m - \bar{Z}_i} \qquad (8\text{-}36)$$

$$\overline{Z}_i = Z_i + \frac{(Z_{i+1} - Z_i)(\overline{X}_i - X_i)}{X_{i+1} - X_i} \tag{8-37}$$

联立求解，计算要比斜平行投影法复杂。

任一点 i 的高程则由下式求出：

$$A_i = H_m \left[1 - \exp\left(-\frac{P_i}{B}\right) \right] + Z_m \tag{8-38}$$

式中，B 为摄影基线，H_m 为立体模型上的平均航高，Z_m 为平均投影面的绝对高度。

习题与思考题

1. 什么是数字微分纠正？数字微分纠正的目的是什么？什么是正射影像图（DOM）？

2. 正射影像与原始航空影像有什么区别？

3. 比较框幅式中心投影影像的正解法数字微分纠正与反解法数字微分纠正的原理与特点。

4. 绘出框幅式中心投影影像反解法数字微分纠正的程序框图并编制相应程序。

5. 线性阵列扫描影像的数字微分纠正与框幅式中心投影影像的数字微分纠正有什么不同？

6. 为什么线性阵列扫描影像的正解法数字微分纠正与反解法数字微分纠正都需要进行迭代运算？

7. 试述基于共线方程的直接法与间接法相结合的线性阵列扫描影像的数字微分纠正的原理与优点。

8. 试分析有理函数模型与共线条件方程的关系，试述基于有理函数模型的数字微分纠正的原理与过程。

9. 什么是真正射纠正？它与传统正射纠正有什么区别？试比较真正射影像与传统正射影像的优缺点。

10. 简述真正射纠正的一般过程。

11. 影像匀光的目的是什么？适合用于单幅影像与多幅影像的匀光匀色方法各是什么？

12. 试述 Mask 法的单幅影像匀光原理。为什么应用 Wallis 滤波能够实现多幅影像匀光匀色，其原理是什么？

13. 什么是立体正射影像对？

14. 立体正射影像对如何获取立体效应？

15. 立体正射影像对的高程量测精度可以达到什么程度？

16. 有什么方法可以制作立体正射影像对？其基本思想是什么？

参 考 文 献

［1］ 张祖勋，张剑清. 数字摄影测量学［M］. 武汉：武汉大学出版社，2012.

［2］ 张祖勋，张剑清，张力. 数字摄影测量学发展的机遇与挑战［J］. 武汉测绘科技大学学报，2000，25(1)：7-11.

［3］ 张祖勋. 数字摄影测量的发展与展望［J］. 地理信息世界，2004，2(3)：1-5.

［4］ 张祖勋，吴媛. 摄影测量的信息化与智能化［J］. 测绘地理信息，2015，40(4)：1-5.

［5］ 张祖勋，张剑清. 广义点摄影测量及其应用［J］. 武汉大学学报(信息科学版)，2005，30(1)：1-5.

［6］ 张祖勋，苏国中，张剑清，郑顺义. 基于序列影像的飞机姿态跟踪测量方法研究［J］. 武汉大学学报(信息科学版)，2004，29(4)：287-291.

［7］ 唐敏，张祖勋，张剑清. 基于广义点理论的多基线影像钣金件 3D 重建与尺寸检测［J］. 武汉大学学报(信息科学版)，2007，32(12)：1095-1098，1134.

［8］ 张永军. 基于序列图像的工业钣金件三维重建与视觉检测［D］. 武汉：武汉大学，2002.

［9］ 王树根. 摄影测量原理与应用［M］. 武汉：武汉大学出版社，2009.

［10］ Toni Schenk 著，郑顺义，苏国忠译. 数字摄影测量学［M］. 武汉：武汉大学出版社，2009.

［11］ 张永生，刘军. 高分辨率遥感卫星应用—成像模型、处理算法及应用技术［M］. 北京：科学出版社，2004.

［12］ 关元秀，程晓阳. 高分辨率卫星影像处理指南［M］. 北京：科学出版社，2008.

［13］ 李德仁，王密，潘俊. 光学遥感影像的自动匀光处理及应用［J］. 武汉大学学报(信息科学版)，2006，31(9)：753-756.

［14］ 陈鹰. 遥感影像的数字摄影测量［M］. 上海：同济大学出版社，2004.

［15］ 耿则勋，张保明，范大昭. 数字摄影测量学［M］. 北京：测绘出版社，2013.

［16］ 李德仁，郑肇葆. 解析摄影测量学［M］. 北京：测绘出版社，1992.

［17］ 靳建立. 基于面特征的整体影像匹配方法［J］. 测绘通报，2008，9：13-15，57.

［18］ 仇彤. 基于动态规划的整体影像匹配［J］. 测绘学报，1994，23(4)：308-314.

［19］ 张力. 基于约束满足神经网络的整体影像匹配［J］. 武汉测绘科技大学学报，1999，24(3)：216-220.

［20］ 吕佩育. 基于影像分割的无人机影像密集匹配算法研究与实现［D］. 西安：西安科技大学，2014.

［21］ 刘昭华，杨玉霞，马大喜，杨靖宇. 半全局匹配算法的多基线扩展及 GPU 并行处理方法［J］. 测绘科学，2014，39(11)：99-103.

［22］ 高波. 从双目立体图像中恢复三维信息的研究［D］. 上海：上海交通大学工学，2007.

[23] 邱河波. 基于 DSP 的移动机器人双目视觉技术研究[D]. 成都：电子科技大学，2013.

[24] 胡光龙，秦世引. 动态成像条件下基于 SURF 和 Mean shift 的运动目标高精度检测[J]. 智能系统学报，2012，7(1)：61-68.

[25] 邵振峰. 基于航空立体影像对的人工目标三维提取与重建[D]. 武汉：武汉大学，2004.

[26] 王竞雪，宋伟东，韩丹，王伟玺. 边缘视差连续性约束的航空影像特征线匹配算法[J]. 信号处理，2015，31(3)：364-371.

[27] 王鑫. 基于线特征的 DOM 与 DLG 配准方法的研究[D]. 武汉：武汉大学，2005.

[28] 吴军. 三维城市建模中的建筑墙面纹理快速重建研究[D]. 武汉：武汉大学，2003.

[29] 刘春阁. 基于 Hough 变换的直线提取与匹配[D]. 阜新：辽宁工程技术大学硕士学位论文，2009.

[30] 金光. 多重约束条件下的影像直线匹配算法研究[D]. 阜新：辽宁工程技术大学硕士学位论文，2011.

[31] 王文龙. 重大公路灾害遥感监测与评估技术研究[D]. 武汉：武汉大学博士学位论文，2010.

[32] 申二华. 小基高比条件下高精度影像匹配技术研究[D]. 郑州：解放军信息工程大学硕士学位论文，2013.

[33] 蒋捷，陈军. 基础地理信息数据库更新的若干思考[J]. 测绘通报，2000(5).

[34] 张宏伟. 矢量与遥感影像的自动配准[D]. 武汉：武汉大学，2004.

[35] 张亮. 地面复杂环境下移动三维测量精度改善方法研究[D]. 武汉：武汉大学，2015.

[36] 谢文寒，张祖勋. 基于多像灭点的相机定标[J]. 测绘学报，2001，33(4)：335-340.

[37] 谢文寒. 基于多像灭点进行相机标定的方法研究[D]. 武汉：武汉大学，2004.

[38] 何乔，张保明，郭海涛. 基于广义点的定向方法[J]. 测绘科学技术学报，2006，23(4)：296-298，303.

[39] 何乔，赵泳，张保明，翟辉琴，李清华. 基于广义点的相对定向和绝对定向[J]. 海洋测绘，2006，26(4)：24-26.

[40] 孔胃，张学明，何建美. 基于广义点摄影测量的后方交会与前方交会方法研究[J]. 测绘科学，2011，36(5)：45-48.

[41] 郑顺义，郭宝云，李彩林. 基于模型和广义点摄影测量的圆柱体自动三维重建与检测[J]. 测绘学报，2011，40(4)：477-482.

[42] 李畅，李芳芳，李奇，刘鹏程. 一种利用广义点和物方补偿纠正建筑影像的算法[J]. 武汉大学学报(信息科学版)，2012，37(10)：1232-1235.

[43] 王旭. 直线提取算法研究[D]. 长沙：国防科学技术大学，2013.

[44] 马颂德，张正友. 计算机视觉-计算理论与算法基础[M]. 北京：科学出版社，1999.

[45] 陈义. 数字摄影测量共线方程的一种新解法[J]. 同济大学学报，2004，32(5)：660-663.

[46] 吴朝福. 计算机视觉中的数学方法[M]. 北京：科学出版社，2008.

[47] 沈邦乐. 计算机图像处理[M]. 北京：解放军出版社，1995.

[48] 宋卫艳. RANSAC 算法及其在遥感图像处理中的应用[D]. 北京：华北电力大学，2011.

［49］ 郭大海，吴立新，王建超，郑雄伟. 机载 POS 系统对地定位方法初探［J］. 国土资源遥感，2004(2).

［50］ 赵双明，李德仁. ADS40 影像几何预处理［J］. 武汉大学学报(信息科学版)，2006，31(4)：308-311.

［51］ Hirschmüller H. Stereo Processing by Semi-Global Matching and Mutual Information［J］. IEEE Transactions on Pattern Analysis and Machine Intelligence，2008，30(2)：328-341.

［52］ Hirschmüller H. Accurate and Efficient Stereo Processing by Semi-Global Matching and Mutual Information［J］. IEEE Conference on Computer Vision and Pattern Recognition，2005，2：807-814.

［53］ Hirschmüller H, Bucher T. Evaluation of Digital Surface Models by Semi-Global Matching［C］. German Society for Photogrammetry, Remote Sensing and Geoinformation，2010.

［54］ Mikhail E. Linear features for photogrammetric restitution and object completion［C］// proceedings of Integrating Photogrammetric Techniques with Scene Analysis and Machine Vision, Orlando, Florida, 1993：SPIE Proceeding No. 1944C. Bellingham, Washington：SPIE.

［55］ Tommaselli A, Poz A. Line based orientation of aerial images［C］//ISPRS WGIII/2, ISPRS WG III/3. International archives of photogrammetry and remote sensing：volume XXXII, part 3-2W5：proceedings of the ISPRS Workshop on Automatic Extraction of GIS Objects from Digital Imagery. Munich, ISPRS：143-148.

［56］ Habib A. Aerial triangulation using point and linear features C// ISPRS WGIII/2, ISPRS WG III/3. International archives of photogrammetry and remote sensing：volune XXXII, part 3-2W5：proceedings of the ISPRS Workshop on Automatic Extraction of GIS Objects from Digital Imagery. Munich, ISPRS：137-141.

［57］ Habib A, Kelley D. Single-photo resection using the modified Hough transform［J］. Photogrammetry Engineering and Remote Sensing，2001，67(8)：909-914.

［58］ Habib A, Lee Y, Morgan M. Bundle adjustment with self-calibration of line cameras using straight lines［C］//proceedings of ISPRS Joint Workshop on High Resolution Mapping from Space, Hanover, Germany, September 19-21, 2001C. Hanover：ISPRS.

［59］ Habib A, Lee Y, Morgan M. Automatic matching and three-dimension reconstruction of free-form linear features from stereo images［J］. Journal of Photogrammetric Engineering and Remote Sensing，2003，69(2)：189-197.

［60］ Konecny G. Future Prospects of mapping from sPaee［C］//Proceeding of SIST'98. Wuhan：WT USM，1998：143-159.

［61］ Xiaolong Dai, Siamak Khorram. A Feature-Based Image Registration Algorithm Using ImProved Chain-Code Representation Combined with Invariant Moments［J］. IEEE Transaetions on Geoscience and Remote Sensing, September，1999，37(5)：2351-2362.

［62］ Ayman Habib, Michel Morgan, Young-Ran Lee. Bundle Adjustment With Self-calibration Using Straight Lines［J］. Photogrammetric Record，2002，17(100)：635-650.

［63］ Joachim Höhle. Automated Orientation of Aerial Images［J］. Bildteknik Image Seience，2008.

［64］ Cipolla R. Robertson D. and Boyer E. 1999：Photobuilder-3D models of architectural scenes from uncalibrated images［J］. IEEE Inter-national Conference on Multimedia Computing and Systems, 1999, 1(1)：25-31.

［65］ Rafael Grompone von Gioi, Jeremie Jakubowicz, Jean Michel Morel, Gregory Randall. LSD：A Fast Line Segment Detector with a False Detection Control［J］. IEEE Transactions on Pattern Analysis and Machine Intelligence(TPAMI), 2010, 32(4)：722-732.

［66］ Deriche R & O Faugeras. Tracking line segments［J］. Image and VisionComputing, 1990, 8(4)：261-270.

［67］ D G Lowe. Object Recognition from Local Scale-Invariant Features［J］. IEEE, 2014, 2 (3)：1150-1157.

［68］ D G Lowe. Distinctive image features from scale-invariant keypoints［J］. International journal of computer vision, 2004, 60(2)：91-110.

［69］ H Bay, A Ess, T Tuytelaarset al. Speeded-up robust features（SURF）［J］. Computer Vision and Image Understanding, 2008, 110(3)：346-359.

［70］ H Bay, T Tuytelaars, L Van Gool. Surf：Speeded up robust features［J］. Computer Vision-ECCV 2006, 2006：404-417.

［71］ P Viola, M Jones. Rapid object detection using a boosted cascade of simple features［J］. IEEE Computer Society Conferenceon Computer Vision & Pattern Recognition, 2003, 1：511.

［72］ M. A. Fischler, R. C. Bolles. Random sample consensus：a paradigm for model fitting with applications to image analysis and automated cartography［J］. Communications of the ACM, 1981, 24(6)：381-395.

［73］ Tsai 1987 Tsai. A versatile camera calibration technique for high accuracy 3d machine vision metrology using off-the-shelf TV cameras and lenses［J］. IEEE Robotics and Automation, 1987, 3(4)：323-344.

［74］ J Canny. A Computational Approach to Edge Detection［J］. IEEE Transactions on Pattern Analysis and Machine Intelligence, 1986, 8(6)：679-698.

［75］ McGlone J C. Manual of photogrammetry［M］. 5th ed. Bethesda, Maryland：ASPRS, 2004.

［76］ Förstner W. A Feature based Correspondence Allgorithm for Image Matching［C］. ISPRS Commission III. International Archives of Photogrammetry, Volume XXVI, Part 3/3：proceedings of the ISPRS Commission III Symposium. Rovaniemi：ISPRS：150-166.